国家科学技术学术著作出版基金资助出版

海底工程环境原位探测与监测

刘　涛　郭　磊　杨秀卿等　编著

科学出版社

北　京

内 容 简 介

本书全面、系统地阐述目前海底工程环境的原位调查技术手段，核心内容包括“海底工程环境原位探测”和“海底工程环境监测”两部分。“探测”包括“地球物理探测”、“原位测试”、“海底采样”及“探测平台”四部分内容；“监测”包括“监测平台”和“海底观测网”两部分内容。

在各章节中分别从基础定义、研究对象、探测与监测原理、技术内容、代表性装备、应用实例、发展趋势等方面进行论述。在完整的理论体系构架内，简化专业性技术内容，以高层次科普教育为目标，提高读者对于海底工程环境原位探测与监测技术的理解。

本书可作为大专院校海洋地质、海洋工程技术等领域的专业教材或参考书，也可以作为其他相关领域专业研究人员或技术人员的入门级读物。

审图号：GS 京(2023)1898 号

图书在版编目(CIP)数据

海底工程环境原位探测与监测 / 刘涛等编著. —北京：科学出版社，2023. 11

ISBN 978-7-03-074769-3

Ⅰ. ①海… Ⅱ. ①刘… Ⅲ. ①海洋工程-海底环境-探测 ②海洋工程-海底环境-监测 Ⅳ. ①P736. 21

中国国家版本馆 CIP 数据核字（2023）第 019804 号

责任编辑：韩 鹏 崔 妍 / 责任校对：何艳萍

责任印制：肖 兴 / 封面设计：图阅盛世

科学出版社 出版

北京东黄城根北街 16 号

邮政编码：100717

http://www.sciencep.com

北京中科印刷有限公司 印刷

科学出版社发行 各地新华书店经销

*

2023 年 11 月第 一 版 开本：787×1092 1/16

2023 年 11 月第一次印刷 印张：20 3/4

字数：470 000

定价：278.00 元

（如有印装质量问题，我社负责调换）

作 者 名 单

刘　涛　郭　磊　杨秀卿　卿成荣
张　艳　费梓航　杨晓桐　王　瀚
田仲洋　魏冠立　朱永茂　朱志鹏
卢月月　韩　君　张国良　刘语诺
朱龙飞

前　　言

21 世纪是“海洋世纪”，海洋为社会经济发展做出了重要贡献。特别对于当前的中国，“海洋”更具有特殊的含义。南海海洋油气田开发、神狐海域天然气水合物试采成功、环球大洋科考行动、“蛟龙”号、“海龙”号、“奋斗者”号等关键词，一次又一次把公众的视线拉到海洋。人们开始认识到，发展中国，离不开海洋，中国的海洋事业，必将对中国人民的今天及未来产生重要影响。

“透明海洋”大科学计划的提出，将为我们揭秘深海谜团，让深海不再神秘。一场进入海洋内部观测海洋的科技转折，正在国际海洋学界兴起。由于人类不生活在海洋中，我们对海洋的感知和了解在很大程度上依赖于海洋观测和探测技术的进步和装备的研发。海洋探测与监测技术作为海洋科学和技术的重要组成部分，在维护海洋权益、开发海洋资源、预警海洋灾害、保护海洋环境、加强国防建设、谋求新的发展空间等方面起着十分重要的作用，也是一个国家综合国力的重要标志。

经过近半个世纪的努力，我国海洋技术与装备取得了长足的进步和发展，尤其是近年来，深海技术与装备的发展为我国海洋科学的创新提供了新的动力。随着“海洋强国”战略的实施，我国研发了多项具有完全自主知识产权的技术装备，形成了一批有影响力的成果，为海洋科学研究、海洋工程建设提供了先进的技术手段，推动了我国深海探测与监测技术的蓬勃发展。

为适应现代海洋研究的需要，《海底工程环境原位探测与监测》应运而生。本书以总结概述海洋工程环境原位探测与监测技术的发展现状与趋势为主线，对常见的探测、监测方法进行了凝练与提高。本书编写力求在介绍“海底工程环境探测与监测”方面做到“全、准、实”。“全”即本书内容涵盖当前海底工程环境探测与监测过程中的主要与常用方法；“准”即本书内容准确无误，各种方法是经过长期使用并证明有效的；“实”即指本书介绍的装备均来自实际海洋工程勘察与监测的实际案例。

本书共 7 章，第 1 章为“绪论”，简述了海底工程环境研究对象、内容及研究方法；第 2 章为“海洋地球物理探测”，详细介绍了海底浅层声探测、地震探测、电磁探测、重磁测量、地球物理测井技术；第 3 章为“海底原位测试技术”，内容包括海上静力触探、自落式动力触探、声学测试、地热探测及其他原位测试技术；第 4 章为“海底原位探测与监测技术”，主要包括水动力环境监测、沉积物输运监测、沉积物电阻率探测与监测、海底变形监测、沉积物孔压探测与监测技术；第 5 章为“海底采样技术”，包括海水采样技术、底质采样技术及其他采样技术；第 6 章为“海洋环境移动观测平台技术”，主要包括自治式水下潜器、无人遥控潜器、拖曳式观测平台、载人潜水器及其他移动观测技术；第 7 章为“海底长期观测—监测平台”，主要包括锚系观测平台、海床基观测平台、海底观测网、深海空间站。本书是科研团队集体劳动的成果，除封面署名人外，中国海洋大学的张艳博士后和卿成荣、杨晓桐、王瀚、田仲洋、卢月月、魏冠立、朱永茂、朱志鹏、韩君、张国良、刘语诺、朱龙飞、张瑞等多位研究生参与了全书的编著与校核。在此，对他们提供的帮助与支持表示衷心感谢。

本书力图在前辈、同仁的工作基础上，反映海底工程地质环境原位探测与监测技术方法，为相关调查、科研及教学部门的同行提供新的参考和视角。但是，由于海洋技术学科内容和专业领域广泛，编者的专业技术水平和学术能力有限，书中疏漏之处在所难免，敬请各位前辈、同仁及读者不吝赐教和批评斧正。

刘　涛

2023 年 2 月

于中国海洋大学

目　　录

第1章　绪　　论

海洋总面积约为 $3.6\times10^8km^2$，约占地球表面积的71%，海洋里蕴藏着丰富的油气和矿产资源，有许多重要的渔场和大面积的近海养殖区，还有不可忽视的海上航运通道，进入21世纪以来，海洋已经成为世界各国的战略必争领域，各海洋大国纷纷掀起了大规模开发海洋的热潮，海洋经济正在成为新的经济增长点。

为推进海洋经济的发展，安全高效地开发海洋资源，海洋油气平台、港口近岸工程、海底通信、海洋交通等海洋工程设施的合理建设至关重要。然而，受到海底复杂的工程地质环境的影响，滑坡、泥底辟、埋藏古河道、浅活动断层、沙波、浅层气、麻坑等海洋地质灾害对海洋经济开发造成了严重威胁。如何预防海底工程灾害，如何开展平均深度达数千米的海洋的工程环境调查已经成为海洋工程建设必不可少的重要环节。

1.1　海底工程环境

海底工程环境是海洋工程地质的重要分支，它是海洋地质学、海洋动力学、工程地质学、岩土工程等学科相互交叉、相互渗透的产物。海底工程环境是研究海洋工程构筑有关的地质、环境问题的科学，主要研究海岸带和海底与工程建设相关的各种海底地形地貌特征、地质构造、沉积环境、沉积作用、沉积物工程性质等。同时还要分析地基土对浪、潮、流等海洋水动力的响应，尤其是当人类工程活动作为外部荷载或边界条件加入到海洋地质环境中时，会导致系统平衡失稳引发地质灾害。

1.1.1　海底地形地貌

整个海底可分为三大基本地形单元：大陆边缘、大洋盆地和大洋中脊。地球上的陆地相互分离，而海洋大都相互连通，从地质构造观点看，在大陆与大洋之间的过渡带被称为大陆边缘，在地壳结构上是陆壳向洋壳过渡的接合部分。大陆边缘的主要地形地貌单元有大陆架、大陆坡、大陆隆、海沟、边缘海盆和岛弧。

大陆边缘在不同地区差别很大，主要有两种形式（图1.1）。一种是由水深不断增加的大陆架、大陆坡和大陆隆组成，结构相对简单，称为大西洋型大陆边缘；另一种除大陆架、大陆坡外，其组成部分还有海-岛弧-弧后盆地（边缘海盆）体系，称为太平洋型大陆边缘。相应的海岸也分为两类，在太平洋型大陆边缘的海岸称为碰撞海岸或前缘海岸，而大西洋型大陆边缘的海岸称为后缘海岸。大陆边缘约占海底总面积的20%，达到7400万 km^2，也是海洋工程建设的主要区域。

大洋盆地简称洋盆，指洋底低平的地带（图1.2），周围是相对高一些的海底山脉，类似于陆地上的盆地，平均水深是4753m，水域开阔。深海盆地主要由深海平原和深海丘

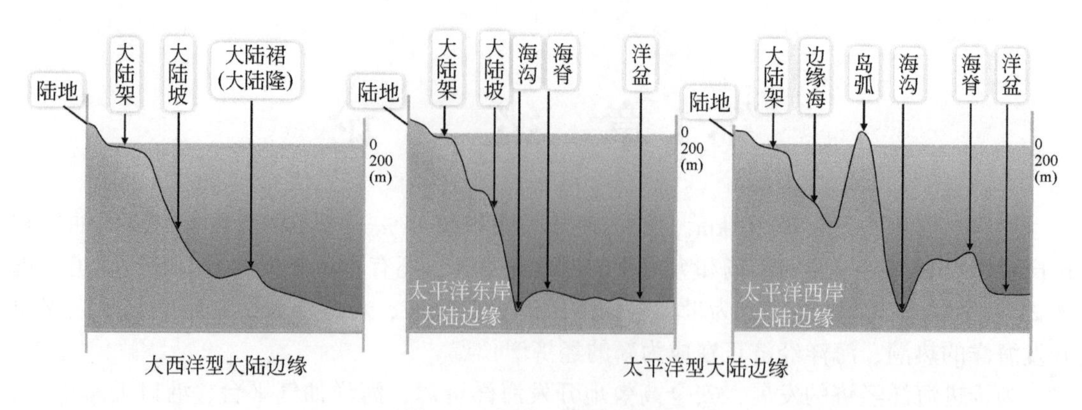

图 1.1　大陆边缘剖面类型

陵构成，前者是指地形平坦的部分，其坡度很小，后者是指地形略有起伏的部分。大洋盆地是海洋的主体，约占海洋面积的45%。

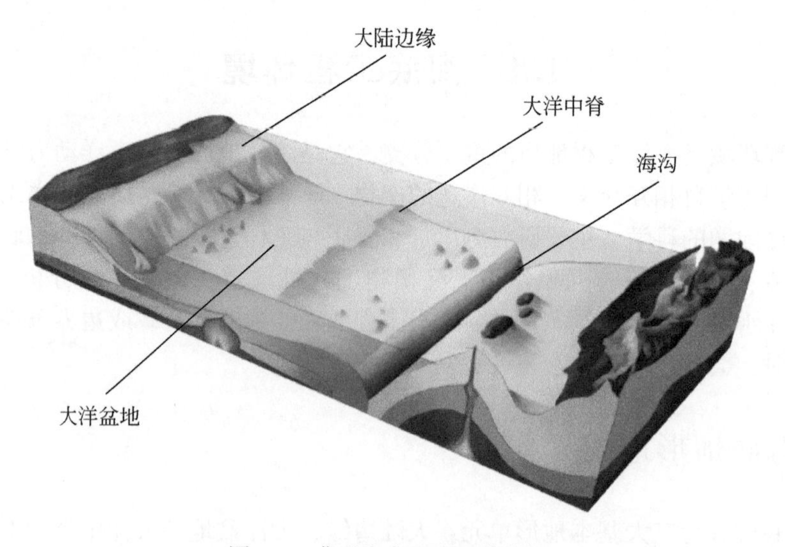

图 1.2　典型海底地形地貌特征

大洋中脊又称中央海岭，是贯穿世界四大洋且成因相同、特征相似的海底山脉系列。它全长超过80000km，顶部水深2~3km，高出盆底1~3km，有的露出海面成为岛屿，宽数百至数千千米，总面积约占洋底面积的三分之一。大洋中脊是熔融的地幔物质涌出洋壳后冷凝形成的，其发育特征分为两种：一种是洋脊轴部具有宽数十千米、深1000~2000m的中央裂谷，称为中脊，如大西洋中脊；另一种地势比较平缓，中央裂谷不发育，称为中隆，如东太平洋中隆。

1.1.2 海洋沉积物

海洋沉积物由泥、砂等陆地碎屑物质和生物残骸等有机物质组成，在自身重力及海水搬运等海洋动力的综合作用下沉降并堆积在海底。海洋沉积物是一个巨大的信息库，它储存着丰富的有关地球历史演化的信息，是研究海底构造、海洋环境、矿产资源、古海洋学、古气候学及全球变化和其他与海底相关的地学问题的前提与基础。

海洋沉积物通常在大陆边缘最厚，在新形成的洋中脊上最薄（图1.3）。部分海底区域被强大的底流冲刷，因而缺乏沉积。大陆边缘虽然仅占整个海底面积的20%，但拥有约占总量75%的海洋沉积物。

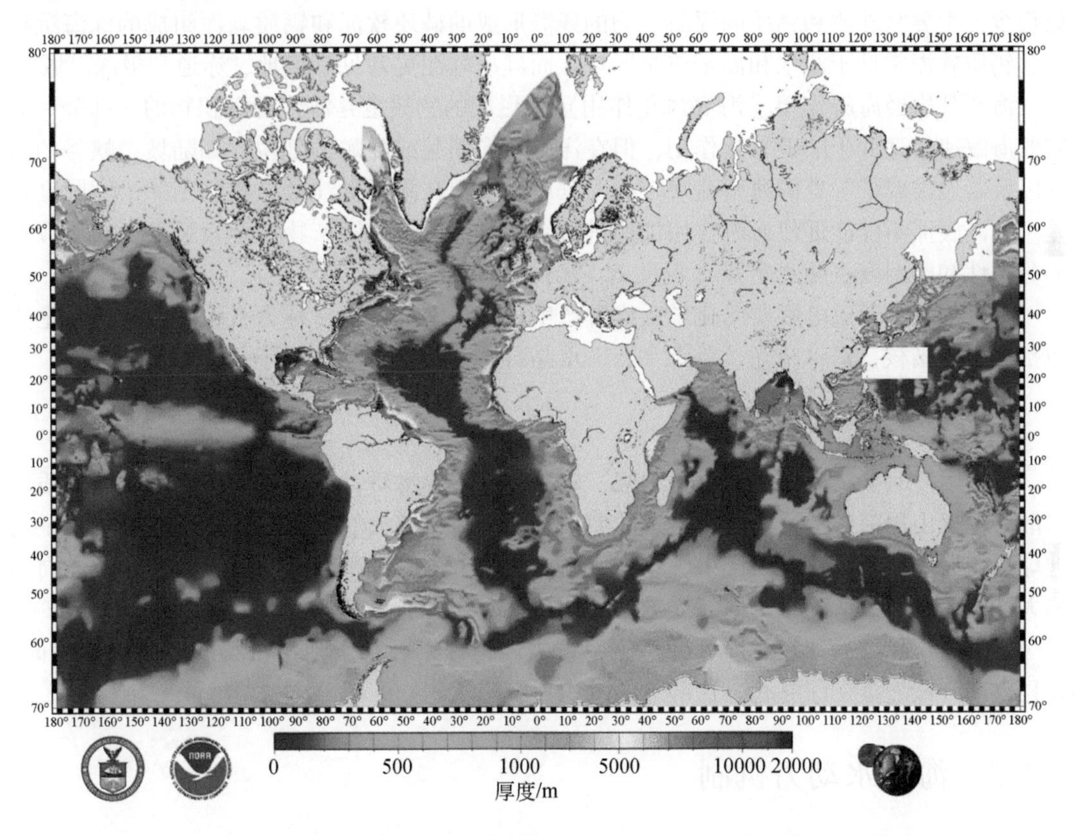

图1.3 世界海洋及边缘海域沉积物厚度（图片来自美国国家海洋和大气管理局）

1.1.2.1 陆源沉积物

地壳上的岩石在受到物理、化学及生物等作用时会风化剥蚀产生大量碎屑物质，经由河川、雨水、冰川及风等的搬运作用而进入海洋。在大陆架宽缓的海区，大部分物质首先堆积在大陆架上。在沉积物堆积足够厚、发生液化或蠕动、滑坡、地震等条件下，堆积在陆架上的沉积物就会由海流搬运以浊流的形式输送到深海。

河流是最大的海洋沉积物来源，每年向海洋输入超过200亿t陆源沉积物（包括悬浮和溶解物质）。颗粒的沉降主要受颗粒大小控制，一般来说，距离海岸越远，颗粒越细。浊流形成的沉积具有粒级层理，细颗粒在上，颗粒大小随深度增加。

风从陆地上（主要是沙漠或半沙漠地区）卷起的沙尘，随信风或季风飘向大洋，每年约有16亿t陆源物质通过风输入大洋。在作为海洋沉积物沉积之前，细颗粒可以被带到相当远的地方，甚至可以到达世界各地。

1.1.2.2 海洋源沉积物

海洋中存在大量的生物，这些生物的残骸在死后沉积于海底，即生物沉积。大陆架中含有珊瑚、贝类和藻类等生物残骸，在大洋底由于距陆地远、水深、环境稳定，陆源沉积物很少，主要是硅质和钙质的浮游生物的残骸形成的硅质软泥和钙质软泥组成的深海沉积物，钙质软泥常见于浅水和温带热带区域，而硅质软泥更常见于极地、赤道和极深海域。

海底基岩经海解作用（海底风化作用）所形成的物质也是海洋源沉积物的一部分。海底的海解速率远低于陆上风化作用，但在洋底地形高起或陡峭的部位，如陆坡、峡谷的岩壁以及断裂破碎带等处的海解速率较高，其产物堆积在附近低洼处，粗细不一，磨圆度较差。大洋底流不仅能促使海解作用加速进行，而且还可把海解产物搬至较远处，碎屑颗粒的分选性和磨圆度也随之变好（翟世奎，2018）。

在海水中，通过电解质的化学反应可产生各种化学沉淀物，称为自生化学沉积，主要包括多金属结核、富钴结壳、钙十字石、重晶石、黄铁矿、蒙脱石等。

1.1.2.3 其他源沉积物

火山爆发时会产生大量的火山岩浆、碎屑和灰尘等物质，火山喷发产生的碎屑物质可以散落在火山周围数十千米乃至更远的海域内，火山灰在大气中可飘扬几千千米，甚至绕地球几圈后才慢慢散落入大洋中，这些火山物质在海洋的沉积就称为火山沉积。大洋周围和大洋内部的火山活动每年向海洋输送大约3.0×10^{10}t的沉积物。

宇宙间行星的运动和碰撞等会产生宇宙尘埃，每年有几千吨宇宙物质落到地球表面，并且大部分最终落在深海底，这部分的沉积为宇源沉积。

1.1.3 海洋水动力机制

海水是运动的，运动着的海水是海洋地质作用的重要动力之一。海水的水动力，即海洋运动产生的力，形成施加在海洋结构上的环境荷载，引起安装或铺放在海底上的构筑物（如基础或管道）周围沉积物的冲刷，水动力还可以引起海床运动甚至海床失稳（Randolph and Gourvenec，2017）。

水动力来源于波浪和海流，波浪和海流不仅冲击结构物，也搬运悬浮的沉积物（通常称为“推移质”）。水动力导致海底表面不连续，极端情况下甚至引起海床的剪切破坏，起伏的海底不利于基础或其他设施坐底。

1.1.3.1 波浪

海水有规律的波状起伏运动称作波浪，主要是由风摩擦海水而引起，也可因潮汐、海底地震、火山爆发以及大气压力的剧烈变化而产生。波浪在外形上有高低起伏，波形最高处称为波峰，最低处叫作波谷，相邻两波峰（或波谷）之间的距离称作波长，波峰到波谷间的垂直距离叫作波高。相邻的两个波峰或波谷经过空间同一点所需时间称为波周期，波形在单位时间内前进的距离叫作波速。波长、波高、波周期和波速称为波浪的四大要素（图1.4）。

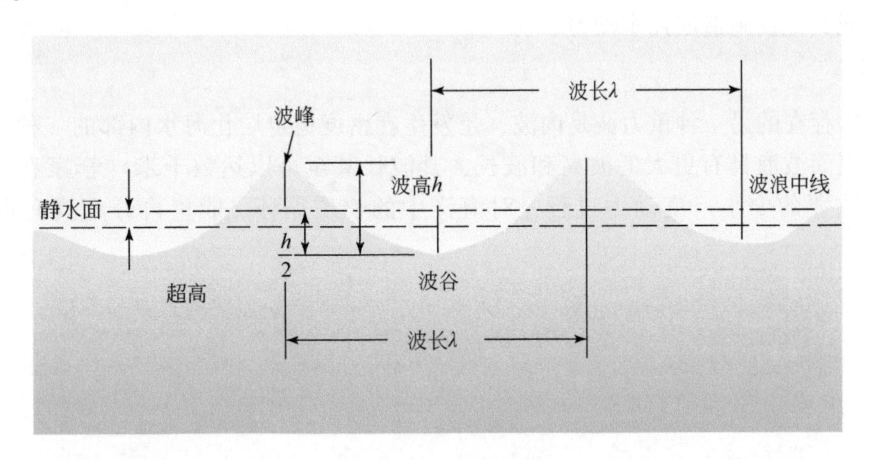

图1.4　波浪要素

波浪荷载通常是底部固定式结构设计的控制性因素，波浪也会导致浮式结构在所有六个自由度方向均发生运动，是海洋工程设计中必须考虑的影响因素。

1. *表面波*

海洋表面的波浪主要由风引起，并沿水-气界面传播。由于风在海水表面的运动产生压差力和摩擦力，从而扰动了海面的平衡，使能量从风能转化为波浪能，最终形成波浪。风吹过平静的海面时泛起涟漪，而海水表面的上下起伏又为风的进一步“摩擦”提供了更加便利的环境条件，从而使波纹逐渐发展为微波。当微波变得足够高并与气流相互作用时，海面上方的风变为湍流，并把能量传递给波浪。当海面变得越来越波涛汹涌时，风将更多的能量传递给波浪，从而使波浪越来越大。如此循环往复，波浪变得更高更陡。

波浪的形成受风速、风时和风距（即风在某单一方向吹动的距离）的影响，这些因素共同决定了波浪的大小。假设风速恒定，水深、风距和风时足够使波浪以与风相同的速度传播，出现完全发育海况。在完全发育海况下，波高和波长达到极限状态，此时即使水深、风距和风时进一步增加，风能也不再转化为波浪能，波浪从而不继续增大。

当风向改变，或波浪离开风力影响区域时，由于惯性作用，波浪仍沿原来的方向传播，成为涌浪。涌浪在传播过程中，不仅得不到能量，而且受空气和水分子之间的摩擦阻力作用而消耗能量，或波浪传入浅水地区，受海底摩擦而消耗能量，使涌浪的波高比原来的波高小得多，周期和波长越来越长。因此涌浪的出现，预示着波浪已进入消衰阶段。涌浪能够从产生区域横跨海洋传播到海洋的另一边，并且可以朝与风向不同的方向传播。涌浪能传播数百千米，有时甚至可达数千千米（南极海域风暴产生的涌浪经常抵达赤道地区）。

海浪，和所有形式的振动相同，都需要一个恢复力使其重新达到平衡状态，从而不断地进行传播。小波纹通过表面张力恢复，而波浪通过重力恢复。因此，海洋表面波也被称为“重力波”。

在强风暴中，水深200m的海底表层沉积物也可能受到表面波的影响。一般情况下，水深50m以内的海床受到表面波的影响显著，可能引起砂质沉积物的液化和冲刷，也对暴露的管线或其他设施造成强水动力载荷。

2. 内波

海洋中存在的另一种重力波是内波，是发生在密度稳定层化海水内部的一种波动。内波一般比表面波浪具有更大的波高和波长，其波长甚至可以达数千米（李家春，2005），是海洋中重要的中小尺度动力过程，对海洋中的物质循环、能量再分配具有重要影响（图1.5）。

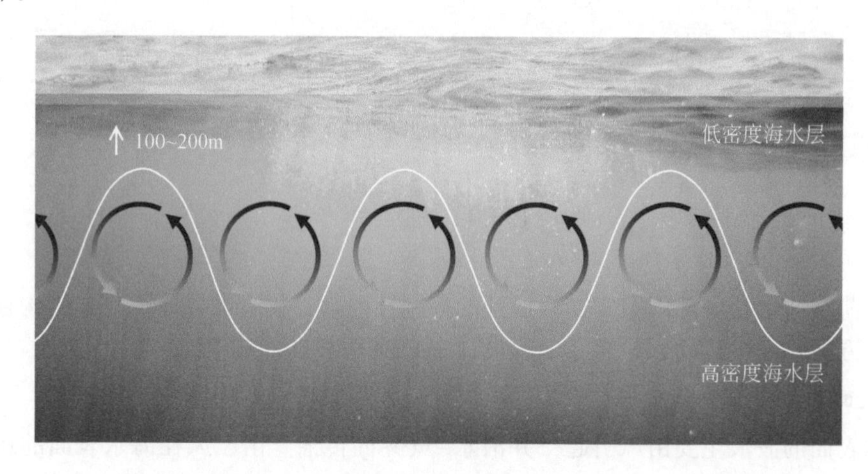

图1.5　海洋内波

典型的内波发生在温暖的上层海水与深层海水（冷、咸，因而密度较大）的交界面上。这种交界面称为温跃层，通常位于水深100~200m，但在水深1000m处也曾观测到波高60m的内波（Randolph and Gourvenec，2017）。温跃层附近水层的密度变化明显小于水-气界面处，因此，温跃层诱发和驱使内波传播的能量都小于表面波。内波的传播速度小于表面波，典型周期为几分钟（在开放海域观测到过周期长达几小时的内波），而风浪的典型周期只有5~15s，涌浪的典型周期为20~30s。

内波对海洋结构物有重要的影响，是海洋工程结构设计中必须考虑的环境因素。它能引起等密度面的大振幅波动，蕴含巨大能量，严重影响海上石油钻井平台、海上风电等海洋工程结构的运营安全。

1.1.3.2 海流

海洋中的海水沿一定路径的大规模流动就形成海流。海流具有相对稳定的流向、路径和速度，通常由海洋内部的温盐效应及海面上的气象因素作用引起，是海水运动的重要形式之一，对海洋内部的物质与能量的交换起着重要的作用，影响着海水的物理化学特性。

海流的流动模式复杂，既有水平流，也有竖向流，后者的运动尺度比前者小很多，流速也很小但物理意义重大，起到使下层营养物质涌升到海洋上层的交流作用，提高了海洋渔场的生产能力。海流根据垂直方向的流速方向可分为上升流或下降流，统称为升降流（曾一非，2007）。

海流对近岸和远海、表层和大洋深部水体都有影响。近岸海流受潮汐和局部风浪的驱动，可能影响任意深度的水体。远海接近表层的海流受全球风场的驱动，称为风成环流；而深部水体温度和盐度的不同导致海水密度变化，从而发生温盐环流。

1. 风成环流

风应力是海洋上表层环流形成的主要驱动力，影响深度在几百到一千米左右。虽然风驱动表层海流，但由于科里奥利效应引起的 Ekman 螺旋现象，导致海流的运动方向可能不同于风。当表层海水在风作用下运动时，深层水体被拖动。每层海水的运动都源自上一层海水的摩擦力，且流速比上层海水慢，直到某一水深处（约 100m）运动停止。与表层海水一样，深层海水也会受到科里奥利效应的影响，北半球向右，南半球向左。因此各层海水向右或向左偏移，形成螺旋效应，从而在各大洋中形成了有固定路径的巨大环流体系（图 1.6）。

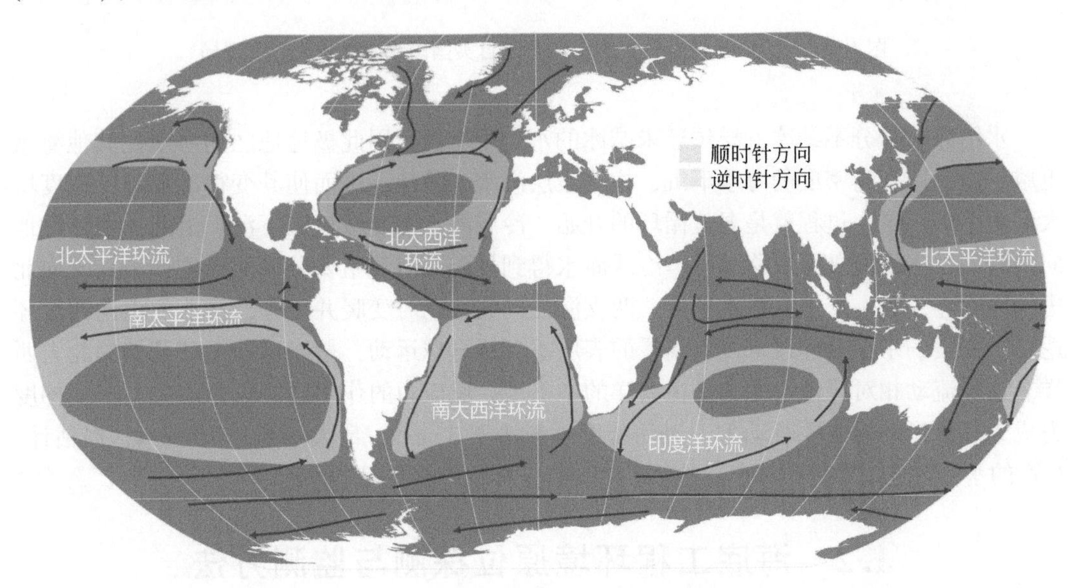

图 1.6 世界五大主要海洋环流（图片来自美国国家海洋和大气管理局）

2. 温盐环流

海面的受热和失热、海水的蒸发和降水、大陆的径流、海冰的结冰与融化等因素影响着海水温度和盐度的分布变化，从而使海水密度发生变化（冷而咸的海水比温暖的淡水密度大），海水的密度差异产生的密度梯度力推动着环流的运动，即温盐环流（图 1.7）。

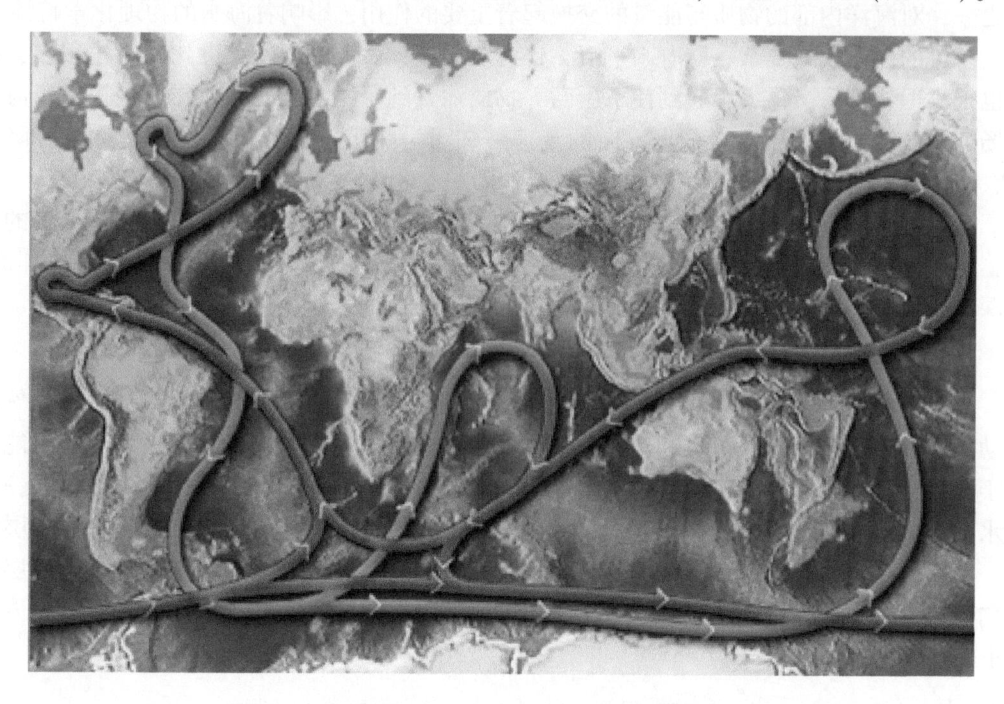

图 1.7　世界温盐环流分布图（图片来自美国国家海洋和大气管理局）

水结冰时盐分不结冰，导致还未结冰的水盐度增大，因此极地地区的海水比其他海域更咸。冷、咸、高密度的海水下沉，拖动表层海水来替换，进而使其变得冷而咸，密度增大到可下沉，这一过程就是温盐循环的开始。冷咸海水在北极地区下沉，沿西大西洋盆地向南移动，当沿南极海岸移动时，冷咸海水得到补充。海流主要分为两个方向，一支向北进入印度洋，另一支进入西太平洋。两支海流向北移动时变暖并上升，接着向南向西循环返回。变暖的水上升穿过水体，温暖的表层水环绕全球运动，最终返回循环开始的北大西洋。这种流动相对缓慢，尤其是在大洋的中下层，风应力的作用已经完全消失，密度梯度力成为环流运动的主要驱动力，流动速度一般小于 3cm/s，最大不超过 10cm/s，据估计，$1m^3$ 的水需要约 1000 年的时间才能完成整个温盐循环的旅程。

1.2　海底工程环境原位探测与监测方法

海洋工程包括所有海洋和海岸的水上和水下的军事和民用工程设施，种类繁多，加上工程地质条件随地而异、千变万化，使得海洋工程环境涉及的问题既广泛又复杂。为了研究海底工程环境问题需要运用各种综合的探测与监测方法，这也是认识海底工程环境的最先行、最基础，也是最关键的一步。

进入21世纪以来，随着电子与信息技术的进步，现代海底工程环境原位探测与监测手段逐渐丰富，探测与监测范围和深度日趋扩大，极大地推动了海洋科学研究、海洋工程建设与海底资源开发的发展。目前最主要的方法包括海洋地球物理探测、海底原位测试、海底原位探测与监测、海底采样、海洋环境移动观测平台技术、海底长期观测技术。

1.2.1 海洋地球物理探测

地球物理学是以物理学的思维和方法研究整个地球系统（包括大气圈、水圈、地壳及其以下各部分）的性质、状态、结构与其中所发生的各种物理过程的学科。地球物理学根据物理学的基本原理，利用观测仪器来观测各种地球物理场，采用地球物理正演和反演技术，揭示地球内部深不可及物质的物理性质和物理参数（徐行，2021）。海洋地球物理探测可揭示如重力场、地磁场、地电场、地震波场等各种地球物理场属性的时空特征，广泛应用于海洋科学研究、海底矿产资源勘探、海洋工程地质调查、国防军事等领域。

在20世纪，人类对海洋的探索推动着地球物理探测方法在海底探测上的应用，促成了海底扩张说和板块构造说的形成，推动了地球科学思想的巨大变革，引发了整个地球科学的革命。海洋地球物理探测发展至今已有一个半世纪之久，现今的海洋地球物理探测及研究已从浅海拓展到深远海，同时进军南北极，挑战世界深渊。在海洋科学研究和海洋经济发展中，海洋地球物理探测技术具有巨大的应用前景。随着国内外对海洋的大规模开发，海洋地球物理探测技术也必将得到更广泛、更深入的应用（吴时国和张健，2017；徐行，2021）。

1.2.2 海底原位测试技术

在海洋中，水深范围在6000~11000m的海域，被科学家称为“海斗深渊”（hadal trench），是地球上最深的海洋区域。该区域主要分布在大陆边缘，由海沟组成，虽然只占全球海底面积的1%~2%，但是垂直深度占海洋全深度的45%，在海洋生态系统中具有重要意义。目前，深渊研究已成为海洋研究最新的前沿领域，这同时也标志着海洋科学已经进入全海深科考时代。众多以海底土体为基础的海洋工程应运而生，迫切需要获取全海深沉积物力学特性，由于海洋工程地质环境的特殊性，尤其是深海，常规取样难度较大，并且会扰动原状土体，海底沉积物原位测试技术成为海底工程勘察的重要手段（张红等，2019）。

原位测试是指在岩体、土体所处的原位置，保持其原有结构、含水率和应力状态，直接或间接测定岩土的工程特性及参数的技术手段，海底原位测试技术具有测试快捷、测量精度高、测试结果更加接近真实环境的特点。国际上原位测试技术的研究一直保持着快速发展的态势，在海洋工程勘察、岩土工程设计、环境岩土工程等领域得到了广泛的应用和发展，未来也将向着集成化、高效化、综合化以及专门化方向发展。

1.2.3　海底原位探测与监测技术

黏性极小的流体绕物体流动时，流体黏性在贴近壁面薄层中的作用是不可忽视的，该薄层称为边界层。海洋水体在流动时，在其黏滞性作用下，分别受到大气和海床的作用，形成了表面边界层（surface boundary layers，SBLs）（Ekman，1905）和海底边界层（bottom boundary layers，BBLs）（Richards，1982）。其中海底边界层的水流结构明显受到海床影响。海底边界层对海床与海水之间物质交换、海底沉积物侵蚀、再悬浮与堆积等海底动力过程具有重要影响（Schlichting，1988）。海洋动力作用使得海底边界层的细粒颗粒物处于起动、搬运、沉降、再悬浮和再搬运等循环运动中。这些再悬浮起来的悬沙比表面积大，因此成为海洋物质循环过程中的重要载体，对污染物的迁移、循环以及海洋生物化学循环具有重要作用。此外，海底沉积物的再悬浮输运过程还在一定程度上控制着营养盐的输运过程，对海洋生态系统的演化具有重要意义。简而言之，海底边界层是指海床界面两侧的底层海水与浅表层沉积物相互作用的区域，在该范围内海洋水体与沉积物进行着强烈的物质、能量交换（文明征，2016）。

在各类海洋资源开发等工程活动以及全球气候变化背景下，认识海底边界层中的沉积过程、生物化学作用、物质循环平衡以及沉积物物理化学性质等是当前海洋科学与技术领域的重要研究方向。认识海底边界层，对于海洋科学的研究、各类资源开发利用以及各类海洋工程建设均具有重要意义。在此过程中，原位观测是获取相关资料的重要环节。

1.2.4　海底采样技术

海洋作为地球上最大的资源库，其蕴含的油气、生物、化学、空间资源等已经成为世界各国争相竞争的高地。但是由于海水的隔离，人类对这些资源的勘查、开发都受到了极大的限制。为了突破这些限制，各类海底采样技术与装备应运而生并得到迅速发展。

海底水样、沉积物等样品是人类认识和研究海洋科学、海底环境、海底工程地质以及资源勘查的重要媒介。海底采样技术是从海底获取各类水、沉积物、岩心、微生物等相关样品的技术手段，也是实现对海底环境原位条件、特性更为精确研究所必备的技术基础。当前，国内外在海底水、沉积物、岩心等取样技术和装置研究上也有较大的进展，包括：非气密海水采样技术、气密海水采样技术、孔隙水采样技术、表层沉积物采样技术、柱状沉积物采样技术、岩心采样技术以及生物采样技术等。发展海底取样技术与装备具有重要意义，可推动各类海洋资源勘探与开发的进步，并带来良好的社会与经济效益。

1.2.5　海洋环境移动观测平台技术

进入21世纪后，海洋观测呈现立体、实时、多样化的发展趋势，海洋观测资料及数据与海洋物理、生态、资源、军事等领域结合得越来越紧密，随着平台载体、能源、导航控制及通信传输等基础技术的不断完善，使用方便、操控灵活的海洋环境移动平台技术在对动力要素、声学要素、气象、地质以及海洋生物等的现场观测调查中的作用日趋强大，已成为占海洋总面积90%的深远海区域开发利用中的主力军，也是突发事件应急机动调查或对某些海域隐蔽调查的首要工具。移动观测技术克服了定点观测技术只能在固定位置作业的缺陷，能够覆盖更大的区域，具有更大的灵活性，大大拓展了人类进行海洋观测的疆界（张云海和汪东平，2015）。

1.2.6 海底长期观测—监测平台

海底监测平台为海洋地质、海洋化学及海洋环境等领域的研究提供了方法与途径，使科学家不必下海就可以对海洋里的物理、化学变化以及生态系统进行观测，是对传统海洋学研究方法的一次重大突破。

海底观测系统的实现方式可以根据不同需要分为三类：第一类是海底观测站，针对某一具体的目标，在一个非常小的区域里建立起原位的观测系统，完成明确的观测任务，可针对某一特定区域的生态系统进行观测研究，也可开展一项某一特定的海洋观测或科学研究活动；第二类是观测链，它在观测站的基础上，将数据通过某种通信方式传回岸基或者是停泊在海面上的科学考察船，通过观测链则可以获得比较实时的科学数据；第三类是海底观测网络，它的观测量多，能源可不断地从岸基直接供给，数据能够实时传回岸基实验室。因此观测网络的功能最为强大，观测实时性最好，观测时间最长。

根据通信方式的不同，海底观测系统的构成也是不同的。当海底观测系统需要与陆地基地间进行通信时，可采用无线通信和有线通信两种方式。其中无线通信方式有声学通信、卫星通信、数传电台和码分多址技术（code division multiple access，CDMA）等，有线通信方式一般指传统的光纤通信。不需要与岸基实验室进行通信时，则只需要海底观测系统内部的信号传输。有时，也需要一些近距离的无线通信方式，如电磁感应式的通信、激光通信等，用于水下潜器对海底观测系统的巡检或者移动式观测器与海底基站的通信。海底观测系统实现了对海底能源供应和信息采集的网络化，使海底长期、连续、直接观测成为可能。

参考文献

陈鹰，杨灿军，陶春辉，等. 2006. 海底观测系统. 北京：海洋出版社.

方建勇，陈坚. 2008. 2004年夏季台湾浅滩及其邻近海域悬浮体成分与分布特征. 台湾海峡，27（2）：221-229.

冯士筰，李凤岐，李少菁. 1999. 海洋科学导论. 北京：高等教育出版社.

冯秀丽，沈渭铨. 2006. 海洋工程地质专论. 青岛：中国海洋大学出版社.

李家春. 2005. 水面下的波浪——海洋内波. 力学与实践，(02)：1-6.

李靖宇. 2014. 以海洋强国为取向推进国家重大战略工程. 区域经济评论，(04)：104-108.

罗续业. 2015. 海洋技术进展. 北京：海洋出版社.

钱洪宝，徐文，张杰，等. 2015. 我国海洋监测高技术发展的回顾与思考. 海洋技术学报，6：59-63.

陶华，郝高建. 2014. 海洋工程物探勘查中的干扰现象. 工程地球物理学报，11（6）：878-883.

汪品先. 2011. 海洋科学和技术协同发展的回顾. 地球科学进展，26（6）：644-649.

王鑫，史静，肖仙桃，等 . 2015. 国内地质学研究领域学科发展热点与态势分析 . 地质学报，89（06）：1144-1150.

文明征，单红仙，张少同，等 . 2016. 海底边界层沉积物再悬浮的研究进展 . 海洋地质与第四纪地质，36（01）：177-188.

吴时国，张健 . 2017. 海洋地球物理探测 . 北京：科学出版社 .

徐行 . 2021. 我国海洋地球物理探测技术发展现状及展望 . 华南地震，41（02）：1-12.

于志刚，熊建设，张亭禄，等 . 2009. 海洋技术 . 北京：海洋出版社 .

曾一非 . 2007. 海洋工程环境 . 上海：上海交通大学出版社 .

张红，贾永刚，刘晓磊，等 . 2019. 全海深海底沉积物力学特性原位测试技术 . 海洋地质前沿，（2）：1-9.

张云海，汪东平 . 2015. 海洋环境移动平台观测技术发展趋势分析 . 海洋技术学报，（03）：26-32.

翟世奎 . 2018. 海洋地质学 . 青岛：中国海洋大学出版社 .

Ekman V W. 1905. On the influence of the earth's rotation on ocean currents. Arkiv for Matematik，2（1）：1-53.

Jiang Z B，Liu T J，Xu H X，et al. 2015. Multivariable decoupling cotrol based on TC control in the diving and floating process of AUV. Applied Mechanics and Materials，741：720-724.

Randolph M，Gourvenec S. 2017. Offshore Geotechnical Engineering. Boca Raton：CRC Press.

Richards K J. 1982. Modeling the Benthic Boundary Layer. Journal of Physical Oceanography，12：428-439.

Schlichting H. 1988. Boundary Layer Theory（Part 1）. Beijing：Science Press：25-33.

Zhang D P，Wang J，Wang Y J，et al. 2014. A fast response temperature sensor based on fiber bragg grating. Measurement Science and Technology，25（7）：1-4.

Zhou J，Li D J，Chen Y. 2013. Frequency selection of an inductive contactless power transmission system for ocean observing. Ocean Engineering，（60）：175-185.

第2章　海洋地球物理探测

地球物理学是用位场理论、弹性波场理论等物理学理论和方法研究地球内部结构、构造和动力过程的学科。位场理论包含地球重力场、磁力场、电磁场等，相应地球物理探测技术有重力测量、磁力测量和电磁测量；弹性波场理论包括声学理论和地震波理论，基于弹性波场理论的海洋地球物理探测方法有海底浅层声探测和海洋地震探测。海底浅层声探测包含单波束测深、多波束测深、侧扫声呐和浅地层剖面探测，地震探测则包括单道地震、多道地震、海底地震仪探测。海洋地球物理探测的基本原理与陆地探测技术基本相同，但由于海水的电化学腐蚀性和动态性、深海高压、海洋环境复杂等，其工作开展难度更大，对海洋地球物理探测的仪器设备和工作方式提出了更高的要求。

按照特定探测手段、设备和目的，海洋地球物理探测技术通常分为：①船载地球物理探测，依托科学考察船（或搭乘载人潜水器、ROV）开展多种地球物理调查，如海底浅层声探测（单波束、多波束、侧扫声呐、浅地层剖面探测）、海洋地震探测、海洋重磁测量、海洋电磁测量等。②海底地球物理探测，直接将海底地震仪、海底大地电磁仪等海底探测仪器投放在海底进行探测。③井筒地球物理测井，如声波测井、放射性测井、电法测井、成像测井等。

海洋地球物理探测的主要目的是研究地质构造、探寻海底矿产资源和油气资源、查明海底工程地质环境，在海洋资源开发、海洋地质调查、海洋工程建设、保卫海洋安全、海洋环境保护等方面都有广泛应用。

2.1　海底浅层声探测

水深是最基本的海洋测量项目之一，水深测量的主要目的是探测海底地形地貌。人类早在18世纪便开始使用水文测量的方法开展对海底地形的探测，随着海洋科学考察的兴起，在19世纪的海洋探险中开始采用重锤单点水深测量，例如，1872年12月7日至1876年5月26日，英国“挑战者”号调查船进行了世界上第一次环球海洋科学考察，历时3年半，航程68890n mile①，调查了除北冰洋以外的世界各大洋，其间进行了492个站位的深度测量（国家海洋局科技司，1998）。1855年，M. F. Maury测量得到了墨西哥和西非之间的北大西洋水深图和测深剖面图（图2.1）。虽然当时的测点很少，但已能清楚地揭示出毗邻大陆的浅台地、通往深海的陡坡、中大西洋的较浅区域及加勒比海边缘的深海沟(金翔龙等，2009)。

传统的水文测量是将测深锤或测深杆直接放入水中，通过陀绳或测深杆上的刻度直接量出海底与水面之间的距离，方法简单直接，但随着深度加大，测量工作难以实施、效率

① 1n mile=1.852km。

低下，且受海流影响，测深精度也难以保证。直到19世纪20年代，声学测量技术的出现取代了传统的水文测量，成为常规的海底地形地貌探测技术（图2.2）。

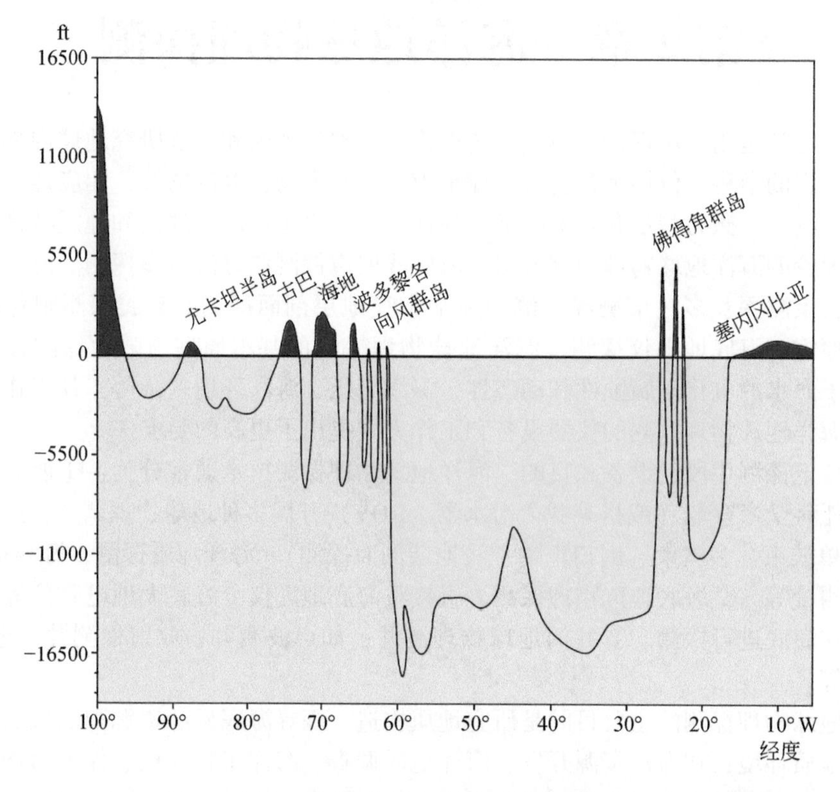

图2.1　M. F. Maury于1855年发表的墨西哥与西非间的测深剖面图（改自金翔龙等，2009）

1ft=0.3048m

图2.2　海底地形声学测量工作示意图（图片来自挪威Kongsberg Maritime公司）

海底浅层声探测包括单波束测深、多波束测深、侧扫声呐和浅地层剖面探测等，这些技术的工作原理基本相似，只是由于探测目标的不同而有所区别，使用的声波频率和强度也有所差异，一般高频声波用于探测中、浅海水深或侧扫海底形态，低频声波用于探测深海水深或浅层剖面结构，高频声波能提高分辨率，而低频声波则能提高声波的作用距离和穿透深度（金翔龙，2007）。

2.1.1　单波束测深

1912 年，由于“泰坦尼克号”的沉没，为保证航行的安全，人们便想利用回声来发现前进路上的冰山，虽然这个方法并没有成功，但这一想法被利用到了海底地形地貌的探测，随之孕育而生了单波束测深技术，取代了传统的铅锤测深法，实现了从人工测量到自动测量的巨大飞跃。此后，人们开展了一系列的海洋测深调查研究，极大地提高了对海底地形地貌的认识。

2.1.1.1　工作原理

声波是目前所知唯一能够在海洋中远距离传播的波动形式，是水下信息传输的重要载体，声波在均匀介质中将以匀速直线的形式进行传播，且在不同介质界面上发生反射。回声测试仪正是利用声波这一特性，通过设置于船底的换能器垂直向水下发射一定频率的声波脉冲，声波遇到障碍物即发生反射（图 2.3），根据声波往返的时间和所测水域中声波的传播速度，就可以求得目标与换能器之间的距离（式 2.1），重复这一过程即可对水深进行连续测量。

$$H = \frac{1}{2}Ct + D \tag{2.1}$$

式中：H 为换能器至水底的深度；C 为声波在海水中的传播速度；t 为声波往返的时间；D 为换能器吃水深度。

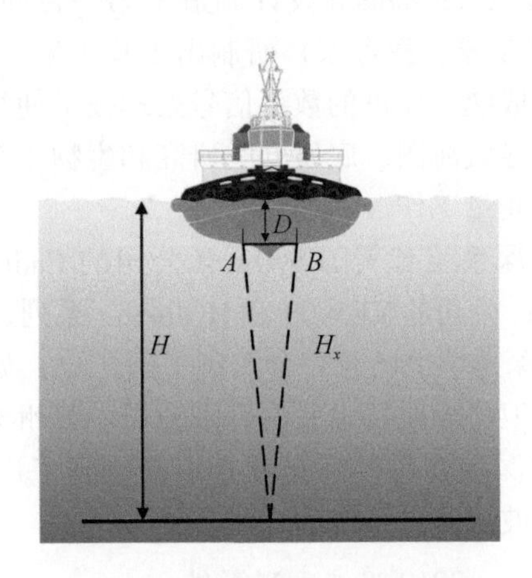

图 2.3　单波束测深工作原理图

2.1.1.2　系统组成

单波束测深系统操作简单、安装与使用方便，主要由操作工作站、发射-接收处理单元、换能器等主要部件组成。发射单元按一定周期产生一定频率的振荡脉冲并由发射换能器向海水中发射，接收处理单元将接收换能器收到的回波信号过滤、放大并转换成数字信号，信号处理后输入显控设备绘出深度曲线。以挪威 Kongsberg Maritime 公司的 EA640 单波束测深系统为例，单波束测深系统组成如图 2.4 所示。

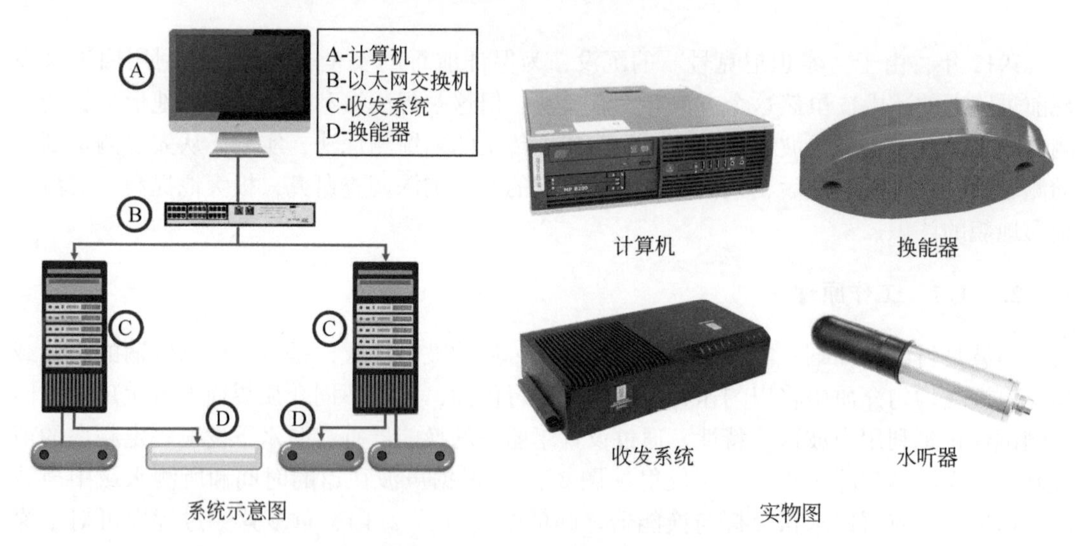

图 2.4　EA640 单波束测深系统

2.1.1.3　典型设备

1914 年，美国科学家 R. A. Fessenden 设计制造了第一台回声测深仪；约 1940 年，周同庆（1907～1989 年，物理学家、教育家）研制出了我国第一台自动回声测深仪。目前，单波束测深设备研发已非常成熟，先进的数字信号处理技术使得测深数据更为可靠，测量数据可用于军用海图编制、导航海图、底质分类研究和生物生存环境编图等各个领域，可完成全海域深度的海洋环境测量工作。

国际上主要的单波束测深系统有美国 SyQwest 公司的 Bathy 系列、加拿大 Knudsen 公司的 Sounder 系列、德国 Elac 公司的 VE5900 和 HydroStar 系列、挪威 Kongsberg Maritime 公司的 EA 系列等。单波束测深系统也已经完全实现了国产化，如无锡市海鹰加科海洋技术有限责任公司、广州中海达卫星导航技术股份有限公司、苏州桑泰海洋仪器研发有限责任公司等自主研发的单波束测深仪在各种海洋调查中都得到了广泛应用（图 2.5）。表 2.1 给出了国内外典型全水深单波束测深系统的对比。

1. 美国 SyQwest 公司 Bathy-2010 单波束测深仪

Bathy-2010 设计先进、操作简单，可选择自动或手动工作模式，能实时显示声速和深度信息，可用于全海域深度（最大工作水深 12000m），它是专门为深海地球物理调查而设

Elac VE5900　SyQwest Bathy-2010　Knudsen Sounder3260

Kongsberg EA440　海鹰 HY1690　中海达 HD-MAX

图 2.5　国内外典型单波束测深仪

计的。美国 TAGS-50 系列及 TAGS-60 系列海军测量船、美国海岸警卫破冰船、中国海监 51 船、“海洋”四号均安装有此设备。

2. 德国 Elac 公司 HydroStar4900 单波束测深仪

HydroStar4900 是新一代中深海高准确度单波束测深仪的代表。它采用了新型的电子技术，可外接标准打印机，实时打印测量结果。HydroStar4900 是专为海洋测绘和水道测量设计的测绘仪器，能提供符合 IHO 规范的精确水深数据，分辨率极高。它可同时连接四个换能器，频率从 10kHz 到 1MHz 可选。

3. 无锡海鹰 HY1690 万米双频测深仪

HY1690 型深海测深仪主机柜内部包含了一套高性能的工控计算机系统和两套互为备份的收发机。HY1690 型采用数字信号处理技术、计算机图形显示技术，实现了测深仪操作与控制的智能化。测深仪的全部操作采用无调节旋钮方式。测深仪以 DSP 为核心，实现发射及接收控制、TVG 及 AGC 控制、回波信号数字化及处理、底回波搜索与跟踪。

表 2.1　典型全水深单波束测深系统对比

参数	型号				
	Bathy-2010	HydroStar 4900	EA640	Knudsen 3260	HY1690
测深范围/m	10～12000	0～10000	1～12500	全深度	10～10000
工作频率	3.5kHz/12kHz	10kHz～1MHz	12～500kHz	3.5～210kHz	高频 25kHZ 低频 10.5kHZ
分辨率	0.1m	可达到 2.5cm	可达 0.6cm	1cm	1cm

2.1.1.4　应用实例

在波罗的海，俄罗斯与芬兰、波兰、瑞典、爱沙尼亚、立陶宛等五国是海岸相邻或隔海相望的邻国，存在着领海、专属经济区和大陆架边界。波罗的海是半闭海，通过卡特加特海峡与北海和大西洋相通，是波罗的海和北海沿岸各国相互来往和通往世界各大港口的主要航道，具有重要的战略价值（匡增军和蒋中亮，2013）。在 2004～2018 年期间，俄罗斯希尔绍夫海洋研究所大西洋分部在波罗的海东南部俄罗斯专属经济区进行了 25 次考察并采用回声测深仪 Simrad EA-400SP 和 Furuno FS-700 进行了水深探测。原始探测数据通过声速值进行过滤和校正后采用 ArcGIS 建立了 1：500000 的数字高程模型，如图 2.6 所示。

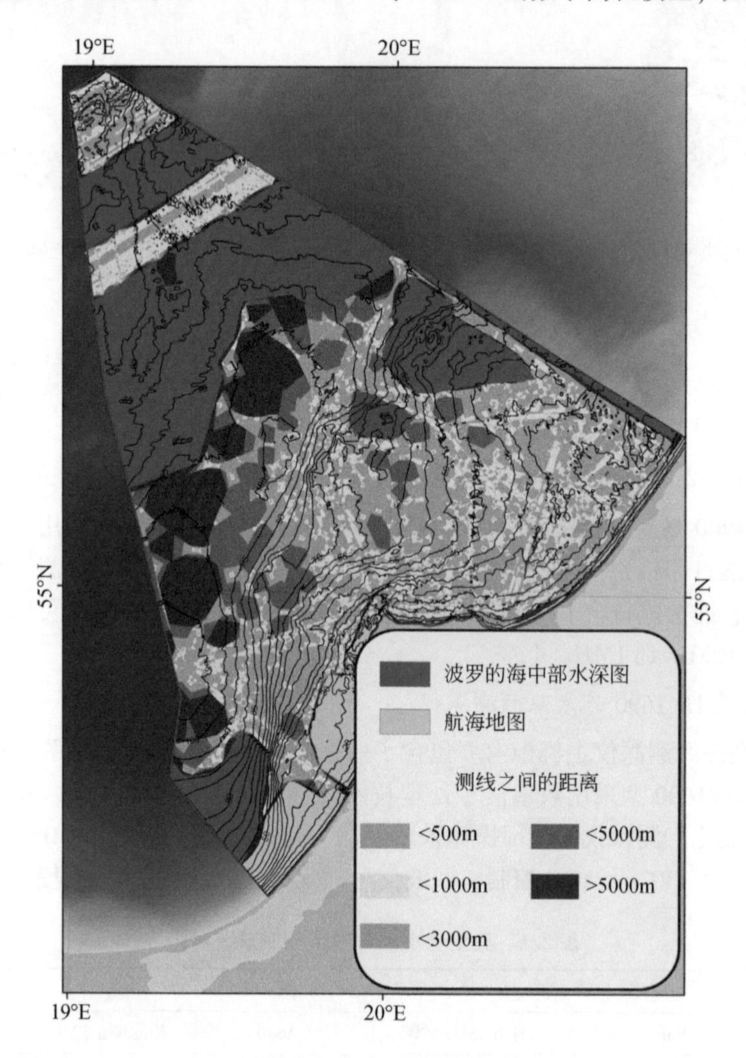

图 2.6　俄罗斯专属经济区数字高程模型图（Dorokhov et al.，2019）

与多波束测深技术和激光雷达等测深技术相比，单波束测深仪具有操作简单、安装方便、成本较低等优点，结合 gvSIG 等免费的开源地理信息系统，就可以实现浅海区域的低成本测深并获得高精度地形地貌数据。图2.7为通过单波束测深仪和gvSIG得到的西班牙加利西亚海岸Cedeira湾的三维测深模型。

图2.7　深度放大10倍后的Cedeira湾的三维测深模型图（Sánchez-Carnero et al.，2012）

通过单波束测深技术测绘的地形地貌也可用于分析海底管道的位置、掩埋情况和管道沟的形态以确保管道的运行安全。在一定的水深范围内，单波束测深仪可以很容易探测到布设于海底面上的海底管道（图2.8），在已知管道直径的情况下，通过计算管道顶部到海底面的距离，可以判断管道的掩埋情况（来向华等，2007）。

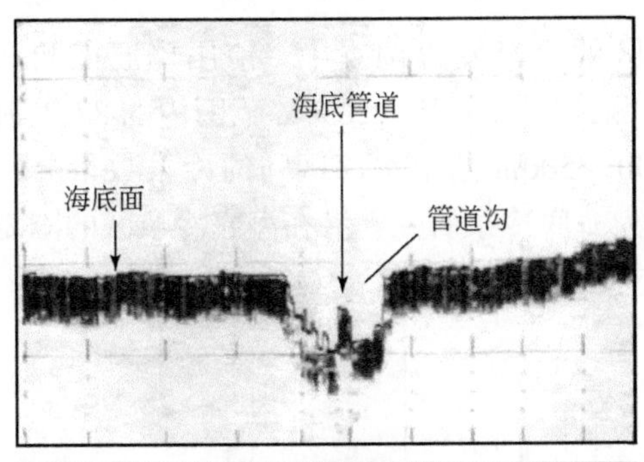

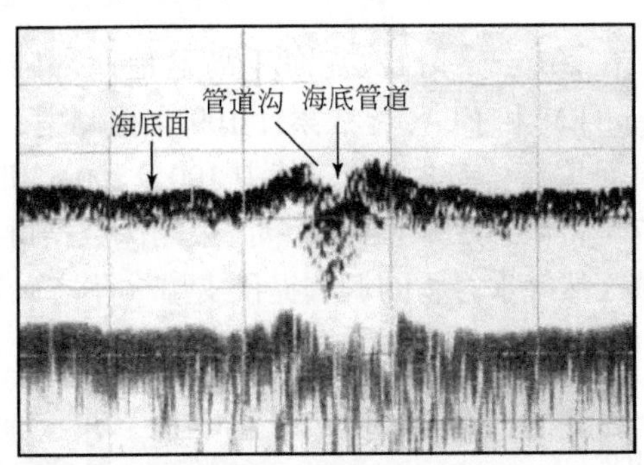

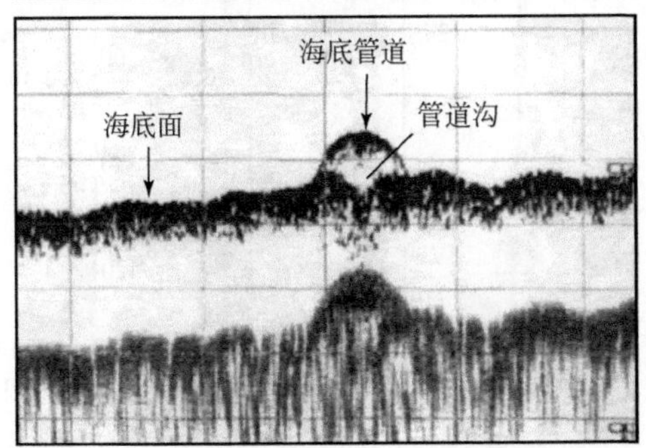

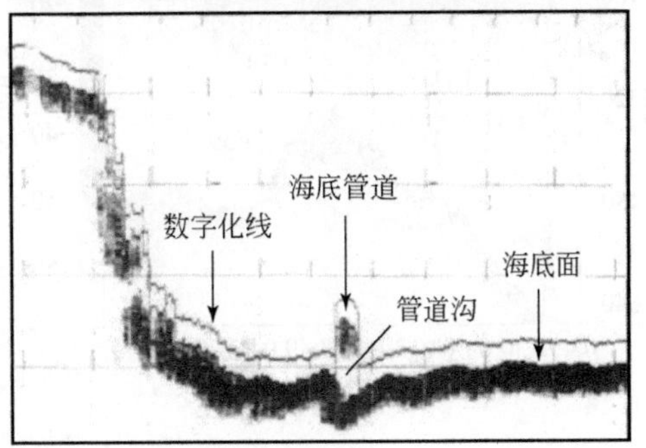

图2.8　单波束测深得到的管道位置（来向华等，2007）

近年来，具有巨大开发潜力的天然气水合物受到了全球的广泛关注，单波束测深技术也被应用到了天然气水合物资源勘探中。海底冷泉是海域天然气水合物赋存的重要标志之一，冷泉是指来自海底沉积地层（或更深）的气体以喷涌或渗漏的方式注入海洋中的一种海洋地质现象。利用冷泉气泡与海水之间显著的声阻抗差异性，德国不来梅大学对世界油气勘探开发的热点地区之一的西非深海下刚果盆地的海底渗漏点开展了单波束调查，并将得到的单波束测深数据进行了三维网格法处理（图 2.9），重构了海底甲烷气渗漏形成的羽状流的几何形状和时间变化（Wenau et al., 2018）。

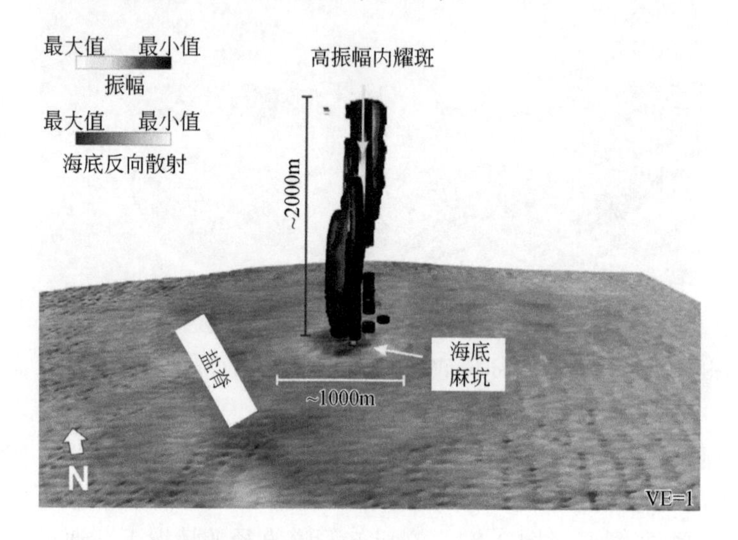

图 2.9　海底和羽状流三维重构图（S. Wenau et al., 2018）

在 2016 年鄂霍次克海千岛盆地西部陆坡区的冷泉发育调查中，使用单波束测深仪 Sargan-EM 和 ELAC，在累计 109 次探测中，探测到了水深 85～2230m 范围内的 87 处海底冷泉羽状流（图 2.10），其中 100～200m 和 300～500m 两个水深区间的冷泉数量分别占 28.7% 和 43.7%，获得的单波束测深数据可以为海底冷泉研究、潜在海底冷泉区的圈划和海域天然气水合物的调查提供支撑（华志励和刘波，2019）。

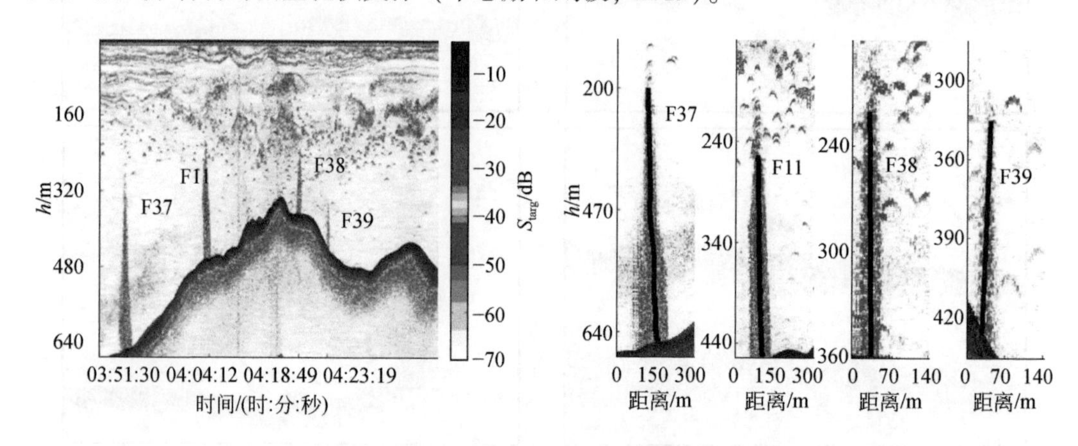

图 2.10　冷泉声学剖面图与冷泉轨迹（华志励和刘波，2019）

2.1.2　多波束测深

20 世纪 70 年代，在回声测深技术的基础上多波束测深技术逐渐发展起来。1964 年，美国通用仪器公司的哈里斯反潜战部门发明了第一套原始的多波束系统——窄波束回声测深仪（NBES），直到 1976 年，随着技术的成熟与数字化计算机处理及控制硬件技术的应用，诞生了第一台多波束扫描测深系统 SeaBeam。在 20 世纪八九十年代，许多公司开始进入多波束测深这一领域，陆续出现了适用于浅、中、深水的多种不同类型的多波束测深系统。

不同于单波束测深技术只能获得测量船正下方的水深且只能获取较少的数据，多波束测深技术采用条带式测量，在与航迹垂直的平面内能一次获取几十个甚至数百个测点的水深，可以精确快速地测出沿航线一定宽度水下目标的大小、形状和高度变化，具有高精度、高效率、高密度和全覆盖等优点，形成的三维地形图具有更高的分辨率（图 2. 11），能够清晰地表达出测区范围内海底地形，其应用更为广泛，在海底地形地貌探测中发挥着重要的作用。

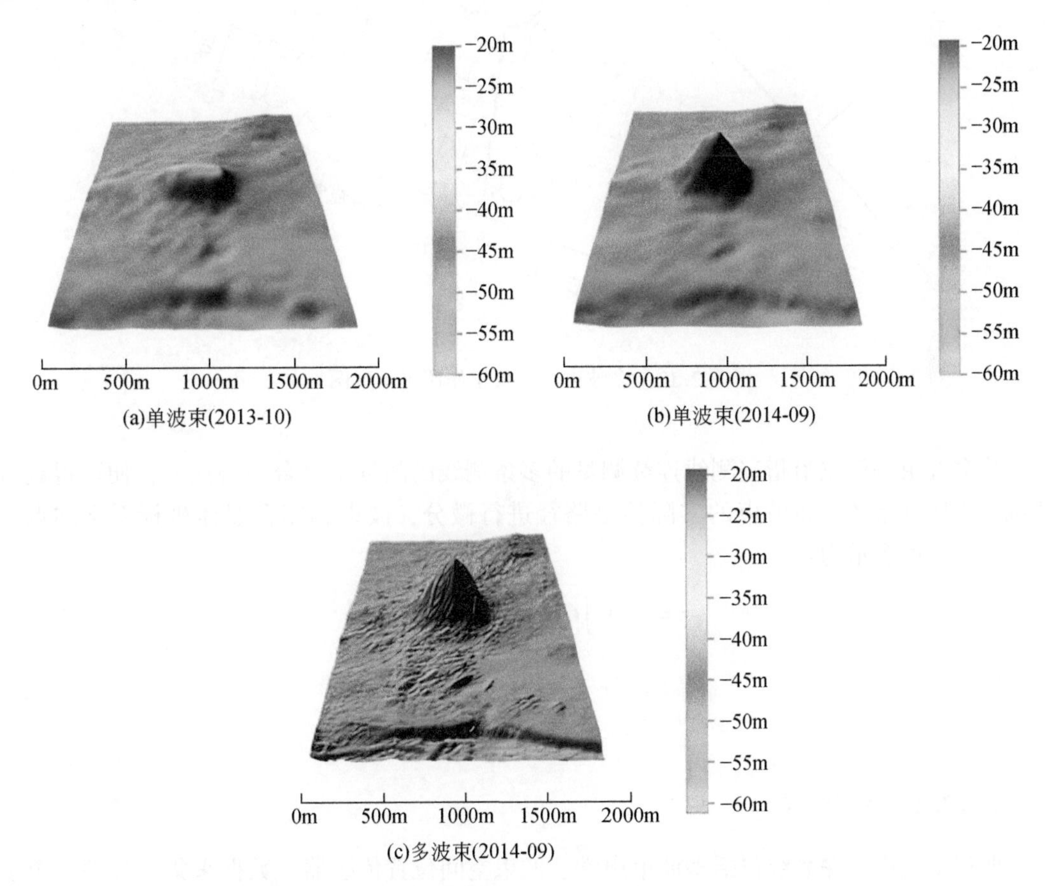

图 2. 11　单波束与多波束测量海底三维地形图对比（陈虹等，2017）

2.1.2.1　工作原理

多波束测深技术是利用发射换能器基阵向海底发射开角宽 θ 的声波，并由接收换能器基阵对海底回波进行窄波束接收（图 2.12）。通过发射、接收波束相交在海底与航迹方向垂直的条带区域形成数以百计的照射脚印（单个发射波束与接收波束的交叉区域），对这些脚印内的反向散射信号同时进行到达时间和到达角度的估计，再进一步通过公式计算由获得的声速剖面数据得到该点的水深值。

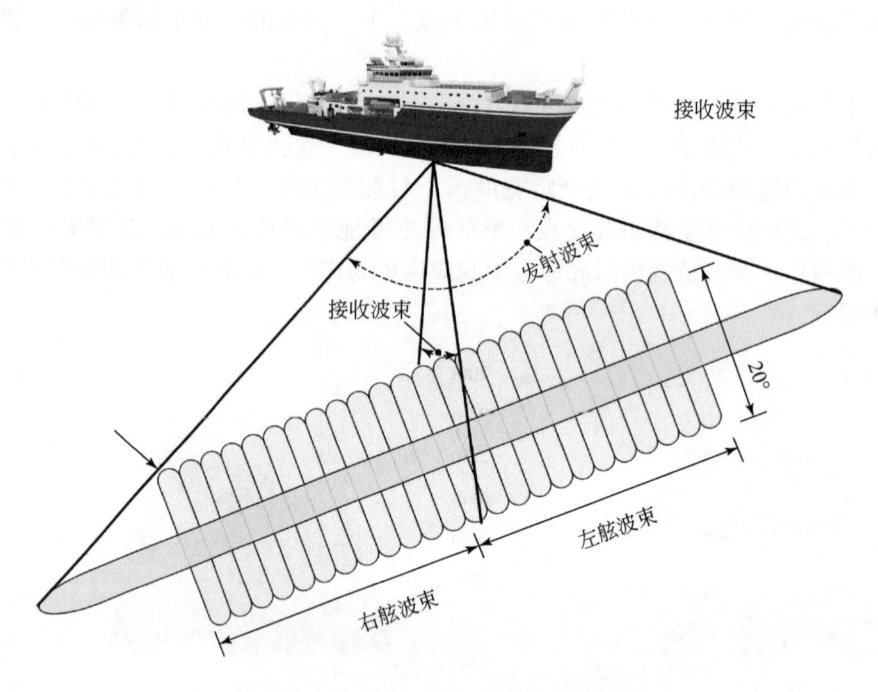

图 2.12　多波束测深仪工作原理示意图

将多波束测深仪沿指定测线连续测量的多条测线的测量结果合理拼接后，便可得到该区域的海底地形图。将波束的实际传播路径进行微分，波束脚印在船体坐标系下的点位（x，y，z）可表示为：

$$z = z_0 + \int C(z)\cos(\theta(z))\,\mathrm{d}z$$

$$x = x_0 + \int C(z)\sin(\theta(z))\,\mathrm{d}z$$

$$y=0$$

2.1.2.2　系统组成

典型多波束测深系统包括多波束声学、波束空间位置传感器、数据采集与处理三个子系统（李文杰等，2004；图 2.13）：

（1）多波束声学子系统包括多波束发射接收换能器阵和多波束信号控制处理电子柜，

图2.13　多波束测深工作示意图（图片来自巴西海军项目管理公司）

主要负责波束的发射和接收。

（2）波束空间位置传感器子系统包括电罗经等运动传感器、差分全球卫星定位系统（differential global position system，DGPS）和声速剖面仪（sound velocity profiler，SVP），主要负责测量作业船的瞬时位置、姿态、航向以及海水中声速的传播特性。

（3）数据采集与处理子系统包括多波束实时采集、后处理计算机及相关软件和数据显示、输出、存储设备。主要负责将接收到的声波信号转换为数字信号，并反算其测量距离或记录其往返程时间；综合各项传感器信息，计算波束脚印的坐标和深度以绘制海底平面或三维图。

2.1.2.3　典型设备

国内外有多家公司和科研院所可以提供成熟的产品化、产业化、系列化多波束测深系统，如德国ELAC公司的SeaBeam系列、挪威Kongsberg Maritime公司的EM系列、丹麦Reson公司的SeaBat系列等，国内的有广州中海达公司的iBeam系列、哈尔滨工程大学的HT系列、北京海卓同创的MS系列，但由于国内研究起步较晚，尤其是深水多波束测深系统尚不成熟，目前仍以国外设备为主。表2.2给出了典型深水多波束测深系统对比。

表2.2　典型深水多波束测深系统对比（张同伟等，2018）

参数	型号		
	ELAC SeaBeam 3012	Teledyne HydroSweep DS	Kongsberg EM 122
基本原理	束控法	相干声呐原理	束控法
发射频率/kHz	12	14～16	12

续表

参数	型号		
	ELAC SeaBeam 3012	Teledyne HydroSweep DS	Kongsberg EM 122
测量水深/m	50 ~ 11000	10 ~ 11000	20 ~ 11000
发射波束宽度	1°，2°	0.5°，1°，2°	0.5°，1°，2°
接收波束宽度	1°，2°	1°，2°	1°，2°，4°
最大条带宽	5.5 倍水深	5.5 倍水深	6 倍水深
最大覆盖宽度/km	31	28	30
每条带波束数	301	320	288
最大 ping 速率/Hz	3	10	5
测深分辨率/cm	12	6	10 ~ 40
测深精度	0.2% 水深	0.2% 水深	0.2% 水深
发射波形	CW	CW/LFM/Barker	CW/LFM
波束间隔	等角/等距	等角/等距	等角/距/加密
最大作业航速/节	12	10	16
发射阵长度	约 7.7m（1°）	约 5.6m（1°）	约 7.8m（1°）
接收阵长度	约 7.7m（1°）	约 5.6m（1°）	约 7.8m（1°）

1. 德国 Elac 公司 SeaBeam3012 深水多波束测深系统

SeaBeam3012 是第一套能在所有水深下进行实时全姿态运动补偿的全海洋深度多波束测深系统（图 2.14），其波束扫描技术包括宽覆盖、浅水近场聚焦、多脉冲、线性调频等特性，使其性能远超过其他常规扇区扫描技术（张同伟等，2018），在我国最新一代综合科考船如“向阳红 01”、“向阳红 10”、“科学号”等科考船均有装备。

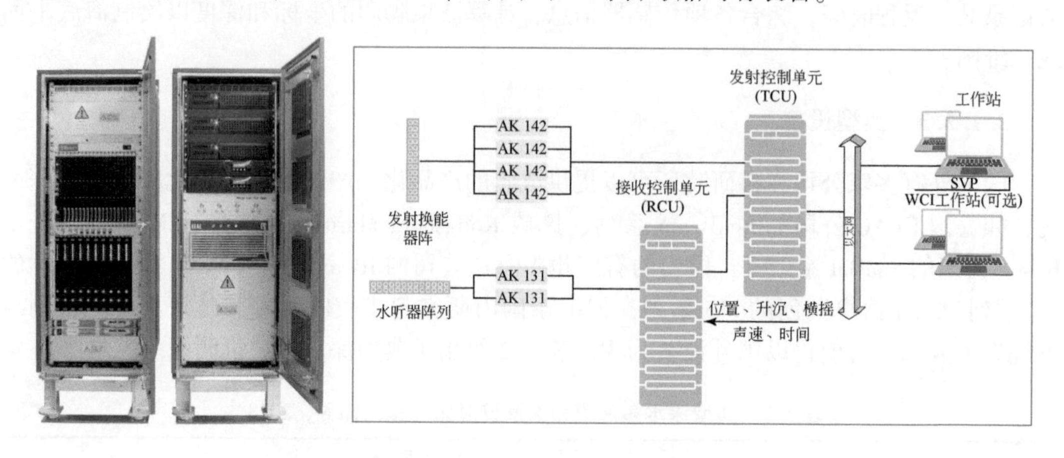

图 2.14　SeaBeam3012 多波束测深系统（图片来自德国 Elac 公司）

2. 挪威Kongsberg公司EM 122型深水多波束测深系统

EM 122型采用多脉冲发射技术和双条幅检测技术（每次发射获得两个频率不同的条幅），实现了高密度信号采集与处理。EM 122型采用了线性调频扫描脉冲发射技术，测量条幅宽度可达30000m，与常规的CW脉冲相比，信噪比增加了约15dB，此外，还可集成海底声学成像功能（侧扫声呐功能）。低频的EM 122型与高频的多波束系统（如EM 710）搭配使用，可以构成一个适用于任何水深测绘作业的完整系统，该解决方案符合IHO标准。

2.1.2.4　应用实例

地震活动会引导气体从海底活断层中渗漏形成冷泉，马尔马拉海位于高度活跃的北安那托利亚断层与南马尔马拉断层中间，作为欧洲海洋观测超级网络（ESONET）项目的一部分，在2009年对其进行的系列海底调查中，使用了船载多波束回声测深仪Kongsberg EM302进行了冷泉探测，在整个海洋范围内建立了准确的渗漏空间分布（图2.15）。

图2.15　马尔马拉海底冷泉探测图（Dupré et al., 2015）

多波束测深技术是海底地形地貌测量的最主要的手段。1997年的亚欧光缆路由调查是多波束测深技术在我国海洋工程中的首次应用。图2.16是调查中利用Simrad EM950多波束测深系统测得的海底地形图。在实际勘测时发现原计划路由区（图中白线位置）存在一条较深海沟，不适合海底光缆的铺设，所以改为黄线作为实际路由（刘保华等，2005）。

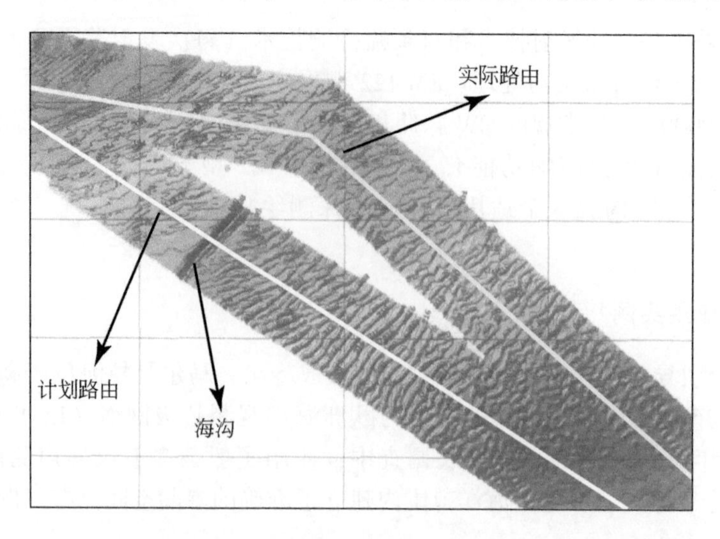

图 2. 16　亚欧光缆某路由调查区段测得的海底地形图（刘保华等，2005）

中国科学院海洋研究所在开展西太平洋马里亚纳海山区多学科综合科学考察的过程中，为保障遥控潜水器（remote-operated vehicle，ROV）等设备的现场作业安全进行，利用“科学”号船载的全水深多波束测深系统 Seabeam3012 对多个海山进行了地形测量工作（图 2. 17），以确保后续西太平洋马里亚纳海山区海洋生物多样性、海洋生物起源与进化、海山火山岩的物质组成及成因等研究顺利进行（龚旭东等，2020）。

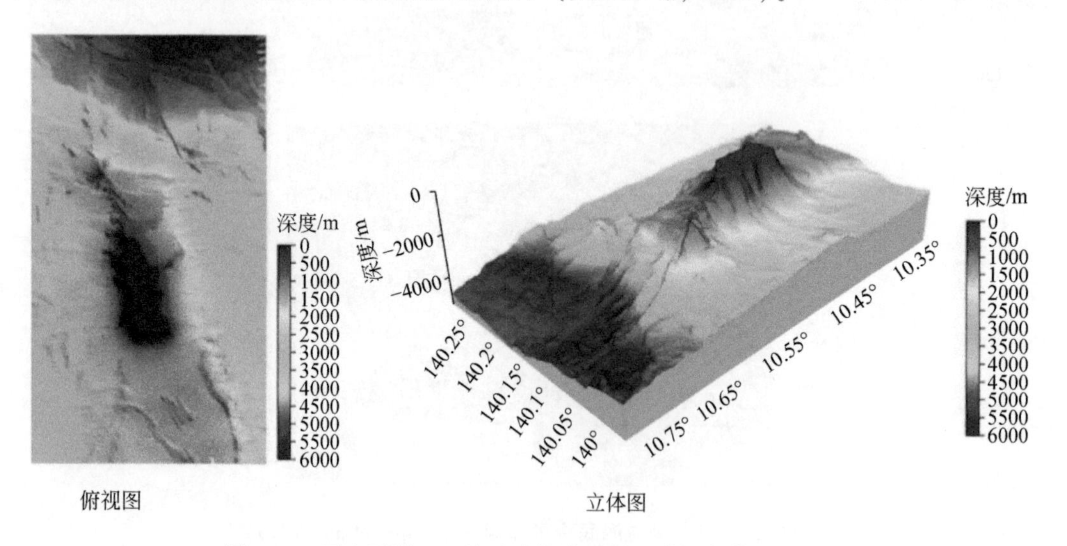

图 2. 17　西太平洋 KLL 海山水深曲面图（龚旭东等，2020）

杭州湾南部舟山大陆引水工程海底管线检测项目中，采用了 Reson SeaBat 7125 sv2 多波束系统数据扫测了管道两侧 100m 区域的地形，并对管道整体在位状态进行了检测，探测到部分管道沟内存在管道出露（图 2. 18），获得的地形资料可以为后续的管道治理与保护工作提供指导。

图 2. 18　多波束探测到的管道出露（王恒波，2020）

2. 1. 3　侧扫声呐

侧扫声呐技术起源于 20 世纪 50 年代末，世界首台侧扫声呐系统于 20 世纪 60 年代由英国海洋研究所推出并应用于海洋地质调查，随后各类型的侧扫声呐系统也纷纷问世，分辨率和图像质量等探测性能不断提高，广泛应用于海洋地形调查和海底沉船、管道、电缆等水下目标探测中。

2. 1. 3. 1　工作原理

侧扫声呐技术也是利用海底地物对入射声波反向散射的原理，但与传统回声测深仪的锥形发射形状不同，其通过换能器以一定的角度与发射频率向海底发射具有指向性的宽垂直波束角和窄水平波束角的脉冲超声波，通过回波到达时间进行各点的定位，结合声学能量强度包含的对应海底底质、地形起伏的信息得到连续的海底地形地貌的二维声图（图 2. 19和图 2. 20）。

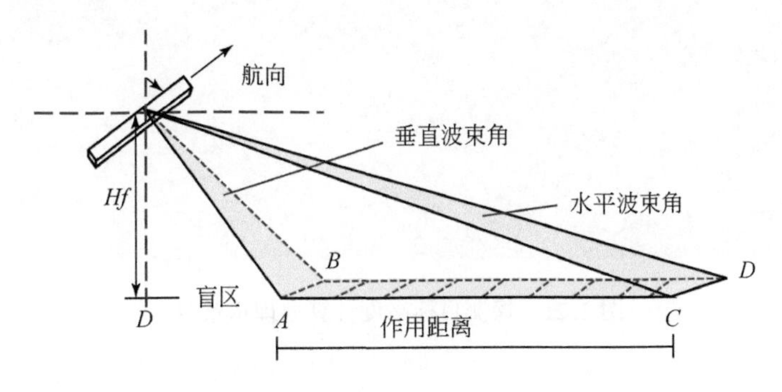

图 2. 19　侧扫声呐工作原理示意图

图 2.20　侧扫声呐工作示意图（图片来自英国威塞克斯考古公司）

由于海底的凹凸不平，高出于海底面的物体将阻挡声波，使得海底或海底目标有的地方没有被声波照射，在最终的记录上显示为声学阴影区，因此探测目标的高度需测量出声呐记录上的参数并根据几何关系大致计算得到（图 2.21）。

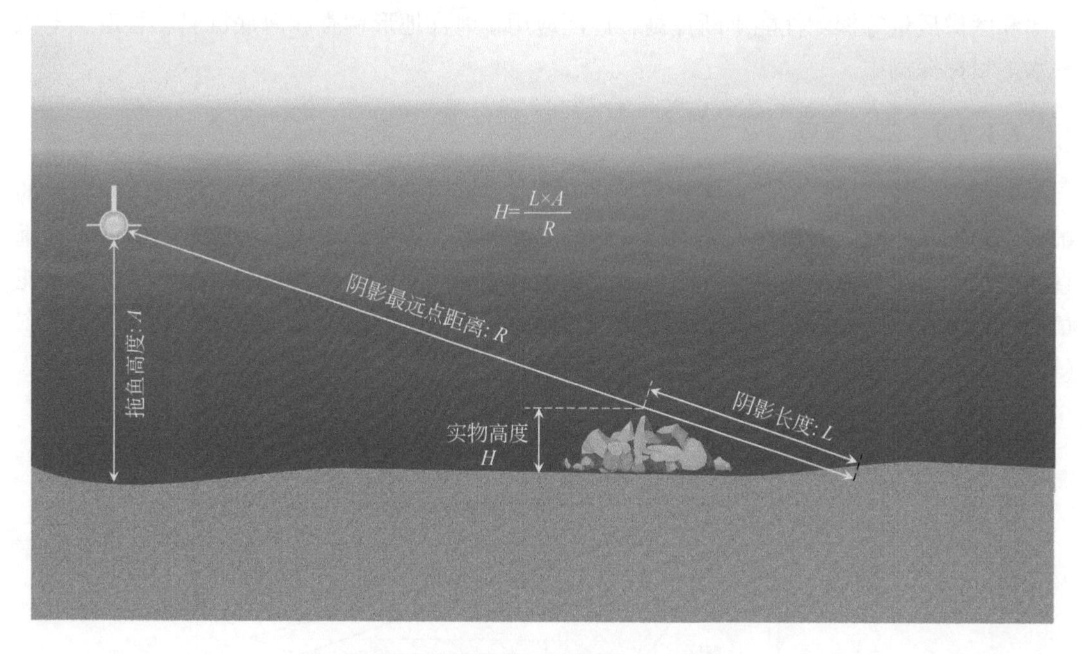

图 2.21　探测目标高度计算原理示意图

2.1.3.2　系统组成

侧扫声呐系统主要由甲板系统和拖鱼系统组成，甲板系统包括工作站、声呐接收机、记录器，拖鱼系统包括绞车、拖缆、拖鱼，如图2.22为Kongsberc侧扫声呐系统。拖鱼带有俯仰、侧倾和航向传感器，部分还带有水深传感器和响应器。拖鱼两侧以一定的倾角安装有收发换能器，按照时间间隔精密准确地发射一个短促的声脉冲信号，声信号以球面扩散方式向外传播，在遇到海底或水体目标物时产生散射，反射回来的信号由拖鱼接收系统接收、转换放大，经甲板系统处理后以图像的形式记录、显示反射和散射信号。

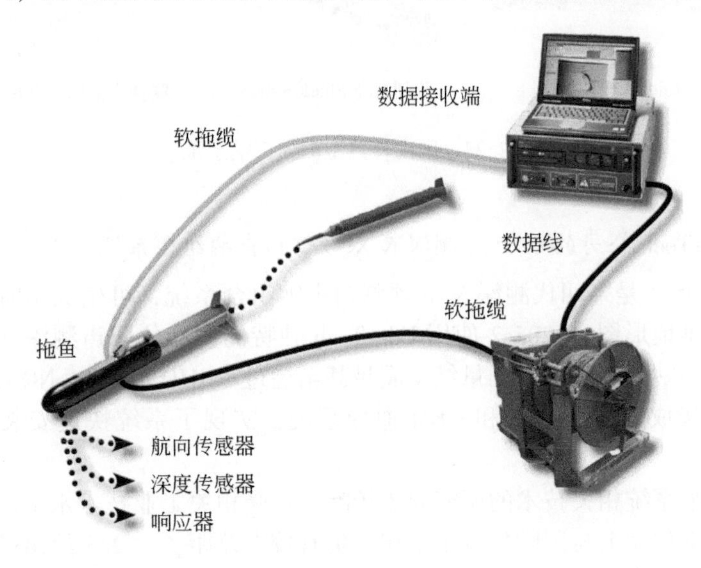

图2.22　Kongsberg侧扫声呐（图片来自挪威Kongsberg公司）

2.1.3.3　典型设备

国外典型的侧扫声呐系统产品有美国Klein公司的Klein系列和Hydrochart系列，美国EdgeTech公司的6205s2测深 & 双频侧扫声呐组合系统、4205型多功能侧扫声呐系统、2400型组合式深海拖曳系统，加拿大Imagenex公司的RGB高分辨率侧扫声呐系统等。国内的有蓝创海洋公司的Shark系列、北京联合声信公司的DSS 3065双频侧扫声呐、中国科学院声学所的HRBSSS高分辨测深侧扫声呐等（图2.23）。

1. 美国Klein公司的Klein 5900高分辨率侧扫声呐系统

Klein 5900高分辨率侧扫声呐系统是一个高度可配置的多功能平台，可以进行高达12节的高速测量，底部覆盖率达100%。Klein 5900对其前身Klein 5000的性能做了改进，沿航迹目标分辨率大于25%，声学通道数量是Klein 5000的两倍多，此外，增加了频率和声学孔径长度，与中心频率600kHz和182cm的声学孔径相结合，可产生高质量的高分辨率图像。

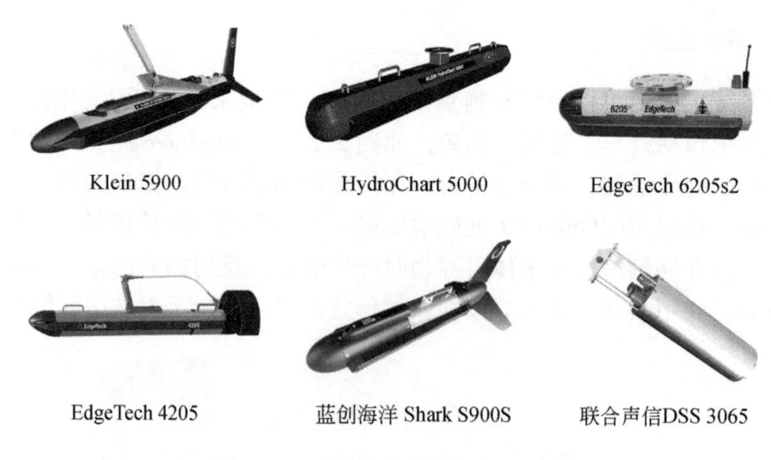

图 2. 23　国内外典型侧扫声呐系统

2. 美国 EdgeTech 公司的 6205s2 测深 & 双频侧扫声呐组合系统

EdgeTech 6205s2 是第四代测深 & 双频侧扫声呐组合系统，可生成实时高分辨率的侧扫图像和海底三维地形图。6205s2 使用 EdgeTech 独特的多相位回声测深（MPES）技术，克服了传统相干声呐的局限性，测量结果满足甚至超过了 IHO SP-44、NOAA 和 USACE 测量规范。6205s2 集成表层声速仪和 OEM 惯导系统，实现了系统快速安装、换能器校准测量。

国内侧扫声呐系统相关技术的研究起步较晚，且受相关工业技术水平的制约，在产品商业化水平和技术积累上与国际先进水平相比仍有较大差距，表 2. 3 给出了典型侧扫声呐国内外产品型号对比。

2. 1. 3. 4　应用实例

通过侧扫声呐获得地貌图可以分辨出该区域的如沙波、岩石露头、不稳定斜坡等不良地质因素，是探寻对石油生产平台、天然气管线和通信电缆等海底构筑物完整性具有破坏潜力的海底因素的重要手段。

“蛟龙”号载人深潜器是我国首台自主设计、自主集成研制的作业型深海载人潜水器，也是目前世界上下潜能力最深的作业型载人潜水器。在 7000m 海试中，其搭载的高分辨率测深侧扫声呐成功实现了 7000m 级深度海底地形地貌精细探测（图 2. 24），所获地形图的等深线间隔为 2m，海底的诸多细节得到了合理展示（朱敏等，2014）。

通过侧扫声呐图像数据，可以得到海底结构的位置、大小和分布范围，图像更加直观。以东海某海上风电场为例（图 2. 25），可以清楚地观察到八个钢管桩、冲刷坑内的多个管状结构的形态特征以及风力机电缆的暴露状况，可以直接显示现阶段海上风电水下结构的海底冲刷情况，可以为海上风电场的运行和维护提供依据，对保证海上风电场长期安全稳定运行具有重要意义（Chen et al.，2021）。

“超级工程”琼州海峡跨海通道将成为海南岛与陆地连接的纽带，然而，琼州海峡地处雷琼拗陷，构造运动强烈，地震活动强且地形复杂、差异性较大。为辨别区域海底地

表 2.3　典型侧扫声呐国内外产品型号对比（肖波等，2021）

品牌	型号	技术	频率/kHz	量程/m	沿航迹分辨率	垂直航迹分辨率	水平波束宽度	垂直波束宽度	最大工作深度/m
Klein	Klein 3000	CW 单脉冲	100/500	450/150	—	0. 25cm	0. 7°@ 100 kHz 0. 21°@ 500 kHz	40°	1500
	Klein 5900	CW/ Chirp 脉冲、多波束、动态聚焦	600	250	6. 2cm@ 50m 量程 9. 3cm@ 75m 量程 15. 5cm@ 125m 量程	3. 75cm/Cos	0. 07°	—	750
Edge Tech	4200MP	CW/Chirp、多脉冲	100/400	500/150	2. 5m@ 100kHz，200m 量程；0. 5cm@ 400kHz，100m 量程	8cm@ 100kHz；2cm@ 400kHz	0. 64°@ 100kHz 0. 3°@ 400kHz	50°	2000
	6205	CW/Chirp、条带测深	侧扫 230/550，侧深 230	250/150	3cm@ 230kHz，250m 量程；1cm@ 550kHz，150m 量程	—	0. 54°/0. 36°	—	50
IXBLUE	SAMS DT6000	合成孔径	100/400	750	50cm	50cm	—	—	6000
蓝创海洋	Shark-M	CW/ Chirp 脉冲、多波束、动态聚焦	100/455	600/200	0. 02h@ 455kHz 0. 01h@ 100kHz	1. 25cm	0. 56@ 100kHz 0. 14@ 455kHz	45°	100
	Shark-S150D	CW/Chirp	150/450	150/450	0. 01h@ 150kHz 0. 003h@ 450kHz，h 为量程，单位为 m	1. 25cm	0. 6°@ 150kHz 0. 2°@ 450kHz	45°	100
北京联合声信	DSS3065	Chirp	300/650	—	2. 5cm@ 300kHz 2. 5cm@ 650kHz	—	0. 8°@ 300kHz 0. 4°@ 650kHz	≥40°	50

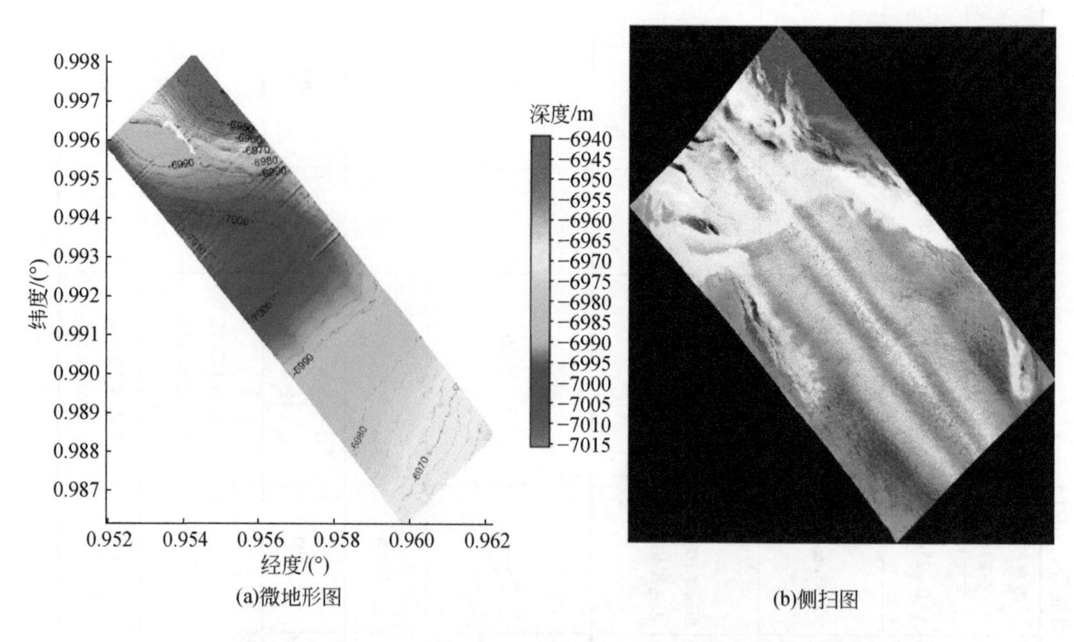

(a)微地形图　　(b)侧扫图

图 2.24　测深侧扫声呐获得的海底微地形地貌图（7000m 级海试）（朱敏等，2014）

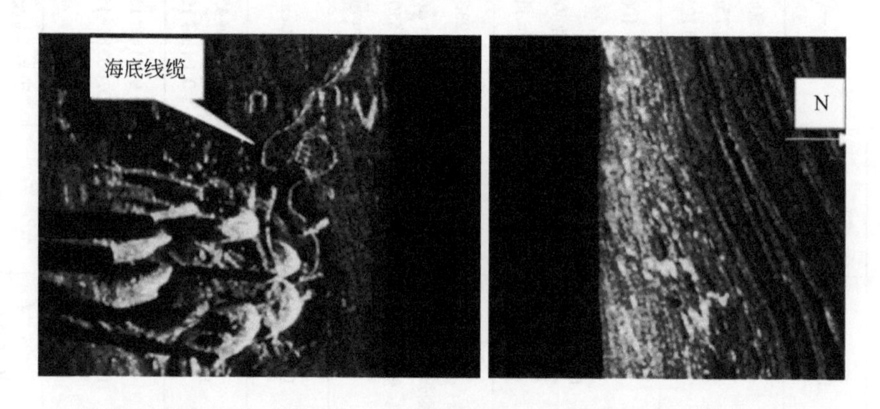

图 2.25　海上风电机水下结构的侧扫声呐图像（Chen and Tian，2021）

形地貌特征的分布变化规律、了解潜在的地质灾害类型及其可能的危害，采用了 Sonar Beam S-150D 侧扫声呐系统在琼州海峡海底开展了地形地貌调查，探测到了多处沙垄、沙脊、海丘、沙波及海底火山锥（图 2.26），为工程规划线路优选、建设实施提供指导（李振等，2018）。

在海南海棠湾海底环境调查中通过 EdgeTech 4200 侧扫声呐发现了蜈支洲岛周缘存在大量杂乱堆积的礁石（图 2.27），其声学特征表现为回波强度变化大，与平坦海底均一的回波强度形成鲜明对比，礁石正面背散射回波强，背面回波弱，体积较大的礁石甚至形成明显的声影区，在该区域进行工程建设、船舶航行、潜航、海底管道铺设等时应采取恰当措施或规避（李勇航等，2021）。

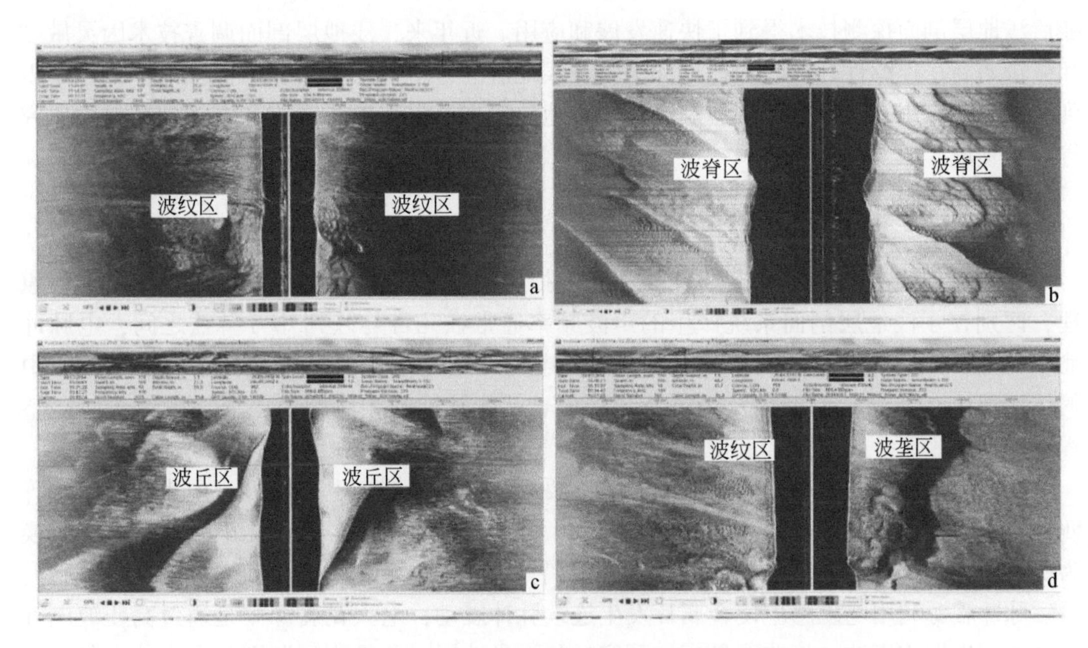

图 2.26　侧扫声呐获得的海底微地形地貌图（李振等，2018）

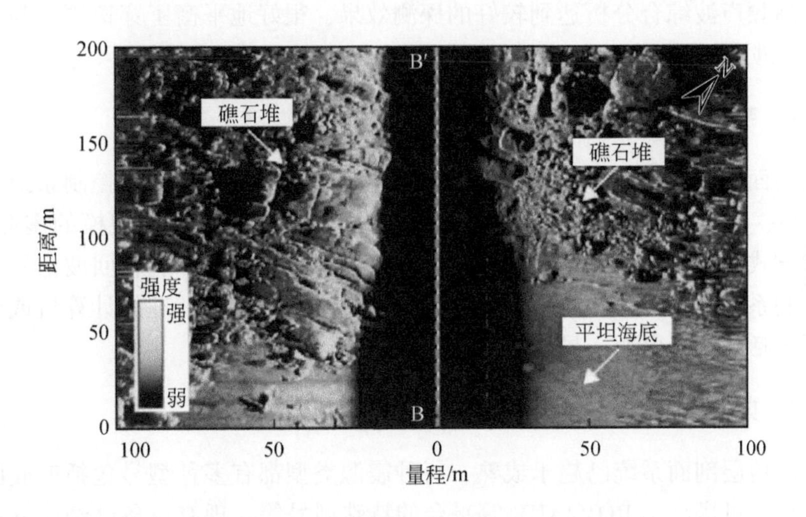

图 2.27　侧扫声呐揭示海底礁石堆与埋藏基岩（李勇航等，2021）

2.1.4　浅地层剖面探测

浅地层剖面探测技术是一种基于水声学原理的连续走航式探测海底浅部地层结构和构造的地球物理方法。海底浅地层剖面仪原型于 20 世纪 40 年代在国外推出，并于六七十年代推出了商用设备，在此期间诞生了第一套电火花震源，声参量阵理论也逐渐发展起来，随后浅地层剖面探测技术得到了快速发展和应用。近年来，浅地层剖面调查技术因灵敏度和分辨率高、连续性好且能快速地探测海底浅地层的地质特征及其分布而在海洋调查中得到了广泛的应用，其应用范围涉及海洋工程地质勘查、灾害地质调查和海洋地质科学研究等诸多领域。

2.1.4.1 工作原理

浅地层剖面探测技术与多波束测深和侧扫声呐技术工作原理类似，都是基于声学原理，区别在于浅地层剖面系统产生的声波频率通常在几百赫兹到几万赫兹之间，电脉冲能量较大，能够穿透海底面以下几十米甚至上百米的地层。通过声波在不同岩土介质中的传播速度、能量衰减振幅及频谱特征等信息就能够推断相应的岩土介质的结构、完整程度。

浅地层剖面探测技术产生声波的震源主要有压电换能器、电磁脉冲、电火花、参量阵四种，不同类型震源产生的声波性质差异较大，压电换能器震源利用压电效应将电能转换为机械振动，具有声波稳定、可操控性强等特点，声波通过相位叠加形成良好的指向性；电磁脉冲震源利用电磁感应使金属片发生连续脉冲震动；电火花震源则是通过高压放电气化海水产生爆炸声波，声波能量高，可穿透几百米地层；参量阵震源则是向水体发射频率相近的两个高频声波（F_1、F_2），利用差频原理，产生 F_1+F_2，F_1-F_2 等多频率声波，充分利用低频与高频声波综合分析达到较好的探测效果，很好地平衡了穿透深度与分辨率之间的矛盾（杨国明等，2021；图 2.28）。

2.1.4.2 系统组成

浅地层剖面仪主要由震源发射系统、接收系统、辅助系统、记录控制系统四大部分构成（图 2.29），震源发射系统即声波的产生装置，不同类型、不同规模的震源存在形态、结构、工作方式等方面的差异。接收系统由若干个水听器组成，能将回波信号转化为电信号。记录控制系统是安装了相应软件的可以记录信号并进行后处理的计算机或处理器。辅助系统主要包括电源、电缆、导航定位、打印输出等辅助设备。

2.1.4.3 典型设备

目前，浅地层剖面系统已趋于成熟，每种震源类型都有多种型号包括船底固定式、便携式、深拖型、可搭载于 ROV/AUV 等平台的特殊型号等，现有设备已经能够覆盖全海域深度。主要的国外生产厂家有美国 Edgetech 公司、SyQwest 公司、德国 Teledyne 公司（ATLAS）、挪威 Kongsberg 公司、法国 Ixblue 公司等，当前市场主流产品大都来源于这些公司。国内主要由中国科学院声学所、中国船舶重工集团有限公司第七一五研究所、广州南方海洋科技有限公司等单位研发与生产。表 2.4 列出了国内外常见浅地层剖面系统分类与对比。

1. 德国 Teledyne 公司 ParaSound 深海参量阵浅地层剖面仪

ParaSound 作为一款全能的海洋浅地层剖面仪，提供了全海域深度量程，可穿透超过 200m 的沉积物（图 2.30）。Parasound 因 4.5°的波束宽，15cm 的垂直采样，尤其是智能准等距（QED）多 Ping 等创新功能，能提供优秀的数据分辨率和数据密度。即使在恶劣海况下，ParaSound 也能提供超清晰的数据，且使用灵活、运行稳固，是海洋科研和海上测绘的理想设备。

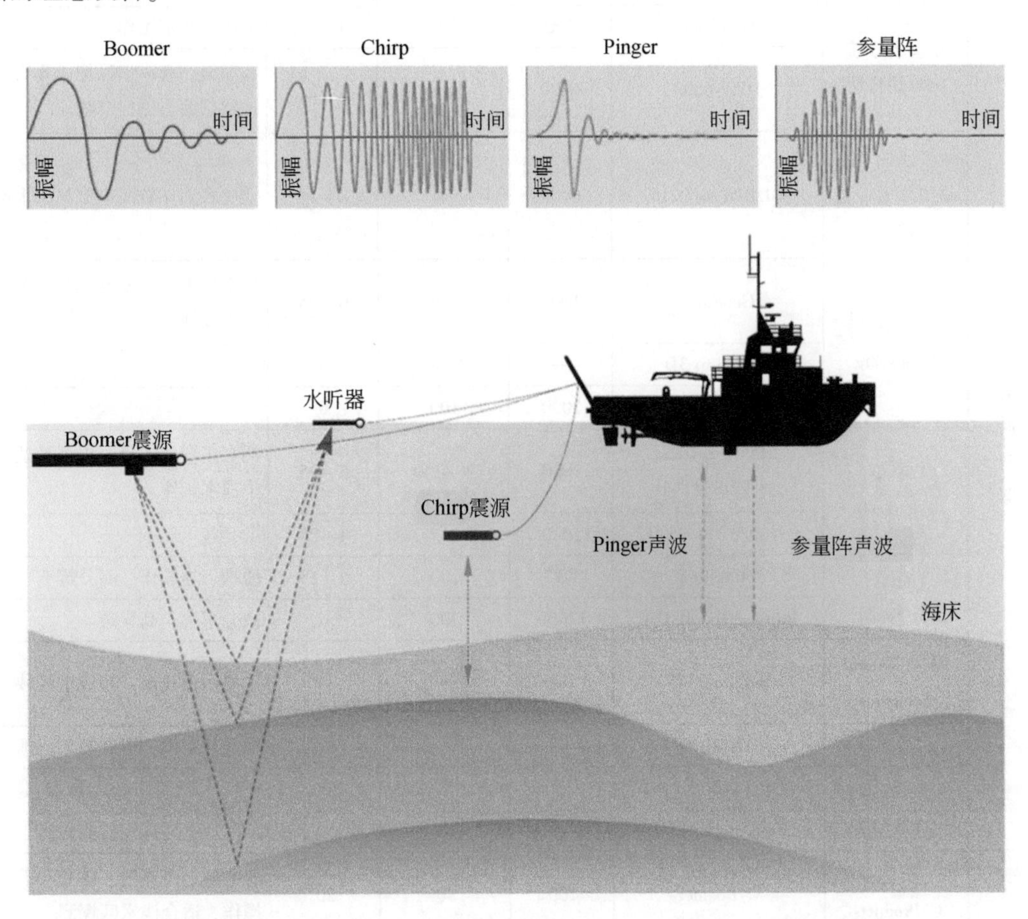

图 2.28　不同震源类型浅地层剖面系统工作示意图（图片来自英国威塞克斯考古公司）

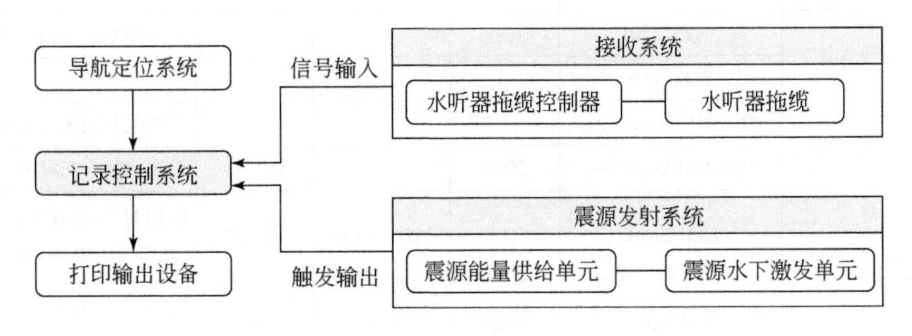

图 2.29　浅地层剖面探测系统结构示意图

表 2.4　常见浅地层剖面系统分类与对比（杨国明等，2021）

震源类型	主要生产商	型号/系列	最大工作水深/m	穿透能力/m（砂/泥）	垂直分辨率/cm	备注
压电换能器	中国科学院声学研究所	GPY2000	200	100	10 ~ 30	适用于浅水工作
		DTA-6000	6000	80	20	我国第一套声学深拖、集合浅地层剖面与侧扫声呐
	中国船舶重工集团第七一五研究所	DDT 0116/0216	6000	50	8 ~ 16	拖曳式工作有浅水型与深水型
	挪威 Kongsberg	GeoPulse	1000	30/80	6 ~ 25	拖曳式工作，分辨率高，穿透能力较强
		GeoChrip 3D	—	6/80	6	
		GeoChrip U	3000	100	6	
	美国 EdgeTech	2000 SERIES CSS/DSS/TVD	3000	20/200	6 ~ 25	拥有多型号拖鱼，更好地适应中浅水工作
		3100/3200/3300	5000	20/200	4 ~ 25	
	美国 SyQwest	StrataBox	800	100	6 ~ 15	便携、易操作、高分辨率
		Bathy-2010/P/DW	12000	300	6	高分辨率，高穿透
	德国 General Acoustics	Subpro 2545	—	—	—	主要用于浅水、超浅水区域
	英国 STR	STR digital	—	—	—	输出功率大，可调频率范围广
	德国 Teledyne（ATLAS）	Chrip Ⅲ	600	80	—	对国内停售
电磁式	英国 C-Products	C-Boomer	100	80	20	低电压、高穿透、体积小、易操作，适合浅水区探测
	荷兰 GEO Resources	GEO Boomer	300	150	10	较高分辨率、高穿透能力
	英国 AAE	AA251/301	—	—	—	可搭配不同规格 CSP 能量箱
		S-Boomer	—	—	—	
电火花	英国 AAE	Dura/Delta-Sparker	—	—	—	可搭配不同规格 CSP 能量箱
		DTS-500 Deep Tow	2000	—	15 ~ 25	深拖式电火花震源
	荷兰 Geo Resources	GEO Spark	5000	300 ~ 1000	20 ~ 30	根据目标选择 GEO SOURCE 200/400/800/1600
	法国 S. I. G.	SIG Pulse	11000	900	35	S1/M2/L5 应用于不同水深，高穿透
		S1/M2/L5				分辨率略低

续表

震源类型	主要生产商	型号/系列	最大工作水深/m	穿透能力/m（砂/泥）	垂直分辨率/cm	备注
参量阵	德国 Innomar	SES-2000/96	11000	200	15	从浅水到深水，多型号齐全
	德国 Teledyne	ParaSound P70/P35	11000	200	15	国内多艘科考船安装，仪器性能良好
	挪威 Kongsberg	TOPAS PS 18/40/120	11000	200	15	国内多艘科考船安装，仪器性能良好
		SBP 27/29	11000	200	30	EM122/124 的扩展
	法国 Ixblue	ECHOES 1500/3500/5000/10000	11000	400	8～40	多个压电换能器探头组合，体积小，易安装

图 2.30　Teledyne ParaSound 深海参量阵浅地层剖面仪（图片来自德国 Teledyne 公司）

2. 美国 EdgeTech 公司 EdgeTech3400 型浅地层剖面仪

EdgeTech3400 型浅地层剖面仪系统（图 2.31）是 EdgeTech 新一代的宽带调频（FM）浅地层剖面仪，采用 EdgeTech 公司的全频谱 CHIRP 技术，通过发射一个线性扫频调制的脉冲，声反射信号由水听器线列阵接收，通过脉冲压缩滤波，由此产生海洋、湖泊或河流底床的高分辨率地层图像。EdgeTech3400 系统采用双头 2～16kHz 发射换能器，同时配置了新型 PVDF 接收换能器阵列，除传统浅地层测量模式外，新增了管线测量模式，在该模式下，可以实现管线的定位及埋深的测量。

2.1.4.4　应用实例

在韩国东部郁陵海盆天然气水合物调查中采用了 SyQwest Bathy2010 进行了浅地层剖面探测，所得结果通过移动平均法设置不同的网格进行计算，最终获得了区域三维数据体（图 2.32），确认了海底断层的走向，对将来的天然气水合物开采的监测系统设计提供了重要的地层信息（Kim et al.，2016）。

图 2.31 EdgeTech3400 型浅地层剖面仪（图片来自美国 EdgeTech 公司）

图 2.32 三维浅地层剖面数据体（Kim et al.，2016）

2017 年，在南海北部陵水陆坡重力流沉积调查中通过 AUV 搭载的 EdgeTech 2200 进行了浅地层剖面探测，并结合多波束后向散射成果、重力活塞取样器取样、^{14}C 测年等资料进行综合分析，精确识别区分了浊流沉积、块体搬运沉积（mass transport deposits，MTDs）和正常沉积地层（图 2.33），对准确识别、研究和认识现代重力流沉积体系具有重要意义（冯湘子等，2020）。

DTA-6000 声学深拖系统是我国具有自主知识产权的第一套深海拖曳观测系统，该系统中搭载的浅地层剖面仪可以有效穿透几千米水深下 50 ~ 100m 的地层，其分辨率优于 0.2m，能够有效地识别基岩、结壳、沉积物和砂等各种海底底质。在中国大洋第 29 航次富钴结壳调查中，通过该系统在采薇海山完成了两条测线共约 50km 海山斜坡的探测，获得了高分辨率的浅地层剖面数据（图 2.34）。本次调查为富钴结壳资源调查提供了宝贵的研究数据，对我国了解和利用国际海底潜在战略资源，提高对深海尤其是海山区的科学认知水平和环境评价能力具有重要的战略意义和科学价值（曹金亮等，2016）。

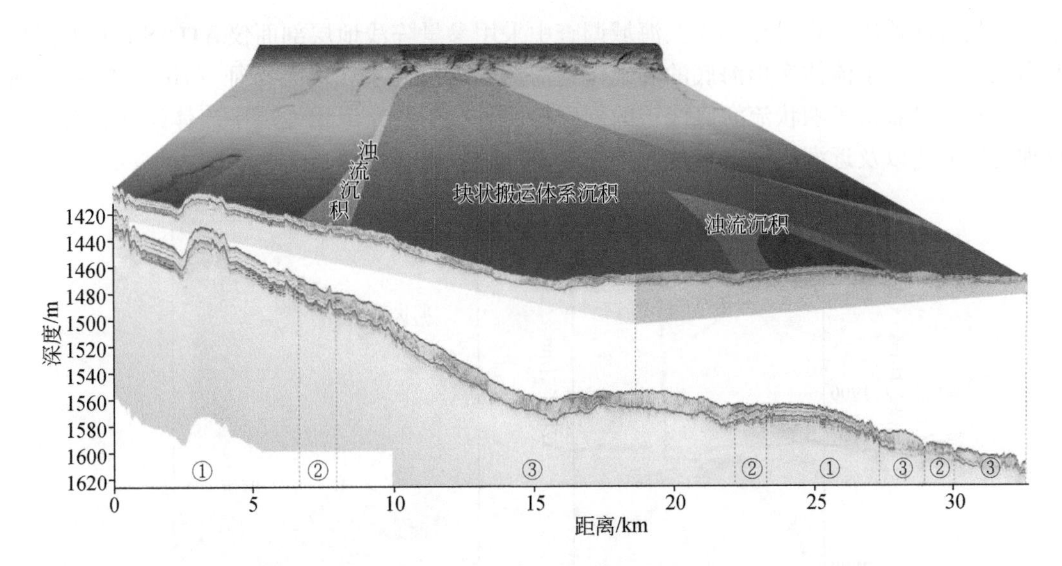

图2.33　调查区域水深光照图及东-西向浅地层剖面（冯湘子和朱友生，2020）
①正常沉积，②浊流沉积，③MTDs沉积

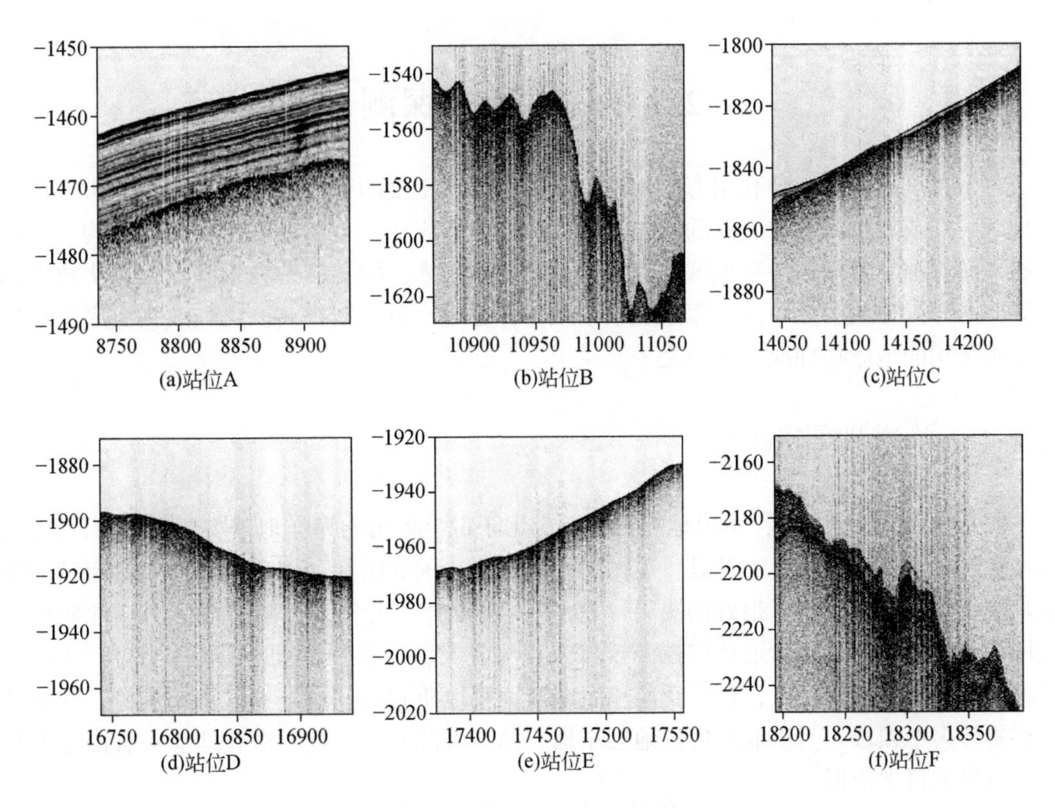

图2.34　各站位浅剖结果（曹金亮等，2016）

水中的气体流对声波有着强烈衰减和屏蔽作用，从而使声散射增强，形成声反射异常，广州海洋地质调查局在马克兰海域调查中采用参量阵浅地层剖面仪 ATLAS P70 通过原始高频信号获得了流体逸出海底的准确位置信息、规模大小和形态特征（图 2. 35）；通过次级低频信号获得了羽状流海底浅层的剖面特征，对于研究沉积地层中流体运移，沉积物物理性质变化以及近海底微地形地貌都有着很好的应用（单晨晨等，2020）。

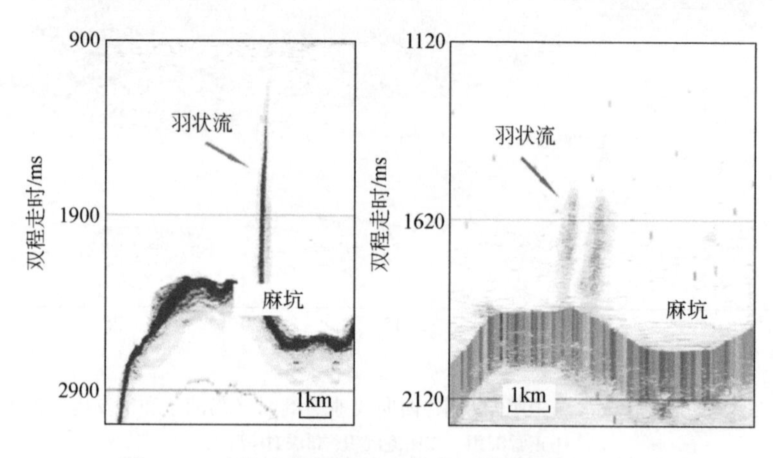

图 2. 35　麻坑边缘探测的羽状流（单晨晨等，2020）

2. 2　海洋地震探测

海洋地震探测是一种利用海洋与地下介质弹性和密度的差异，通过观测和分析海洋和大地对天然或人工激发地震波的响应及地震波的传播规律，查明海底深部地层结构、构造形态、海洋油气藏等的一种地球物理探测技术。近年来，随着震源技术和数据采集技术的发展，海洋工程地震探测仪器逐渐趋于小型化，分辨率也不断提高，已经成为海底工程环境调查常用的地球物理探测手段之一。

2. 2. 1　单道地震探测

20 世纪 80 年代开始，单道地震被广泛应用于世界各国的海洋地球物理调查中，美国、加拿大、日本、俄罗斯、土耳其、英国、爱尔兰、法国等国都利用单道地震对其海域陆架区域进行了勘探，取得了很好的成果（肖波等，2021）。近年来，随着我国海洋地质调查范围的不断扩大，海洋单道地震探测技术因其配置灵活、操控简便、作业效率高、中-浅部地层分辨率较高等特点，被广泛应用于海洋工程地质调查、海洋油气资源勘探、区域地质调查等多个领域，为获取海底浅地层结构、油气资源分布、查明潜在地质灾害因素等提供了可靠的科学依据。

2. 2. 1. 1　工作原理

单道地震是基于水声学原理的连续走航式探测技术，通过利用机械方法引起海底以下几十米至数百米的中、浅部地层震动，记录中、浅部地层中各接收点原始震动信息，并进行数据处理、分析，以获取海底地质数据，反映海底地层厚度、层序、结构、构造等（图 2. 36）。

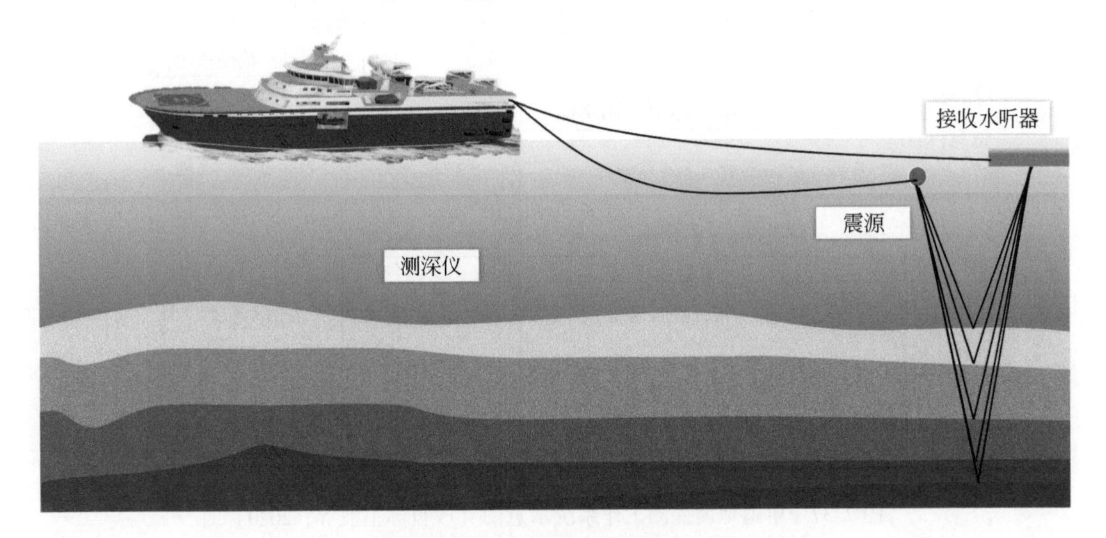

图 2. 36　单道地震工作原理示意图

当海水中的震源激发后，由其产生的地震波向地下传播，当地震波遇到两种地层的分界面时，会产生反射现象和透射现象，透射波穿过该界面后继续向下传播、再次遇到两种地层的分界面时，会再次发生反射和透射，地震波如此向地下深处传播过程中，会不断地产生地震波的反射和透射。震源激发的同时，在海面附近利用精密接收仪器记录来自各地层界面的反射波所引起的水体振动信息。调查船沿着一条测线按一定间距连续激发和接收后，经处理就可以得到形象地反映地层界面深度起伏变化的数据资料，即地震剖面图（张训华和赵铁虎，2017）。

2. 2. 1. 2　系统组成

单道地震探测系统主要由导航定位系统、震源系统、数据采集与处理系统三部分组成（图 2. 37）。震源主要有电火花和气枪，电火花震源激发的地震波频率较高，因此具有更高的垂向地层分辨率，但穿透深度较小，气枪震源激发地震波频率较低，能量较大，可以穿透更深的海底地层。其他震源还包括机械冲击震源、水枪震源、Boomer 震源等，根据不同的工作目的和调查海域水深，采用适合的震源和接收系统。

2. 2. 1. 3　典型震源设备

目前，国外主流的单道地震生产厂家主要有英国 AAE 公司、法国 SIG 公司、荷兰 GEO 公司，而国内由于系统工作的不稳定和后续经费维护的缺乏制约着该类海洋仪器的发展，单道地震仪器的生产仍局限于科学研究，尚未能进行商业化运作。表 2. 5 给出了国内外电火花震源的主要技术指标对比。

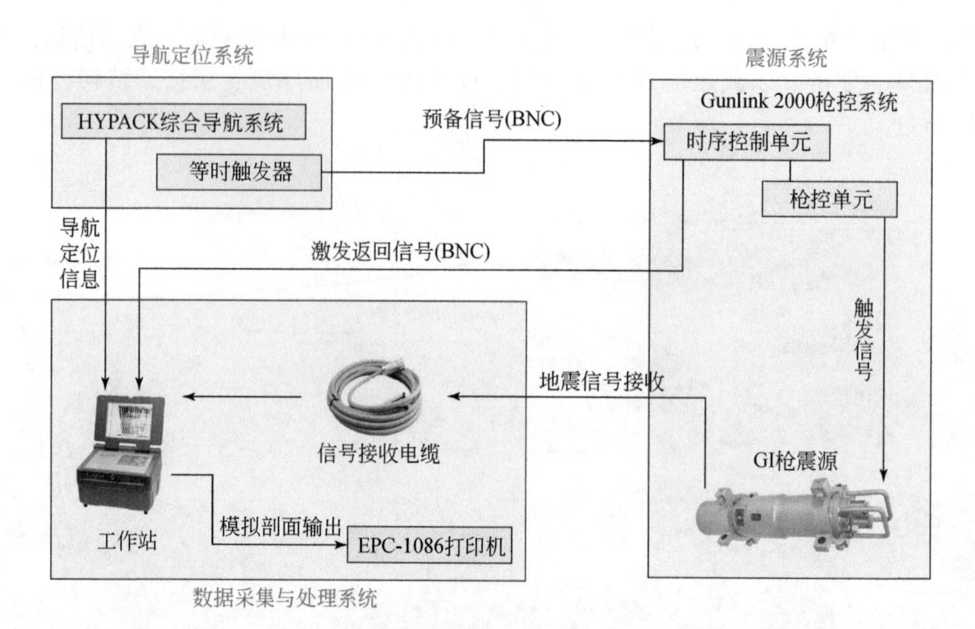

图 2.37　单道地震探测工作系统示意图（改自苏丕波等，2020）

表 2.5　国内外电火花震源主要技术指标对比

生产商	型号	最大能量/kJ	工作频率范围/Hz	放电形式
英国 AAE 公司	Delta Sparker	12	300 ~ 5000	脉冲电弧
法国 SIG 公司	EDL 1020	5	800 ~ 1020	脉冲电晕
荷兰 GEO 公司	Geo-Spark10K	10	500	脉冲电晕
广州海洋地质调查局 中国科学院电工研究所	“海鳗” 20kJ	20	500	脉冲电晕
浙江大学	10kJ 等离子体震源	10	400 ~ 1300	脉冲电晕

1. 荷兰 Geo-Spark 电火花固体脉冲电源系列

Geo-Spark 固体脉冲电源系列包含多个不同能量级别的电源型号，最高可达 48kJ（图 2.38）。Geo-Spark 电源系列的特点为快速充电、能量较强、负极放电脉冲、高压放电。电压幅值从 5.6kV 到 20kV。可以产生高强声脉冲，地层穿透率和图像分辨率高。

2. 国产“海鳗”20kJ 电火花震源系统

“海鳗”20kJ 是由广州海洋地质调查局与中国科学院电工研究所联合研制的高分辨地震勘探震源系统，具有 20kJ 的高能量存储装置，充放电速度快，具备系列可变阵的长寿电极，使用安全可靠，适合从浅海到 3000m 水深的深海海域使用。震源声波主频率在 200 ~ 1200Hz，能量达到 20000J。“海鳗”系统填补了我国在以电火花为震源的深水单道系统研制上的空白，是我国在自主研制海洋深水调查技术装备方面取得的新进步。

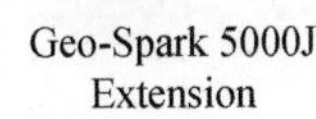

图 2.38 Geo-Spark 电火花固体脉冲电源系列深水作业产品（图片来自荷兰 GEO 公司）

2.2.1.4 应用实例

科林斯裂谷横跨希腊大陆和伯罗奔尼撒半岛，是地球上最活跃的大陆内裂谷之一，在 2011 年和 2012 年对该裂谷进行了高分辨率单道地震调查（Beckers et al., 2015），通过对地震剖面解释（图 2.39）绘制了该区域的断层分布图，揭示了其走滑运动特征，为分析该区域断层演化和进行地震稳定性评估提供了科学依据和技术支持。

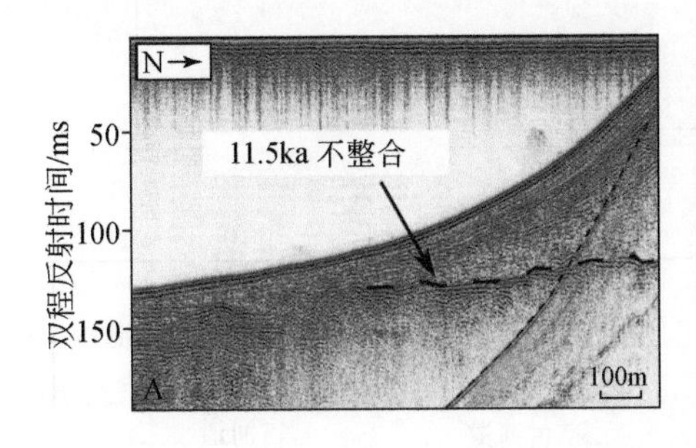

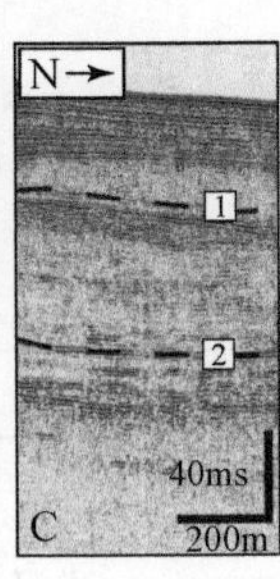

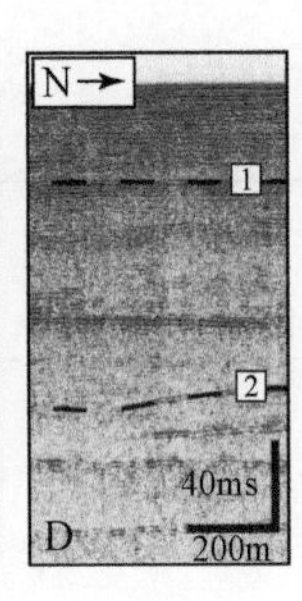

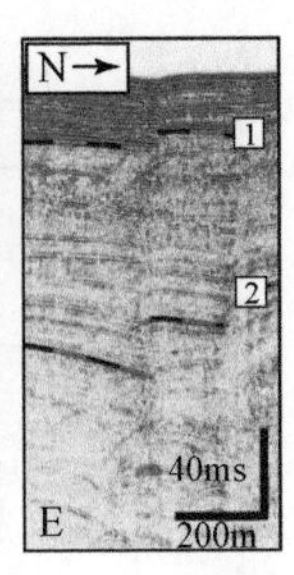

图 2.39 单道地震剖面解释（Beckers et al.，2015）

中国科学院南海海洋研究所“实验 2 号”调查船于 2013 年在西沙海域开展了高分辨率电火花单道地震探测，地震剖面显示西沙南部存在大约 10 个火山构造，识别出 R1（2.6Ma）和 R2（5.5Ma）两个地震层序界面（图 2.40），通过分析地震剖面并结合周边区域构造活动特征进一步开展西沙海域的火山分析、构造特征和形成机制研究可以为该区构造演化和西沙海域开展工程建设提供科学依据（冯英辞等，2017）。

2014 年以来，中国地质科学院地质力学研究所在琼州海峡开展了大量的海洋地质调查工作，其中包括约 2000km 的单道地震探测，发现在琼州海峡现今海槽南北两侧、地震反射层Ⅰ和层Ⅲ之间埋藏着形成年代较晚、分布广泛且跨度较大的古河道（图 2.41），该区域的古河道的工程稳定性分析是琼州海峡跨海通道线路必须解决的地质问题之一，对其工程设计、施工、潜在地质灾害的防治具有重要的指导意义（李振等，2018）。

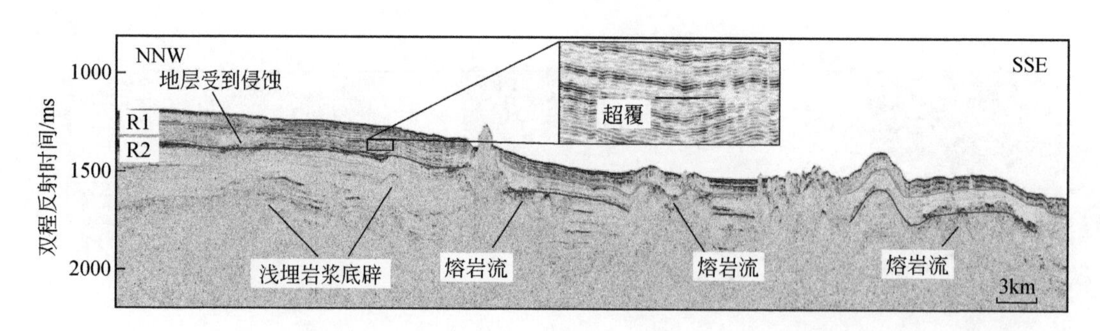

图 2.40　西沙海域南部火山集中分布区域地震剖面（冯英辞等，2017）

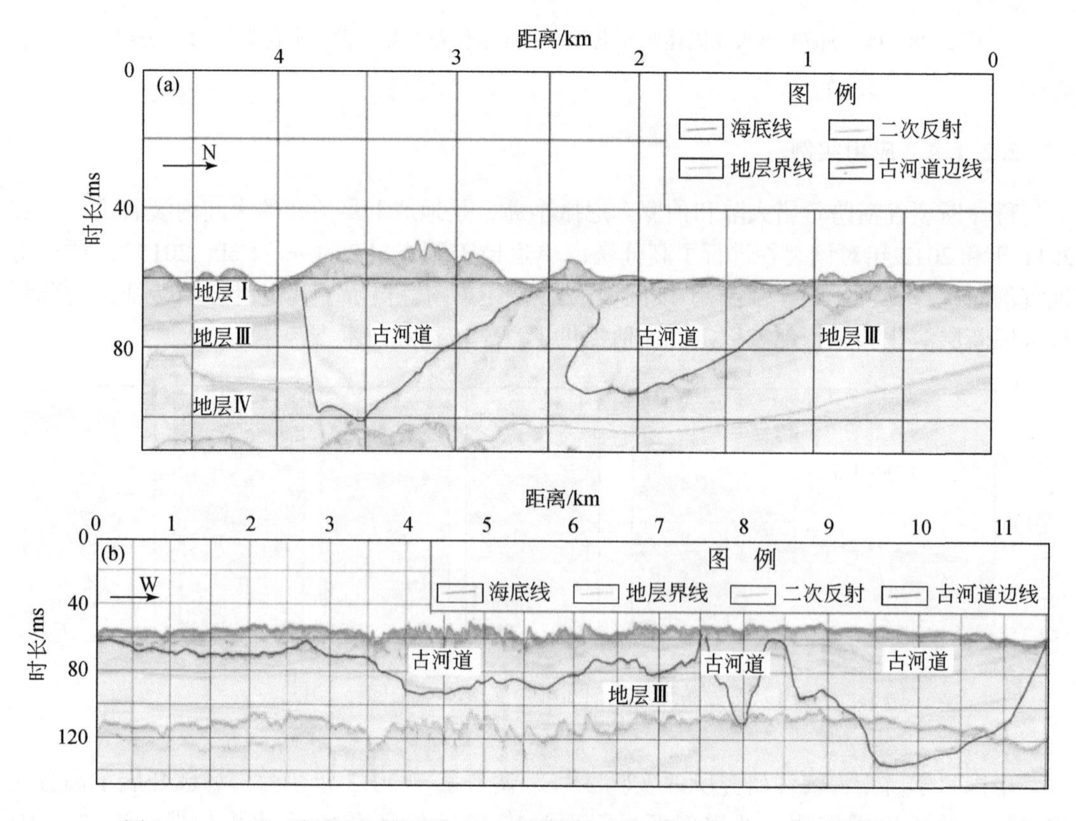

图 2.41　"U"形下切谷剖面图（a）和下切谷纵向剖面图（b）（李振等，2018）

2.2.2　多道地震探测

20 世纪 50 年代末期，伴随着非炸药震源、漂浮组合电缆、多次覆盖技术和数据可重复性技术处理的出现，同时美国、法国等发达国家投入了大量的人力、物力研究船载高压气枪（吴时国等，2017；肖波等，2021），于 20 世纪 60 年代形成了真正意义上的海洋二维拖缆地震技术，半个多世纪以来，其技术发展经历了从光电记录到数字记录；从人工炸药震源到相干气枪阵列震源；从光学六分仪、罗盘导航到DGPS综合定位导航；从接收道数几道、几十道发展到成百上千道。计算机技术、电子技术、精密仪器制造技术等多学科的进步促使海洋多道地震勘探技术飞速发展，海上采集效率越来越高，受外界限制的因素越来越小，获得的数据质量越来越好（张训华等，2017），在海洋油气资源勘探、海底工程地质环境调查、地质构造研究等方面得到了广泛应用。

2.2.2.1　工作原理

多道地震工作原理与单道地震基本原理相同，但两者数据采集方式不同，多道地震采用多次覆盖技术，即共深度点反射，震源激发时多个检波器同时接收由地层反射回来的地震信号（图2.42），然后对这些共深度点道集进行滤波、振幅处理、时差校正和多次叠加，可得到沿测线的高信噪比和高分辨率地震反射剖面（王尔觉等，2016）。与单道地震相比，地层穿透深度更大，获取的地层反射信息更丰富。

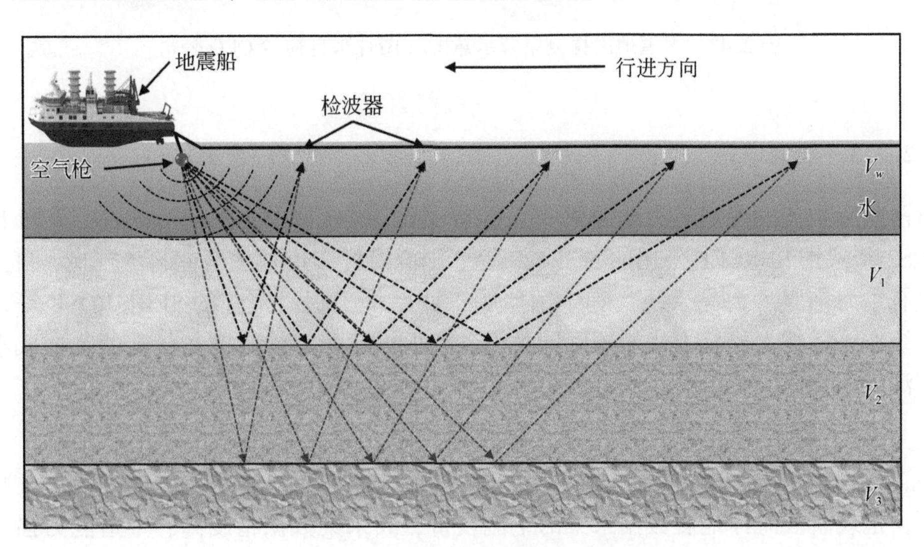

图2.42　多道地震工作原理示意图

2.2.2.2　系统组成

多道地震探测系统主要由震源系统、拖缆系统及其他辅助设备等组成。早期海洋地震探测沿用陆地上常用的炸药震源，但存在施工困难、污染环境等问题，因此，随着气枪、电火花等震源的研发，非炸药震源逐渐占据主导地位，目前，95%以上的震源是气枪震源（张训华等，2017）。拖缆系统主要分为船上部分和水中部分：船上部分包括拖缆的布放回收装置、数据分析系统和综合导航系统；水中部分主要包括水听器、前置放大器、数字包和水鸟系统等，由水听器接收地震波并转换为模拟信号，再经前置放大器放大后，由数字包进行数字化、编码后传输至船载系统（裴彦良等，2013；陆响晖等，2021）。以荷兰GEO公司为例，其生产的多道地震探测系统如图2.43所示。

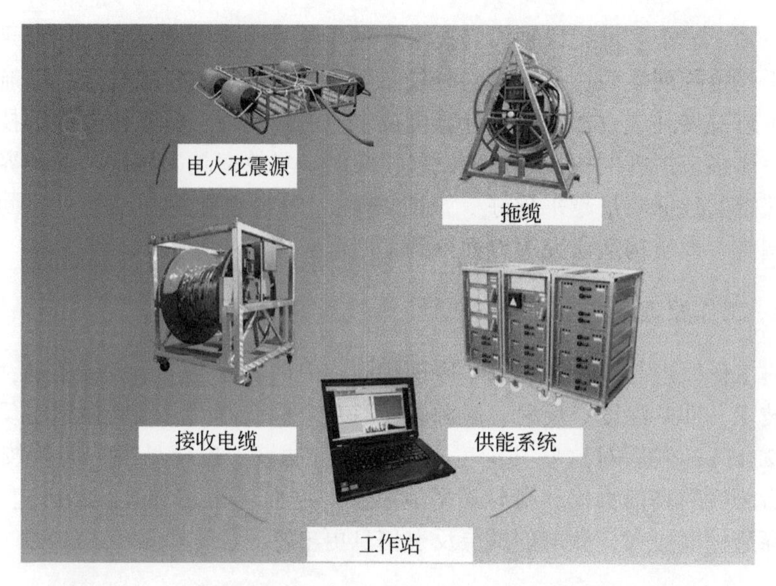

图 2.43　多道地震探测系统示意图（图片来自荷兰 GEO 公司）

2.2.2.3　典型设备

目前国际主流的海洋多道地震采集系统有美国 ION 公司的 DigiStreamer、美国 HTI 公司 NTRS2 和法国 SERCEL 公司的 Seal 428 等。国内海洋多道地震研究起步较晚，自主研发的系统有中海油服“海亮系统”和中国船舶工业系统工程研究院的 SERI-ROSE 等，虽然这些系统在一些技术指标上优于国际同类设备，但由于稳定性问题和较高的制造成本难以得到广泛应用推广。

1. 法国 SERCEL 公司 Seal 428 多道地震系统

Seal 428 多道地震系统包括 Sentinel 拖缆、Nautilus 拖缆定位系统和 G-Source Ⅱ高性能脉冲源，是现阶段海洋地震数据采集的主流设备，其采集数据精度高、带道能力强、运行稳定，其用户认可度更高，较多主流的地震船上装备了该套设备（表 2.6）。

表 2.6　主流二维地震船地震系统装备情况（肖波等，2021）

序号	船舶名称	气枪震源	采集记录系统	作业能力
1	COSL 公司 Orient Pearl	BOLT，Bolt-gun	SERCEL，Seal 428	单源 $3400in^3$①； 拖缆 1×6000m
2	COSL 公司 Binhai 518	BOLT，Bolt-gun	SERCEL，Syntrak 960	单源 $3400in^3$； 拖缆 2×6000m
3	COSL 公司 Nanhai 502	BOLT，Bolt-gun	SERCEL，Syntrak 960	单源 $3400in^3$； 拖缆 2×6000m
4	BGP 东方勘探一号	G-gun	SERCEL，Seal 428	双源 $2\times3400in^3$； 拖缆 2×6000m

续表

序号	船舶名称	气枪震源	采集记录系统	作业能力
5	CGS 海洋地质十二号	BOLT，Bolt-gun	SERCEL，Seal 428	单源 $6400in^3$； 拖缆 1×8000m
6	Fugro 公司 Geo Arctic	SERCEL，G-gun	ION，MSX，24 位采集系统	单源 $5860in^3$ 双源 $2×2930in^3$； 拖缆 1×12000m
7	Fugro 公司 Hawk Explorer	BOLT，APG-gun	SERCEL，Seal 428	单源 $4400in^3$； 拖缆 1×10050m
8	PGS 公司 Falcon Explorer		PGS，GeoStreamer	双源 $2×3090in^3$； 拖缆 1×8000m
9	CGGVeritas 公司 Paific Sword	Dual Bolt Airgun Arrays	采集电缆：SERCEL 公司 SSRD 固体电缆；记录系统：SynTRAK 960	双源 $2×3400in^3$； 拖缆 1×10000m
10	CGGVeritas 公司 Pacific Titan	Dual Bolt Airgun Arrays	SERCEL，Seal 428	双源 $2×3400in^3$； 拖缆 2×8000m
11	CGGVeritas 公司 Bergen Surveyor	G-gun	SERCEL，Seal Solid Sentinel 固体电缆	拖缆 1×12000m

① $1in^3 = 1.63871×10^{-5} m^3$。

2. 中海油服自主研发的海洋地震勘探拖缆成套装备

中海油服自主研发了我国首套海洋地震勘探拖缆成套装备，该系统由“海亮”拖缆采集系统、“海源”震源控制系统、“海途”综合导航系统以及“海燕”系列水鸟等多种复杂的水上和水下设备组成（图2.44），能够完成震源激发、过程监测、数据接收、实时定位以及水下设备控制等海洋地震勘探数据采集的全过程。目前整套装备运行状态良好，采集到的数据资料质量优异，各项性能指标都达到了国际同类水平。

3. “海洋地质九号”调查船

“海洋地质九号”是一艘国际先进的以短道距地震电缆二维（三维）多道地震为主，集海洋地球物理探测、水文环境测量和中深海钻探为一体的多功能综合物探（地质）调查船（图2.45）。该船配备有多套地球物理探测设备，并加装了完备的辅助支撑设备，可开展多参量海流测量、地质取样、浅部地质钻探、高精度水深和海底地形地貌探测、高精度地层结构探测等多种海洋地质调查工作，调查方法齐全，应用范围广泛。

2.2.2.4　应用实例

Pérez 等通过对 DSDP 国际深海钻探计划第 28 段的钻探岩心记录、测井和 IODP 国际大洋发现计划第 374 航次的反射地震资料的对比研究，揭示了中新世罗斯海陆架的沉积结构（图2.46），并重建了罗斯海动力冰盖的演化和变异性，证明了罗斯海陆架在整个中新世早期和中期冰盖体积发生了高度变化（Pérez et al.，2022）。

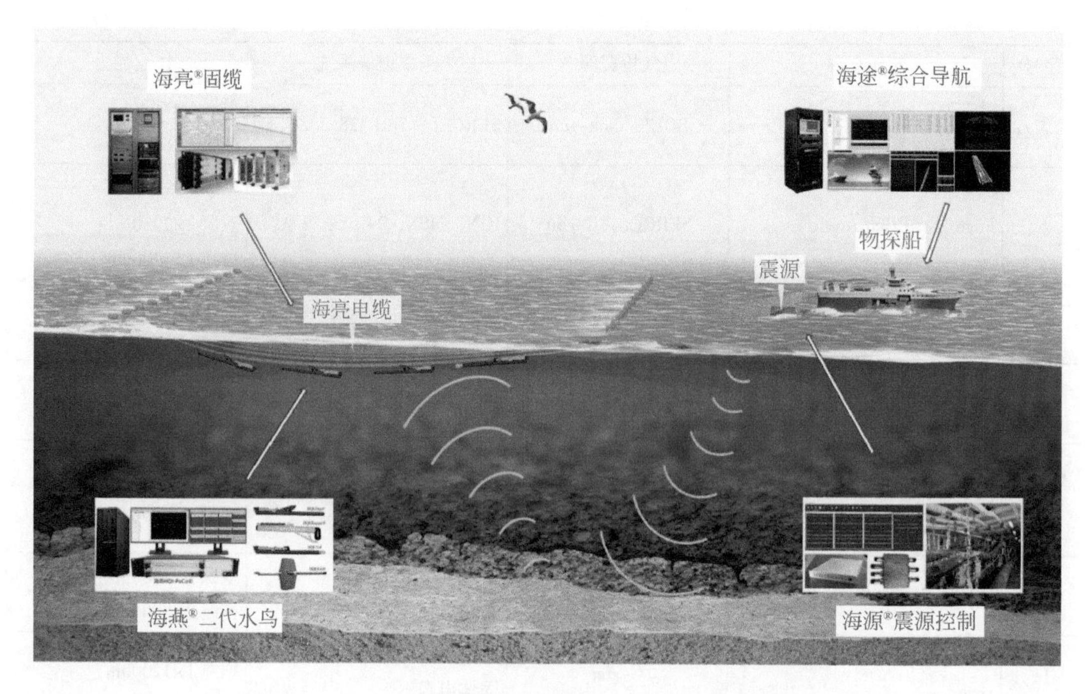

图 2.44 海洋地震勘探拖缆成套装备（图片来自石油圈）

图 2.45 “海洋地质九号”调查船（图片来自中国地质调查局）

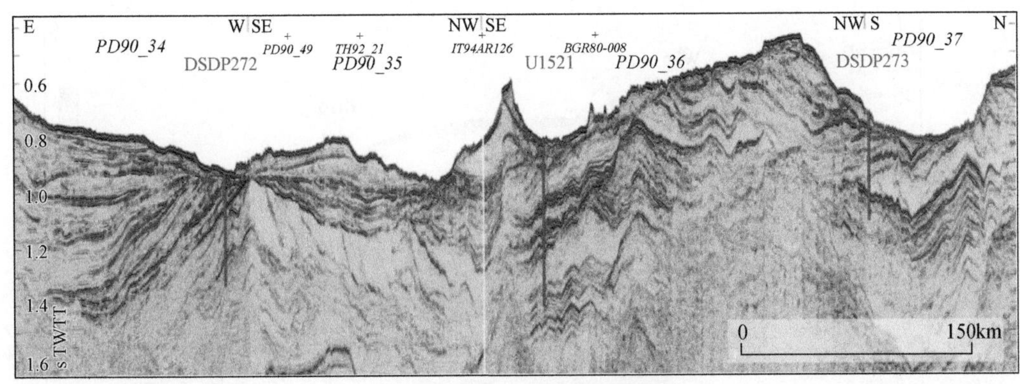

(a)南极罗斯海大陆架的地震剖面图

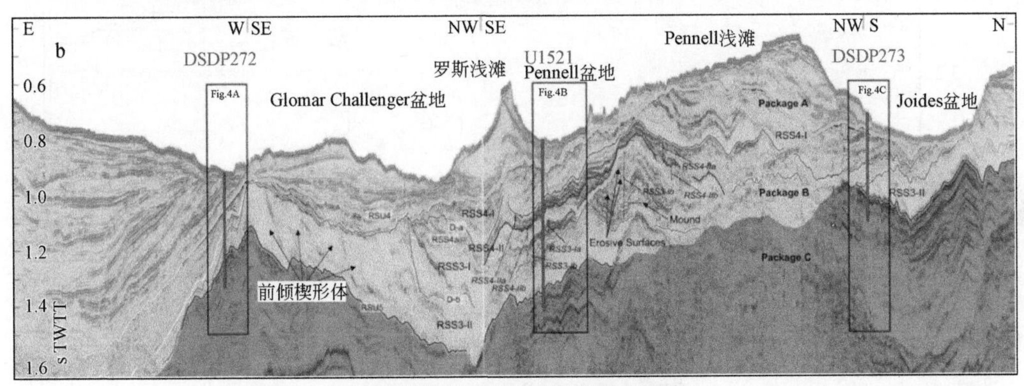

(b)南极罗斯海大陆架的地震剖面解释图

图2.46　多道地震剖面和解释图（Pérez et al.，2021）

海底的水合物层与下伏地层之间的波阻抗差异会在地震剖面上形成近似平行于海底展布的反射面即似海底反射（bottom simulating reflector，BSR）。BSR是最早也是目前使用最多、最可靠、最直观地确认天然气水合物赋存的地球物理标志，绝大多数的海底天然气水合物都是通过识别地震剖面上的BSR来确定的。如周吉林等在珠江口盆地南部的海底滑坡区通过三维地震数据和随钻测井数据识别了水合物层和多个游离气层（图2.47），发现了水合物和游离气的分布与海底滑坡作用的关系，为水合物与游离气合采目标的探寻提供了思路（周吉林等，2022）。

2011年6～7月，广州海洋地质调查局和法国巴黎高等师范学院（ENS）在西南海盆及两侧陆缘设计了一条1050km长的NW-SE走向综合地球物理剖面（CFT），并由2011年“探宝号”和2013年“东方勘探一号”两条船分两个航次完成了沿线的多道地震调查。采集数据处理后在多道成像的基础上建立了CFT剖面初始速度模型（图2.48），为推测和约束南海陆缘和各海盆的地壳结构和演化历史提供了技术和研究支撑（汪俊等，2019）。

除获取地层信息外，利用海洋多道反射地震方法还可以对海洋水体进行成像，从而揭示海洋内波、中尺度涡旋、背风波、温盐阶梯、内孤立波、冷泉羽状流以及海底界面过程等海洋学现象。宋海斌等（2018）在南海东北部深水海域开展了多道地震-XBT联合调

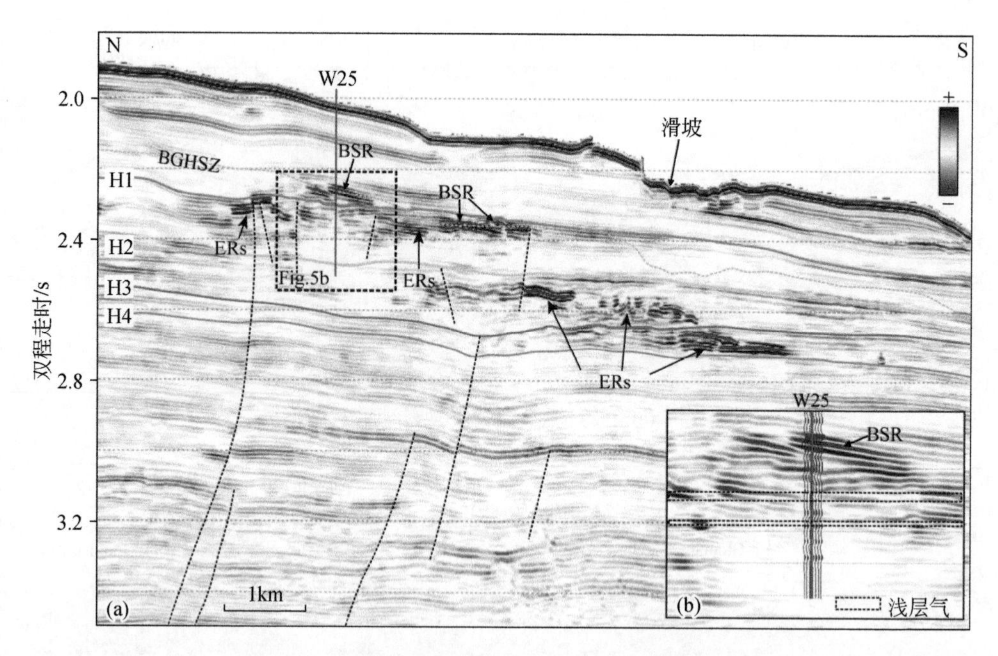

图 2.47　多道地震剖面解释图（周吉林等，2022）

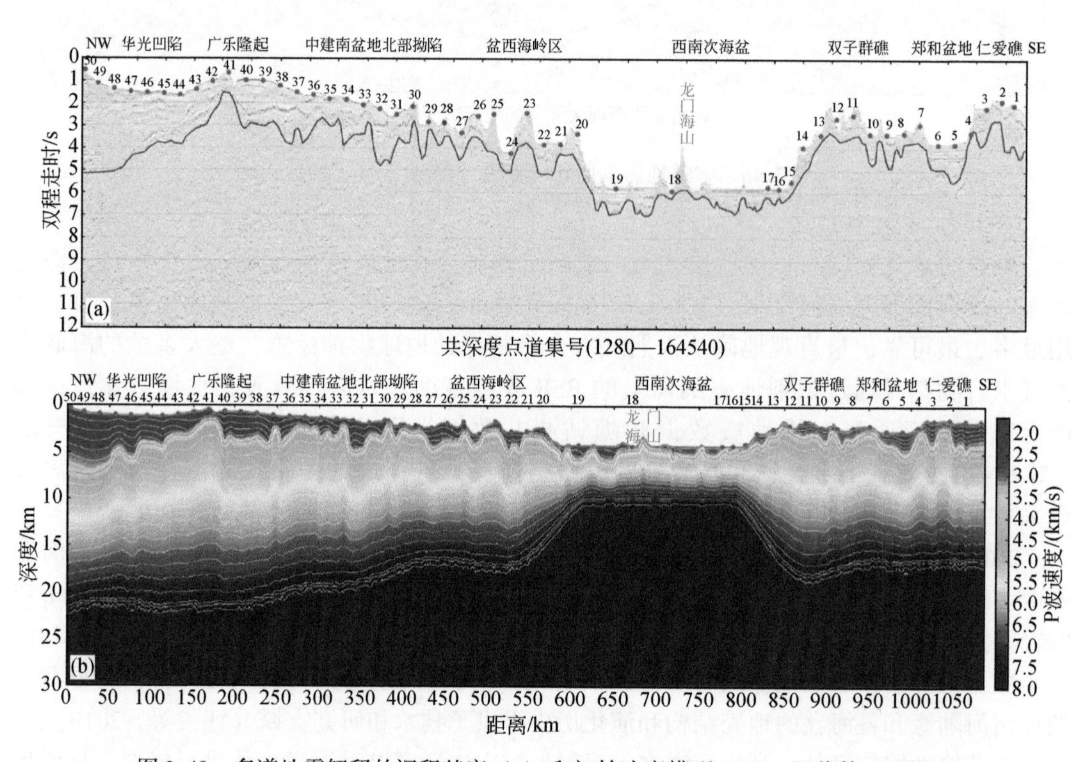

图 2.48　多道地震解释的沉积基底（a）和初始速度模型（b）（汪俊等，2019）

查，首次采集得到高分辨率海洋多道反射地震与 XBT 剖面联测海洋数据（图 2.49），并捕捉到了南海东北部次表层涡旋，为我国地震海洋学联合调查积累了经验，为南海东沙海域的中尺度-亚中尺度过程提供了新的研究视角。

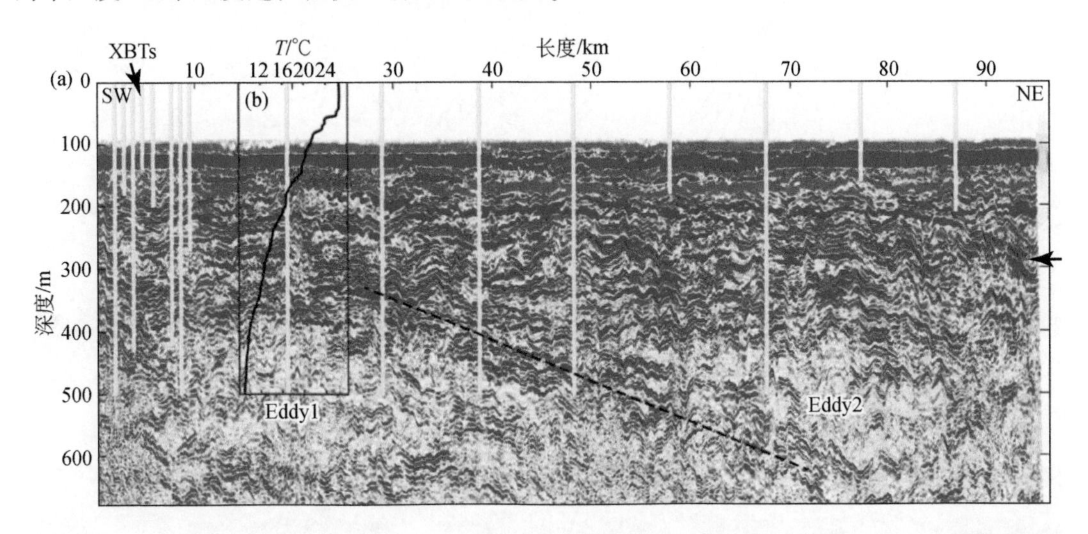

图 2.49　（a）测线 La 叠加地震剖面（经过叠后 FK 倾角滤波），垂向黄色线条指示 XBT 投放点位置与测量深度。500m 深度区域存在透镜体反射结构特征反映涡旋 Eddy1 和 Eddy2。（b）XBT 温度剖面与邻近反射地震道具有较好的对应性（宋海斌等，2018）

2.2.3　海底地震仪探测

20 世纪 90 年代以前，以拖缆为主体的人工地震探测方法是探测海底地球物理信息的主流方法，然而在复杂多变的海洋环境中，海水的存在使得微弱的地震信息产生明显的衰减并且无法通过拖缆采集获得有效的横波信息（张光学等，2014）。因此，随着海洋地震探测技术的发展，海底地震仪（ocean bottom seismometer，OBS）这种可以直接放置于海底观测天然地震或人工激发的地震及其他地壳构造活动引起的微振动的地震仪应运而生（图 2.50）。

OBS 由于直接放置于海底，采集时除得到反射波、折射波、广角反射波外，还能得到 P 波或 S 波，地震波信息更加丰富（吴志强等，2006），是研究海底深部结构最有效的地球物理方法。表 2.7 给出了多道地震与 OBS 工作方法和性能的对比。

OBS 与常规的多道地震在工作方法上有很大不同，解决地质问题的能力也各有优劣。多道地震能够起到很好的浅部约束作用，可以与 OBS 互补，因此在实际工作中，常将这两种方法相结合进行地壳速度结构研究。

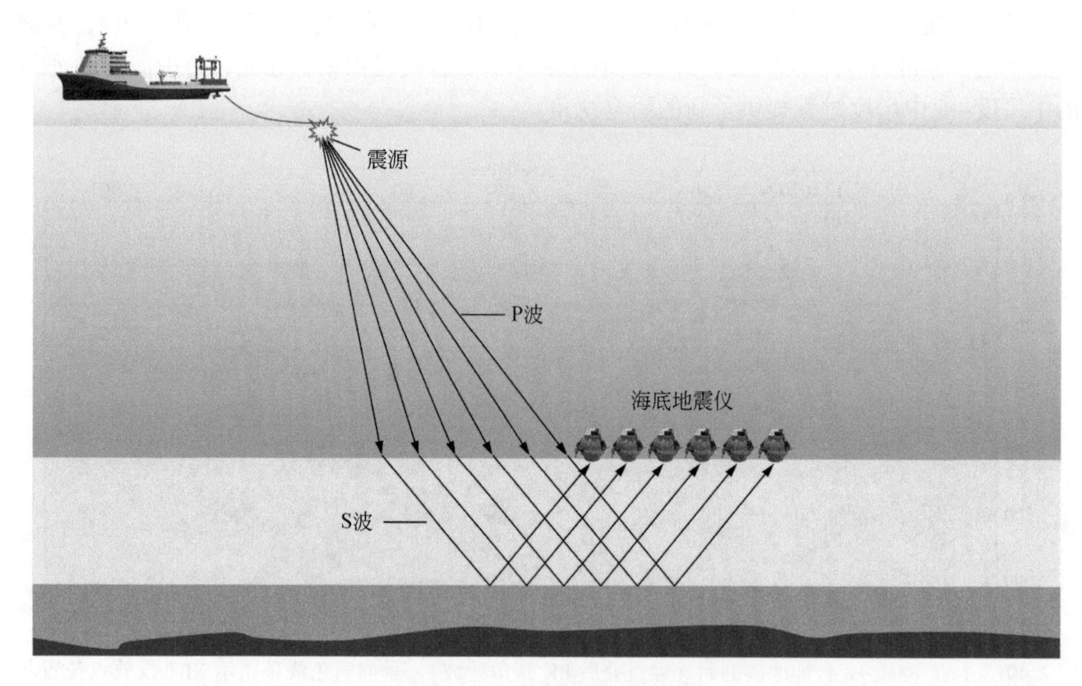

图 2. 50 OBS 工作示意图

表 2.7 多道地震与 OBS 工作方法和性能对比表（张训华等，2017）

方法和性能	多道地震	OBS
记录方式	共轭点记录	共接收点记录
获取信号	地震反射纵波	地震反射纵波、转换横波、折射波
数据处理	去噪、反褶积、速度分析、叠加、偏移成像、信号增强等——复杂	去噪、滤波、增益等——相对简单
处理成果	纵波地震叠加剖面	单台站共接收点剖面
解释方法	波组对比与标定、速度转换、时间-深度转换	震相识别、射线追踪、走时拟合
分辨率	中-高	低-中
勘探深度	浅层-中层（一般小于 10km）	深层、可达莫霍（Moho）面
解释成果	局部或区域性地震纵波层速度、反射层时间和深度构造图	区域性地震纵波层速度、横波层速度结构剖面
解决地质问题能力	浅层-中层的局部地质构造、断层组合、地层分布	深部构造特征、大层系地层物性特征和顶底埋藏深度

2. 2. 3. 1 仪器组成

早在 20 世纪 60 年代，一些发达国家便开展了 OBS 的研制工作，美国国家研究室与斯克普利斯海洋研究所、华盛顿大学、马萨诸塞州理工学院和伍兹霍尔海洋研究所联合，研制了一系列的 OBS 仪器，并于 1966 年在千岛群岛到堪察加近海布放了 18 台 OBS 进行了三次观测（Jacobson et al., 1991；Grevemeyer et al., 2000）。20 世纪 90 年代以后，随着电子技术的空前发展，OBS 仪器性能得到了巨大的提升，并不断向着低成本、低功耗、小型化、易回收、长周期的方向发展。

目前，世界各国生产的海底地震仪在外部结构、上浮系统及数据读取等方面存在差异，但其总体构件和工作原理等主要方面是高度一致的。主要包括地震检波器、采集记录单元、释放单元以及辅助设备（图 2.51），通过地震检波器将检测到的地震波转化为电信号，由采集记录单元将地震计输出信号进行数字化，并将其记录在内部存储卡上，释放单元控制 OBS 仪器与沉耦架分离，使仪器依靠自身的浮力浮出水面，这决定着 OBS 能否顺利回收，其他的辅助设备包括电源、频闪信号灯、无线电接收等。

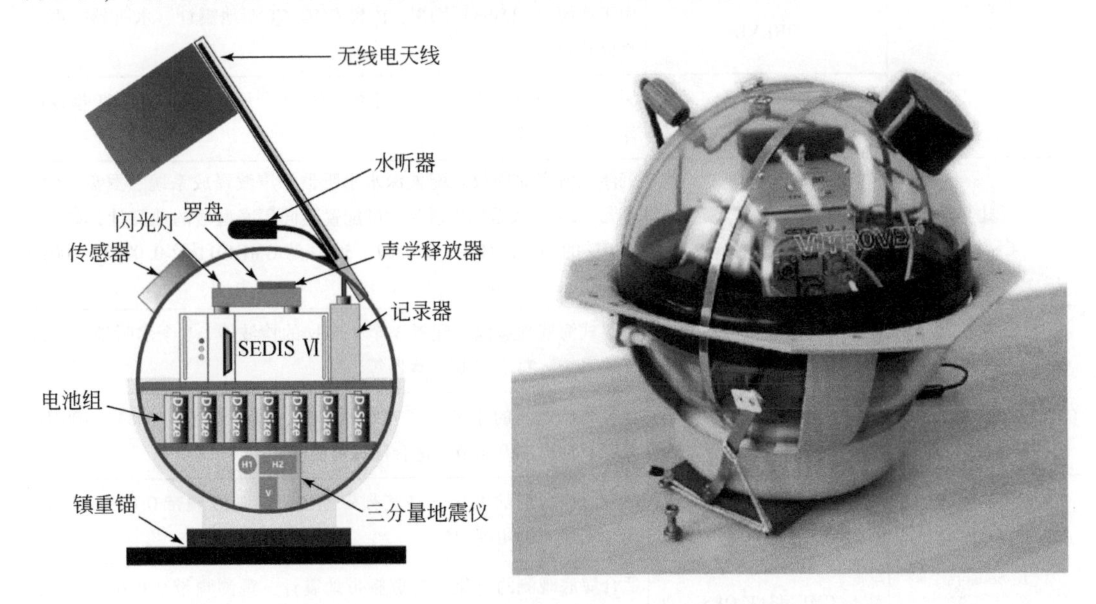

图 2.51　SEDIS Ⅵ型 OBS 结构组成与实物（图片来自德国 GeoPro 公司）

根据地震计输入频带的区别，海底地震仪可分为高频和宽频海底地震仪。高频海底地震仪用于短周期的主动源深部地震探测。配备的地震计自振周期大于 3Hz，体积小、重量轻，与记录器、电池组等其他单元组装在一个玻璃球里，形成 OBS 的单球结构。宽频海底地震仪主要用于探测天然地震，相比于高频带地震计，宽频带地震计要求的动态范围大、功耗低、续航周期长（半年以上），使用的地震计具有较大的体积和重量，多为两球结构（李超等，2015）。

2.2.3.2　典型设备

在海底地震仪研发和技术应用研究方面，欧洲国家已处在领先地位，如英国的 Guralp 公司、德国的 GeoPro 公司和基尔大学海洋地学研究中心（GEOMAR）、法国的 Sercel 公司和海洋勘探研究所（IFREMER）等。当前国际上 OBS 产品商业化已比较成熟，许多厂家都推出了一系列 OBS 仪器（表 2.8）并能提供高分辨率地震勘探服务，而国内缺少商业产品，产业化不足，多由研究机构自主研发，如中国科学院地质与地球物理研究所研制的

Ⅰ-4C和Ⅰ-7C型OBS、南方科技大学研发的“磐鲲”等，总体上，国产OBS技术都已经比较成熟，应用前景广阔。

表 2.8　国外部分厂家的 OBS 性能指标（阮爱国等，2020）

公司	型号	性能特点
英国 Guralp	MARIS	电缆型海底地震仪，兼容光缆。内置 CMG-6T 型地震计，观测频带 0.033～100Hz
	OBCUS	电缆型海底地震仪，铝合金或钛合金球形结构，配置 CMG-3T 宽频带地震计、CMG-5T 加速度计、数据采集器等
	BREVE	用于浅海（<150m）勘探，内置 CMG-6T 型地震计、水听器、声学释放装置
	LIBER	深海布设的海底地震仪，可连续工作 12 个月，内置 CMG-6T 型地震计、水听器等
德国 GeoPro	SEDIS-Ⅵ	沉浮式海底地震仪。配置深水水听器、声波释放系统、罗盘、GPS 单元、24 位数据采集器等。可配置不同厂家型号的地震计，如 1～300Hz 的 MTLF-1040、0.0167～50Hz 的 GME4011 及 0.0083～100Hz 的 Trillium T-120
法国 Sercel	MicroOBS	沉浮式海底地震仪。配置 3 个 4.5Hz 的检波器、1 个水听器、声波释放系统、24 位数据采集器等
加拿大 Nanometrics	Trillium Compact OBS	适合海底观测的小型化宽频带地震仪，观测频带 0.0083～100Hz，配置双自由度万向节，适合任意角度安装
俄罗斯 R-Sensors	CME-4211-OBS	适合海底观测的电化学型宽频带地震计，观测频带 0.033～50Hz，允许安装倾斜角度±15°
	CME-4311-OBS	适合海底观测的电化学型宽频带地震计，观测频带 0.0167～50Hz，允许安装倾斜角度±15°
美国 Kinemetrics	ISOPOD	电缆型海底地震仪，内置 STS-4B 型地震计，观测频带 0.033～100Hz，具有调平和方位定位功能，配置 Q330 型数据采集器

1. 德国 GeoPro 公司 SEDIS Ⅵ型单球海底地震仪

SEDIS Ⅵ型单球海底地震仪以高强度玻璃圆球做外壳，可以在6700m深的海底采集地震数据，三分量检波器和深海水听器安装在底部的方向架上。可以自动回收或定时浮出水面，由无线电定位或光学指示器定位，回收率99%。该设备既可以在海底长期记录天然地震活动，也可以进行海洋油气和可燃冰勘探。SEDIS Ⅵ海底地震仪还可以与海洋垂直拖缆和水平拖缆配合组成二维或三维地震勘探排列。

2. 中国科学院地质与地球物理研究所自主研制的海底地震仪

在科技部863计划、财政部和中国科学院重大仪器研发计划的持续支持下，中国科学院地质与地球物理研究所成功研发了7000m级便携式海底地震仪、9000m级宽频带海底地震仪和万米级宽频带海底地震仪，打破了国外发达国家对此类设备的垄断和技术封锁。其技术指标如表2.9所示。

表2.9　中国科学院地质与地球物理研究所自主研制的三型海底地震仪性能指标

指标	宽频带长周期四通道海底地震仪	短周期四通道海底地震仪	便携式海底地震仪
仪器尺寸	60cm×60cm×110cm（大小球） 60cm×60cm×120cm（双大球）	60cm×60cm×70cm	40cm×40cm×60cm
工作水深	6000m、9000m、12000m	6000m、9000m	6000m
连续工作时长	12个月（大小球） 18个月（双大球）	10个月	2个月
最大回收周期	15个月（大小球） 21个月（双大球）	15个月	6个月
仪器频带	60S-50Hz、120S-50Hz	30S/10S/0.2Hz/0.5Hz/1Hz/2Hz~100Hz任意频带	0.2Hz/0.5Hz/1Hz/2Hz/4.5Hz~200Hz任意频带
水听器频带	0.01~5kHz、2~30kHz	0.01~5kHz、2~30kHz	0.01~5kHz、2~30kHz
动态范围	>120dB	>120dB	>120dB
采样率	250、200、100、50SPS	500、250、100SPS	500、250、100SPS
时钟精度	OCXO，0.01PPM@4℃	OCXO，0.01PPM@4℃	OCXO，0.01PPM@4℃
自存储容量	64GB	32GB	32GB
仪器重量	75kg（大小球） 90kg（双大球）	44/48kg	22kg
沉耦架重量	38kg	20~25kg	10~15kg

该设备已多次成功应用于我国海域、马里亚纳海沟挑战者深渊（图2.52）、西南印度洋、南极普利斯湾等科考航次中，成为我国深部海洋地球物理探测的关键设备。

海洋环境复杂，受洋流、台风、潮汐和长周期重力波等因素影响，当前国际上主流沉浮式OBS的背景噪声依然相对较高，难以与陆地台站极低的噪声水平相媲美，这也是整个海洋地震学领域所面临的共同挑战。

2.2.3.3　应用实例

不同于海面拖缆多道地震，OBS记录的转换横波能够提供含水合物沉积层的横波速度结构这一重要参数并且其记录的低频、大偏移距的信息对于高分辨率纵波速度的建立非常有利，这些独特的优势使得OBS越来越广泛地应用到水合物的调查研究中（易锋等，2019）。例如，在欧盟的欧洲大陆边缘甲烷水合物定量技术项目（HYDRATECH）中在斯瓦尔巴（Svalbard）大陆边缘约1500m水深的海底布设了20个四分量OBS，Madrussani等（2010）利用采集的OBS数据的旅行时，采用3D层析的方法研究了水合物、游离气的分布特征及其与断层模式的关系（图2.53）。

2011年5月，由中国科学院南海海洋研究所主导，利用“实验2号”船在东部次海盆开展了大规模的OBS三维深地震探测实验，总共部署了32台国产宽频带I-7C型OBS

图 2.52　在挑战者深渊投下第一台万米级海底地震仪（图片来自中国科学院油气资源研究重点实验室）

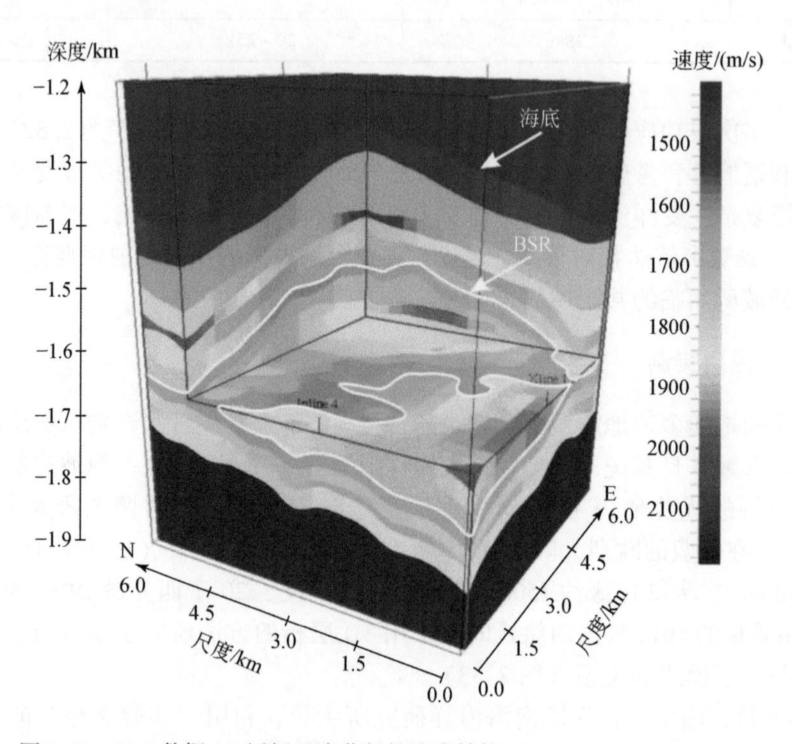

图 2.53　OBS 数据 3D 层析反演获得的速度结构（Madrussani et al.，2010）

和 10 台德国 GeoPro 公司的 SedisⅣ型短周期自浮式四分量 OBS，最终 39 个台站记录了有效数据，获取了大量数据质量好、深部信息多的地震资料（图 2.54），为获得深海盆扩张脊处的深部精细速度结构提供了重要基础数据支持（张莉等，2013；赵明辉等，2018）。

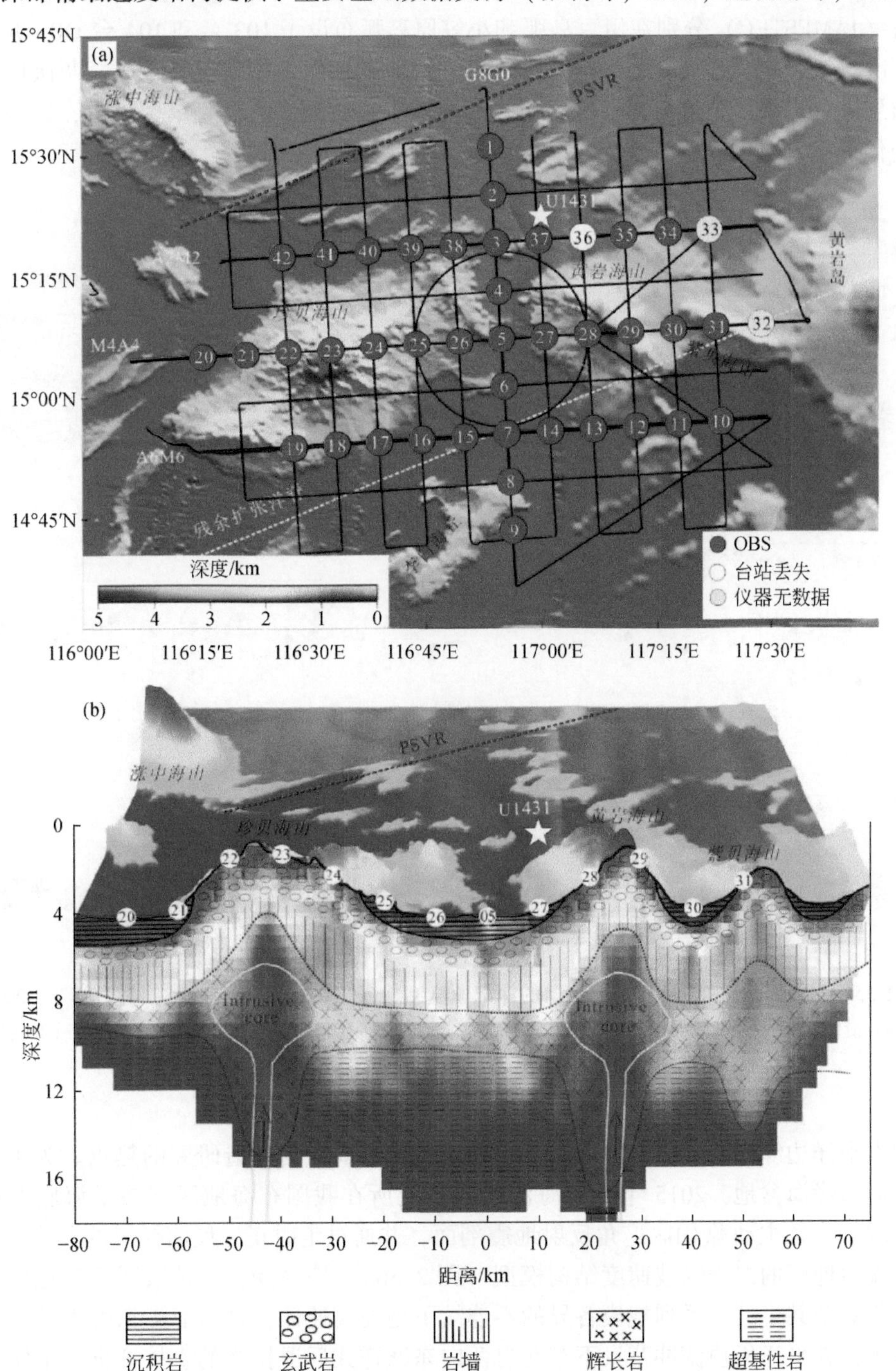

图 2.54 南海东部次海盆 OBS 三维深地震探测图（a）和横穿珍贝–黄岩海山链的三维速度切片解释模型（b）（赵明辉等，2018）

马里亚纳海沟是世界上最著名的、最典型的海沟之一，其最大水深超过 11034m，是地球表面最深的地方，号称“挑战者深渊”。万米水深的阻隔使得海底地震仪成为揭示马里亚纳海沟俯冲带内部速度结构的首要方法。2004 年和 2005 年，日本海洋地球科学技术研究所（JAMESTEC）分别在伊豆岛弧和小笠原岛弧布设了 103 台和 104 台 OBS 并全部回收，两次测线合在一起共获得了 1050km 的广角地震剖面数据（图 2.55）。两次广角地震实验结果进一步揭示了沿火山前缘由伊豆岛弧至小笠原岛弧的陆壳增生过程，以及地壳性质的变化过程（赵明辉等，2016）。

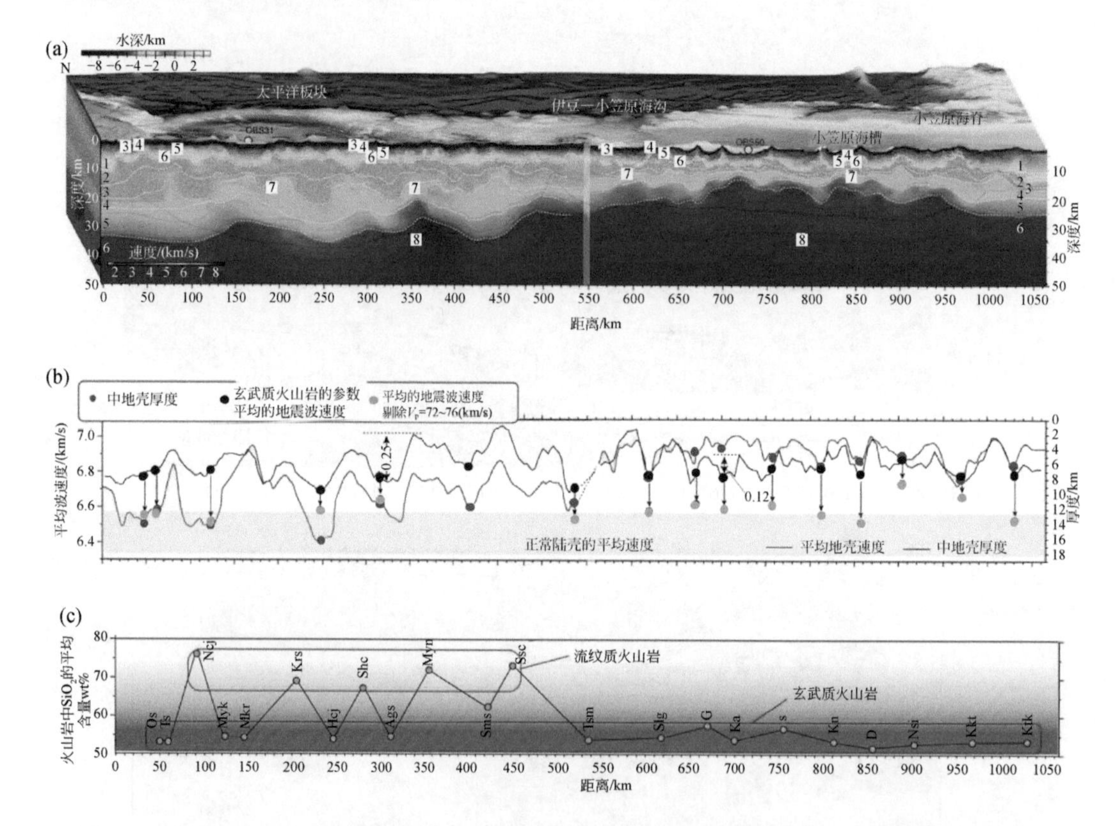

图 2.55　沿伊豆-小笠原岛弧构造走向的深部速度结构（Kodaira et al.，2007；赵明辉等，2016）

（a）沿伊豆-小笠原岛弧火山前缘的深部速度结构剖面；（b）中地壳平均速度（黑线）和厚度（红线）；（c）火山岩中 SiO_2 的平均含量

西太平洋边缘海和弧后盆地因其独特的构造位置而成为构造研究的热点。为了解西太平洋弧后边缘海盆地，2015 年青岛海洋地质研究所在我国东海地区开展了海底地震仪探测，获取了一条主动源 OBS 广角反射地震剖面，并通过走时正、反演模拟的方法建立了西太平洋弧后地区的二维纵波速度结构模型（图 2.56）。地壳变化特征表明弧后地区存在与地壳拉张减薄共生的一系列规模各异的不连续下地壳高速体，这是亚洲东部大陆边缘晚中生代以来，太平洋板块俯冲背景下存在自西向东跃迁式后退拉张的直接证据，证实了洋陆过渡带内深部上涌的软流圈不断向东带动岩石圈进行幕式伸展拉张并引起弧后地区的构造迁移（祁江豪等，2020）。

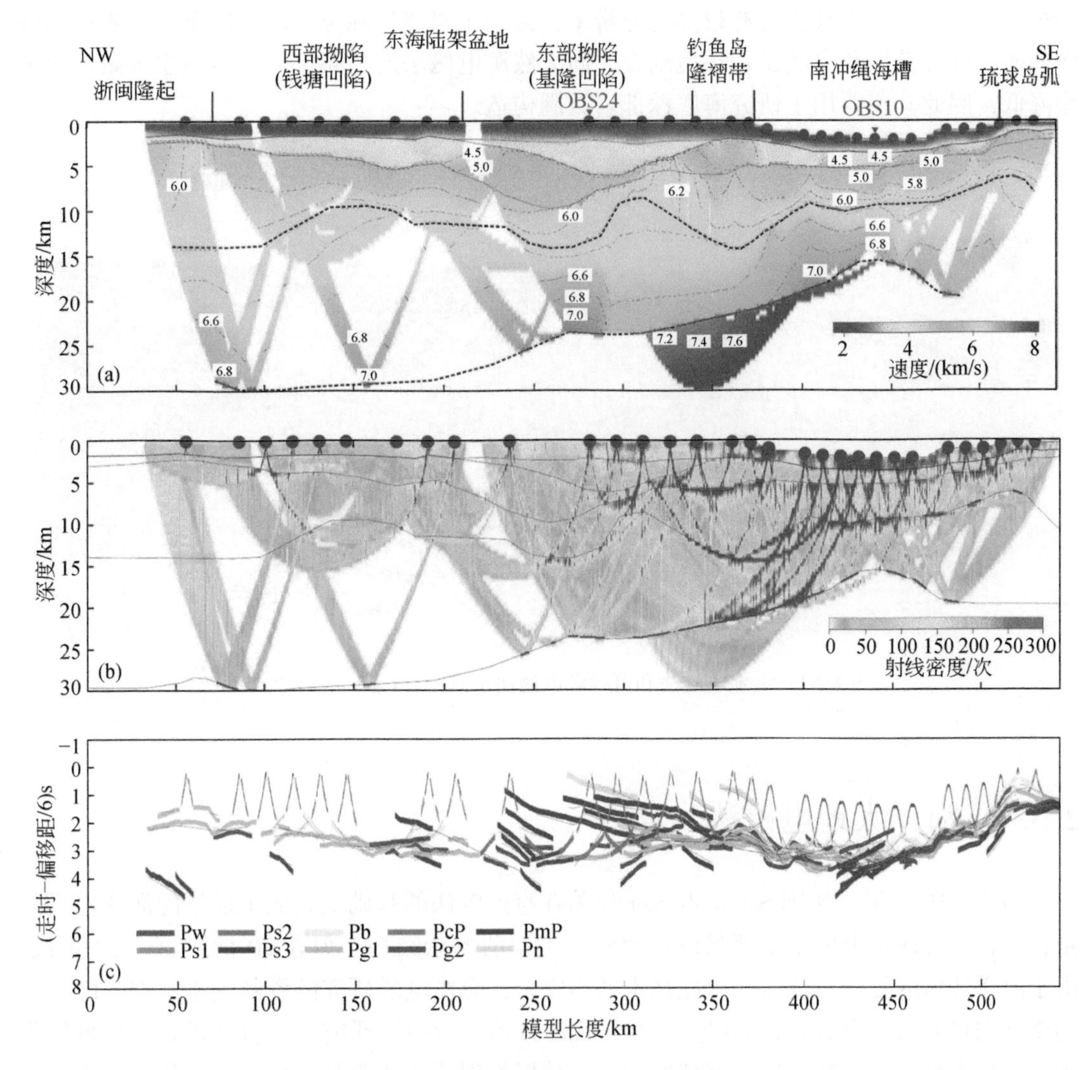

图 2.56　正演 P 波速度模型（祁江豪等，2020）

（a）正演 p 波速度模型；（b）射线密度模型；（c）走时拟合结果

2.3　海洋电磁探测

海洋电磁探测是重要的海洋地球物理探测手段之一，由于许多地质构造具有明显不同于周围环境的电磁学性质，故通过海洋电磁法探测能得到反映地质构造特征的信息（吴时国和张健，2014），适用于如碳酸盐礁脉、盐丘、火山岩覆盖、海底永久冻土带等地震方法不易分辨而电磁方法拥有特定优势的区域。海洋电磁探测涉及的方法技术门类繁多，可以探测不同空间、不同波段和不同成因的人工电磁场和天然电磁场。

根据场源是否可控，可将电磁法分为天然源电磁法（场源不可控，如大地电磁法 MT）和可控源电磁法 CSEM（图 2.57）。可控源电磁法将场源置于海底，电磁场的高频部分不会被海水屏蔽，对海底浅部有较高的分辨率，常用于研究目标位于海底以下几千米以内的海底矿产资源勘探和海底工程环境勘查，而天然源电磁法的高频部分易被海水屏蔽，分辨率降低，因此其主要用于研究海底深部岩石圈构造。

图 2.57　大地电磁法和可控源电磁法示意图（Constable，2020）

2.3.1　海洋大地电磁法

1912～1926 年，法国 Schlumberger 兄弟在直流电法的基础上完成了最早的海洋电场测量，进行了首次水上电阻率测量以查明海港工程的海床结构。但在 20 世纪 30～60 年代，由于海洋环境的复杂以及海洋电磁技术的不完善，海洋电磁研究的资料近乎空白。随着人们逐渐把目光投向海底，在 20 世纪 70 年代才开始进行前期研究，一直到最近几年世界各国都在加大投入，不断改进数字仪器技术、数据处理算法和资料解释方法，使海洋大地电磁探测逐步走向实际应用并在世界范围内的主要海洋进行过多次勘探研究。

2.3.1.1　基本理论

大地电磁法根据激发电离层和磁性层中的带电粒子流在地球内部形成的时变天然电磁场测量海底电阻率。大地电阻率的变化可在测量天然低频磁场和电场时同时得到。前者，即大地磁场，在地球内部感应生成电流，称为大地电流。由磁场变化产生的电场振幅和相位大小依赖于观测面下物质的电导结构。海平面附近电磁场波动的频带较宽，一般介于几赫兹与数千赫兹之间，低频变化一般由受太阳活动控制的磁圈的电流体系产生（吴时国等，2014）。

磁场的变化规律可由以下麦克斯韦方程组描述：

$$\nabla\times\boldsymbol{E}=-\frac{\partial\boldsymbol{B}}{\partial t}\qquad（法拉第定律）\qquad(2.2)$$

$$\nabla\times \boldsymbol{H} = \boldsymbol{J} + \frac{\nabla \boldsymbol{D}}{\partial t} \quad \text{(安培定律)} \tag{2.3}$$

$$\nabla\cdot \boldsymbol{D} = q_{\mathrm{v}} \quad \text{(库仑定律)} \tag{2.4}$$

$$\nabla\cdot \boldsymbol{B} = 0 \quad \text{(连续磁通量定律)} \tag{2.5}$$

其中，$\boldsymbol{E}$ 为电场强度（V/m）；$\boldsymbol{B}$ 为磁感应强度（T）；$\boldsymbol{H}$ 为磁场强度（A/m）；$\boldsymbol{D}$ 为电位移（C/m^2）；$\boldsymbol{J}$ 为电流密度（A/m^2）；q_{v}为电荷密度（C/m^2）。

由于场源与接收器间的距离较大，故可把电磁波看作是平面波。对于均匀且各向同性的介质有

$$\boldsymbol{D} = \varepsilon \boldsymbol{E} \tag{2.6}$$

$$\boldsymbol{B} = \mu \boldsymbol{H} \tag{2.7}$$

$$\boldsymbol{J} = \sigma \boldsymbol{E} \tag{2.8}$$

其中，σ 为电导率系数（S）；ε 为介电常数（F/m）；μ 为磁导率（H/m）。

电磁场满足下面的方程：

$$\nabla^2 \boldsymbol{E} + k^2 \boldsymbol{E} = 0 \tag{2.9}$$

$$\nabla^2 \boldsymbol{H} + k^2 \boldsymbol{H} = 0 \tag{2.10}$$

其中，k 是传播系数。对于角频率为 ω 的时间谐振荡项 $e^{i\omega t}$，各向均匀地层的 k 为

$$k^2 = \mu\omega(\varepsilon\omega - \mathrm{i}\sigma) \quad \text{实数项 } k>0 \tag{2.11}$$

$$k^2 = -\mathrm{i}\mu\omega(\sigma + \mathrm{i}\omega\varepsilon) \quad \text{虚数项 } k>0 \tag{2.12}$$

式（2.11）中的（$\varepsilon\omega$）项为非传导介质中高频占优势时的位移项。当频率较低且介质传导性相对较强时，传导系数 σ 起主要作用。对于普通介质，$\sigma>10^{-4}$S/m（$\rho<10^{-4}\Omega\cdot m$），$\varepsilon<10^{-11}$F/m，在这些介质中导电率可达几千赫兹，也就是说，和用于固体地球研究的频带一样。

在进行海洋大地电磁测量时需确保磁力仪传感器的方向稳定，并使用电极对得到海底电势梯度。与陆地测量不同的是，仪器上部的高导电率海水层常会限制信号的频带宽度，大地电磁场的渗透深度 z 一般随频率 f 的增大而减少，同时它与大地电阻率也密切相关。对于一电阻率为 ρ 的均匀半空间有

$$z = k_{\mathrm{m}} (\rho/f)^{1/2} \tag{2.13}$$

其中，k_{m}是常数。所以高导电率水层相当于一个低通滤波器，频率大于 1Hz 的磁信号在水深 200m 处实际上就已经消失了，到了水下几千米处就只有频率小于 0.003Hz 的信号了（金翔龙等，2009）。

2.3.1.2　仪器组成

海底大地电磁仪可用来测量海底大地电磁场信号，其整套仪器由九类集成部件组成，如图 2.58 所示。其中，浮力部件主要是玻璃浮球，给整套仪器提供上升的浮力。起吊部件为提梁，可承受整套仪器在空气中的重量（包括重物锚）。在安全保护部件中，牺牲阳极为含锌类的金属片，因其化学性能活泼，海水的腐蚀作用先行反应在牺牲阳极上，将其附着在承压舱等部件表面可以提高仪器的抗腐蚀能力。助力弹簧安装在聚丙烯框架与重物锚之间，以防止软质海泥对仪器的吸附。当声学释放器动作，锚链松开，助力弹簧瞬间释

放弹力，推动仪器摆脱吸附，顺利上浮（邓明等，2013）。

信号检测部件由电场传感器、磁场传感器、方位传感器以及姿态传感器等组成（陈凯等，2009）。电场传感器经水密接插件和电缆将海底电场信号传送至数据采集密封舱。磁场传感器装于非磁性承压密封舱中，并将其相互正交安装在聚丙烯框架上。

数据采集部件由采集电路、承压密封舱和相关的水密接插电缆等组成。电路同步采集各通道数据，记录电场、磁场以及方位、姿态和舱内温度等辅助信息，电磁信号同步进入各采集通道经低噪声模拟放大并转换成数字信号后进入存储单元。

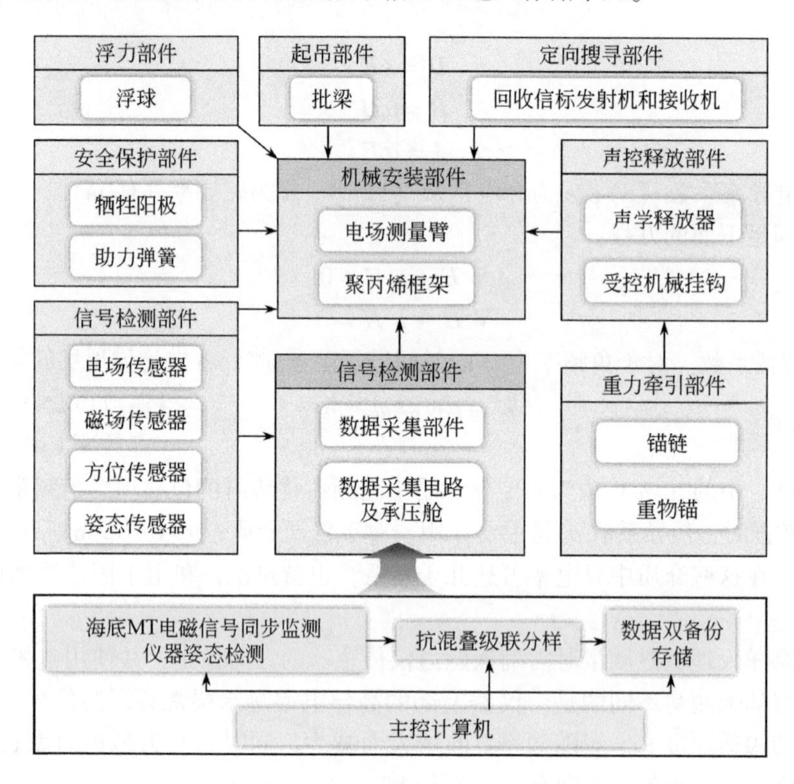

图 2.58　海底大地电磁仪硬件组成（改自邓明等，2013）

2.3.1.3　典型设备

目前国际上已有数家科研机构和公司开展了海底大地电磁仪的研发，如美国斯克里普斯（Scripps）海洋研究所（SIO）、挪威 EMGS 公司、日本海洋研究开发机构（JAMTSTEC）等。国内单位如中国地质大学（北京）、中南大学、中国海洋大学等多家单位也相继开展了海底大地电磁仪的研发，在国家科技支持和科研人员努力下，仪器研发取得了重要进展。

1. Scripps 海洋研究所研发的 SIO 海底电磁接收站

该仪器装有 8 道 24 位数字记录仪，电极装在涂有油漆的管内，以防海水的腐蚀。整个仪器能够抵抗 6000m 水深的水压。4 道的最大采样率为 1000Hz，设备能够持续工作两个月。数据存储于Flash-ROM驱动中，聚乙烯框架能够为四个玻璃浮球以及声学传感器等提供保护。150kg重的混凝土板足以使仪器在海底保持稳定，单独的声学部件可以在接收到指令时释放混凝土板，使设备上浮进行回收作业（图2.59）。

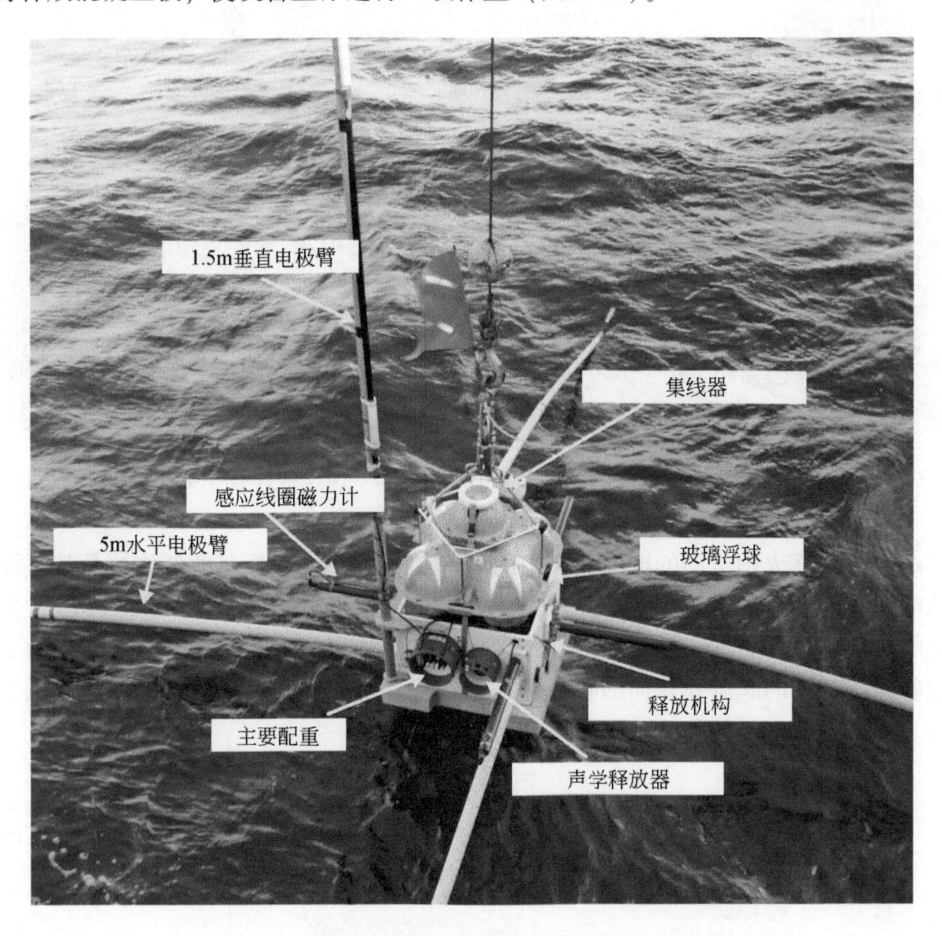

图2.59　SIO海底电磁接收站（Constable，2013）

2. 中国海洋大学海底电磁采集站

中国海洋大学研发团队研发的海底电磁采集站（图2.60）既可以观测天然场源产生的海洋电磁场，也可以观测人工源产生的海洋电磁场，可用于海底地球结构和动力学研究以及海洋油气资源和天然气水合物勘探。该采集站可同时测量海底大地电磁场三个电场分量和两个磁场分量，可以在4000m水深的海底工作。数据采集记录仪、框架设计、释放机构、回收信标均具有自主知识产权，其中记录仪部分采用针对弱信号的低噪声、低频、宽带高增益放大器模块和高精度时钟模块，具有可高速存储大量数据、低功耗、接收信号频率范围大、本底噪声低、可满足微弱信号探测的特点。

2.3.1.4　应用实例

2018年5月，在科摩罗群岛法属马约特岛附近发生了迄今为止最大规模的海底火山爆

图 2.60 中国海洋大学研发的海底电磁采集站（图片来自中国海洋大学）

发事件。为探究该火山活动的成因和火山的内部结构，Darnet 等在该岛陆地及其近海开展了大地电磁探测，对采集的 MT 资料进行反演建立了三维电阻率模型（图 2.61），发现在该系统的浅部（<2km）存在热液流体，在较深区域（>15km）存在岩浆流体。为下一步确认这些深部结构的起源和几何形状，更好地理解与之相关的岩浆和火山活动提供了重要的信息（Darnet et al.，2020）。

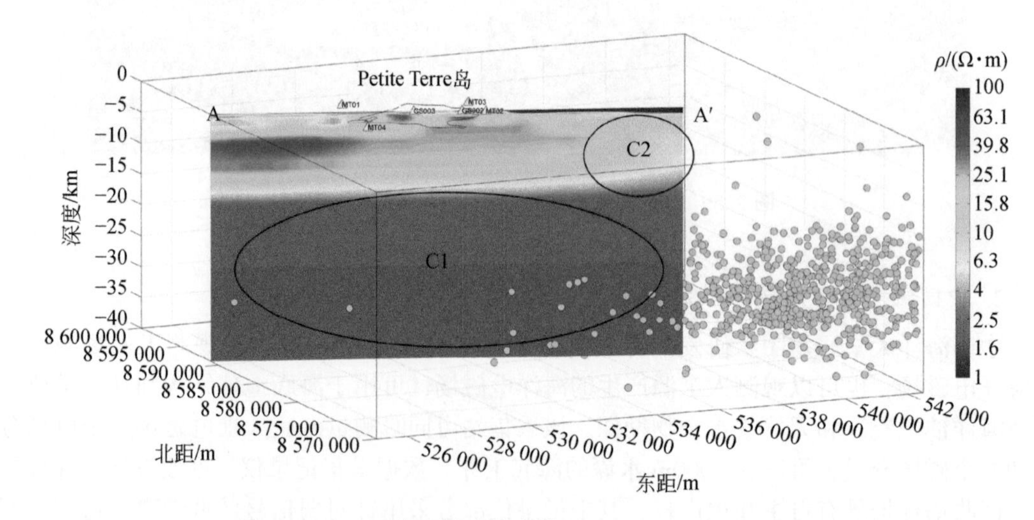

图 2.61 N120°断面的电阻率模型（Darnet et al.，2020）

绿色圆圈为 2018 年 5 月 1 日到 2019 年 5 月 28 日记录的地震事件的震源；黄色三角为 MT 站点

从电学的角度来看，由于较冷的固体岩石圈是电阻性的，较热的软流圈导电性较强，因此大地电磁法在研究岩石圈-软流圈边界的深度和性质方面起着重要的作用。2016 年 3

月，Wang等（2020）在中大西洋海脊部署了39台海洋大地电磁仪，历时60天，根据获得的电磁数据反演了沿链状破碎带南北两条剖面的二维电阻率模型（图2.62），揭示了岩石圈-软流圈边界部分潜在的熔体分布和动力学特征。为研究岩石圈-软流圈边界演化并更好地理解缓慢扩展的洋脊提供了重要的信息。

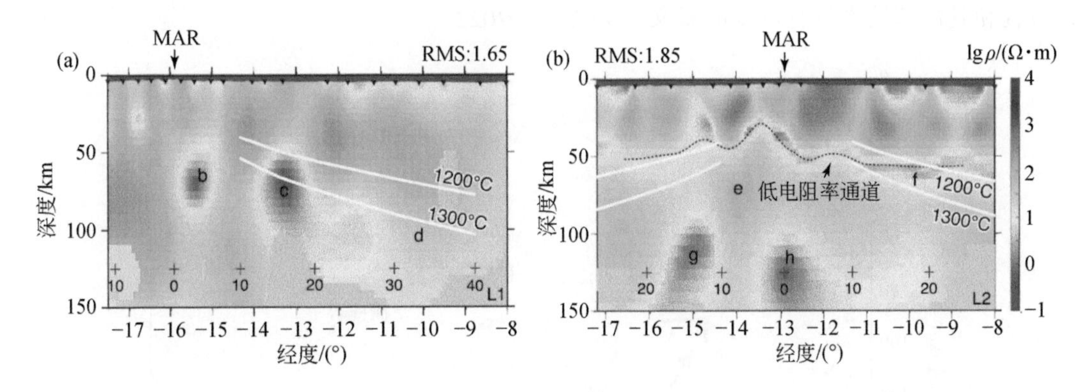

图2.62　南北两条剖面的二维电阻率模型（Wang et al.，2020）

2020年7～8月，中国地质调查局广州海洋地质调查局利用OBEM-Ⅲ海底大地电磁仪，通过“海洋地质四号”船成功完成了国内首条横跨南海古扩张脊的超深水海洋大地电磁调查（图2.63）。此次调查测线长度约260km，平均水深为4100m，是国内目前规模最大、作业水深最深的海洋大地电磁调查剖面，标志着我国海洋大地电磁仪器研究取得质的飞跃，对揭示南海深部岩石圈的电性结构具有里程碑式的科学意义（李福元与高妍，2021）。

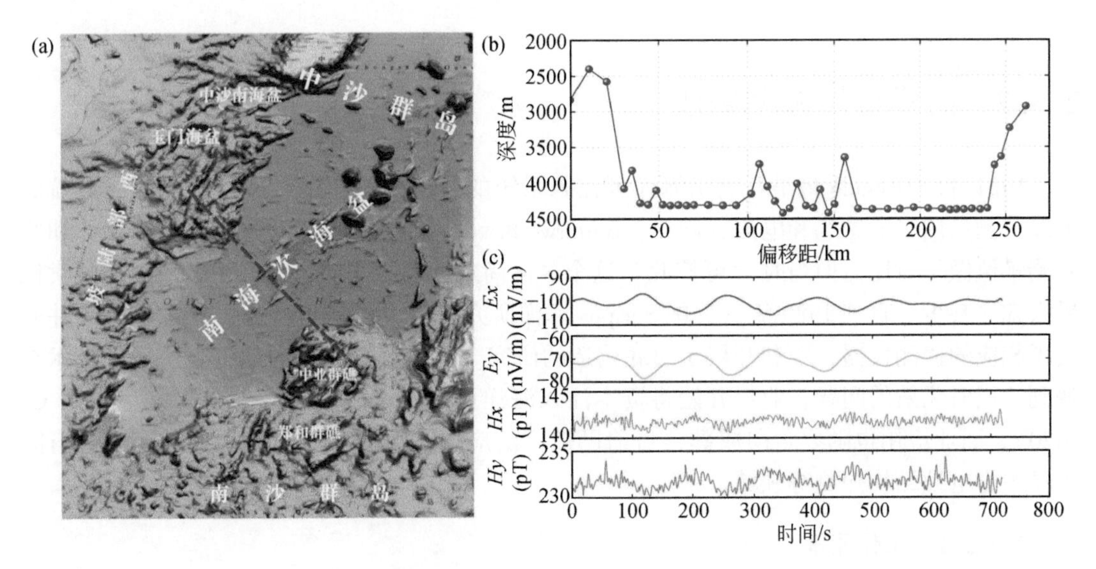

图2.63　海洋电磁采集工作及野外成果（李福元和高妍，2021）

（a）剖面位置；（b）采集站深度及地形；（c）原始时序曲线

苏达海山位于马尔库斯–威克海山链，是典型的西太平洋板内海山，也是我国的锰结核矿区。2020 年，在西太平洋海底精细地球物理调查航次中，自然资源部第二海洋研究所依托“大洋号”科考船部署了 OBEM-Ⅲ海底大地电磁仪对苏达海山进行了首次大地电磁测量。本次调查揭示了苏达海山的深部电阻率结构（图 2.64），对了解离轴板内海山的构建过程和其深部结构具有重要的意义（姜杰等，2022）。

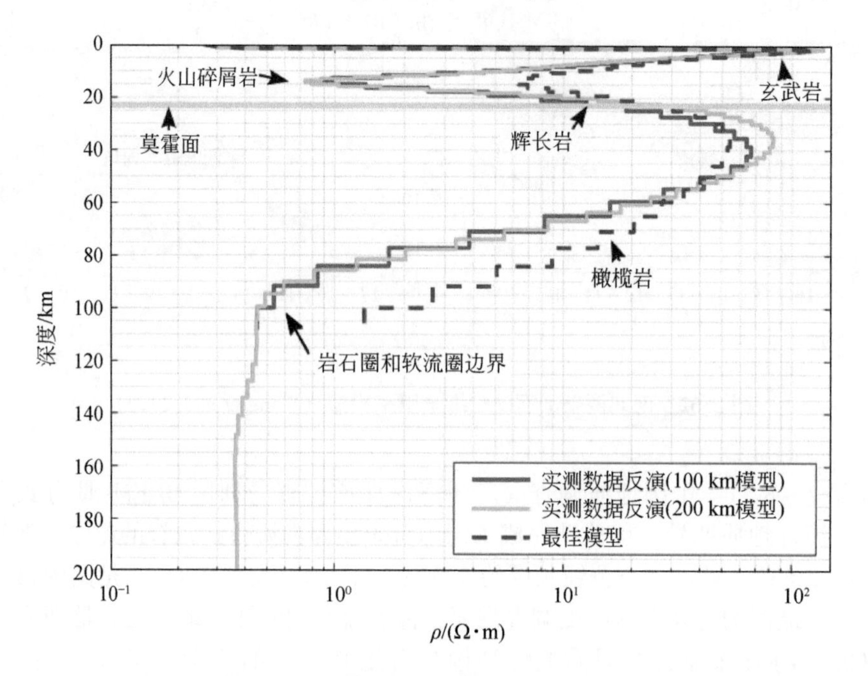

图 2.64　实测数据反演与最佳理论电阻率结构模型（姜杰等，2022）

2.3.2　海洋可控源电磁法

1924 年，Drysade 最早开展了海洋可控源系统的尝试，他利用一战初期的轮船导航的电缆，测量周围的磁场和电流，同年，Butterworth 计算了电缆和绝缘海底周围的场并和实际测量值做了对比，但当时“可控源”这个名词尚未发明，做的工作又少，所以他的尝试后人知之甚少。直到 1980 年，美国 Scripps 海洋研究所首次提出了海洋可控源电磁法并研发了相应的探测仪器，顺利开展了海底构造的研究。为了解决海洋大地电磁法成像技术在遇到盐层时无效的问题，业界开始将资本注入海洋可控源电磁法的开发与研究（张鹏飞，2020），商业应用也随之走向成熟，目前已被广泛应用于海洋油气资源勘探、海洋岩石圈和洋中脊电性结构探测等领域。

2.3.2.1　工作原理

相比于海洋大地电磁法，海洋可控源电磁法可通过大功率电磁发射机在海底建立相对高频的大功率电磁场源，人工弥补微弱的天然场源信号以及高频信息缺失的不足。如图

2.65 所示，在海上开展可控源电磁探测时，船只拖曳的发射机在海底上方约 50m 的位置水平移动并通过长度为 100 ~ 300m 的水平电偶极子激发零点几到几十赫兹、数百安培的电偶源激励信号，位于海底的采集站对上述人工场源的直达波、空气波、海底及地层的反射波、天然场源的海底电磁信号进行采集。发射结束后，由船上发送释放信号，海底电磁采集站脱离负重块上浮至海面，逐个进行数据下载。最后，通过对电磁发射和接收数据处理获取海底以下介质的电性结构。

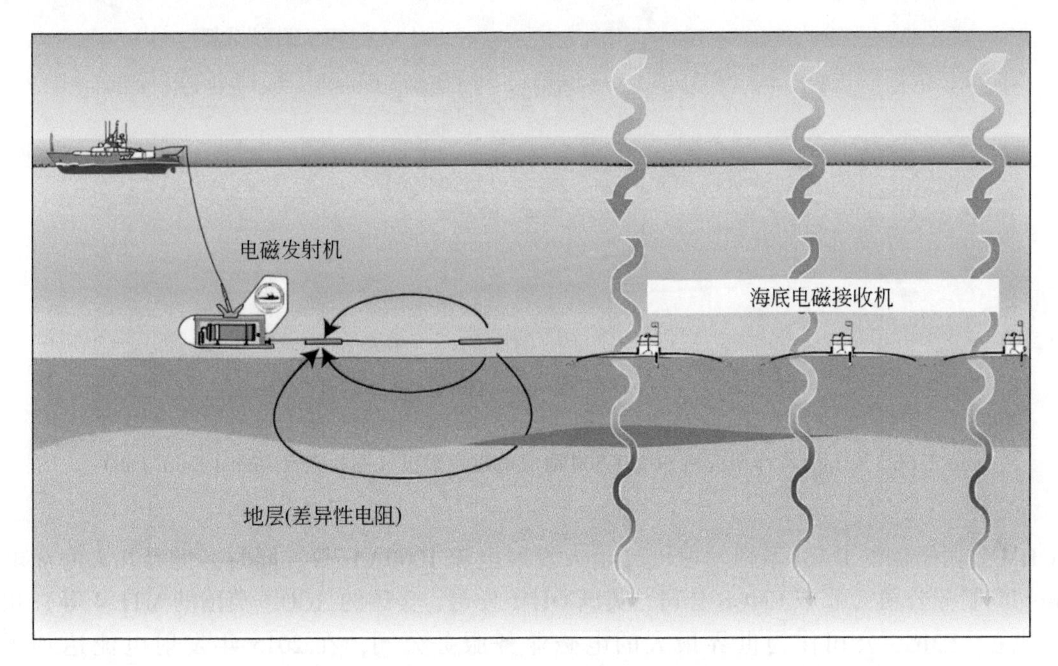

图 2.65　海洋可控源电磁法工作原理示意图（图片来自美国石油地质学家协会 AAPG）

2.3.2.2　系统组成

海洋可控源电磁探测系统主要包括甲板系统、拖曳发射系统、若干海底电磁接收机以及辅助仪器设备（海底电磁采集站水声定位和释放设备、移动操控仪、拖曳系统水声定位设备）。

甲板系统包括大功率甲板电源、深拖缆及绞车、船载导航及水下定位系统等。由大功率甲板电源提供电力，通过甲板变压及监控单元和用于水下功率及信号传输的深拖缆，将电力和监控信号输送至海底的电磁发射机，并由拖曳发射系统经变压和整流后提供大功率人工激励场源，最终由海底电磁接收机实现海底电磁信号的高精度采集。图 2.66 为 Scripps 海洋研究所研制的 SUESI-500 海底电磁发射机的组成。

2.3.2.3　典型设备

早在 20 世纪 70 年代国外就已经开展海洋可控源电磁探测系统研发，目前主要有美国 Scripps 海洋研究所 SUESI 发射系统（最大发射电流 500A）；SouthHampton 海洋研究中心和

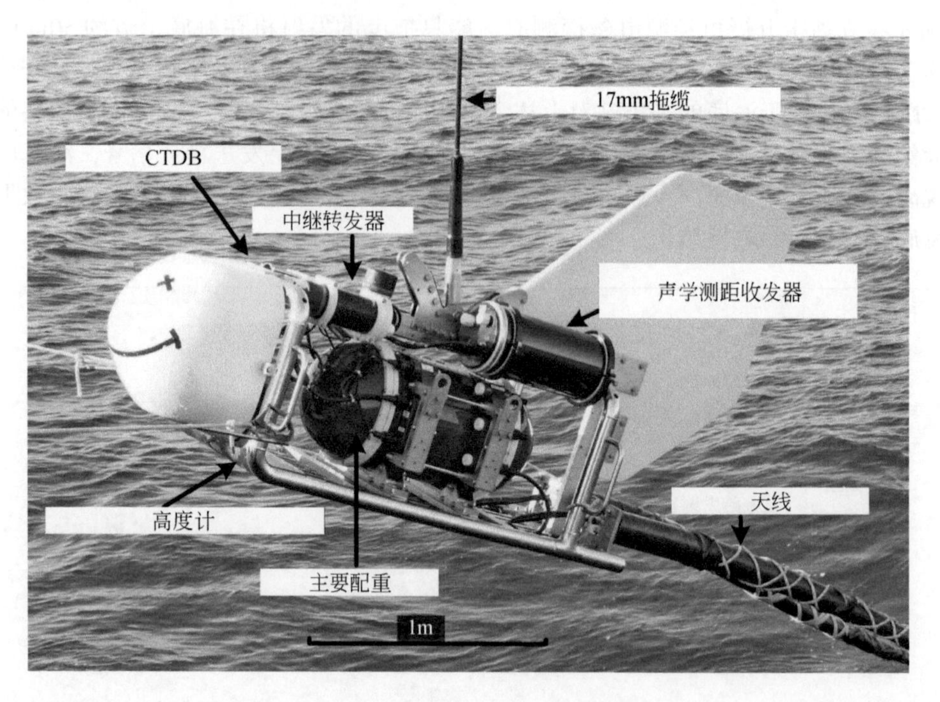

图 2.66　Scripps 海洋研究所 SUESI-500 海底电磁发射机（图片来自 Digital Earth Lab）

IOHM 公司研制的 DASI 系列发射机（最大发射电流 1000A）等。同时，世界几大海洋电磁探测服务公司（挪威 EMGS 公司、英国 OHM 公司、美国的 AGO、英国的 MTEM 等）相继成立，EMGS 公司作为世界最大的电磁业务服务公司，在 2015 年发射电流达到了 10000A。这些公司进行了上百次海洋电磁探测，已经形成了相当完备的商业化海洋可控源电磁探测技术，垄断了国际市场。但这些国外公司和研究机构都对我国进行了技术封锁，仅提供有限的探测服务且价格高昂，不出售相关仪器。

为打破技术垄断，自 20 世纪末开始，吉林大学、中南大学等单位开始进行海洋电磁法研究，近年来，中国海洋大学、北京工业大学、东方地球物理勘探有限责任公司等单位也相继投入到了海洋可控源电磁系统的自主研发中来。

中国海洋大学海洋电磁探测技术与装备研发团队成功研制了我国具有自主知识产权的大功率海洋可控源电磁勘探系统（图 2.67）。该系统由 1000A 级大功率拖曳式可控源电磁发射系统、4000m 级深海海底采集站、拖曳式电场接收系统、甲板电磁信号监控系统、中性浮力发射天线和深海探测定位系统以及海洋可控源电磁处理解释系统等组成，可用于深水油气资源勘探、天然气水合物探测、海底深部电性结构及洋中脊研究。

2017 年 3 ~4 月，以该团队为主研发的大功率深海海洋电磁勘探系统于中国南海北部海域进行了海洋试验，成功完成我国首条深海可控源电磁探测剖面。海试成功标志着我国一举打破国外技术垄断，具备了在浅海和深海独立进行海洋电磁探测的能力。

目前，我国的海洋电磁发射方法和技术多处于理论方法研究、系统研发和海上试验阶段，尚未进行产业化，且与国外设备相比，在发射电流、输出功率、探测深度和作业效率

图2.67　大功率水下电流发射系统与海底电磁采集站（图片来自中国海洋大学）

方面，国内设备仍有一定差距。

2.3.2.4　应用实例

墨西哥海域底部多火山，其海底赋存着丰富的地热资源，从20世纪80年代开始，墨西哥就已经开始进行全国地热资源普查。在墨西哥地热能创新中心（CeMIEGeo）支持下，Córdoba-Ramírez等在墨西哥南下加利福尼亚州圣罗萨利亚海岸附近的加利福尼亚州海湾开展了海洋可控源电磁探测，获取了两个剖面约14km的电磁数据并建立了电阻率模型（图2.68），且发现了一个电阻异常，它可能与热液上升流相对应，是潜在的地热储层，为后续进一步的热流测量、岩石取样和地球化学研究并确定可能的地热储层的温度，提供了关键的地层信息（Córdoba-Ramírez et al.，2019）。

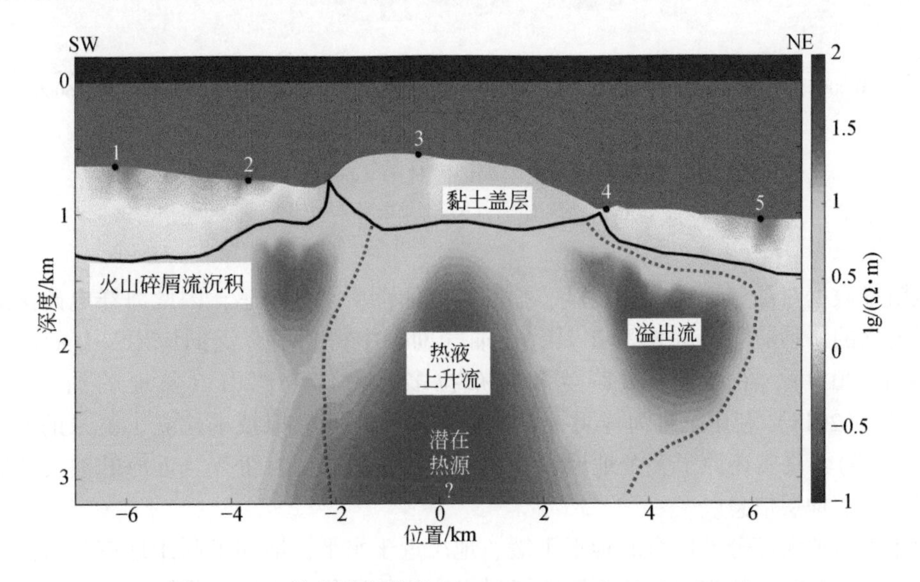

图2.68　二维电阻率模型（Córdoba-Ramírez et al.，2019）

在盐构造极其复杂的地区，地震信噪比较低，从而使对速度场变化的估计变得复杂，因此在盐体周围和下面获得的地震图像往往很差。而电磁场很容易穿透电阻性盐，且衰减很小，因此海洋可控源电磁探测是盐下复杂地区勘探的一个强有力的工具。Zerilli 等在巴西圣埃斯皮里托盆地部署了 157 个海底电磁接收机，开展了可控源电磁探测，反演得到的电阻率模型揭示的盐体图像比地震图像更加清晰（图 2. 69；Zerilli et al.，2016）。

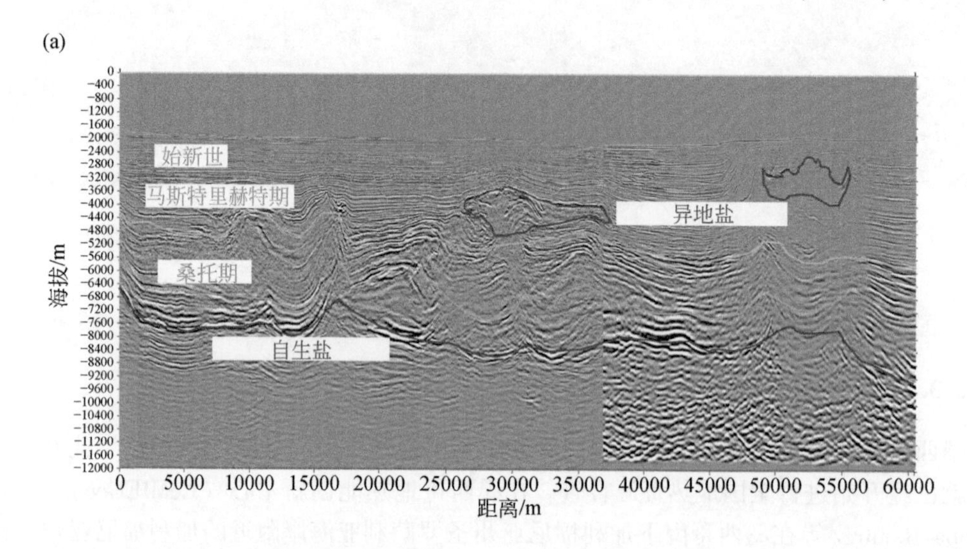

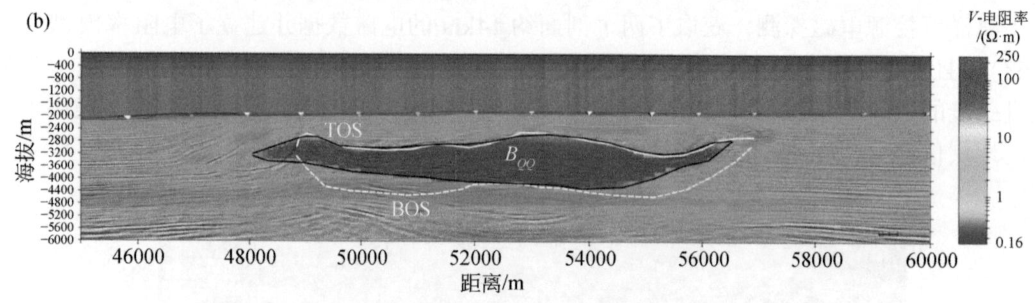

图 2. 69　地震剖面与电阻率剖面对比（Zerilli et al.，2016）

（a）地震剖面；（b）二维电阻率模型

电阻率数据对油气饱和度和温度、盐度等流体性质十分敏感，因此海洋电磁法通常作为地震勘探的一种有效补充解释工具，在油气勘探中得到了广泛的应用（MacGregor and Tomlinson，2014）。在加拿大纽芬兰和拉布拉多近海佛兰德山口盆地的油气勘探中，Dunham 等（2018）利用三维海洋可控源电磁有限元正演模拟技术建立了复杂的 CSEM 模型（图 2. 70），真实还原了多个地层和复杂的储层体构造，为纽芬兰近海的油气储层评价提供了重要的地层信息。

琼东南盆地大部分地区海底地形平缓、地层近于水平，增加了利用地震反射剖面识别似海底反射（BSR）的难度，从而影响了对水合物的评价，为进一步开展该区域水合物调查研究，Jing 等（2019）进行了海洋可控源电磁探测，采集了一条 4. 5km 的电磁剖面数据（图 2. 71），并综合利用电阻率、热力学条件和地震反射信息，推断了天然气水合物稳定

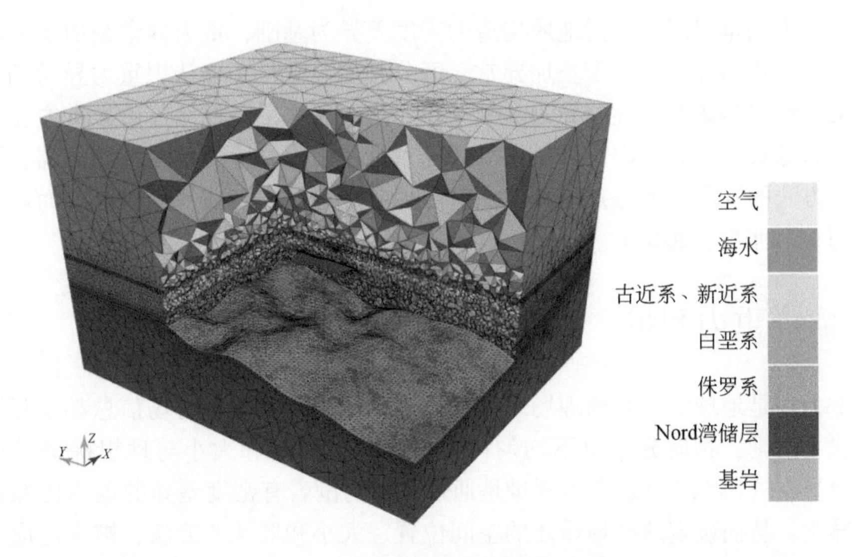

图 2.70　三维海洋可控源电磁有限元正演模拟的高精度地质模型（Dunham et al., 2018）

带的底界深度，探讨了该区水合物成矿模式与气源类型，为将来的天然气水合物资源预测与钻探目标的优选提供了依据。

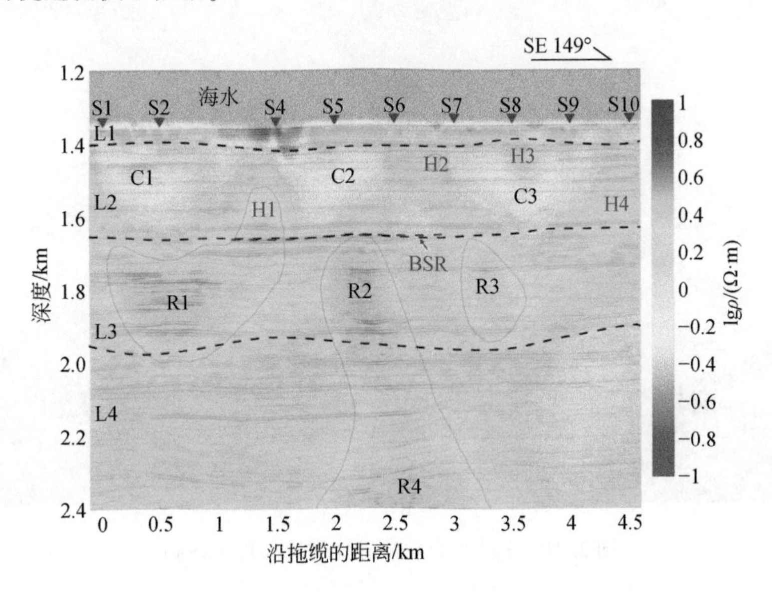

图 2.71　电阻率剖面与反射地震剖面叠合图（Jing et al., 2019）

2.4　海洋重磁测量

海洋重磁测量可以与海洋地震探测同步作业，在获取地震资料的同时获取重力及磁力数据。海洋重力测量以海底不同地质构造的密度差异为基础，重力异常是地下密度变化的综合反映，海洋重力异常是一个叠加异常，区分叠加异常是正确认识重力异常的前提。海洋磁力测量以海底岩矿石磁性差异为基础。在海底和海水覆盖地区，磁异常主要反映基底构造、岩浆岩分布、海底大洋中脊扩张等情况。近年来，由于高精度观测仪器、资料处理技术和解释方法的发展，海洋重磁测量在海洋地质构造研究和油气勘探等方面取得了很大进展（吴时国和张健，2014）。

2.4.1　海洋重力测量

地球重力场是地球的基本物理场之一，其表面任何一点的重力场信息都不相同，地球的实际形状不规则，物质分布也不均匀，各处的重力方向和大小与理想椭球模型存在差距，即重力异常（图 2.72）。重力测量是通过测量与围岩有密度差异的地质体在其周围引起的重力异常，从而确定这些地质体的空间位置、大小和形状的方法，被广泛应用于海底矿产资源勘探、地质构造、地球形态等方面。

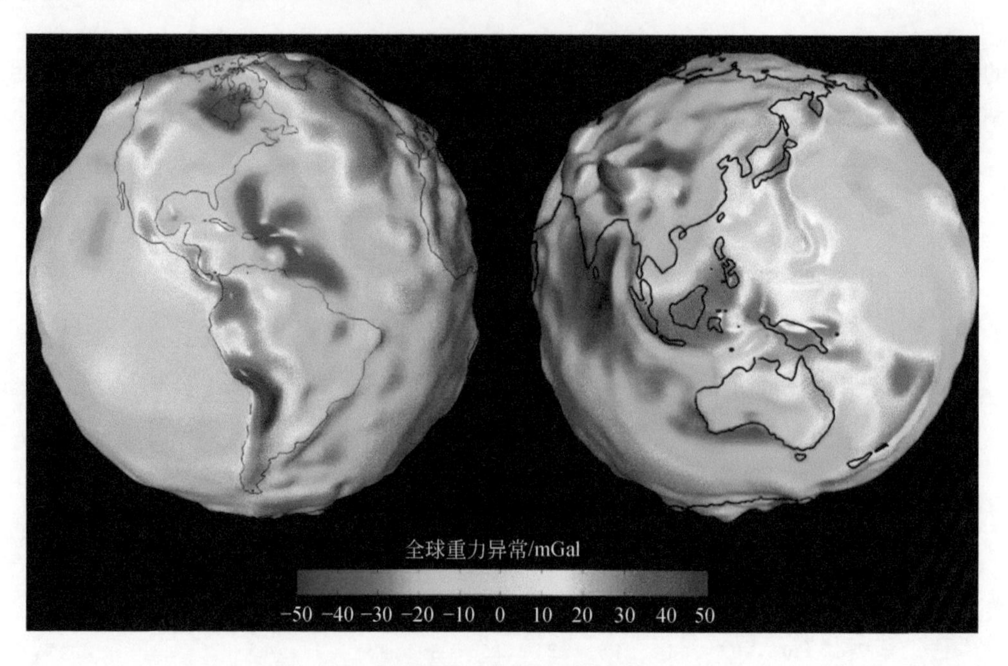

图 2.72　全球重力异常图（图片来自 NASA）

2.4.1.1　测量仪器

海洋重力测量就是对重力仪测得的原始数据引入各项校正计算重力异常的过程。海洋重力测量始于 20 世纪 20 年代，发展至今，一共经历了摆仪、摆杆型重力仪和轴对称型重力仪三个阶段。

1923 年，荷兰科学家 Vening Meinesz 首次成功地在潜水艇上使用摆仪进行了海洋重力观测。1932年，Brown改进了摆仪，消除了二阶水平加速度和垂直加速度的影响，将测量精度提高到了5～15mGal，但并没有从原理上改变摆仪操作复杂、测量效率低、费用昂贵等缺陷。

20世纪50年代中期到60年代中期，摆杆型重力仪的发展实现了由水下到水面、自由离散点测量到连续线测量的历史性飞跃。1957年，联邦德国和美国的两家公司分别用增加仪器阻尼的办法改进了地面重力仪，并把这种重力仪安装在普通船只的稳定平台或常平架上，形成了走航式的海洋重力仪，由于这种仪器受船只加速度影响较大，只能在近海海况较好的条件下使用。20世纪60年代中期，德国Askania公司与美国的LaCoste&Romberg公司相继对摆杆型海洋重力仪的弹性系统在结构上进行了刚性强化，进一步增大阻尼，建立了反馈回路和滤波系统，大大增加了对外界的抗干扰能力，可以在中级海况下进行工作，测量精度也提高到了1mGal（吴时国等，2017）。

然而摆杆型重力仪测量原理带来的交叉耦合效应（即水平干扰加速度和垂直干扰加速度互相影响）给测量结果带来了5～40mGal误差。为消除这一误差源，Boden-seewerk公司从20世纪60年代初开始启动第三代海洋重力仪——轴对称型重力仪的研制工作，LaCoste&Romberg公司和美国Bell航空公司也随后加入该型重力仪的研究行列。这类重力仪不受水平加速度的影响，从根本上消除了交叉耦合效应的影响，在恶劣海况下也能较可靠地工作，至20世纪80年代，轴对称型海洋重力仪已经趋于成熟并逐步取代了摆杆型重力仪。

海洋重力仪根据工作方式的不同可分为海底重力仪和走航式海洋重力仪两类。海底重力仪用于浅海地区的重力定点静态测量，走航式海洋重力仪用于近海、远海和大洋的重力普查及重点海区的重力精密测量（海司编研部，2016）。

海底重力仪由水下测量单元、电缆和甲板控制单元组成，水下测量单元包括重力传感器、平衡装置和密封容器等。测量时，将水下测量单元沉入海底，靠电缆把水下测量单元和甲板控制单元相连接，测量船上的操作人员通过甲板控制单元遥控启动海底重力仪，并读取重力观测数据（海司编研部，2016）。海底重力仪由于受水密、遥控、收放及自动置平等技术难题制约，且只能实施定点测量或时移测量，同时只能进行浅海作业，目前已逐渐被淘汰。

走航式海洋重力仪安装于测量船等载体上，在匀速直线航行状态下进行测量作业，目前应用最为广泛。主要由重力传感器、陀螺平台、电子控制机柜等组成，根据稳定平台类型可以分为两轴陀螺平台、三轴惯性平台、捷联数字平台三类，其中两轴陀螺稳定平台海洋重力仪是最早成熟应用的动态重力仪，但由于该类型仪器难以完全消除水平加速度对重力敏感器输出结果的影响，限制了仪器测量精度和动态性能的提高，20世纪末出现了三轴惯性稳定平台海洋重力仪，这两类海洋重力仪的典型产品技术参数见表2.10。

表2.10　国外典型稳定平台式海洋重力仪技术性能对比（肖波等，2021）

名称参数	GT-2M海洋重力仪	Air-Sea System Ⅱ、ZLS、DGS海洋重力仪	KSS31（M）、KS832M海洋重力仪
产地	俄罗斯	美国	德国
重力测量量程	10000mGal	20000mGal	12000mGal

续表

名称参数	GT-2M 海洋重力仪	Air-Sea System Ⅱ、ZLS、DGS 海洋重力仪	KSS31（M）、KS832M 海洋重力仪
动态范围	±1000Gal	±200Gal	±200Gal
重力仪零漂	<3mGal/月	<3mGal/月	<3mGal/月
静态精度	0.01mGal	0.05mGal	0.05mGal
动态精度	0.2mGal	0.5～1.0mGal	0.5～2.0mGal
内部工作温度	50℃	46～53℃	50℃
外部温度	+10～+35℃	+5～+40℃	+15～+35℃
采样率	0.1～1Hz	1Hz	1Hz
陀螺稳定平台	双陀螺稳定平台 三轴（*X*、*Y*和*Z*轴）	双陀螺稳定平台 两轴（*X*、*Y*轴）	单陀螺稳定平台 两轴（*X*、*Y*轴）
陀螺寿命	30000h 14000h	250000h	50000h
平台自由度	横摇：±45° 纵摇：±45°	横摇：±25° 纵摇：±22°	横摇：±40° 纵摇：±40°

与稳定平台式重力仪相比，捷联式重力仪由于没有机械平台，具有小型化、低成本、高可靠性、操作简单等优点。得益于光学陀螺捷联惯导和高精度加速度计等相关技术的进步，从20世纪90年代开始，加拿大、美国、俄罗斯、德国等国相继开展了捷联式重力仪研制，经过多年发展，捷联式重力仪的精度正在逐步接近双轴阻尼稳定平台重力仪的精度（胡平华等，2017）。

2.4.1.2　典型设备

国际上研制海洋重力仪，开展海洋重力测量、技术方法研究的公司和机构大都具有军方背景，主要代表产品有美国LaCoste&Romberg公司的L&R系列、Micro-g Lacoste公司的MGS-6和S-Ⅲ、Bell航空公司的BMG系列、德国Bodenseewerk公司的KSS系列以及俄罗斯莫斯科重力测量技术公司的GT-1M和GT-2M重力仪等。我国早在20世纪60年代初便开始自主研制走航式海洋重力仪，中国科学院地质与地球物理研究所、国防科技大学、中国船舶重工集团有限公司第七〇七研究所等多家单位都完成了样机的研制，但均未能形成成熟的商业化产品，且受工艺水平的制约，国产海洋重力仪的技术水平仍落后于国外同类产品，导致国内的海洋重力仪市场基本为国外产品所占领。

1. MGS-6 海洋重力仪

MGS-6海洋重力仪是美国Micro-g Lacoste公司第三代动态稳定平台重力仪（图2.73）。其传感器内部的摆系统采用力平衡反馈方法（力平衡反馈电容），使质量块摆杆始终位于极板的中心位置，通过测量反馈电压来测量重力的变化，具有响应快、精度高的特点，在拐弯或姿态变化较大时能迅速回到平衡位置，消除了交叉耦合效应，整个系统无须锁摆装置，在恶劣海况下仍可获得高质量数据。测量范围可达500Gal，系统的设计更加紧凑，体积小、重量轻，便于搬运和安装。

图 2.73　MGS-6 海洋重力仪

图 2.74　GT-2M 海洋重力仪

2. GT-2M 海洋重力仪

GT-2M 是一款由俄罗斯莫斯科重力测量技术公司研发，加拿大 CMG 公司生产的新型海洋重力仪，它是由 GT-1A 和 GT-2A 航空重力仪发展而来（图 2.74）。GT-2M 配备有惯性导航系统、垂直重力传感器、舒勒调谐三轴平台和全球定位系统，可用于测量全球重力异常。垂直放置的传感器，可以最大程度地减少水平加速度对垂向通道的耦合干扰。GT-2M 的动态范围高达±1g，灵敏度达 0.1mGal，海上动态精度高达 0.2mGal，平台摆动的允许范围达到 45°，配合四个同步可编程滤波器，在空气激流或大波浪等恶劣的调查条件下，GT-2M 仍然可以高效率地产出高质量的数据，可以极大地节省调查成本。

2.4.1.3　应用实例

可靠的航道勘测是确保海上运输安全的基本前提，为确保连接着北欧和东欧的波罗的海航道安全，波罗的海周围几乎所有欧盟成员国的 15 个海事和运输机构以及大地测量机构合作成立了波罗的海航道最终调查（FAMOS）项目，其中一项重要任务是海洋重力测量。由德国波茨坦地球科学研究中心（GFZ）牵头，在 2015 ~ 2018 年间在该区域开展了八次走航式海洋重力测量，获取了约 22000km 的重力异常数据（图 2.75；Förste et al., 2020)，极大地填补了该区域的重力数据空白，并为波罗的海新统一的大地水准面模型的建立做出了重要贡献。

2019 年，北京先驱公司在西太平洋圈定了多金属结核资源勘探区，并与国际海底管理局签订了多金属结核资源“勘探合同”。前期我国虽在该海域开展了一些自主调查，但尚未在该区进行大面积的海洋船载重力测量，海洋重力数据较为匮乏。孔敏等（2022）通过美国国家地球物理数据中心（NGDC）网站获取了可基本覆盖研究区的海洋船载重力成果

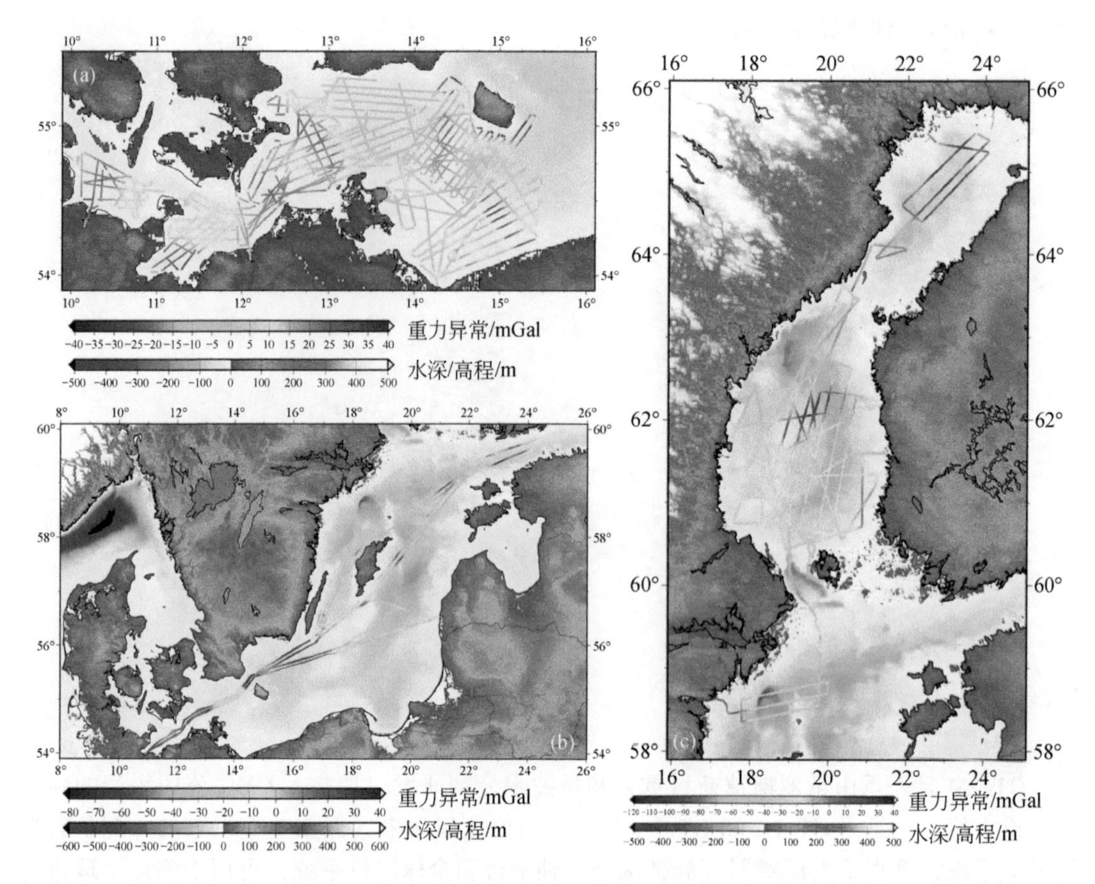

图 2.75　(a) Deneb 调查船完成的四次海洋重力测量；(b) M/V URD 号和 M/S FinnLady 调查船完成的两次海洋重力测量；(c) MPV Airisto 和 R/V Jacob Hägg 调查船完成的两次海洋重力测量 (Förste et al., 2020)

数据并进行网格化处理重力异常三维分布图（图 2.76）。由于数据源自于美国、日本、苏联等国家在不同时间段的调查成果，数据质量参差不齐，进一步开展了基于多源数据联合检核的精度评估，并与国内大洋调查数据进行了对比，通过消除系统差这一最大误差源后数据精度可达 3 ~ 5mGal，可有效补充该区的重力基础数据，为开展多金属结核区重力特征分析奠定良好基础。

自 1984 年首次在南极开展海洋重力测量以来，我国已经先后开展了 35 个航次的南极科学考察，积累了大量的重力测量数据。马龙等基于第 30 航次、第 32 航次所获得的罗斯海海域实测重力资料，结合美国国家地球物理数据中心（NGDC）收集的国际公开的重力调查资料，建立了研究区的区域重力场特征（图 2.77）并反演了莫霍面深度。结果表明，罗斯海重力异常值的长波长变化与莫霍面的起伏呈正相关关系，但是反演的莫霍面深度与区域重力场特征并非完全对应，所以岩浆底侵和地壳侵入仍不足以导致罗斯海盆地的重力异常或盆地几何形状，需要通过开展高精度全覆盖的沉积物厚度数据研究予以解释（马龙和郑彦鹏，2020）。

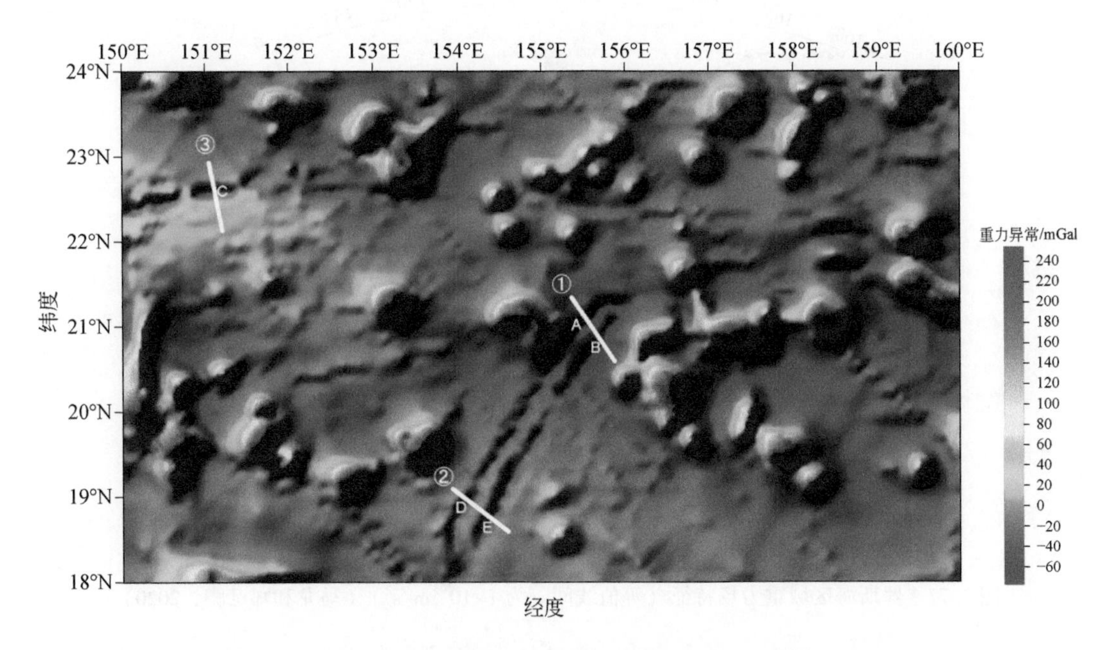

图 2.76　国际共享海洋空间重力异常三维分布图（孔敏等，2022）

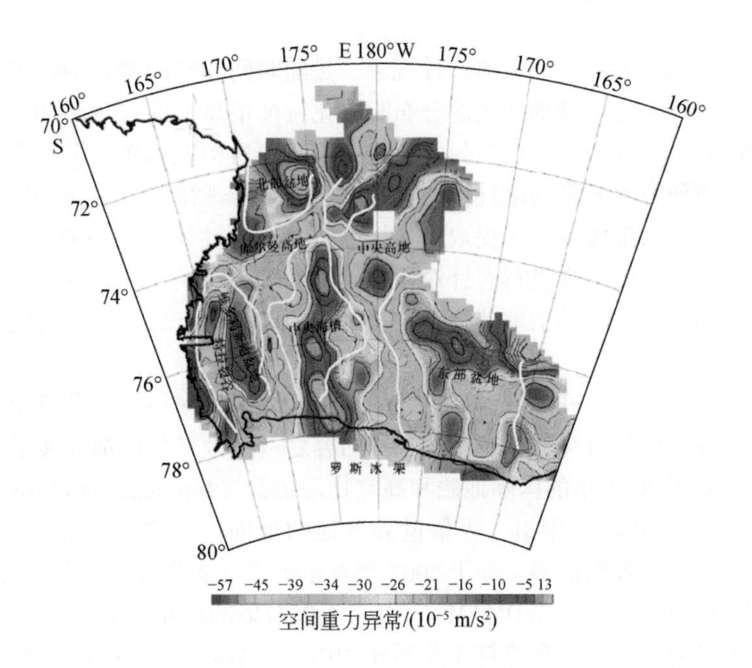

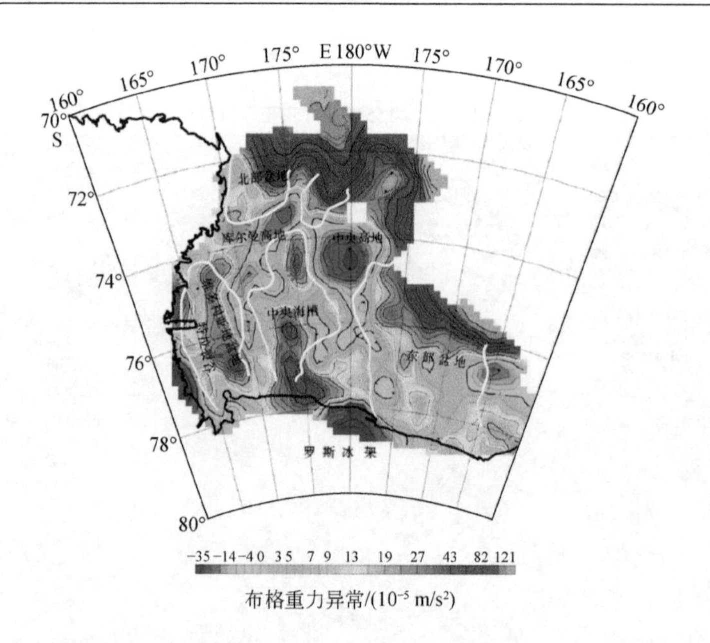

图 2.77　罗斯海区域重力场特征（等值线间隔为 $1\times10^{-5}m/s^2$）（马龙和郑彦鹏，2020）

2.4.2　海洋磁力测量

地磁场是指地球内部存在的天然磁性现象，是随时间和空间变化的物理场，海洋磁力测量的任务就是获取海洋区域地磁场的分布和变化特征信息，通过观测和分析由岩石、矿石等探测对象的磁性差异所引起的磁异常，进而研究地质构造、矿产资源等探测对象的分布规律，通过分析研究磁异常与磁性体之间的对应关系与规律，可以初步判别磁性体的埋深、形状、产状、分布范围等。为提取出与探测对象（磁性体）有关的信息，还需要对由非探测对象影响产生的磁异常进行有针对性的消除处理与转换，在此基础上选择合适的定量反演方法，并结合地质与其他地球物理方法对探测对象逐步逼近，最后做出合理的解释推断（图 2.78）。

海洋磁场信息是认识和开发海洋的重要依据，是海底工程环境信息建设的重要组成部分，也是海洋地球物理和海洋科学研究的主要内容之一，世界各国都开展了大量的海洋磁力测量工作。成立于 2003 年的国际地磁和高空物理协会（International of Geomagnetism and Aeronomy，IAGA）V-Mod 工作组，收集世界各地的地面、海洋、航空与卫星磁测数据，为科学界提供全球地磁数据汇编，并于 2007 年发布了第一版世界数字化磁异常图（World Digital Magnetic Anomaly Map，WDMAM）。由于各数据集的质量参差不齐，测量方法也有不同，在经过大量的数据处理和修订工作后于 2015 年出版了第二版世界数字化磁异常图（图 2.79），对经济建设、社会发展和地球科学研究都具有重要作用。

目前，海洋磁力测量在军事领域和民用领域都有着广泛应用，高精度的海洋磁场信息可为海洋矿产资源勘探、海底地质环境研究、海洋油线管道调查、水下磁性目标探测、水下潜器自主导航等方面提供重要的基础资料。

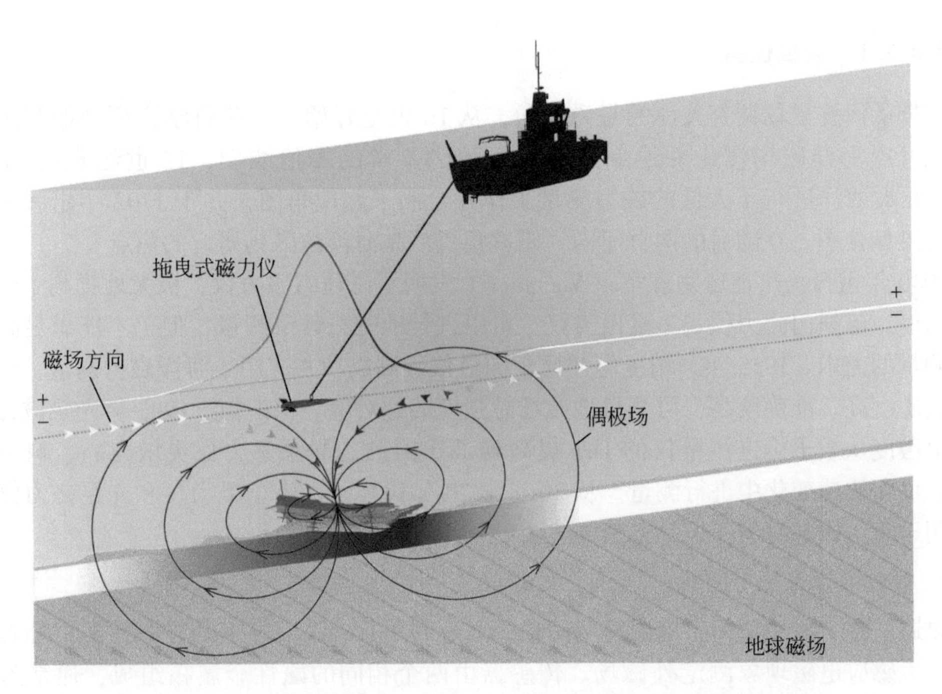

图 2.78　海洋磁力测量工作示意图（图片来自英国威塞克斯考古公司）

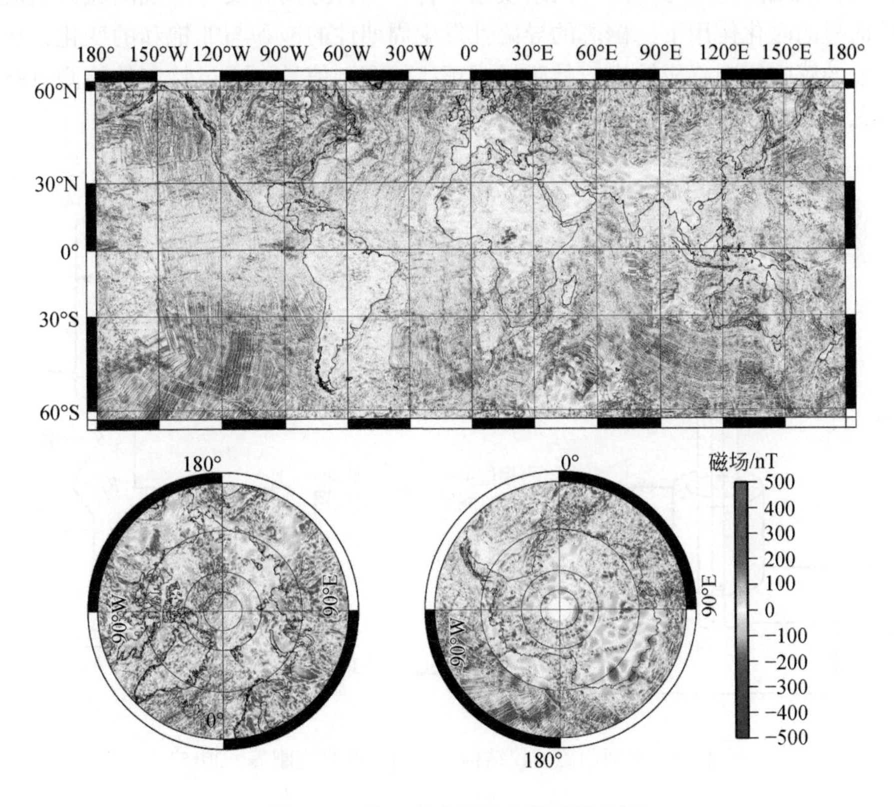

图 2.79　第二版世界数字化磁异常图

2.4.2.1　测量仪器

早期的海洋磁场调查关注的是磁偏角，从16世纪开始，一些科学家便开始利用大型考察船开展海洋磁场测量并绘制磁偏角等地磁要素的等值线图，17世纪晚期Edmond Halley在大西洋进行了大量的磁力测量工作并绘制了磁偏角图，并于1702年出版了第一幅全球磁偏角图。在随后的两百年内，磁偏角仍然是海洋地磁场研究的焦点。

1940年俄裔美籍地球物理学家Vacquier V发明了磁通门磁力仪，极大地提高了磁力测量的精度。磁通门磁力仪是矢量磁力仪，可以进行地磁三分量测量，但仍不能满足高精度磁力测量的需求。1955年高精度海洋质子测量仪研制成功并应用于海洋磁力测量，质子磁力仪灵敏度高、准确度高，可测量地磁场总强度的绝对值、梯度值。1962年光泵磁力仪问世，灵敏度从质子旋进测量仪的1nT提高到了0.01nT，光泵磁力仪灵敏度高、响应频率高，且可在快速变化中进行测量。从20世纪70年代开始，质子磁力仪和光泵磁力仪被大量应用于海洋磁力测量，也是目前最主要的海洋磁力测量仪器。

1. *磁通门磁力仪*

磁通门磁力仪主要用于地磁总场测量，通过利用具有高磁导率的软磁铁芯在外磁场作用下产生感应电磁现象测定外磁场。传感器由两个相同的磁性金属核组成，通常为锰或铁，它们在弱磁场中具有非常高的磁导率。传感器的内芯缠绕着主、次两组线圈，主线圈是激励线圈，次线圈是信号线圈。两组线圈平行，绕行方向相反。主线圈通以交流电，在交变激励信号的磁化作用下，磁芯的导磁性发生周期性的饱和与非饱和的变化，从而使缠绕在磁芯上的感应线圈感应输出与外磁场成正比的调制信号，通过特定的检测电路，提取外磁场信息（图2.80）。

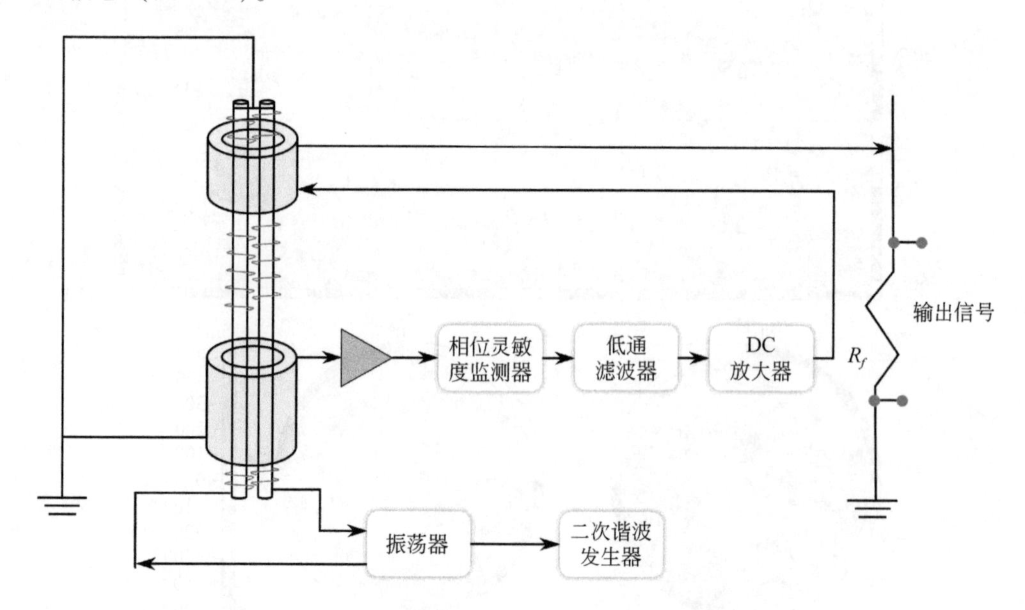

图2.80　磁通门磁力仪结构示意图（改自边刚等，2015）

2. 质子旋进式磁力仪

目前大多数海上磁力测量使用的是质子旋进式磁力仪，这种磁力仪通过测定绕地磁总矢量自转的质子的旋进（拉曼）频率来记录总场强度。质子旋进式磁力仪的探头由盛有富含氢原子核的液体的容器组成，线圈装入液体容器中，通过铠装同轴电缆拖曳在船后。氢原子核的质子是一种带有正电荷的粒子，其本身在不停地自旋，具有一定的磁性，在液体的周围通过通电线圈施加一个大的人造磁场（该磁场至少比地球磁场大两个数量级），会引起液体内大多数质子自旋轴转至人造磁场方向上定向排列。当人造外磁场突然消失，定向排列的氢原子将在原有的自旋惯性力和地磁场力的共同作用下，以相同相位绕地磁场方向进动，即质子旋进。质子旋进周期性地切割在容器外的线圈，产生电感应信号，其频率和质子旋进频率相同。质子旋进频率和地磁场有着固定关系，只要测量旋进信号的频率，就可以得到地磁场的大小（图2.81）。

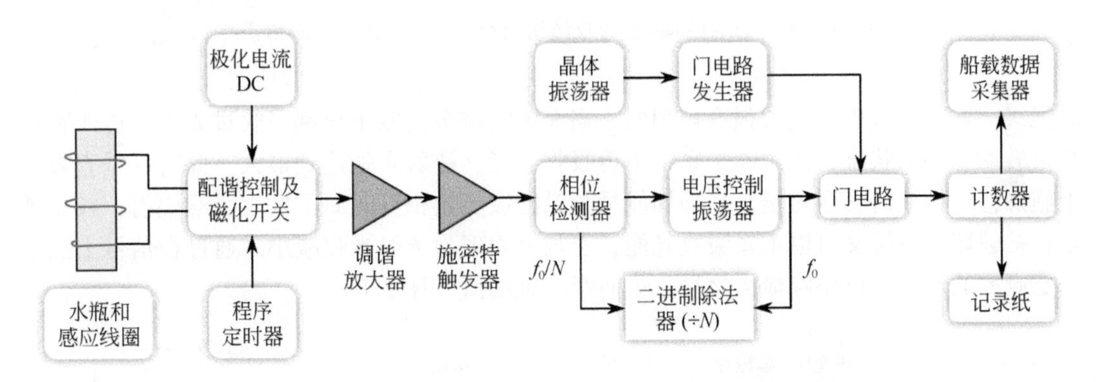

图2.81 质子旋进式磁力仪结构示意图（改自边刚等，2015）

质子旋进磁力仪稳定性好，温度影响小，没有零点掉格且精度高，观测弱磁异常时不必准确定向，适于在运动状态下观测。

3. Overhauser 磁力仪

Overhauser 磁力仪也是基于质子旋进原理进行地磁场总强度测量的，不同之处在于 Overhauser 效应是利用电子-质子对来实现质子极化，因而无须外加大能量的人造磁场。将特殊配置的惰性化学物质加入到富含质子的液体中，液体中的自由电子可以在较低能量水平下与附近的质子实现方便高效的低频放射信号激励，其特点在于最大输出信号与 Overhauser 化学物质本身相关，而与外加极化能量的大小无关。因此 Overhauser 磁力仪可以在很小的极化能量下产生清晰的质子旋进信号。Overhauser 磁力仪还同样具备了标准质子旋进磁力仪的优点，因而使用更为广泛（图2.82）。

4. 光泵磁力仪

光泵磁力仪是利用碱金属原子能级在磁场中的塞曼效应、光泵作用和磁共振作用来实现磁测的。光源产生的光线经过光学处理后形成圆偏振光，进入吸收室，撞击碱金属原子。根据跃迁定则，光子将被碱金属原子捕获，使得碱金属原子从一个能级跃迁到另一个

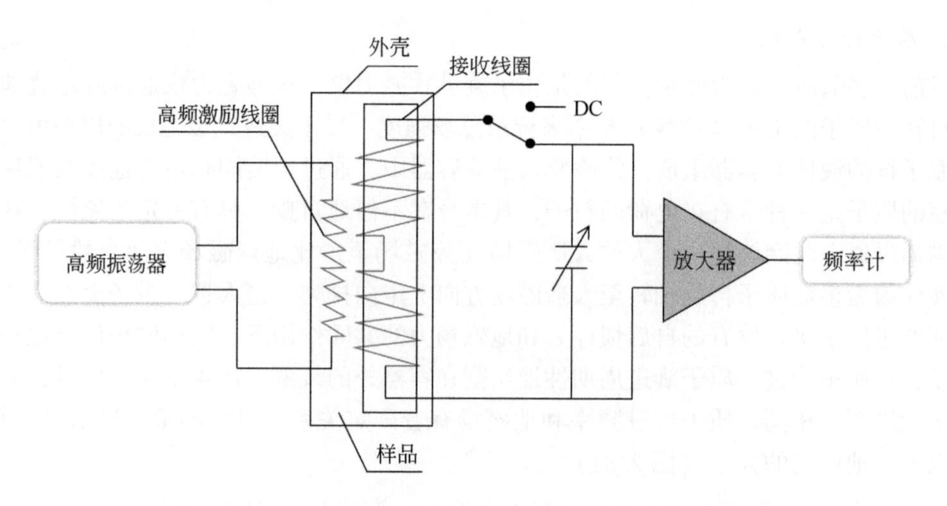

图 2.82　Overhauser 磁力仪结构示意图（改自王喆，2020）

高能级，宏观上表现为光束强度被削弱。当大多数碱金属原子全都吸收过光子，进入粒子数反转动态平衡状态，此时原子系统不再吸收光能，透射光强达到最大。此时在垂直方向上施加特定频率的交变磁场，当外加能量与磁能级能量相等时原子发生受激辐射，粒子数反转被破坏，系统又可以重新吸收光能，宏观上表现为透射光强减小。通过在信号上加上一定频率的调制，可跟踪最大信号，进而跟踪磁场值（图 2.83）。

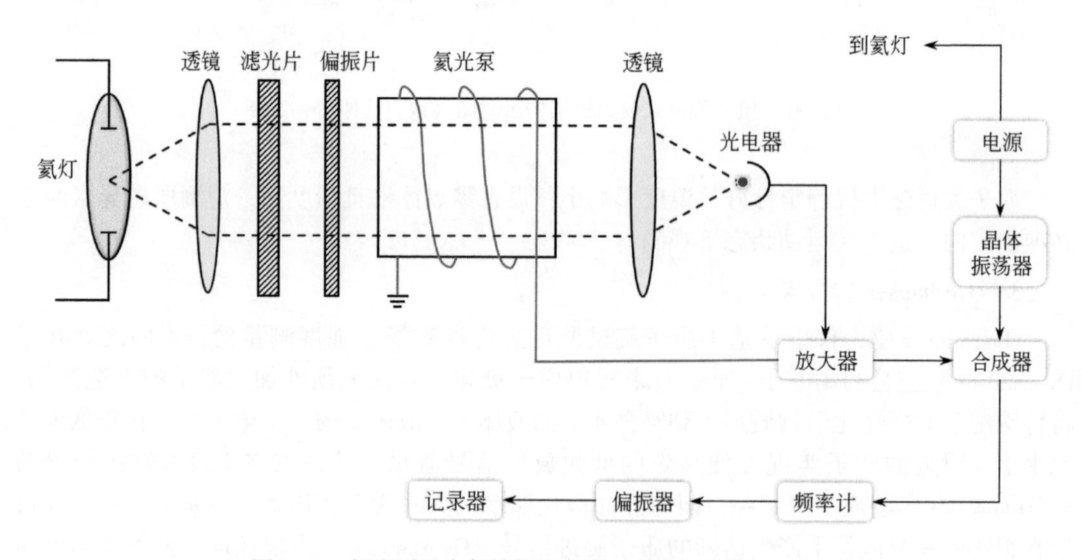

图 2.83　氦光泵磁力仪结构示意图（改自边刚等，2015）

光泵磁力仪的特点是灵敏度高，可以测定总磁场强度的绝对值，没有零点掉格及温度影响，工作时不需要准确定向，适于在运动条件下进行高精度快速连续测量。

2.4.2.2 典型设备

当前海洋磁力测量仪器以质子磁力仪和光泵磁力仪为主，美国的 Geometrics 公司、加拿大的 Marine Magnetics 和 Scintrex 公司、英国的 Bartington 公司等几家外国公司海洋磁力仪产品起步早、种类多、可靠性好，几乎占据了全球绝大部分市场。国外比较先进的质子磁力仪有加拿大 Scintrex 公司的 MAP-4 型，Marine Magnetics 公司的 SeaSPY 型和 SeaQuest 型等；美国 GEOMETRICS 公司的 G803 型、G81 型、G856 型等。国外代表性的光泵磁力仪有加拿大 GEMsystem 公司的 GSM 系列钾光泵磁力仪、美国 Geometrics 公司生产的 G868、G880、G882 型铯光泵磁力仪等。表 2.11 给出了国外典型海洋磁力仪的技术性能指标对比。

表 2.11 国外典型海洋磁力仪的技术性能指标对比（肖波等，2021）

仪器名称	G868、G880、G882	MAGIS 300 Gradiomagis	SeaSPY、SeaSPY2 SeaQuest、SENTINEL
研制公司	GEOMETRICS	IXSEA	Marine Magnetics
国家	美国	法国	加拿大
工作原理	铯光泵原理	核磁共振技术	Overhauser 效应
量程/nT	17000 ~ 100000	25000 ~ 75000	18000 ~ 20000
死区	有	无	无
采样率/(次/s)	0.1 ~ 10	10	0.1 ~ 4
灵敏度/nT	0.02	0.01	0.01
分辨率/nT	0.001	0.0035	0.001
绝对精度/nT	2	0.5	0.1
梯度容限/(nT/m)	20000	10000	10000
工作温度	-20 ~ 70℃	-20 ~ 40℃	-40 ~ 60℃

1. 加拿大 Marine Magnetics 公司的 SeaQuest 型三维磁力梯度仪

SeaQuest 是一款能够完整、快速、准确和实时测量三维磁力梯度向量的磁场传感阵列探测仪器（图 2.84）。磁场传感阵列探测是利用多个磁场传感器构建磁场传感阵列进行磁场探测。磁场探测阵列按照一定几何形状，将多个磁力仪组合形成阵列系统，实时探测磁场信息与位置信息，可以精确探测到海底磁性掩埋物。三维梯度向量可立即查找到磁物体，并且不需要处理和纠正数据，可应用于电缆和管道跟踪、未爆弹药（UXO）和水雷探测、沉船或飞机探测、环境调查。SeaQuest 可以实时准确测量目标的确切位置，并且立即显示在地图上，减少了设备和操作的成本。基于 OverHauser 技术可以提供低噪声、高精确和可重复的数据。

2. 美国 Geometrics 公司 G882 型铯光泵磁力仪

G882 型海洋铯光泵磁力仪将具有极高分辨率的铯光泵技术组合到低成本、小型化的系统中，适合在浅水或深水中做专业磁力调查，具有对总场测量的高灵敏度和高采样率

图 2.84　SeaQuest 型三维磁力梯度仪（图片来自加拿大 Marine Magnetics 公司）

（图 2.85）。铯光泵传感器结合全新设计的 CM-201 拉莫计数器，加上坚固耐用的壳体，适合多种类型的船只使用，是现有的性价比较高的全功能海洋磁力仪。该设备特别适用于探测和测绘各种尺寸的磁性物体，包括锚、链、电缆、管道和其他散乱的沉船碎片、各种尺寸的未爆弹药（UXO）、飞机、发动机和任何其他具有磁性的物体。如果传感器接近海底，并在目标探测范围之内，甚至可以很容易地探测到小到 5in① 的螺丝刀。

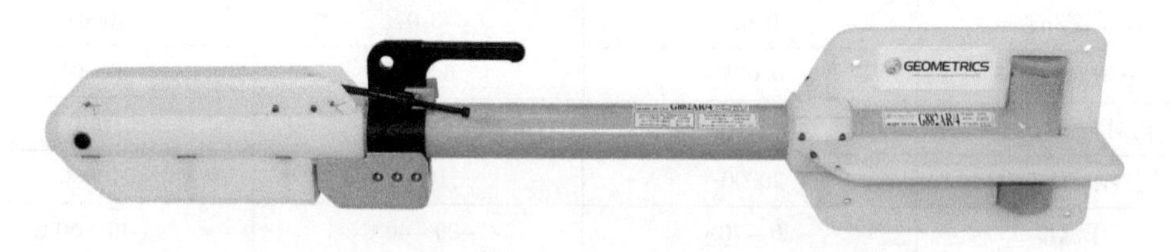

图 2.85　G882 型铯光泵磁力仪（图片来自美国 Geometrics 公司）

2.4.2.3　应用实例

西太平洋中段包含发育众多独立海山、海山链及海岭的西太平洋海山省（WPSP）、马里亚纳海沟和马里亚纳岛弧，其形成和演化与构造运动密切相关，区域内蕴含丰富的金属矿产资源，也是全球海底富钴结壳资源的主要分布区。为研究西太平洋中段的构造特征，朱莹洁等（2022）利用卫星测高重力异常数据和世界磁异常数据（由卫星、航空和船测数据拼接而成）研究了断裂分布、莫霍面深度、磁条带分布以及火成岩分布等构造特征及其形成演化机制（图 2.86），为研究西太平洋中段的构造演化提供了基础地质构造依据。

---

① 1in = 2.54cm。

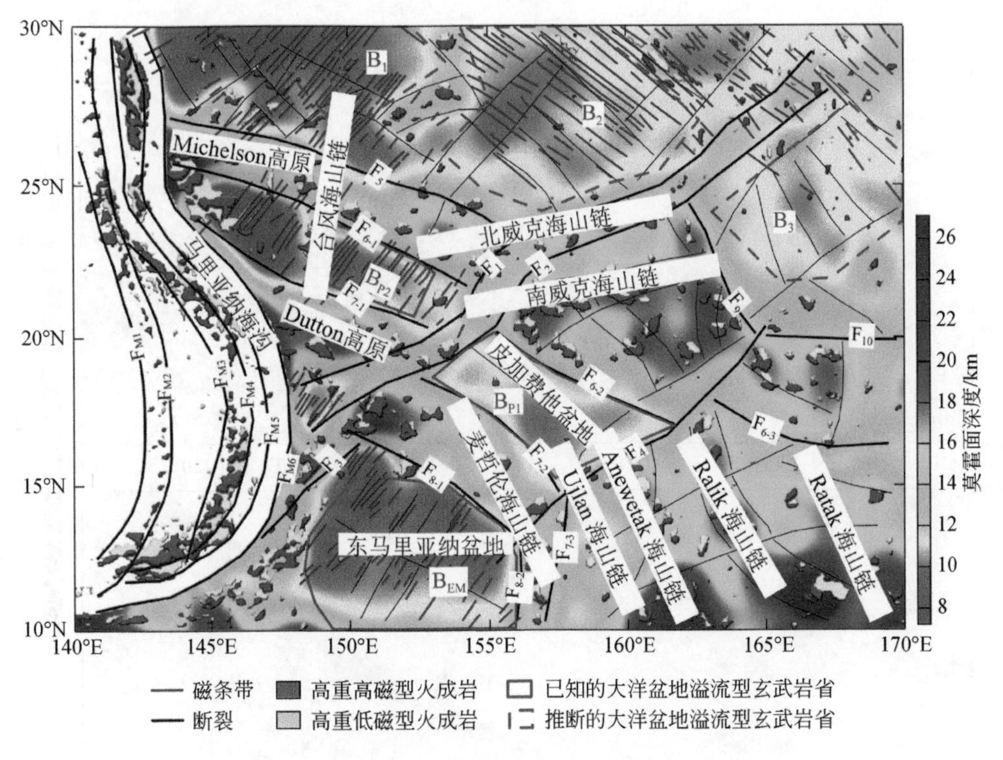

图 2.86 西太平洋中段构造特征图（朱莹洁等，2022）

特提斯洋代表地质历史上曾经存在于南北两大古陆之间具有洋壳基底的海洋以及两侧古大陆边缘毗邻的海域，特提斯域曾发育众多的沉积盆地，盆地中接收了巨厚的沉积地层，从而具有良好的油气成藏条件，受到全球学者们的广泛关注。南海及邻区处于欧亚大陆与冈瓦纳古陆拼合带的东南端，是特提斯构造域和濒太平洋构造域交汇的重要地区。栾锡武等（2021）通过对南海北部陆坡地球物理资料（重力、磁力、海底地震和深反射地震）的解释结果，研究了南海北部陆缘高磁异常带和磁静区的成因（图 2.87）。结果表明高磁异常带是中白垩世时期古太平洋板块转向俯冲形成的陆缘火山弧，当时存在古俯冲带。磁静区经历了后期大陆边缘张裂和古南海和南海的打开，并经历了高温热物质的底辟作用，使得地壳拉张减薄，从里面抬升形成磁静区。经历了南海的扩张后，原始的俯冲带可能已经向南迁移到南海南部或者已经俯冲消失，其中也不存在缝合带。对认识南海北部大陆边缘地壳结构及特提斯进入南海后的延伸具有重要的意义。

海底热液系统所伴生的海底热液硫化物矿床，富含铁、铜、铅、锌、金、银等元素，是一种重要的海底矿产资源，硫化物矿床的磁场明显不同于周围正常海底，因此磁力测量成为一种探测海底热液硫化物矿床的有效手段，对于探究海底热液硫化物矿床的内部结构具有重要价值。胡智龙等（2022）通过对已经发现的四种超基性岩型热液矿床磁异常特征

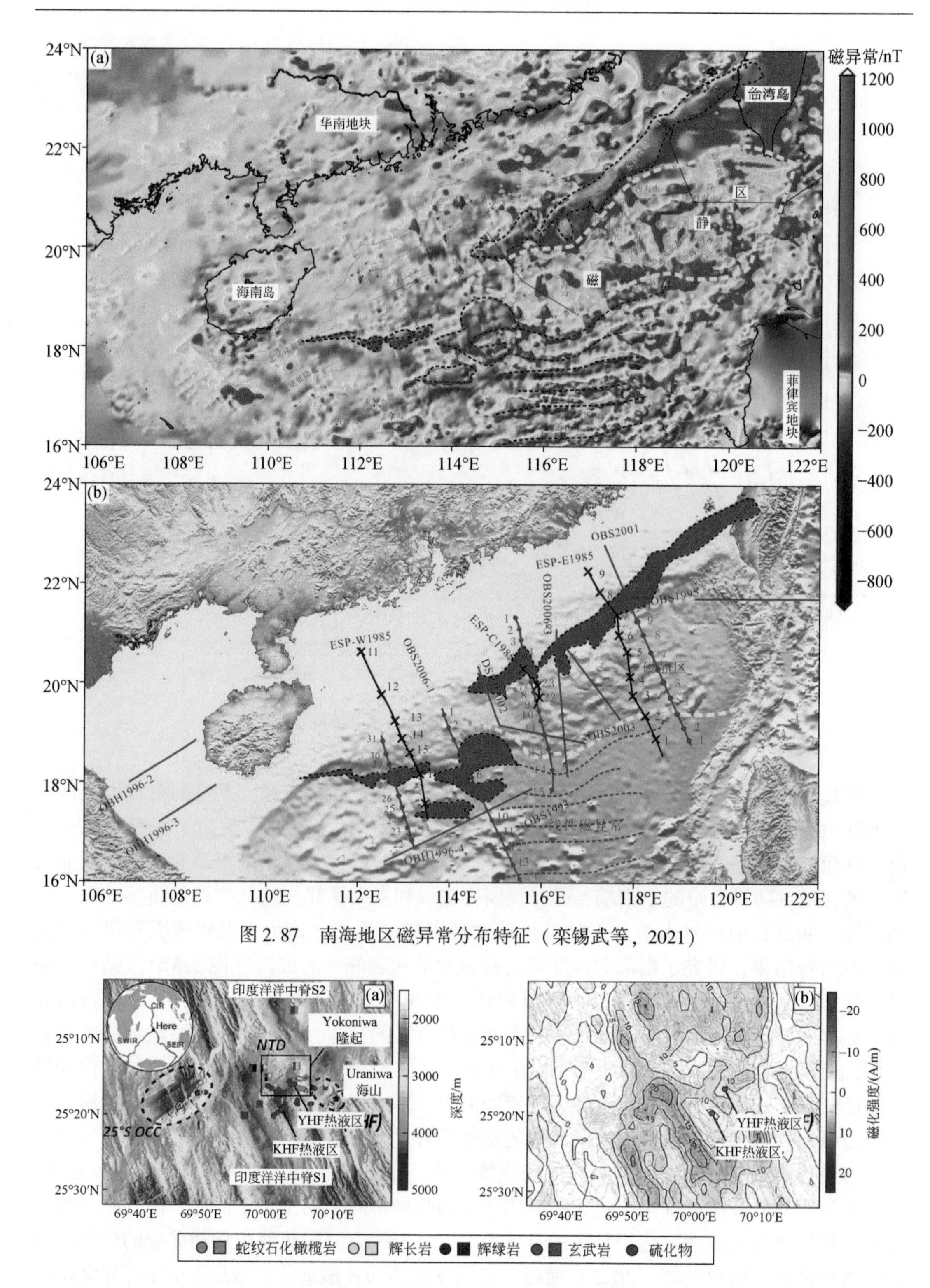

图 2.87　南海地区磁异常分布特征（栾锡武等，2021）

图 2.88　YHF 热液矿床区测深图（a）和 YHF 热液区磁化强度图（b）（Fujii et al., 2016）

的分析（图 2.88），发现超基性岩在热液蚀变作用下会产生磁铁矿和硫化物矿化产生的磁黄铁矿等磁性矿物，从而使得超基性岩型热液矿床呈现正磁异常特征。正磁异常的强弱则与磁性矿物含量多少有关，而磁性矿物的含量又受控于超基性岩的热液蚀变过程，热液蚀变过程产生的铁磁性物质的变化是超基性岩热液区磁异特征的重要体现。

2.5　海洋地球物理测井

世界上最早的科学钻探活动开始于海洋，美国的莫霍面钻探计划是第一个科学钻探计划，该计划于 20 世纪 50 年代末启动，于 1961 年在水深 3.6km 瓜达卢佩岛和加利福尼亚海滨之间的海域，利用改装的运输船“Cuss Ⅰ”号钻了 5 口深海钻井，最大井深 183m。尽管获得了初步的成功，但是该计划因为财力问题而被迫放弃。从 1968 年开始先后进行的深海钻探计划（Deep Sea Drilling Program，DSDP）、大洋钻探计划（Ocean Drilling Program，ODP）、综合大洋钻探计划（Integrated Ocean Drilling Program，IODP）以及现在的国际大洋发现计划（International Ocean Discovery Program，IODP）都开展了大量的钻探工作，但不管是浅水还是深水都有一部分不能完全取样，所以钻井工作中就包括一项重要的过程，利用地球物理方法在钻孔内测量围岩的特性，即地球物理测井。

地球物理测井是利用各种地球物理原理和方法（声、光、电、磁、放射性等），使用特殊仪器，测量井下地层原位状态下的地球物理响应特征，进而检测井筒及近井筒周围岩层的物理性质和分布特征的技术手段。基于不同的测井方法可获得电阻率、自然电位、声波速度、岩石体积密度、岩石中子减速等测井信息，对这些测井信息进行综合解释与数据处理可以得到岩性、泥质含量、孔隙度、渗透率、含油气饱和度、岩石强度参数等地质信息，进而指导科研工作者和工程技术人员解决相关科学问题、了解深部地质条件、探寻矿产资源。海洋地球物理测井原理与陆上基本相同，但海洋作业环境更为复杂，作业风险大、技术难度高、作业成本较高。

2.5.1　发展历史

现代地球物理测井技术的开端是 1927 年 Schlumberger 兄弟在法国 Pechlbrom 油田一口 488m 深的井中，测出了世界上第一条电阻率曲线。在我国，地球物理测井则是以 1939 年翁文波在四川石油沟 1 号井完成的工作为起点。20 世纪初的测井技术相对简单，可以记录视电阻率和自然电位，用于识别岩性、划分地层、对比层位，人们对于电阻率和储层储集参数和饱和参数的关系也有了初步认识，可以进行初步的定量解释。但由于从视电阻率求地层真电阻率的方法只适用于一些简单的理想地层和井筒情况，还缺少确定孔隙度和岩性的手段，定量解释范围和精度十分有限。

20 世纪 50 年代后期开始，陆续诞生了贴井壁、聚焦和井眼补偿的电测井方法和仪器，如感应测井、侧向测井和各种形式的微电阻率测井，它们受井眼条件和邻层影响较小，能直接反映地层导电性变化，在有利条件下能直接测定地层电阻率和侵入带电阻率。此外，还逐渐形成了放射性测井、自然电位测井、伽马测井、中子测井、聚焦偶极声波测井等测井技术，测量精度也得到进一步提高，并且由单一曲线研究发展为多曲线综合评价，使测井方法开始进入定量阶段，在多数情况下可获得较准确的定量解释结果。

20 世纪 70 年代初，计算机技术的发展使测井数据采集方式发生了极大变革，实现了数字化和系列化，解释系统和软件也开始集成化和普及化，人们对于各种物理参数和储集参数及饱和参数之间的关系有了进一步认识，建立了更接近实际储层特征的多种解释模型。在计算机的帮助下，综合多种地球物理测井数据，可以定量求得岩石矿物成分、储集参数、饱和参数和可开采油气量等，极大地提高了工作效率。

随着勘探领域的不断扩大，新的、更复杂情况也在不断出现，推动着测井技术和测井解释技术不断向前进步。进入 21 世纪后，多学科高新技术手段的引入，将测井技术推向了一个新的高度，数据传输速度、数据采集与处理水平、仪器性能、工作效率等都得到了巨大的提升，应用领域也得到了极大的扩展。

2.5.2 测井技术

基于不同的物理学原理，测井技术可以分为电法测井、声波测井、放射性测井，此外，还包括成像测井、随钻测井等特殊测井技术。

2.5.2.1 电法测井

电法测井是研究地层电学性质和电化学性质的各种测井方法的总称，是利用岩石导电特性——电阻率研究地层性质的一类测井方法，包括普通电阻率测井、侧向测井和感应测井等。研究地层的电化学性质的称为自然电位测井。

1. 普通电阻率测井

普通电阻率测井是测井方法中使用最早也最常用的方法。各种岩石的导电能力不同，所测出的电阻率也有差别，埋在地下的岩石其电阻率不能直接测量得到，只能采用间接测量的方法，向井中供应电流，在地层中形成电场，研究地层中电场的变化，从而求得地层电阻率。如图 2.89 所示，通过 A、B 两个供电电极供电，在井内建立电场，然后用测量电极 M、N 进行电位差测量，所测得的 ΔU_{MN} 的变化反映了沿井筒剖面岩层电阻率的变化。

在井下测量地层电阻率时，受井径、钻井液电阻率、上下围岩以及电极距等因素的影响，测量的参数不等于地层的真电阻率，而是地层的视电阻率，因此，这种测井方法又叫视电阻率测井。

2. 侧向测井

普通电阻率测井在盐水钻井液或高阻薄层剖面测井时，由于钻井液和围岩的分流作用，使得普通电阻率测井获得的视电阻率远小于地层真电阻率，为此设计了使电流侧向进入地层的侧向测井。侧向测井又叫聚焦测井，它的电极系中除了主电极之外，上下还装有两个屏蔽电极。主电流受到上、下屏蔽电极流出的电流的排斥作用，使得测量电流线垂直于电极系，成为水平方向的层状电流射入地层，这就大大降低了井和围岩对视电阻率的影响。目前，侧向测井的种类较多，有三电极侧向测井、七电极侧向测井、双侧向测井

(图2.90)、微侧向测井、邻近侧向测井、微球形聚焦测井等。

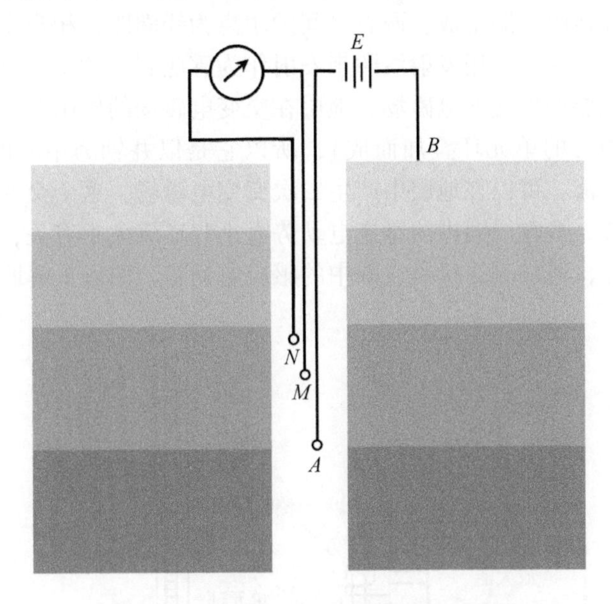

图2.89　普通电阻率测井测量原理示意图

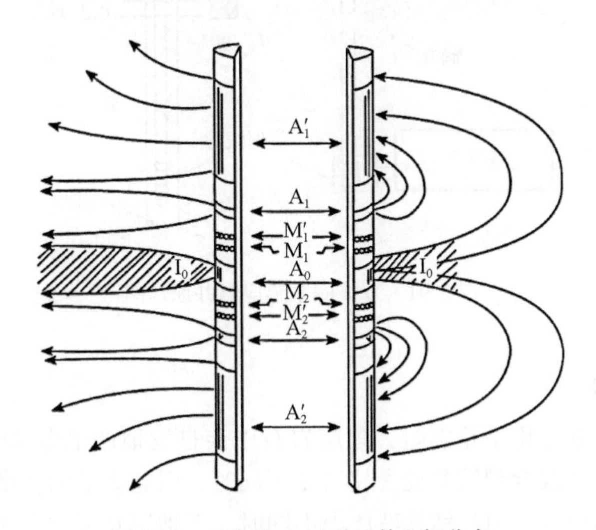

图2.90　双侧向电极系及其电场分布

3. 感应测井

普通电阻率测井、侧向测井是直流电测井法，都需要井内有导电的液体，使供电电极的电流通过它进入地层，在井内形成直流电场，然后测量井轴上的电位分布，求出地层的真电阻率。这些方法只能用于导电性能较好的钻井液中。而在油田勘探过程中，为了获得地层的原始含油饱和度，需要在个别的井中使用油基钻井液，这种情况下，井内无导电性介质，不能使用直流电测井法。

感应测井就是为了解决在油基钻井液中测量地层的电阻率而提出的，是利用电磁感应原理研究地层电阻率的一种测井方法。井下仪器包括线圈系和辅助电路，如图 2.91 所示。线圈系由发射线圈和接收线圈组成，两者之间的距离为线圈距，相当于普通电极系的电极距。辅助电路用来产生振荡，用发射线圈来发射作为感应测井的交流信号源，交变的高频信号在线圈周围的地层产生交变电磁场。地层在交变电磁场的作用下，产生感应电流（假设地层是以井轴为中心的单元环叠加而成），所以它是以井轴为中心的环流，称为涡流。环流仍是高频交变电流，可以在地层中产生二次交变电磁场，这个交变的电磁场在接收线圈中产生感应电动势。接收线圈中的感应电动势大小和环流大小有关，而环流的强弱取决于地层电导率。因此，通过测量接收线圈中的感应电动势，便可了解地层的导电性。

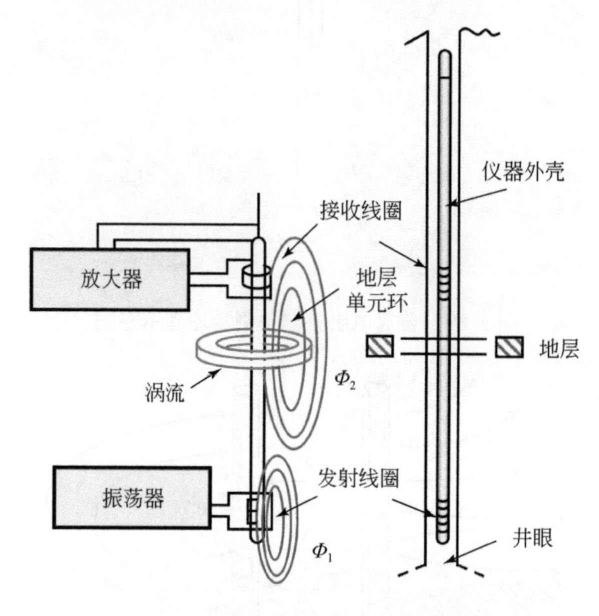

图 2.91　双线圈系感应测井原理图

4. 自然电位测井

地层岩石之间存在电化学差别时，地层岩石中会自发地产生电动势而形成自然电场。在井中，当地层水含盐浓度和钻井液含盐浓度不同时，引起离子的扩散作用和岩石颗粒对离子的吸附作用；当地层压力与钻井液压力不同时，在地层孔隙中产生过滤作用。这些在井壁附近产生的电化学过程会产生自然电动势，形成自然电场。测量井内自然电场的测井方法就是自然电位测井。自然电位测井方法简单、容易实现且效果良好，能提供大量的地层信息，是十分重要的测井方法之一。

2.5.2.2　声波测井

声波在不同介质中传播时，速度、幅度及频率的变化等声学特性也不相同。声波测井技术正是通过测量地层和井孔中的上述几种声学参数，并结合电法和放射性等其他测井方法，估计井外地层的性质，如地层的厚度、孔隙度、含油饱和度、含水饱和度、含气饱和度、渗透率等。此外，还可以利用声波测井资料分析地层应力，探测地层裂缝，检测套管井中水泥胶结状态，评价固井质量，等等。

声波测井使用的仪器有许多不同的种类，它们的共同特点是能够发射和接收声波。不同的仪器发射和接收不同类型的声波，从而达到不同的检测目的。

1. 声波速度测井

声波速度测井是通过测量井下岩层的声波传播速度（实际中记录的是声波时差值）研究井外地层的岩性、物性，估算地层孔隙度的一种测井方法。声波速度测井记录的地层声速，一般指地层纵波的速度（或纵波时差），它是阵列声波、多级子阵列声波测井的基础。

声波速度测井的井下仪器包括三个部分：声系（由发射探头和接收探头按一定要求形成的空间位置相对固定的组合）、电子线路及隔声体。声系是声波速度测井仪井下仪器的主体。对于单发射双接收的仪器，声系由一个发射探头两个接收探头组成；对于双发射双接收仪器，声系由两个发射探头和两个接收探头组成。发射探头将电信号转换成声信号并向地层发射声波，接收探头则接收声波信号并将其转变成电信号。发射探头和接收探头（换能器）一般由压电陶瓷晶体制成，因为这种晶体具有压电效应的物理性质，利用其反效应发生声波，利用其正效应接收声波。为了防止发射探头发射的声波经仪器外壳直接传至接收探头造成干扰，在发射探头和接收探头之间装有隔声体，以防止声波由仪器外壳直接传播到接收探头（图2.92）。

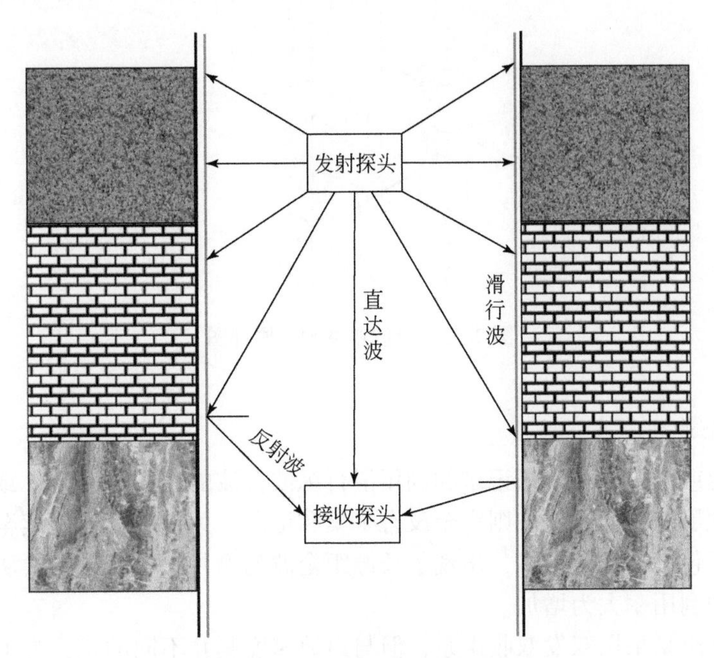

图2.92　声波速度测井原理图

2. 声波幅度测井

声波在介质中传播时，声波幅度逐渐衰减。在声波频率一定的情况下，声波幅度衰减的快慢和介质的密度、弹性等因素有关。声波幅度测井就是通过测量声波幅度的衰减变化来认识地层性质和检查水泥固井质量的一种测井方法。

井下仪器如图 2. 93 所示，由声系和电子线路组成，单发单收。发射换能器 T 发出声波，其中以临界角入射的声波在钻井液和套管的界面上折射，产生沿这个界面在套管中传播的套管滑行波，套管波又以临界角的角度折射进入钻井液到达接收换能器 R 被接收。仪器记录套管波的第一负峰的幅度值，即水泥胶结测井曲线值。这个幅度值的大小除了取决于套管和水泥的胶结程度外，还受套管尺寸、水泥环强度和厚度及仪器居中情况的影响。若套管与水泥胶结良好，这时套管与水泥环的声阻抗差较小，声耦合好，套管波的能量容易通过水泥环向外传播，能量有较大衰减，记录到的水泥胶结测井值就很小。若套管与水泥胶结不好，套管外有钻井液存在，声阻抗差很大，声耦合较差，套管波的能量不容易通过套管外钻井液传播到地层中去，能量衰减较小，水泥胶结测井值很大。因此，利用声波幅度测井曲线值可以判断固井质量。

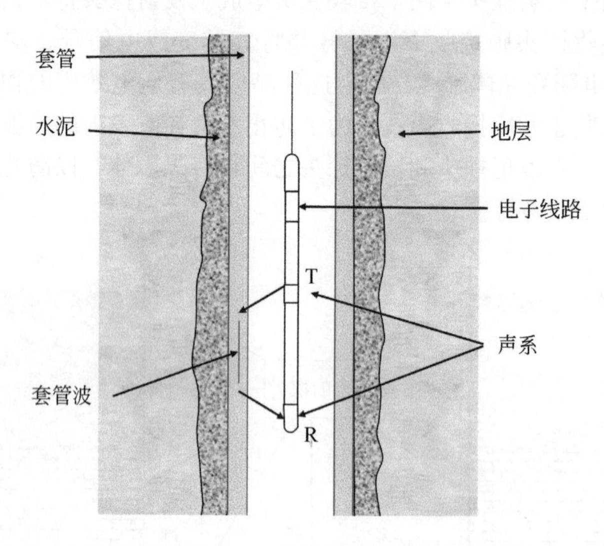

图 2. 93　声波幅度测井原理图

3. 长源距全波列测井

通常的声速或声幅测井，只记录和利用滑行纵波首波的速度（时差）或幅度信息，对还携带有大量地层信息的续至波则完全没有采集和记录。为记录、利用续至波的速度、波幅、频率、波形包络特征等信息，出现了长源距全波列测井，使声波测井从地层中获取的信息及对信息的利用率大为增加。

全波列测井声系采用双发双收声系，但与声波速度测井不同的是，为了探测原状地层的声学特性，能记录速度较慢的波，全波列测井采用探测深度大的长源距声系。此外，采用长源距还可以从时间上把速度不同的波列成分分开。

2. 5. 2. 3　放射性测井

放射性测井是通过测量岩石和介质的核物理参数，研究钻井地质剖面的地球物理方法。放射性测井方法可分为两大类，即以研究伽马射线与物质的相互作用为基础的伽马测井法和以研究中子与物质的相互作用为基础的中子测井法。

1. 自然伽马测井

岩石的自然放射性主要是由于含有铀（U）、钍（Th）、锕（Ac）及其衰变物和钾的放射性同位素，这些核素的原子核在衰变过程中能放出大量的α、β、γ射线。自然伽马测井就是通过测量岩层中自然存在的放射性元素核衰变过程中放射出来的伽马射线的强度来识别岩层的一种放射性测井方法。

自然伽马测井的井下仪器有探测器（闪烁计数管）、放大器和高压电源等几部分。自然伽马射线由岩层穿过钻井液、仪器外壳进入探测器。探测器将γ射线转化为电脉冲信号，经放大器把电脉冲放大后由电缆传输到记录仪器进行记录。

2. 自然伽马能谱测井

自然伽马测井记录的是能量大于100keV的所有伽马光子造成的计数率或标准化读数。它只能反映地层中放射性核素的总含量，无法分辨地层中含有放射性核素的种类，没有充分地利用地层信息。为了弥补自然伽马测井的不足，研发出了自然伽马能谱测井方法，通过伽马射线能谱分析，不仅可以了解地层放射性的总水平，还可定量测量不同核素的含量，从而得到更多的测井信息。

自然伽马能谱测井的探测器与自然伽马测井基本相同，所不同的是增加了多道脉冲幅度分析器，能分别测量不同幅度的脉冲数，从而得出不同能量的γ射线能谱，用以测定不同的放射性核素。自然伽马能谱测井根据测出的γ射线特征峰值，经谱分析处理可输出反映铀（U）、钍（Th）、钾（K）含量的三条曲线及总自然伽马曲线（SGR）和无铀自然伽马曲线（CGR）。

3. 密度测井

密度测井是一种孔隙度测井，通过测量由伽马源放出并经过岩层散射吸收而被探测器接收到的伽马射线的强度，来研究岩层的密度等性质，确定岩层的孔隙度。伽马射线与物质的作用主要有电子对效应、康普顿效应和光电效应，而其中只有康普顿效应与地层的密度成正比关系。密度测井主要是利用康普顿散射现象，通过测量散射γ射线的强度来研究岩层体积密度。

密度测井仪器由伽马源、伽马射线探测器以及电子线路组成。伽马源和伽马射线探测器装在滑板上，测井时滑板被推靠到井壁上。伽马源放出的伽马射线因为散射吸收，强度减弱，由接收探头接收到经过岩石散射后未被吸收的伽马射线。岩层的电子密度大，则散射的伽马就多，并且吸收得也多，未被吸收散射的伽马射线的计数率就小；反之，则计数率就大。电子多，说明岩石密度大。伽马源和伽马射线探测器中点间的距离称为源距。离源近的伽马射线探测器称为短源距探测器，离源远的伽马射线探测器称长源距探测器（图2.94）。

4. 中子测井

中子测井是利用放射性同位素中子源所放射出具有一定能量的中子与钻井周围岩石和介质起作用，从而实现发射中子的弹性散射和俘获辐射等核反应的测井方法（图2.95）。地层中的含氢量决定中子在地层中的减速过程，而含氢量与饱含水或油的孔隙体积相关。

中子测井能直接测量的是与中子通量成正比的中子或伽马计数率。

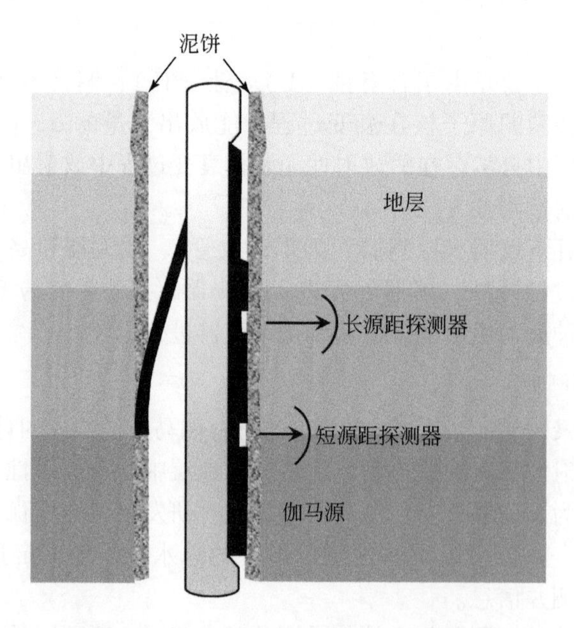

图 2. 94　双源距补偿密度测井结构示意图

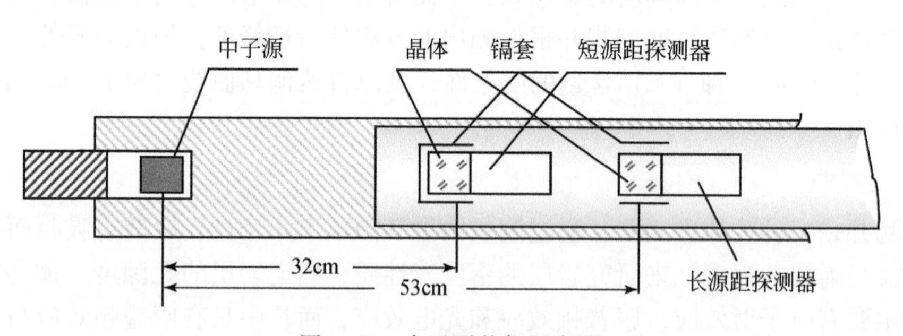

图 2. 95　中子测井仪示意图

中子测井的井下仪器包括中子源、探测器和电缆。从中子源中发出的高能中子射入井内和地层中，快中子经多次弹性散射后，能量逐渐减小，变为超热中子和热中子。热中子形成后，由高密度区向低密度区扩散，在扩散过程中，被靶核俘获，形成复核，处于激发态的复核以伽马射线的形式放出多余的能量，靶核回到基态，释放的射线叫俘获伽马射线。根据测量对象的不同，中子测井可分为超热中子测井、热中子测井和中子伽马测井。

2.5.2.4　其他测井技术

1. 成像测井

成像测井就是在井下采用传感器进行阵列扫描或旋转扫描测量，沿井眼纵向、轴向或径向大量采集地层信息，传输到井上以后，通过图像处理技术得到井壁的二维图像或井眼周围某一探测深度以内的三维图像，相比于曲线表示方式更精确、更直观、更方便。电子学和计算机技术的发展，是实现成像测井技术的基础，数据采集、传输、处理和储存大量地层信息的能力的不断提高，推动着成像测井在效率和精度方面的迅速提升。基于不同的物理原理，成像测井技术可分为电成像测井技术（包括微电阻率扫描成像、阵列感应成像、方位电阻率成像等）、声成像测井技术（包括井下声波电视、超声波成像、偶极横波成像等）、核成像测井技术（包括阵列核成像、碳氧比能谱成像、核磁共振成像等）。

2. 随钻测井

随钻测井是在复杂地质构造与测量采集技术迅速发展下产生的新一代测井技术。随钻测井是将传感器置于钻头上方，随着钻头在地层中钻探的过程中，通过声、电等信号实时提供地层的地球物理信号，具有精确、高效、实时等优势。与传统测井方法相比，随钻测井可在不稳定的海洋钻孔中获得高品质的数据，尤其是邻近洋底的浅层层段（这段数据无法用传统测井方法测得），还可得到随深度变化的测井数据，以校正因无法完全进行岩心恢复造成的采样偏差。目前，随钻测井技术发展很快，已经具备几乎所有的电缆测井项目，其测井技术原理与电缆测井相同，但在采集、处理、解释和应用方面有较大区别。

2.5.3　应用实例

1996 年以来，日本在 Nankai 海槽开展了大量的天然气水合物勘探工作，确定了十余个天然气水合物藏区，天然气总量约为 0.57 万亿 m^3。在 2013 年 3 月，日本甲烷水合物资源开发研究联合会在 Nankai 海槽西北部陆坡 Daini-Atsumi Knoll 的天然气水合物海上生产试验场（AT1）开展了第一次水合物降压开采试验。为保证本次试采的顺利进行，在此前开展了大量的地球物理测井工作包括电阻率测井、声波测井、核磁共振测井、中子测井等并与岩心取样结果进行了比较，获得了试采区水合物储层特征的基本信息（图 2.96），最终确定了本次试采的理想储层。

西南非海岸盆地是南大西洋油气勘探的热点地区之一，该盆地深部构造复杂，火山岩与盐岩发育。为研究西南非盆地深部断陷群的构造–沉积演化过程，分析盆地油气富集的基本地质条件，利用钻井资料揭示了盆地沉积充填特征（图 2.97），结果表明盆地早期裂谷地层以冲积扇、河湖和浅海相砂泥岩沉积充填为主，同时在北部形成了大量的火山岩地层。在过渡期后，盐岩与碳酸盐岩沉积开始发育，近岸地区发育局限的河湖–三角洲沉积，远洋端发育大量海相浊积岩与深海页岩。这为南大西洋两岸低勘探程度盆地有利区带优选提供了地质依据（杨雄兵等，2022）。

近年来，渤海西南部海域新太古界变质岩潜山油气勘探新发现了整装大型油气——渤中 19-6 气田，为探明变质岩潜山优质储层的纵向及平面规律、成因机理及发育模式，刘文超等利用钻井、测井、岩心及薄片等资料，研究了主要含气层系新太古界潜山风化带优质储层发育规律，通过成像测井资料发现储层发育程度与断层有关，离断层越近，裂缝储层越发育。在 4820～5010m 钻遇断层，电阻率整体较低，储层发育好［图 2.98（a）］，裂缝密度、开度均较大，且溶蚀作用明显，常见裂缝边缘有溶蚀加大现象，次生孔隙较发育［图 2.98（b）、（d）］，4650～4750m 未钻遇断层，电阻率整体较高，储层发育差

[图 2. 98（a）]，显示岩性较为致密，裂缝密度、开度均较小且溶蚀现象不明显 [图 2. 98（e）、（f）]，为指导渤中 19-6 气田后续勘探开发提供了理论依据（刘文超等，2022）。

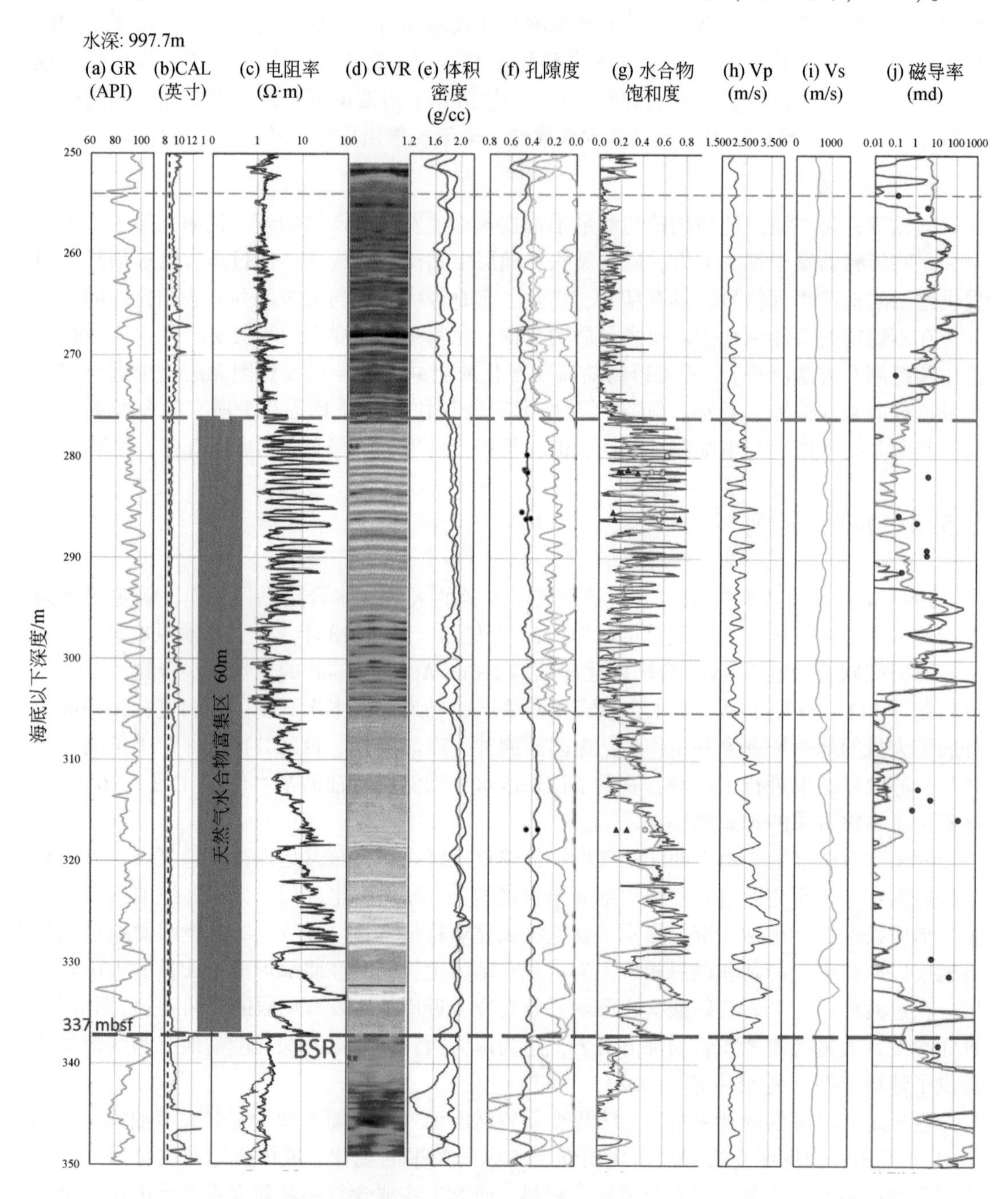

图 2. 96　地球物理测井资料与岩心分析结果的比较（Fujii et al.，2015）

（a）自然伽马射线；（b）超声波井径；（c）电阻率；（d）GeoVision 电阻率图像；（e）容重；（f）孔隙度和体积分数；（g）水合物孔隙饱和度（h）纵波波速；（i）横波波速；（j）渗透率

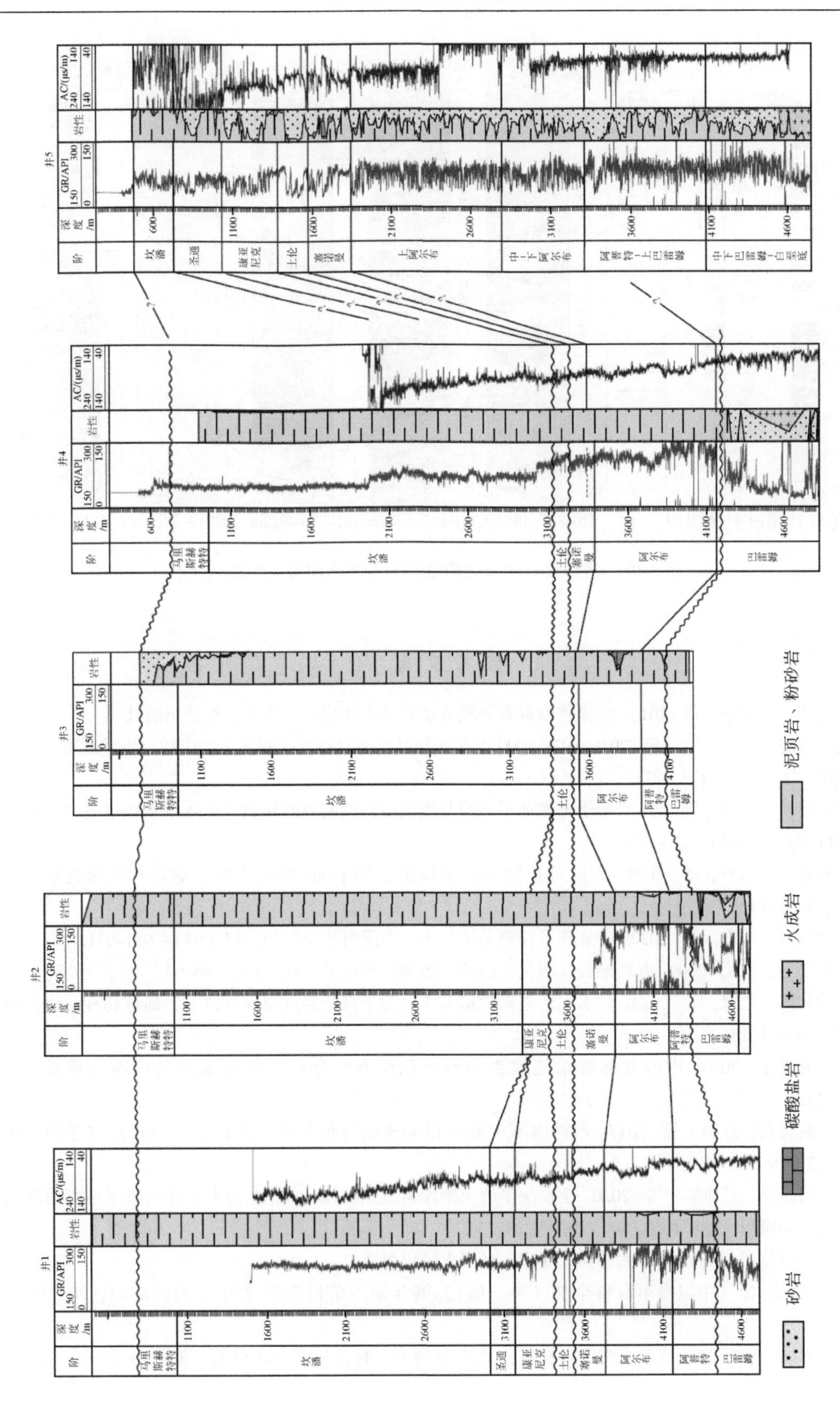

图 2.97　西南非海岸盆地南部沉积连井剖面（杨雄兵等，2022）

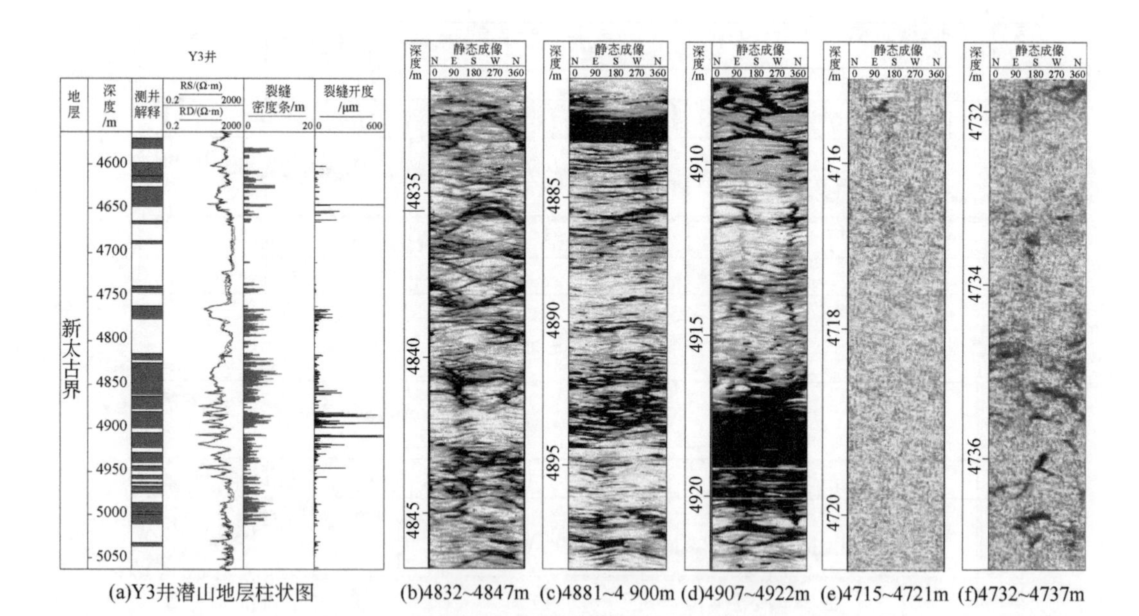

(a)Y3井潜山地层柱状图 (b)4832~4847m (c)4881~4 900m (d)4907~4922m (e)4715~4721m (f)4732~4737m

图 2.98　潜山柱状图及成像测井图（刘文超等，2022）

参考文献

边刚，夏伟，金绍华，等. 2015. 海洋磁力数据处理方法及其应用研究. 北京：测绘出版社.

曹金亮，刘晓东，张方生，等. 2016. DTA-6000 声学深拖系统在富钴结壳探测中的应用. 海洋地质与第四纪地质，36（04）：173-181.

陈虹，路波，陈兆林，等. 2017. 基于海底地形地貌及浅地层剖面调查的倾倒区监测技术评价研究. 海洋环境科学，36（04）：603-608.

陈凯，邓明，张启升，等. 2009. 海底可控源电磁测量电路的 Linux 驱动程序. 地球物理学进展，24（04）：1499-1506.

程晓，范双双，郑雷，等. 2022. 极地环境探测关键技术. 中国科学院院刊，37（07）：921-931.

崔培，王纪会，李彪. 2009. 海底地震仪的优化设计. 舰船科学技术，31（10）：96-99.

邓明，魏文博，盛堰，等. 2013. 深水大地电磁数据采集的若干理论要点与仪器技术. 地球物理学报，56（11）：3610-3618.

冯湘子，朱友生. 2020. 南海北部陵水陆坡重力流沉积调查与分析. 海洋地质与第四纪地质，40（5）：11.

冯英辞，詹文欢，孙杰，等. 2017. 西沙海域上新世以来火山特征及其形成机制. 热带海洋学报，36（03）：73-79.

龚旭东，刁新源，吕亚军，等. 2020. 全水深多波束测深系统 Seabeam3012 在西太平洋马里亚纳海山区地形测量中的应用. 海洋科学，44（08）：223-230.

国家海洋局科技司. 1998. 海洋大辞典. 辽宁：辽宁人民出版社.

海司编研部. 2016.《中国海军百科全书（第二版）》海洋测绘条目选登（9）. 海洋测绘，36（06）：87-90.

华志励，刘波. 2019. 基于单波束测深资料的海底冷泉动力学特征反演方法研究. 海洋科学，43（09）：

94-103.
胡平华，赵明，黄鹤，等. 2017. 航空/海洋重力测量仪器发展综述. 导航定位与授时，4（04）：10-19.
胡智龙，吴招才，韩喜彬，等. 2022. 超基性岩热液硫化物矿床磁性物质来源和磁异常特征. 地球物理学进展，37（04）：1405-1413.
姜杰，张涛，蔡晓仙，等. 2022. 海洋大地电磁揭示了西太平洋苏达海山的电阻率结构. 海洋学研究，40（02）：42-52.
金翔龙. 2007. 海洋地球物理研究与海底探测声学技术的发展. 地球物理学进展，（04）：1243-1249.
孔敏，田先德，王风帆. 等. 2022. 西太多金属结核区国外海洋重力数据精度评估. 测绘科学，47（10）：52-58.
匡增军，蒋中亮. 2013. 俄罗斯与波罗的海邻国的海洋划界争端解决. 俄罗斯东欧中亚研究，（06）：75-83+94.
李超，刘保华，支鹏遥，等. 2015. 海底地震仪的性能对比及在渤海试验中的应用. 海洋科学，39（03）：77-82.
李福元，高妍. 2021. 首条横跨南海古扩张脊超深水电磁测量成功完成. 科学通报，66（Z1）：405-406.
李文杰，胡平，肖都，等. 2004. 多波束测深在海洋工程勘察中的应用. 物探与化探，（04）：373-376.
李勇航，牟泽霖，刘文涛，等. 2021. 海南海棠湾海底微地貌多源声学特征、成因及其指示意义. 地球物理学进展，36（04）：1694-1701.
李振，彭华，姜景捷，等. 2018. 侧扫声呐在琼州海峡跨海通道地壳稳定性调查中的应用. 地质力学学报，24（02）：244-252.
李振，彭华，马秀敏，等. 2018. 琼州海峡古河道及其工程地质评价. 工程地质学报，26（04）：1017-1024.
来向华，潘国富，傅晓明，等. 2007. 单波束测深技术在海底管道检测中应用. 海洋工程，（04）：66-72.
刘保华，丁继胜，裴彦良，等. 2005. 海洋地球物理探测技术及其在近海工程中的应用. 海洋科学进展，（03）：374-384.
刘丹，杨挺，黎伯孟，等. 2022. 分体式宽频带海底地震仪的研制、测试和数据质量分析. 地球物理学报，65（07）：2560-2572.
刘文超，汪跃，廖新武，等. 2022. 渤海西南部海域变质岩潜山优质储层发育规律及成因机理. 海洋地质前沿，38（12）：47-55.
陆响晖，甘霏斐，杨勇. 2021. 海洋地震拖缆系统及其应用技术发展. 船舶工程，43（09）：4-7.
栾锡武，王嘉，刘鸿，等. 2021. 关于南海北部特提斯的讨论. 地球科学，46（03）：866-884.
马龙，郑彦鹏. 2020. 南极罗斯海重力场特征及莫霍面深度反演. 海洋学报，42（01）：144-153.
倪玉根，习龙，夏真，等. 2021. 浅地层剖面和单道地震测量在海砂勘查中的联合应用. 海洋地质与第四纪地质，41（04）：207-214.
牛雄伟，高金耀，吴招才，等. 2016. 南极洲普里兹湾岩石圈各向异性：海底地震仪观测. 地球科学，41（11）：1950-1958.
裴彦良，刘保华，连艳红，等. 2013. 海洋高分辨率多道数字地震拖缆技术研究与应用. 地球物理学进展，28（06）：3280-3286.
彭子龙，阎述学，殷建平，等. 2022. 水下观探测装备核供能方案的思考. 中国科学院院刊，37（07）：888-897.
祁江豪，吴志强，张训华，等. 2020. 西太平洋弧后地区新生代构造迁移的深部地震证据. 地球科学，45（07）：2495-2507.
琼斯. 2010. 海洋地球物理. 金翔龙等译. 北京：海洋出版社.

阮爱国，等 . 2020. 海底地震勘测理论与应用（第二版）. 北京：科学出版社 .
单晨晨，邓希光，温明明，等 . 2020. 参量阵浅地层剖面仪在海底羽状流探测中的应用——以 ATLAS P70 在马克兰海域调查为例 . 地球物理学进展，35（3）：8.
宋海斌，陈江欣，赵庆献，等 . 2018. 南海东北部地震海洋学联合调查与反演 . 地球物理学报，61（09）：3760-3769.
苏丕波，梁金强，赵庆献，等 . 2020. 海域天然气水合物资源勘查技术 . 北京：科学出版社 .
孙昊，李志炜，熊雄 . 2019. 海洋磁力测量技术应用及发展现状 . 海洋测绘，39（06）：5-8+20.
汪俊，邱燕，阎贫，等 . 2019. 跨南海西南次海盆 OBS、多道地震与重力联合调查 . 热带海洋学报，38（04）：81-90.
王尔觉，潘广山，胡庆辉 . 2016. 近海工程勘察中单道与多道地震方法对比研究 . 工程地球物理学报，13（04）：502-507.
王恒波 . 2020. 综合地球物理方法在海底管道检测中的应用——以舟山大陆引水工程为例 . 海岸工程，39（03）：169-178.
王喆 . 2020. 海洋地球磁场矢量测量系统关键技术研究 . 中国地震局地球物理研究所博士学位论文 .
吴时国，张健 . 2014. 海底构造与地球物理学 . 北京：科学出版社 .
吴时国，张健，等 . 2017. 海洋地球物理探测 . 北京：科学出版社 .
吴志强，童思友，闫桂京，等 . 2006. 广角地震勘探技术及在南黄海古近系油气勘探中的应用前景 . 海洋地质动态，（04）：26-30.
肖波，陈洁，温明明，等 . 2021. 深海探宝之采集技术与装备 . 武汉：中国地质大学出版社 .
徐行 . 2021. 我国海洋地球物理探测技术发展现状及展望 . 华南地震，41（02）：1-12.
易锋，徐军，刘斌 . 2019. 海底地震仪在天然气水合物勘探中的应用综述 . 海洋技术学报，38（01）：92-101.
杨国明，朱俊江，赵冬冬，等 . 2021. 浅地层剖面探测技术及应用 . 海洋科学，45（06）：147-162.
杨雄兵，史丹妮，王宏语 . 2022. 西南非海岸盆地中生界构造-沉积特征与成藏条件 . 海洋地质前沿，38（10）：22-33.
张光学，梁金强，张明，等 . 2014. 海洋天然气水合物地震联合探测 . 北京：地质出版社 .
张佳政，丘学林，赵明辉，等 . 2018. 南海巴士海峡三维 OBS 探测的异常数据恢复 . 地球物理学报，61（04）：1529-1538.
张莉，赵明辉，王建，等 . 2013. 南海中央次海盆 OBS 位置校正及三维地震探测新进展 . 地球科学（中国地质大学学报），38（01）：33-42.
张鹏飞 . 2020. 基于特征学习的海洋可控源电磁法数据降噪研究与应用 . 中国地质大学（北京）博士学位论文 .
张同伟，秦升杰，唐嘉陵，等 . 2018. 深水多波束测深系统现状及展望 . 测绘通报，（05）：82-85.
张鑫，李超伦，李连福 . 2022. 深海极端环境原位探测技术研究现状与对策 . 中国科学院院刊，37（07）：932-938.
张雪薇，韩震，周玮辰，等 . 2020. 智慧海洋技术研究综述 . 遥感信息，35（04）：1-7.
张训华，赵铁虎，等 . 2017. 海洋地质调查技术 . 北京：科学出版社 .
赵明辉，贺恩远，孙龙涛，等 . 2016. 马里亚纳海沟俯冲带深地震现状对马尼拉海沟俯冲带的研究启示 . 热带海洋学报，35（01）：48-60.
赵明辉，杜峰，王强，等 . 2018. 南海海底地震仪三维深地震探测的进展及挑战 . 地球科学，43（10）：3749-3761.
周吉林，王秀娟，朱振宇，等 . 2022. 海底滑坡对天然气水合物和游离气分布及富集的影响 . 地球物理学报，65（09）：3674-3689.

朱敏，张同伟，杨波，等.2014. 蛟龙号载人潜水器声学系统．科学通报，59（35）：3462-3470.

朱莹洁，王万银，J. Kim Welford，等.2022. 基于重、磁异常的西太平洋中段构造特征研究．地球物理学报，65（05）：1712-1731.

Beckers A，Hubert-Ferrari A，Beck C，et al. 2015. Active faulting at the western tip of the Gulf of Corinth，Greece，from high-resolution seismic data. Marine Geology，360：55-69.

Chen C，Tian Y. 2021. Comprehensive application of multi-beam sounding system and side-scan sonar in scouring detection of underwater structures in offshore wind farms. IOP Conference Series：Earth and Environmental Science. IOP Publishing，668（1）：012007.

Constable S. 2020. Perspectives on marine electromagnetic methods. Perspectives of Earth and Space Scientists，1（1）：e2019CN000123.

Constable S. 2013. Instrumentation for marine magnetotelluric and controlled source electro-magnetic sounding. Geophysical Prospecting，61：505-532.

Córdoba-Ramírez F，Flores C，González-Fernández A，et al. 2019. Marine controlled-source electromagnetics with geothermal purposes；central Gulf of California，Mexico. Journal of Volcanology and Geothermal Research，384：206-220.

Darnet M，Wawrzyniak P，Tarits P，et al. 2020. Mapping the geometry of volcanic systems with magnetotelluric soundings：Results from a land and marine magnetotelluric survey performed during the 2018-2019 Mayotte seismovolcanic crisis. Journal of Volcanology and Geothermal Research，406：107046.

Dorokhov D，Dudkov I，Sivkov V. 2019. Single beam echo-sounding dataset and digital elevation model of the southeastern part of the Baltic Sea（Russian sector）. Data in Brief，25.

Dunham M W，Ansari S M，Farquharson C G. 2018. Application of 3D marine controlled-source electromagnetic finite-element forward modeling to hydrocarbon exploration in the Flemish Pass Basin offshore Newfoundland，Canada3D marine CSEM forward modeling. Geophysics，83（2）：WB33-WB49.

Dupré S，Scalabrin C，Grall C，et al. 2015. Tectonic and sedimentary controls on widespread gas emissions in the Sea of Marmara：Results from systematic，shipborne multibeam echo sounder water column imaging. Journal of Geophysical Research：Solid Earth，120（5）：2891-2912.

Förste C，Ince E S，Johann F，et al. 2020. Marine gravimetry activities on the Baltic Sea in the framework of the EU Project FAMOS. ZfV：Zeitschrift für Geodäsie，Geoinformation und Landmanagement，145（5）：287-294.

Fujii M，Okino K，Sato T，et al. 2016. Origin of magnetic highs at ultramafic hosted hydrothermal systems：Insights from the Yokoniwa site of Central Indian Ridge. Earth and Planetary Science Letters，441：26-37.

Fujii T，Suzuki K，Takayama T，et al. 2015. Geological setting and characterization of a methane hydrate reservoir distributed at the first offshore production test site on the Daini-Atsumi Knoll in the eastern Nankai Trough，Japan. Marine and Petroleum Geology，66：310-322.

Grevemeyer I，Rosenberger A，Villinger H. 2000. Natural gas hydrates on the continental slope off Pakistan：constraints from seismic techniques. Geophysical Journal International，140（2）：295-310.

Jing J，Chen K，Deng M，et al. 2019. A marine controlled-source electromagnetic survey to detect gas hydrates in the Qiongdongnan Basin，South China Sea. Journal of Asian Earth Sciences，171：201-212.

Jocobson R S，Dorman L M，Purdy G M，et al. 1991. Ocean bottom seismometer facilities available. Eos，Transactions American Geophysical Union，72（46）：506-515.

Kim Y J，Koo N H，Cheong S，et al. 2016. A case study on pseudo 3-D Chirp sub-bottom profiler（SBP）survey for the detection of a fault trace in shallow sedimentary layers at gas hydrate site in the Ulleung Basin, East Sea. Journal of Applied Geophysics, 133: 98-115.

Kodaira S, Sato T, Takahashi N, et al. 2007. New seismological constraints on growth of continental crust in the Izu-Bonin intra-oceanic arc. Geology, 35 (11): 1031-1034.

Lesur V, Hamoudi M, Choi Y, et al. 2016. Building the second version of the world digital magnetic anomaly map (WDMAM). Earth, Planets and Space, 68 (1): 1-13.

MacGregor L, Tomlinson J. 2014. Marine controlled-source electromagnetic methods in the hydrocarbon industry: A tutorial on method and practice. Interpretation, 2 (3): SH13-SH32.

Madrussani G, Rossi G, Camerlenghi A. 2010. Gas hydrates, free gas distribution and fault pattern on the west Svalbard continental margin. Geophysical Journal International, 180 (2): 666-684.

Pérez L F, De Santis L, McKay R M, et al. 2022. Early and middle Miocene ice sheet dynamics in the Ross Sea: Results from integrated core-log-seismic interpretation. GSA Bulletin, 134 (1-2): 348-370.

Sánchez-Carnero N, Aceña S, Rodríguez-Pérez D, et al. 2012. Fast and low-cost method for VBES bathymetry generation in coastal areas. Estuarine, Coastal and Shelf Science, 114: 175-182.

Wang S, Constable S, Rychert C A, et al. 2020. A lithosphere-asthenosphere boundary and partial melt estimated using marine magnetotelluric data at the central Middle Atlantic Ridge. Geochemistry, Geophysics, Geosystems, 21 (9): e2020GC009177.

Wenau S, Spiess V, Keil H, et al. 2018. Localization and characterization of a gas bubble stream at a Congo deep water seep site using a 3D gridding approach on single-beam echosounder data. Marine and Petroleum Geology, 97: 612-623.

Zerilli A, Buonora M P, Menezes P T L, et al. 2016. Broadband marine controlled-source electromagnetic for subsalt and around salt exploration. Interpretation, 4 (4): T521-T531.

第3章 海底原位测试技术

海底沉积物是一种复杂的孔隙介质，是由细小颗粒物质经长时间沉积作用，堆积形成的骨架，海水充满于骨架中。大部分海底沉积物为厚层未固结的松软沉积物，多是靠重力天然沉积，具有高含水率、高孔隙比、高液化性、低渗透性、高灵敏度、低表面强度（<20kPa）和抗剪强度随埋深的增加而增加的特点，使得勘察过程中进行钻探取样获得低扰动土样以进行室内试验的难度及成本巨大。岩土工程参数的确定与合理设计是海洋工程建设的关键，工程设计与施工需要大量的勘察数据指导，具有效率高、经济性好的原位测试技术成为确定海洋工程设计所需的岩土参数的主要方法。

近年来，原位测试技术持续向多元化发展，有关的研究应用主要分为：一是以孔压静力触探（the piezocone penetration test，CPTU）为代表的有损型和半无损型方法，广泛应用于岩土工程和环境工程地质等领域；二是以工程地球物理勘探技术为主的无损型探测方法，可用于工程勘察施工、复杂岩土体及空洞分布探测、环境岩土工程等领域。图3.1为国际上常用的原位测试技术（Mayne，2007），表3.1为目前主要原位测试技术的适用性与可靠性（Robertson，2012）。

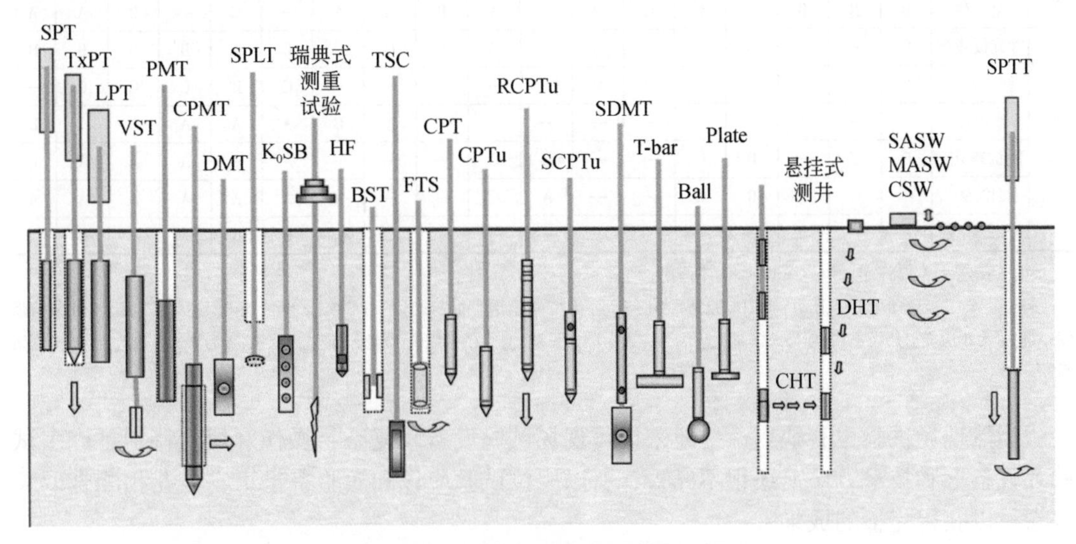

图3.1 国际上常用的原位测试技术示意图（Mayne，2007）

海上钻探取样，由于取样时的应力解除、样品运输中的碰撞及制样中的扰动等原因不可避免地会使土样产生不同程度的扰动和失水，所取样品往往不能代表土层的原始状态，从而影响了室内试验所测的“原状土”的物理力学参数的准确性，大大降低所测参数的工程应用价值，而与取样后进行室内试验相比，原位测试具有以下优点：

（1）可在拟建工程场地直接进行测试，无须取样，可在真实的有效应力条件下测定原状土的参数并且可以得到完整的土层剖面及物理力学性质指标。

（2）海上原位测试范围内的土体比室内试验样品体积要大得多，更能反映土体的宏观结构（如裂隙、夹层等）对土体的工程特性的影响。

（3）能够同时测量多个工程地质参数，具有快速、经济的优点。

表 3.1　目前主要原位测试技术的适用性与可靠性（Robertson，2012）

分类	原位测试	岩土参数												地基类型					
		土类定名	剖面划分	u_0	ORC	D_{r_Ψ}	φ'	s_u	G_0_E	σ_ε	M_C_C	k	c_v	硬岩	软岩	碎石	砂土	粉土/黏土	软土
贯入仪	DP	C	B	—	C	C	C	C	C	—	—	—	—	—	C	B	A	B	B
	SPT	B	B	—	C	B	C	C	C	—	—	—	—	—	C	B	A	B	B
	CPT	B	A	—	B	B	B	B	B	C	C	C	—	—	B	B	A	A	A
	CPTU	A	A	A	B	A	B	A	B	C	B	A	A	—	B	B	A	A	A
	SCPTU	A	A	A	A	A	B	A	A	B	B	A	A	—	B	B	A	A	A
	DMT	B	B	B	B	C	B	B	B	C	B	C	B	—	C	C	A	A	A
	SDMT	B	B	B	A	B	B	B	A	B	B	C	B	—	C	C	A	A	A
	T-bar/Ball	C	B	B	B	C	C	A	C	C	C	C	C	—	—	—	C	B	A
	FVT	B	C	—	B	—	—	A	—	—	—	—	—	—	—	—	—	A	B
旁压法	预钻孔	B	B	—	C	C	C	B	B	C	C	—	C	A	A	B	B	B	B
	自钻式	B	B	A	B	B	B	B	A	A	B	B	A	—	C	—	B	A	B
	全位移	B	B	B	C	C	C	B	A	A	B	B	A	—	C	—	B	A	A
其他	螺旋板载荷	C	—	—	B	C	C	B	B	B	B	C	C	C	A	B	B	B	B
	钻孔剪切	C	—	—	—	—	B	C	—	—	—	—	—	C	B	C	C	C	—
	渗透仪	C	—	A	—	—	—	—	—	—	—	A	B	A	A	A	A	A	B
	下孔/跨孔法	C	C	—	B	C	—	—	A	C	—	—	—	A	A	A	A	A	B
	面波法	—	C	—	B	C	—	—	A	C	—	—	—	A	A	A	A	A	A
	水力劈裂	—	—	B	—	—	—	—	—	—	—	C	C	B	B	—	—	B	C

注：适用性：A=高；B=中；C=低；—=不适用。

岩土参数：u_0为静止孔隙水压力；ORC 为超固结比；D_{r_Ψ}为相对密实度和（或）状态参数；φ'为峰值内摩擦角；s_u为不排水抗剪强度；G_0_E为小应变剪切模量和/或杨氏模量；σ_ε为应力—应变关系；M_C_C为压缩模量和/或压缩指数；k为渗透系数；c_v为竖向固结系数。

当然现场试验也有缺点，一般来说，现场试验设备较复杂，操作麻烦，特别是许多试验在设备上和技术方法上还很不完善，所以原位试验应该和实验室土工实验互相配合取长补短，以获得完整的成果。

近年来，国内专家学者广泛关注国际原位测试技术的发展动态，加强了基于原位测试技术的研发及工程应用研究，针对土的结构状态、强度、变形、渗透固结和动力参数开展了系统的原位测试研究，技术水平得到了显著提升，为促进我国原位测试技术达到国际水平奠定了基础，未来海底原位测试技术的发展主要有以下趋势。

（1）测量方法朝着自动化发展。从早期的有缆式原位测试技术，到无缆贯入仪，再到可消耗式原位测试设备，操作难度逐渐降低，逐渐向全自动化发展，自主完成钻取-采集-存储-查看-处理等一系列原位测试流程。

（2）测量深度向深海延伸。最早的原位测量只能在近海开展，能够测量的沉积物深度也较浅，随着测量技术和测量手段的发展，目前的原位测量向着全海域发展，能够测量的土层越来越深，测量的精度也越来越高，在深海海沟也取得了一定成果。

（3）测量手段朝着多样化发展。早期的海底原位测试方法都是由陆地上的测试方法经过改良应用在海洋中，如静力触探和扁铲侧胀实验等，在此基础上技术不断进步，出现了自落式动力触探和全流贯入仪等测量方法和测量设备，能够反映的岩土工程参数也朝着多样化发展，包括含水率、饱和度、压缩模量、抗剪强度等，极大地拓宽了海底原位测试的应用范围。

3.1　海上静力触探测试技术

静力触探试验（cone penetration test，CPT），是目前运用最多且最先进的海底原位测试技术。广泛应用于滨海相沉积层、三角洲沉积层和河湖相沉积软土层的岩土参数的测定，在港口海岸基础设施建设、近海资源开采平台、海底光缆及油气管线铺设的工程设计与安全性评价中发挥着重要的作用，也是港口、航道、海洋环境地质调查的主要手段。西方国家早在20世纪60年代就开展了海底土体的静力触探试验，技术发展迅猛，已经实现了产业化，可以提供成熟的系列化产品并提供相关技术服务。国内CPT技术虽然起步较晚，但在诸多国内专家学者的努力下，也已经成功研发了成熟的CPT设备并在我国海域进行了大量应用。

3.1.1　工作原理

静力触探系统由探头、贯入设备、采集设备和评价系统组成，其基本原理就是用准静力（相对动力触探而言，冲击荷载没有或很少）将一个内部装有传感器的触探头以匀速压入土中，由于地层中各种土的软硬不同，探头所受的阻力也不一样，传感器将这种大小不同的贯入阻力通过电信号输入到记录仪表中记录下来，再通过贯入阻力与土的工程地质特征之间的定性关系和统计相关关系，测定孔隙水压力、锥尖阻力和侧壁摩阻力及其随深度的变化曲线，并现场计算求得海底土体的物理、力学参数，从而准确、高效地完成海洋工程地质调查与评价。

3.1.1.1　关键指标

目前，海上CPT测试的数据主要有：锥尖阻力（q_c）、侧摩阻力（f_s）和孔隙水压力（u）。国外普遍采用孔压系数（B_q）和摩阻比（R_f）。静力触探测试得到的数据并不能直接得出土体的参数，而需要一定的处理，通过经验公式或理论模型解译出土体的力学参数。

（1）修正的锥尖阻力 q_t

$$q_t = q_c + (1 + \alpha)\, u_2 \tag{3.1}$$

式中，$\alpha = \frac{A_a}{A_c}$，A_a 与 A_c 分别为顶柱与锥底的横截面积。

（2）修正的侧壁摩擦力 f_t

$$f_t = f_s - \frac{(u_2 A_{sb} - u_3 A_{st})}{A_s} \tag{3.2}$$

式中，A_s 为摩擦筒的表面积 $150cm^2$，A_{sb} 和 A_{st} 为套筒顶端与底端横截面积，若套筒上下面积相等则无须修正。

（3）摩阻比 R_f

$$R_f = \frac{f_s}{q_t} \times 100\% \tag{3.3}$$

（4）孔压系数 B_q

$$B_q = \frac{u_2 - u_0}{q_t - \sigma_{v0}} \tag{3.4}$$

3.1.1.2　理论分析

在 CPT 贯入过程中，由于大应变和土的非线性反应等原因，对锥头贯入阻力的严格理论分析是很难的，故研究者从 20 世纪 60 年代开始就提出了一些近似的理论方法。

一般来说，锥尖阻力随贯入深度的增加而增加。实际工程中，不同土类的锥尖阻力随贯入深度的变化是不同的。

对砂土，锥尖阻力 q_c 常用的表达式为

$$q_c = \sigma_{v0} N_q \tag{3.5}$$

式中，σ_{v0} 为上覆土压力，即土的重度与贯入深度的乘积；N_q 为砂土的无量纲锥头阻力系数。

对饱和黏土，锥尖阻力 q_c 常用的表达式为

$$q_c = c_u N_c + \sigma_{v0} \tag{3.6}$$

式中，c_u 为黏土的不排水抗剪强度；N_c 为黏土的无量纲锥头阻力系数。

目前，对锥尖阻力的理论研究主要集中于对 N_q、N_c 两个无量纲系数的研究。

当 CPT 锥头贯入到土中时，土的变形及破坏过程非常复杂。若把贯入过程看成是准静态的，整个问题的解应满足平衡方程、几何方程（大变形）、力与位移边界条件以及土的本构关系等。由于问题的复杂性，要得到精确解非常困难，只能进行近似的理论分析。目前，主要的理论分析方法有承载力理论、孔穴扩张理论、稳态变形理论、应变路径法、运动点位错方法等（崔新壮和丁桦，2004；Yu and Mitchell，1998；Terzaghi，1943）

因为砂土的渗透系数大，其贯入过程可视为完全排水的，所以所有的理论方法均未考虑砂土是否饱和；而黏性土则不一样，锥头贯入过程可视为不排水、不可压缩的，故所有理论只适用于饱和黏土。

3.1.2　静力触探设备

海上静力触探技术自 20 世纪 60 年代出现，距今已有 60 多年的历史，在许多国家现

已成为海洋工程地质调查的必备项目。目前，世界上主要有四家较为著名的公司从事静力触探系统的研发、生产和销售，分别为：荷兰的辉固（Fugro）公司、范登堡公司（A. P. Van den Berg）、Geomil 公司和英国的 Datem 公司。国内的静力触探起步较晚，以 1973 年中国科学院海洋研究所研制成功的海底静力触探仪为代表，之后的几十年我国从未中断对海上静力触探的研究工作，中国科学院、吉林大学、中国海洋大学、中国地质大学、东南大学、广州磐索地勘科技有限公司等单位成功研制出了一批适用于不同水下工况的海上静力触探系统，并已投入到实际工程应用中。

现代常用的海上静力触探系统按照贯入方法主要分为平台式、海床式和井下式三种类型。

3.1.2.1　平台式 CPT

平台式 CPT 主要特点是将贯入设备安装在固定平台或承载船上，触探操作时探杆需要首先从平台甲板经过海水层后才能贯入海底土体。触探操作的基准可取平台或者海床面，基准确立后即为唯一。平台式 CPT 的优点在于贯入设备并非设置在水中，因此可完全按照陆地模式进行操作；然而由于海水无法提供探杆的径向约束力，当水深较大时难以克服探杆的径向形变与弯曲，虽然在平台与海底增设套管可以一定程度上缓解探杆的弯曲，但仍无法完全消除其影响。海上 CPT 测试需要触探平台相对于海底保持静止，海上平台虽可以保持静止，但海上 CPT 测试的主要目的之一是为搭建海上平台提供海底土体的原位数据，因此在固定平台上实施 CPT 一般只用于进行海底非土体参数的探测，而将贯入设备安装在承载船上时船体的摇摆使得操作受到极大的限制，因此平台式 CPT 一般只适用于水面平静的内湖与江河中使用。

图 3.2 为国内的磐索研制的 PenePlater 平台式贯入设备。图 3.3 为 SKID 平台数字式静力触探系统，使用时固定安装在驳船、浮船或者自升式平台上，进行近海或者浅水的 CPT 测试。

图 3.2　PenePlater 平台式贯入设备
（图片来自广州磐索地勘科技有限公司）

图 3.3　SKID 平台数字式静力触探系统
（图片来自 https://www.del-mak.com.tr/）

3.1.2.2　海床式 CPT

海床式 CPT 的主要特点是贯入设备稳定支撑于海床面上，其中轮驱海床式静力触探贯入过程中不需要停止以进行接杆，是真正的连续贯入试验，质量高，效率高，现在应用得最多。触探操作的基准为海床面且该基准唯一（图 3.4）。海床式 CPT 的优点在于能够在空间上保证触探路径的完整性，但其缺点在于直接连续的贯入方式和触探基准决定了此种工艺不适合深层海底测试，如需要较长的探杆从海床面的贯入设备延伸到触探的最大深度以提供贯入力，很难保证触探路径与海平面的垂直度，需要提供较大的贯入力平衡探杆匀速运动时土体产生的摩擦阻力等。

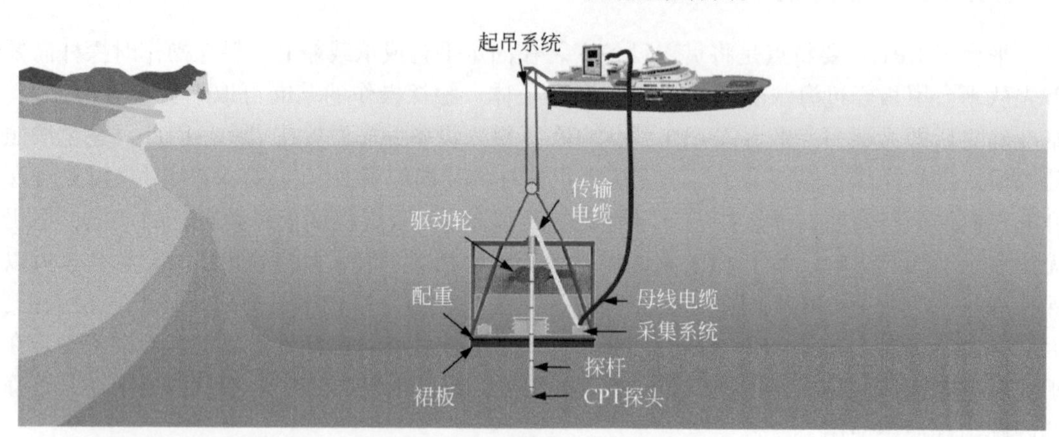

图 3.4　海床式 CPT 示意图

荷兰辉固公司研发了全系列的海床式静力触探系统，近十年来，几乎承接了我国 80% 以上的海洋静力触探工作，如港珠澳大桥勘察、海洋天然气水合物勘查、香港新机场勘察等。荷兰范登堡公司的 ROSON 系列海床式静力触探系统涵盖了轻型（贯入力 25kN、40kN）、中型（100kN）和重型（200kN）三种配置，在国内有较多客户，但 ROSON 系列设备均不具备套管贯入能力，因此不适合深层探测。荷兰 Geomil 公司的 MANTA-200 贯入力可达 200kN，具有套管贯入能力，但国内的销售和应用记录较少；英国 Datem 公司的 Neptune 海床式静力触探系统采用卷绕式探杆，探测深度有 10m 和 15m 两种，因此大多仅适合于管线路由调查，不适合深层探测（刘雨等，2017）。

海床式 CPT 根据设备的重量、贯入深度和探头直径大小等，可分为轻/中型和重型海床 CPT 测试系统。

1. 轻/中型海床式 CPT

轻/中型海床 CPT 系统的主要优点是重量轻，适用于水下管线的铺前和铺后调查、光缆和电缆路由调查和近海设施平台的地基调查等。不同于标准的截面积为 $1000mm^2$ 的探头，轻型海床 CPT 系统的探头通常为一种特殊设计的小型电测探头以满足压载能力和反力设备的需要。轻/中型海床 CPT 系统主要由反力基架、液压压入设备、压杆、圆锥探头和数据采集系统及其他辅助设备等组成，具体工作中通过机械驱动装置将圆锥探头维持在连续、匀速的状态下（20mm/s）压入土中和回收完成测试工作。反力设备通常由一个加重的水下基架组成，在配有合适的吊车或A型吊架上的小型船只上使用。

国外轻/中型海床CPT测试系统主要有荷兰范登堡公司的ROSON系统（图3.5）、荷兰辉固公司的SEASCOUNT系统和英国Datem的Neptun CPT系统（图3.6），

图3.5　ROSON系统（图片来自荷兰范登堡公司）

图3.6　Datem Neptun CPT系统（Lunne，2012）

国内的海床式轻/中型静力触探近几年发展很快。如中国海洋大学研发的轻型海底静力触探设备"CPTss"（图3.7），该系统采用水下液压驱动，通过线缆连接至甲板控制贯入操作，最大贯入深度为10m，主要应用于浅海测试。广州海洋地质调查局以PeneVector为技术原型，对其所属浅海静力触探设备进行升级改造以应用深海测试，改造完成后于2016年10月在南海天然气水合物区开展了多个孔位的现场测试，工作水深达到1480m，这次测试是我国首次自主在天然气水合物赋存区的区域地质调查和环境评价中开展静力触探应用。中国地质调查局青岛海洋地质研究所于2017年研制出的轻/中海床式CPT（图3.8），可同时搭载取样装置，并已应用于渤海湾的地质调查当中。

图3.7　"CPTss"海床式CPT（季福东等，2016）

图3.8　青岛海洋地质研究所海床式CPT（Zhang et al.，2022）

2. 重型海床式 CPT

重型海床式静力触探 CPT 具有重量大、贯入力大、贯入深度大、作业水深大等特点。一般重量在 5 ~ 28t，贯入力在 4 ~ 20t，作业水深从几百米到 3000m，甚至 4000m，贯入深度可达 20 ~ 60m。主要适用于海底管线、海底隧道、海上资源开发平台及综合海洋勘探等。

目前，荷兰辉固、范登堡和 Geomil 公司都具有成熟的重型海床式 CPT 系统。辉固公司研制的 SEACALF 系统采用齿轮驱动，其贯入深度在密实砂及含砾硬黏土中的贯入深度可达 20m，在正常固结的软黏土中的贯入深度可达 30 ~ 60m，作业水深可达几百米。静力触探的总贯入深度取决于反力装置及土体性质。在工作前，可预先在钻塔上加装任意长度的钻杆。通过工作船上的拉力钢缆可以保持钻杆垂直。荷兰范登堡公司的 DW ROSON 深海海床数字式 CPT 系统（图 3.9）采用先进的技术和工艺，可以在 4000m 水深的高压环境下进行 CPT 测试。该系统采用模块化设计，配置 4000m 电缆容量的恒张力电缆绞车，数据传输使用光纤高带宽通信，支持长距离供电，使用压力补偿的数字探头，可选配自旋控制系统，并可与 DWS 深海取样器配合进行深水取样。荷兰 Geomil 公司的 MANTA-200 系统（图 3.10）可调节配重（5 ~ 28t），贯入速率 0 ~ 80mm/s，回收速度 0 ~ 80mm/s，贯入力 0 ~ 200kN（依赖配重），能够在软泥表层下套管。

图 3.9　DW ROSON 海床式 CPT
（图片来自荷兰范登堡公司）

图 3.10　Geomil MANTA-200 系统
（图片来自荷兰 Geomil 公司）

3. 井下式 CPT

井下式 CPT 的主要特点是将钻探与 CPT 测试相结合，采用循环贯入方式，触探操作时贯入装置设置于钻杆内部并将探头从钻杆底部经钻头贯入土体（图 3.11），而钻探主要负责扫除已经完成触探的土层以便开始下一循环周期的触探操作。触探操作的基准一般可取钻头，由于钻探过程中钻头在地层中的轴向位移造成了触探基准的变化，因此很难保证触探路径的完整性；井下式 CPT 的探杆长度只需满足单个周期贯入深度要求，也可以利用钻探的手段调整触探路径与海平面的垂直度，因而在深海测试方面具有明显的优势，主要适用于海上桩基导管架位置、钻井船位置和海上重力式结构等需要较深的贯入深度的工程地质调查。从理论上说井下式CPT能够达到与钻探相同的深度，世界最先进的海底静力触探设备已经达到海底一千米的探测深度。钻具主要是通过钻探船上的波浪补偿器和海底钳来控制，以保证钻探设备和CPT测试设备在作业时保持稳定不动。

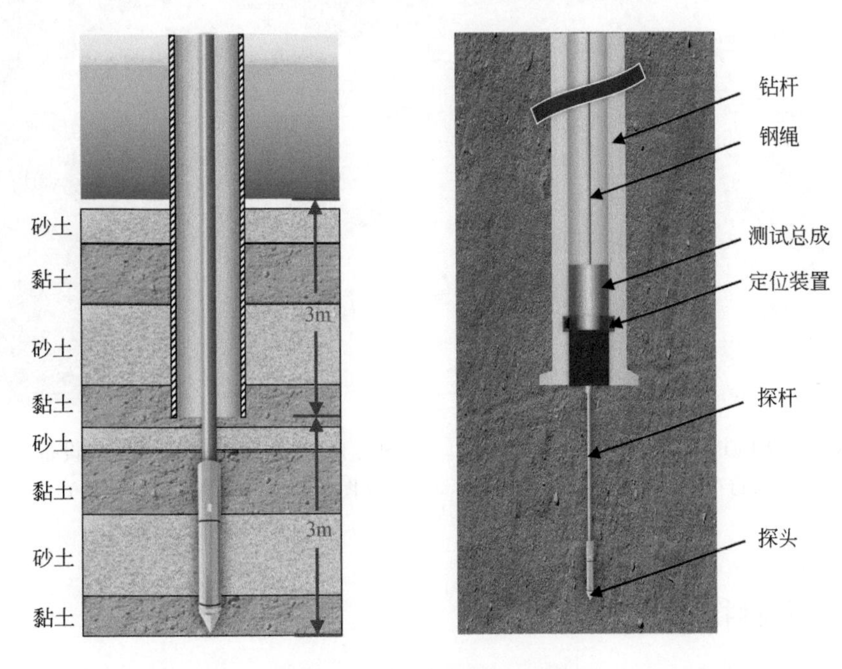

图3.11　井下式CPT示意图

国外的井下CPT测试系统主要有荷兰范登堡公司研制的WISON井下CPT系统（图3.12），自1973年面世以来该系统进行了多次改造升级，并在海洋工程地质调查中进行了大量应用，该系统每次的贯入深度最大为3m。如果靠钻具未能提供足够的反力，WISON系统可以与SEACLAM海底基础板或“钻具锚”反力装置相结合来提供更高的反力，能够在任何钻探作业深度进行CPT测试，并提供连续或半连续的锥尖阻力和侧摩阻力等随深度变化的剖面。WISON系统通常由一个开口式钻头与直接冲刷回转钻进设备整合在一起工作。当钻孔深度到达设计测试深度时，用泥浆冲洗钻孔，保持孔内干净。如果使用的是封闭式钻头，钻头会被提起而WISON系统依靠其自重由连接电缆下放到钻孔底部。钻具放置于钻孔底部，WISON系统开始工作并以匀速将探头压入土中。当达到最大贯入深度或接近总压力极限值前，设备开始减压。钻具被轻微提起以便从孔底收回井下CPT测试系统。国内的井下CPT系统主要为磐索研制的PeneWisor井下式贯入设备（图3.13），该设备具有液压、电液、钻井液三种不同驱动方式的型号，以满足不同行程的需要。

图 3.12 WISON-APB 井下 CPT 系统
（图片来自荷兰范登堡公司）

图 3.13 PeneWisor 井下式贯入设备
（图片来自磐索地勘科技公司）

3.1.3 静力触探探头类型

静力触探探头可分为普通圆锥探头以及全流触探探头（包括球形探头及 T 形探头）。目前使用的圆锥静力触探探头是在 1948 年荷兰市政工程师 Bakker 提出的电测式探头基础上发展而来的。1965 年，荷兰辉固公司（Fugro）与荷兰研究院（TNO）联合推出了一种电测式探头，Fugro 电测式贯入仪的形状和尺寸也是后来国际土力学和基础工程学会（ISSMFE）标准和许多国家标准的基础。1974 年第一届欧洲触探会议（ESOPT-1）上首次报道了贯入时同时进行孔压测试的例子。早期的 CPTU 探头透水石有不同的形状，安装的部位也不同，主要有下图中的 u_1、u_2 和 u_3 三个位置，三个位置测得的孔隙水压力值不同。1989 年，ISSMFE 推荐采用透水石位于锥尖的孔压 u_2，此后，这作为国际标准固定下来。CPT 探头的主要组成部分如图 3.14。

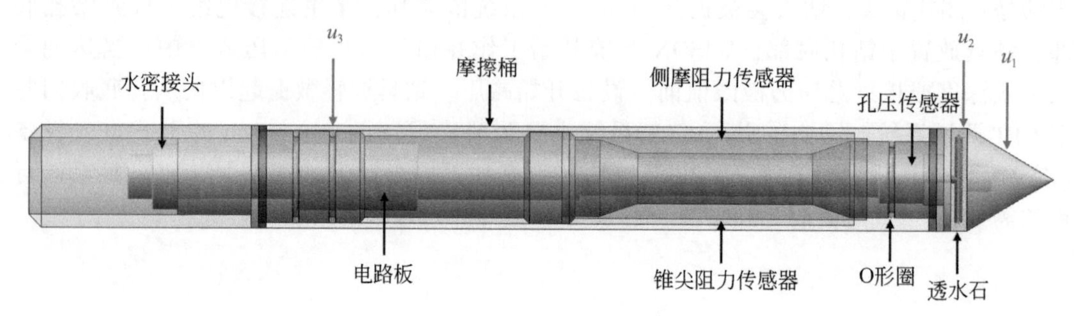

图 3.14 CPT 探头的主要组成部分

应用于海上静力触探时，由于海底的高围压应力环境，仪器探头测压元件在贯入过程中，丧失了对软弱土体测量的精确性；无法正确定量描述上覆土重的作用，导致常规静力触探试验在海底超软土中所测数据的精度可能随海水深度的增加而降低。为解决上述问题，发明了T形和球形探头等具有较大投影面积的探头形式的全流触探仪，如图3.15所示。T形探头的概念最早是由Stewart等在1994年提出的，并于1998年首次用于海洋工程实践中。球形探头则是Kelleher和Randolph首次提出并开展相关工程实践研究的。全流触探仪现已广泛应用于国外许多近海及远海地区的现场勘查中，但在国内的研究应用则相对较少。

图3.15 静力触探探头（Lunne，2012）

全流触探仪穿过海底超软土时，围绕探头表面会产生类似于黏性流体状态的土流，通过探头表面与土流的摩擦根据相关经验公式或理论模型获得超软土的不排水抗剪强度。探头的结构及测试中的土体流如图3.16所示。全流触探仪的优点主要包括：

（1）在超软土中测量数据的精度较高；

（2）尽量避免了对于上覆应力的修正；

（3）基于全流机理，探头实测贯入阻力较少受到土体刚度和应力各向异性的影响；

（4）能够较好定义探头周边土体的流动机制和破坏机理；

（5）土体的重塑抗剪强度能够在现场试验中快速而精确地测定。

挪威石油工业技术法规NORSOK G-001海洋土体勘察标准中推荐T型贯入仪直径40mm，长250mm，投影面积为10000mm^2，10倍于标准锥尖探头尺寸。而球形探头的使用目前尚没有成熟的规范，国际上也较少有关于球型贯入仪尺寸和材料类型对测试结果的影响。Randolph在2013年的朗肯讲座上建议球型贯入仪直径为115mm，投影面积为10000mm^2，直接连接到标准锥杆。

球型贯入仪的阻力系数（N_{ball}），可利用全流动理论塑性理论解通过测试所得贯入阻

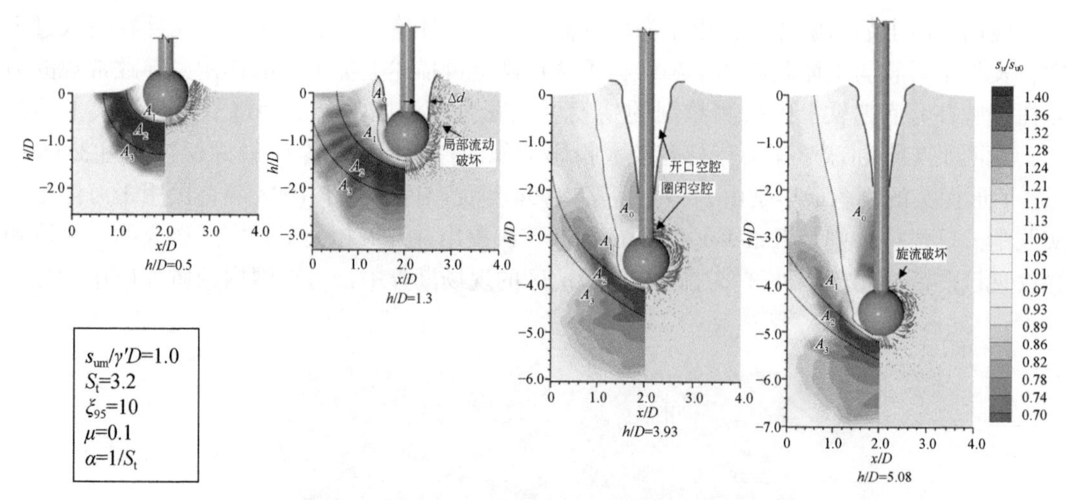

图 3.16　球形探头贯入过程中土体流的演变过程（Li et al., 2023）

力（q_{ball}）估算不排水抗剪强度 s_u：

$$s_u = \frac{q_{ball}}{N_{ball}} \tag{3.7}$$

随着静力触探技术和传感器技术等的不断发展，目前也陆续衍生出了各种具有不同适用方向的多元化探头，如国外已经使用的温度探头、环境评估探头、地震探头、多功能组合探头等等，如图 3.17 所示。

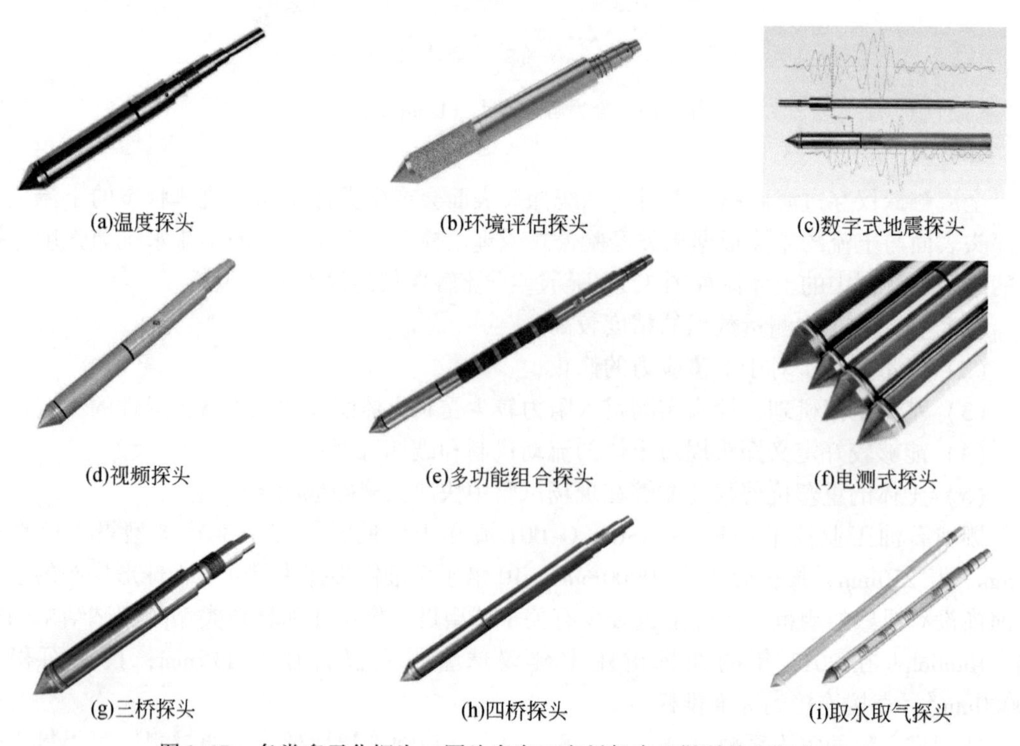

图 3.17　各类多元化探头（图片来自于广州磐索地勘科技有限公司）

3.1.4　发展趋势

海上静力触探技术与机理研究在大量借鉴陆地成熟的CPT技术经验的基础上，由于海洋的特殊环境，还需有针对性地研究海底饱和松散的深厚新近系沉积物与陆地土体的区别和高强度水动力过程使海床土体发生液化的可能性判别等方面；数据分析与评价方面，还需要将CPT测试与钻探取样等测试手段相结合获取大量的测试数据来建立一系列的海底区域公式和经验数据库，以形成与陆地相似的数据分析与评价体系或者按照地域性差异进行数据分析与评价。根据目前的静力触探的发展历程，未来的发展趋势主要集中在以下几个方面。

3.1.4.1　深海化

深海蕴藏着人类远未认知和开发的资源，因此未来对于海洋的研究将向着更远、更深、更难的方向进行。而海洋原位测试是我们认识海洋的基础手段之一，因此静力触探深海化研究方向是未来的发展趋势之一，随着科技水平提升，不断提高数据精度、提升测量深度。

3.1.4.2　多功能化

为了在一项试验中尽可能多地得到地层信息，海上静力触探技术需要向多功能化的方向发展，以测得孔压、波速、密度、侧压力、电阻率和放射性等参数，不仅能缩短工作周期，而且可以提高测试结果的可靠性和准确性，提升社会效益及经济效益。同时也应该紧密结合海底钻探、电力与液压传动、通信、传感与检测、海底定位与可视化等各种先进技术，开展针对性的自主创新，研发出系列测试设备。如山东大学研发的海底沉积物多参数原位探针（图3.18），可完成3000m水深的沉积物参数采集，可以直接、快速地获取原位土的力学性质，并可以监测海底沉积物原位地球化学指标（pH、Eh、ΣCO_2、ΣH_2S）。

图3.18　“3000m海底沉积物多参数探针及布放系统”进行海试（图片来自于青岛日报）

3.1.4.3 轻型化与无缆化

随着研发水平以及工艺技术的不断创新与提高，静力触探技术逐渐向着轻型化的方向发展，通过简化结构，方便操作维护，降低造价的同时可以减少设备运行成本。在海底静力触探试验过程中，探头处电缆及连接头容易损坏，修理起来费时费力，因此研制和应用无电缆静力触探显得十分必要。

3.1.4.4 可视化

静力触探的缺点之一是无法对地层进行直接观测，必须依据参数及经验对地层进行分类评估，因此对静力触探进行可视化研究十分必要，可以通过安装微型摄像机，将图片数据传送到计算机，在贯入过程中对土体进行实时观测，根据处理结果进行土体分类研究。

3.2 自落式动力触探测试技术

自落式贯入仪（free-fall penetrometer，FFP）是一种在静力触探基础上发展起来的新型海上原位测试仪器，与静力触探不同的是，自落式动力触探是自落式贯入仪依靠在自由下落过程中获得动能并以一定的初始速度贯入海床，最终在阻力作用下速度逐渐降低直至为0。通过在FFP上安置的传感器，可量测贯入仪在水中下落及土中贯入过程中的加速度、锥尖阻力、侧壁摩阻力、孔隙水压力等参数，进而评价不排水抗剪强度与灵敏度等海洋沉积物岩土工程特性。

自落式动力触探技术具有结构轻便、操作方法简单及经济性好等优点，常作为近海常规CPT测试的一种有效的补充手段，用于海底表面的岩土工程勘察及近海常规CPT难以使用的地区。例如Stark等（2017）基于北极地区近海的自落式动力触探结果，研究了冻融循环对土的力学行为和海岸带侵蚀的影响。

现代轻型自落式动力触探可以穿过上部沉积物对强度剖面进行更为定量的评估，可以测得不排水条件下砂土的贯入阻力。虽然这种贯入设备探测的深度有限，但是对于不排水条件下具有高贯入阻力的浅层砂质沉积物依然具有一定的研究价值。如果提供一些额外的地质信息，比如矿物学的相关内容和沉积物的粒径大小，推导的贯入阻力值可以与相对密实度建立关系，这和CPT采用的方法是一致的。

自落式动力触探探头有多种形式，大致可以分为三类（荣琦等，2020）：①与常规静力触探探头相似的长矛形探头；②符合流体动力学特征的鱼雷形探头；③异形探头，如球形、带取样器的探头，如图3.19所示。

3.2.1 工作原理

自落式动力触探仪在测试时，自释放开始，触探仪做自由落体运动，获得冲击动力，通过海水层，与土体冲击碰撞，直至停止运动。从加速度信号特征的角度来看，自由落体触探仪自接触海床表面至运动停止，要经历碰撞冲击、贯入土体、初始制动及振荡回弹、

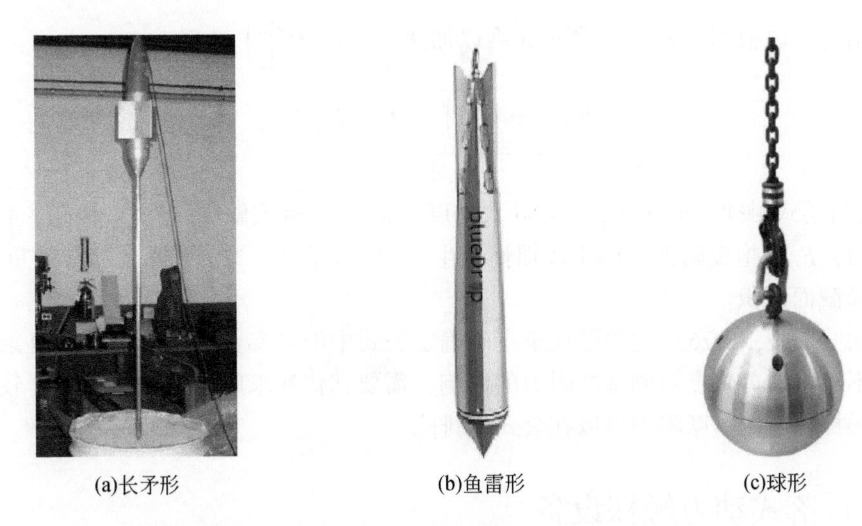

(a)长矛形　(b)鱼雷形　(c)球形

图3.19　自由落体动力触探探头（荣琦等，2020）

最终制动四个阶段，这一过程反应在典型的归一化加速度-归一化时间曲线中如图3.20所示。

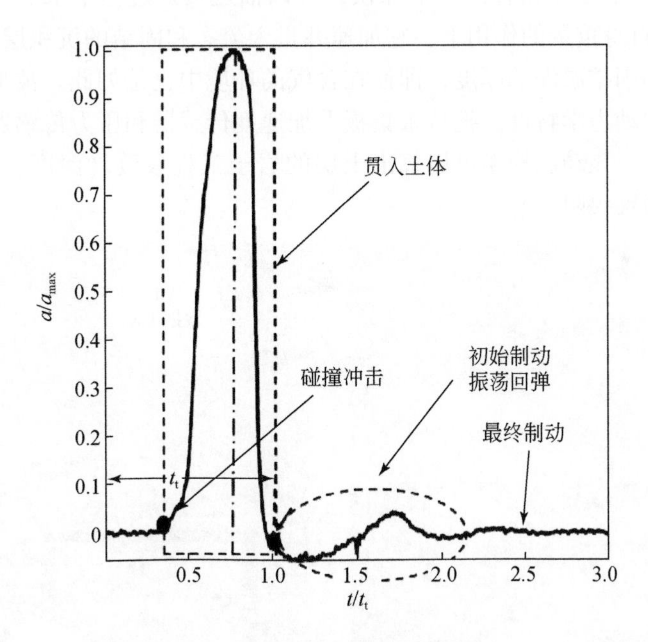

图3.20　典型的归一化加速度-时间曲线（Mulukutla et al.，2011）

自落式动力触探试验的最终目的是评价土体的不排水抗剪强度，该指标可以由传统静力CPT方法的锥尖阻力进行评价，但要考虑高速贯入时所导致的高应变率的影响。理想情况下，自落式动力触探仪可以直接测量锥尖阻力，对于不包括锥尖测压元件的触探仪，锥尖阻力的评估涉及多个步骤和不确定性。

锥尖阻力可以根据贯入仪的质量 m 乘以加速度 $a = v/\left(\frac{\mathrm{d}v}{\mathrm{d}z}\right)$ 获得。

$$q_{\mathrm{t}} = \frac{W_{\mathrm{b}} - mv\left(\frac{\mathrm{d}v}{\mathrm{d}z}\right) - Q_{\mathrm{s}} - F_{\mathrm{D}} - F_{\mathrm{b}}}{A_{\mathrm{tip}}} \tag{3.8}$$

式中，v 为自落式触探仪的速度；z 为贯入深度；W_{b} 为自落式触探仪在水中的浮重；Q_{s} 为侧壁摩阻力；F_{D} 为拖曳阻力（因土体惯性产生）；F_{b} 为浮力，等于排开土的有效重量；A_{tip} 为锥尖的横截面面积。

该方法（True，1976）的关键在于正确确定公式中的各参数的值。另一个复杂的问题是，由于不排水抗剪强度对侧壁摩阻力的影响，需要迭代法求解锥尖阻力，对于较长尺寸的自落式触探仪，侧壁摩阻力可以在公式中排除。

3.2.2 自落式动力触探设备

3.2.2.1 GraviProbe 自落式贯入仪

GraviProbe 是一款自由落体式的触探仪，可以描述贯入过程中水下沉积层的特征，如图 3.21 所示。在自身重量的作用下，它加速并贯入流态和固结的沉积层。GraviProbe 能够精确地测量浮泥和固结淤泥的厚度，即使在含气的环境中也是如此。被贯入沉积层的土体强度决定了探头的动力学特性。把从采集板上加速度传感器和压力传感器测得的数据输入到一个动态模型中，该动态模型可以算出土层的岩土工程参数（深度、动/静态不排水抗剪强度以及动态的锥尖阻力）。

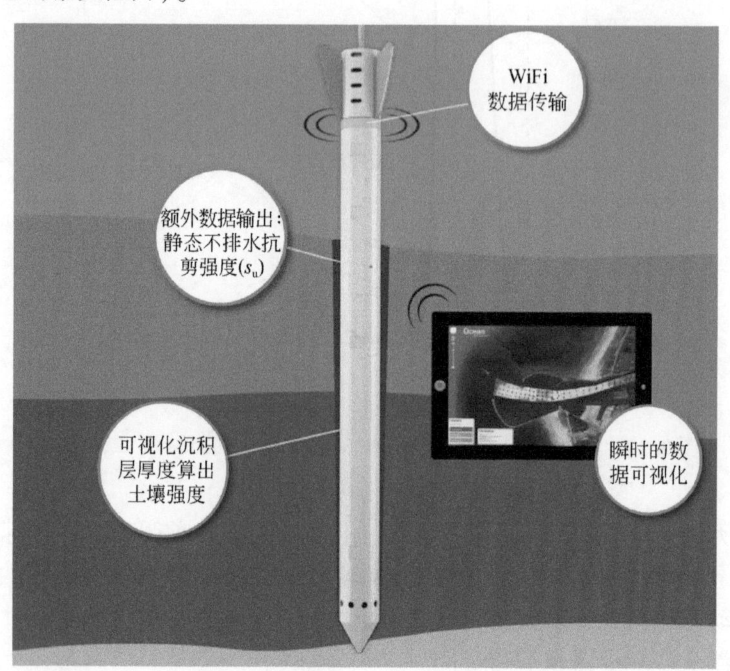

图 3.21 GraviProbe 自落式贯入仪（图片来自欧美大地公司）

该设备具有以下特点：一套仪器就能测得多个参数；轻便、紧凑、坚固；可实现快速、连续和自动测量；仪器细长、贯入深度大、对土层扰动少；对气体或扰动介质不敏感；可同时测量厚度、动态锥尖阻力以及动/静态不排水抗剪强度；采样频率高(5120Hz)；WiFi 无线通信；电池使用时间长（锂电池，可使用 10 ~ 12 小时）。

3.2.2.2　深海重力式探头

深海重力式探头主要用于深水岩土剖面测量（图 3.22），可获取锥尖阻力、抗剪强度参数，具有以下特点：配重可达 2000kg；最大工作水深为 5500m；测量分辨率为 250Pa；测量速度快，一天可以采集超过 100 个测量点；与传统的海床 CPT 可相互补充；贯入深度可达到 4m。

图 3.22　深海重力式探头
（荣琦，2021）

图 3.23　DensX 设备
（图片来自比利时 DotOcean 公司）

3.2.2.3　DensX 设备

DensX 设备是一款原位高精度淤泥密度测量设备（图 3.23）。其测量的淤泥密度范围为 1.0 ~ 1.5t/m³，精确度为 0.25%。该技术基于 X 射线，是一种直接测量方法。该设备的采样频率为 10Hz，支持快速显示密度剖面图。该设备重达 70kg，能够深入到软的沉积层中。DensX 被应用于港口和航道，以探测淤泥层的特性，判断是否满足基于密度的可通航水底标准，并准备和评估疏浚工程。它具备精确的密度测量能力，可实时显示密度剖面、深度、倾角、绞车速度和钢缆张力。

3.2.3 发展趋势

自落式动力触探仪可以较准确地获取海底浅层土体的原位特性参数和土体扰动后的参数，可以有效缩短勘察时间、降低勘察成本，适用于海洋岩土工程勘察的早期阶段。相比于传统海洋岩土勘察技术，自落式动力触探技术具有独特优势，但是其发展目前还处于初期阶段，现阶段各类自落式动力触探设备的形状外观存在较大差异，没有形成统一标准，成为技术交流与应用推广的障碍；基于自落式动力触探参数的海洋岩土体物理力学特性解译方法缺乏系统研究，未形成广泛认可的评价体系；其获得的数据质量受海洋地理环境的影响较大，如何提高其针对不同场地的适应能力，是其发展与推广应用的关键问题。

智能化、集成化、精细化将是自落式动力触探设备未来发展的主要方向，其未来将集成更多类型的精密传感器，配合相应的智能分析软件，运用大数据、人工智能等技术，不仅可自动获取加速度、锥尖阻力、侧壁摩阻力等相关参数，还可自主化、智能化实现如矿物成分分析、磁场探测、表层雷达探测等多项科学试验研究，数据的可靠性将得到进一步保证，数据解译的结果将更加准确。

3.3 声学测试技术

海底沉积声学是研究海底沉积物声速、剪切波速、声衰减等声学特性，并用海底沉积声学方法研究海底地质构造、地质灾害、地质属性等地学特性的一门学科（Jackson and Richardson，2007）。海底沉积声学是伴随着海港建设、海上石油平台建设、水下输油管线与通信电缆布设等海洋工程活动的大规模开展而迅速发展起来的一门应用学科，与水声学、地球物理学、地质学等多个学科密切相关，具有显著学科交叉特色。这门学科主要研究海底沉积物声学特性、沉积物声学参数与沉积相和物理力学参数之间的关系、海底沉积物声传播的影响因素、地声模型、不同结构的海底沉积物的声反射与散射特性等声学理论，以及利用声传播数据反演海底沉积地质特征、海底沉积物特性的声遥测、海底沉积物的声学分类等方法（Marchetti，1980）。海底沉积声学，基于声波在海水与沉积物中易于传播与独特的反射与散射特性，为海底工程环境的探测与研究提供了强有力的技术手段。

3.3.1 工作原理

声波在海底沉积物中的传播速度在粒径小而孔隙率大的稀薄沉积物中低于在海水中的速度，在较密实沉积物中随粒径增大及孔隙率减小而增加且大于海水中的速度，在高密实的沉积层中声波以横纵双波形式传播。

海底沉积物中声速的衰减，主要与沉积物的黏滞性和摩擦性相关，与沉积物的粒径和孔隙率也有关系。在海底沉积物类别中，细砂、砂质粉砂和粉砂质砂的声衰减最大。在同一沉积物中，声衰减随声波频率增加，在某段频率范围内呈线性关系。

海底的声反射和散射，主要和沉积物的分层结构有关，也与海底表面的粗糙程度有关。海底表层中的声速低于上覆海水中的声速时被称为低声速海底，存在着一个全透射角，致使声波在此角度入射并被吞没；反之称为高声速海底，则存在一个全反射角，致使该领域的声波均被反射，高声速海底的反射大于低声速海域。

目前，用来描述海底沉积物声学行为特征的理论主要为流体理论、弹性理论、多孔弹性理论三大类，其他理论在严格意义上不能单一划分为此三类理论中一种，而是此三类理论中某两类中元素特征的不同程度的兼容理论，如 Bukingham 理论含有流体和弹性固体的双重元素（Jackson and Richardson，2007）。流体理论假定海底沉积物中声波引起的应力可以用压力场和相应的波动方程充分描述，在声波方程中所假定不同的能力耗散机制描述不同的海底沉积物。弹性理论是地球物理学中广泛采用的一种海底声波传播理论，考虑了压缩波（P 波）与剪切波（S 波）的传播，同时考虑了沉积物介质的压缩与剪切特性。多孔弹性理论（Biot 理论）考虑了海底沉积物固-液两相组成，将海底沉积物视为由具有一定剪切强度的颗粒多孔骨架组成，孔隙空间被海水饱和。与弹性理论相比，孔隙流体与固体骨架的相对运动提供了额外的自由度，这种额外自由度将纵波分裂成“快”“慢”两种波（Ogushwitz，1985）。

流体理论需要三个参数描述介质性质，弹性理论需要五个参数表征各向同性介质。与前两者相比，多孔弹性理论需要定义更多的物理描述参数，而流体和弹性理论模型局限性在于无法解释试验测量中声波传播过程中的频散效应，如 Hamilton 模型（Hamilton，1979）与 Gassmann 模型（Gassmann，1951）。Stoll 基于 Biot 多孔弹性介质理论（Biot，1956）引入骨架损耗建立了 Biot-Stoll 模型，从物理上解决了声速和声衰减随频率的变化，与海底沉积声学的实验测试结果吻合较好，但与实验测量的宽频声速和声衰减存在差异。Chotiros 等基于海底沉积物未胶结颗粒间的物理特性，对 Biot-Stoll 模型进行了扩展，提出了附加颗粒间喷射及剪切流的 Biot 模型（Chotiros and Isakson，2004）。在应用以上三种理论模型进行海底声预测时，模型需要确定的参数较多限制了模型的实际应用的有效性，因此，与理论模型同时发展起来的还有一类基于大量实验数据建立的海底沉积声学经验模型。因其模型参数的实测性和简易性，得到了更广泛的应用和发展。

3.3.2　海底沉积声学测试方法

3.3.2.1　现场调查方法

海底声反射和散射的现场调查在国际上始于20世纪90年代，一方面开展海底沉积物声反射与散射特性与机制的研究，另一方面通过对海底沉积物反射系数与散射系数等参数的获取对海底沉积物的声属性进行反演。

由美国海军研究办公室联合华盛顿大学、Scripps 海洋研究所、英国南安普敦大学、意大利 NA-TOSACLANT、海底科学研究中心等科研机构在佛罗里达州沃尔顿堡海滩开展了海底沉积声学的调查研究。现场调查采用的是收发合置的高频声波换能器，将其安装在一个塔架上，由潜水员放置在选定的某一海底区域，该装置可实现塔架周围高频声波的海底反向散射系数测量。对于低频声散射特性的测量最为突出的是 Ohta 等采用收发分置声源和接收装置进行的现场调查（Ohta et al.，2005）。其接收装置为由八个间距为6m的水听器组成的垂直接收阵，此接收阵由锚系固定于海底，顶端安装浮球以保持水听器阵竖直；接收阵两端分别安装有倾斜传感器监测倾角；接收阵采用光纤电缆与测量船相连实时采集声波散射信号。在国内由中国科学院声学研究所等国内相关单位参加的中国东海和南海的海底沉积声学现场调查，采用的是收发分置的声源和接收线阵（彭朝晖等，2004）。该装置的声源和接收阵列均采用锚系潜标投放到海底。目前国家海洋局第一海洋研究所在国家自然科学基金委重点资助项目下已着手研制海底宽频声散射测量装置。

3.3.2.2　原位测试方法

海底沉积物声学性质原位测量技术最早应用于20世纪50年代，测试系统工作时下放至海底，换能器通过重力或液压方式贯入海底沉积物一定深度，对沉积物进行声速、声衰减及其他物理性质参数的测量。目前海底沉积物声学原位测量系统的最大贯入深度范围在10m左右。海底沉积物声学性质的原位测试技术与现场采样后开展实验室测量相比，测量精度高，不确定性影响因素小，能够获取更真实的海底沉积物声学性质参数。

3.3.2.3　实验室测试方法

海底沉积物样品采集后，对其声学性质等参数开展实验室测量是研究海底沉积物声学特性的最基本、最简单、最普遍的一种测试方法。由于测试环境与条件的可控，实验室测量成为海底沉积物声学特性研究的首选，但也在一定程度上存在弊端，如样品脱离原位环境运输至实验室发生的变化未知、样品尺寸效应的影响等。目前已有学者开展对实验室测量与现场原位测量的声学参数校正研究（李官保等，2013）。

沉积物压缩波与衰减的测量多采用脉冲法进行。发射换能器发射声波被沉积物另一端接收换能器接收，得到声波传播时间，结合样品测量长度，计算得到压缩波速度（阚光明等，2013）；压缩波衰减多采用同轴差距衰减测量法进行，对长短不同长度的两个相同样品分别进行声波信号最大幅值的测量，依据相应计算公式计算得到压缩波衰减系数（阚光明等，2014）。沉积物剪切波速的测量方法有弯曲元、脉冲方法、共振柱、压电陶瓷等，其中弯曲元是目前实验室普遍采用的一种测试方法。剪切波测试过程中，弯曲元一端通过电流控制产生弯曲运动，沉积物样品被迫做水平运动，并以波的形式传播到达另一端，此端弯曲元产生弯曲变形，并将功能转为电能，电信号被接收放大。示波器记录激发和接收两种信号后，基于样品长度与声波传播时间对剪切波速进行计算（Shirley and Hampton，1978）。

3.3.3　声学测试设备

目前国际上研发的声学原位测试系统主要有美国夏威夷大学研制的声学长矛（Acoustic Lance）、美国海军研制的海底沉积物声学测量系统、美国新罕布什尔大学海岸海洋测绘中心研制的海底沉积物原位声学性质测量探杆、英国南安普敦海洋中心和英国Geoteck公司共同研制的海底沉积物声学性质与物理性质同步测量装置、美国华盛顿大学应用物理学实验室设计的沉积物声速测量系统与第一代沉积物透射测量系统。国内在原位测量系统研发方面始于近十几年，起步较晚，从21世纪开始，在国家863计划的支持下，国内多家涉海单位和研究机构开始着手海底底质声学原位测量技术的研究。

国家海洋局第二海洋研究所对海底沉积物声学原位测试技术进行了研究，仿制声学长矛并进行改进，研制出多频海底声学原位测试系统（图3.24）。该系统沿着重力管等距离分布有八个声学水听器，依靠自重插入沉积物中，可测量4～8m深度浅表层沉积物的纵波声速和声衰减系数，探测频率为8～120kHz，可根据实际情况选择发射波形、接收增益和采样长度，采样率为500kHz～2MHz，工作水深为300m。该系统具有倾斜传感器、8通道扩充等功能，发射角度和偏移距可调。

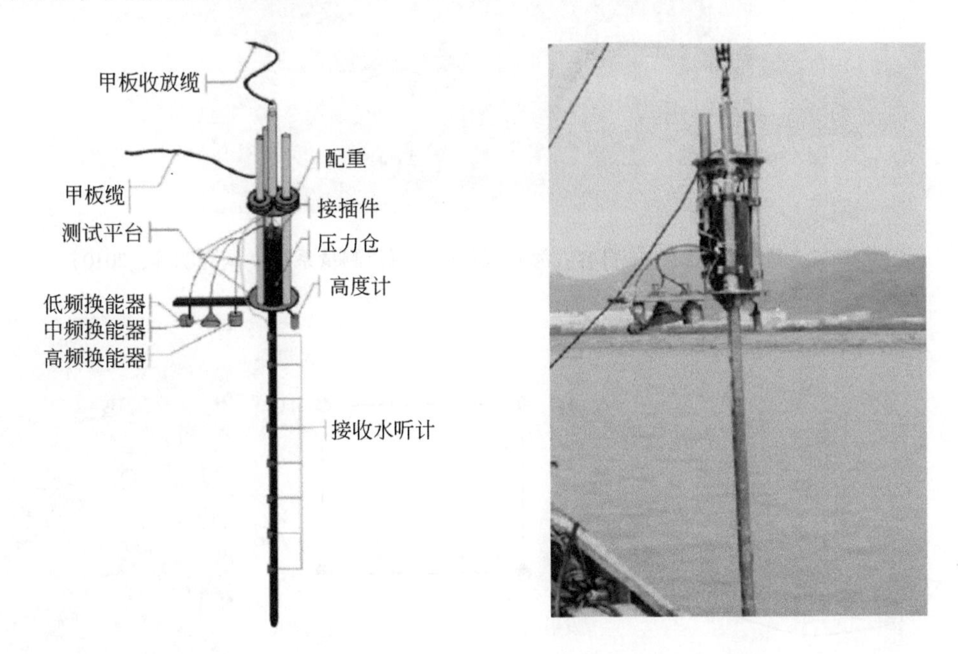

图3.24　多频海底声学原位测试系统（陶春辉等，2006）

国家海洋局第一海洋研究所的研究人员在国家863计划等支持下，研制出基于液压贯入的自容式海底沉积声学原位测量系统（图3.25）和便携式海底沉积声学原位测量系统（图3.26）。这两种系统均需要预设测量参数，然后放置到海底后全自动工作。测量过程中不需要甲板实时控制，控制存储和声波发射采集模块会在设备触底稳定后才开启进行工作，采集的声波数据自容式存在存储单元，测量工作结束后主功能模块自动关闭，然后将海底仪器回收至船舶甲板。基于液压贯入的自容式海底沉积声学原位测量系统可测量海底沉积物声速和声衰减系数，通过液压驱动装置将四根声学探针插入沉积物中，工作水深500m，测量沉积物的深度为1m，测量频率为30kHz。便携式测量系统依靠自重插入海底沉积物中，测量沉积物深度为0.5m，测量主频为25kHz。两种系统分别在南黄海中部和南海北部进行了测量试验研究。

图 3.25　基于液压贯入的自容式海底沉积声学原位测量系统（阚光明等，2010）

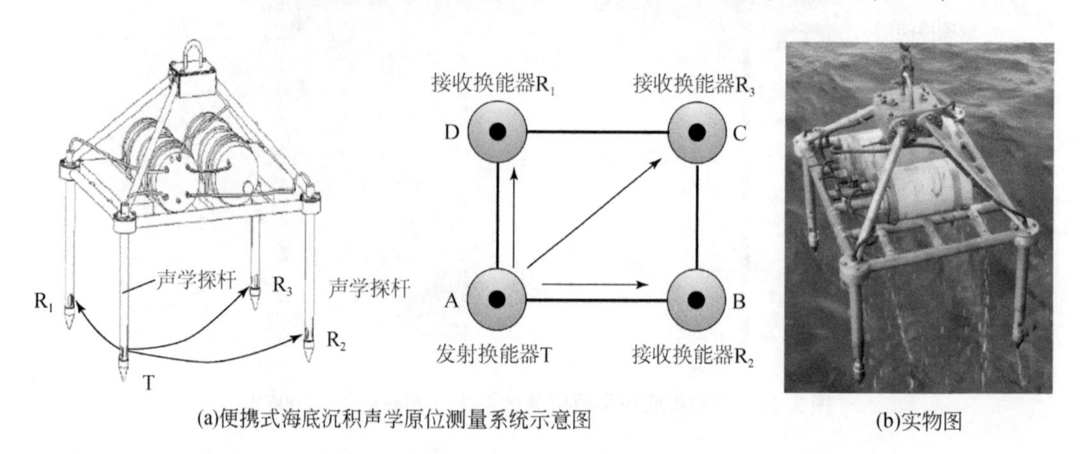

(a)便携式海底沉积声学原位测量系统示意图　(b)实物图

图 3.26　便携式海底沉积声学原位测量系统（阚光明等，2012）

中国科学院海洋研究所研制了一种新型海底沉积物声学原位测量系统（图 3.27），首次实现了拖行式连续测量。

海底沉积物声学理论与技术在海洋工程地质研究的发展历程中扮演了非常重要的角色，做出了重要的贡献。在海底沉积物特性参数反演方面，通过海底沉积物声速等海底沉积物沉积声学的现场测试与数据分析能够快速大规模获取海底沉积物物理力学等工程地质特性；在海底工程地质条件区分方面，基于海底声学参数反演、统计特征分类、图像纹理特征分类方法，能够很好地对海底工程地质环境特征进行应用分类；在海洋地质灾害调查方面，单/多波束测深仪、侧扫声呐和浅地层剖面仪等声学调查仪器是大规模探测海底地形地貌的重要地球物理探测手段；在海洋地质灾害监测方面，海底沉积声学方法在海底滑坡监测与侵蚀淤积过程监测方面也逐渐作为一项新兴手段快速发展起来（郑杰文等，2014）。

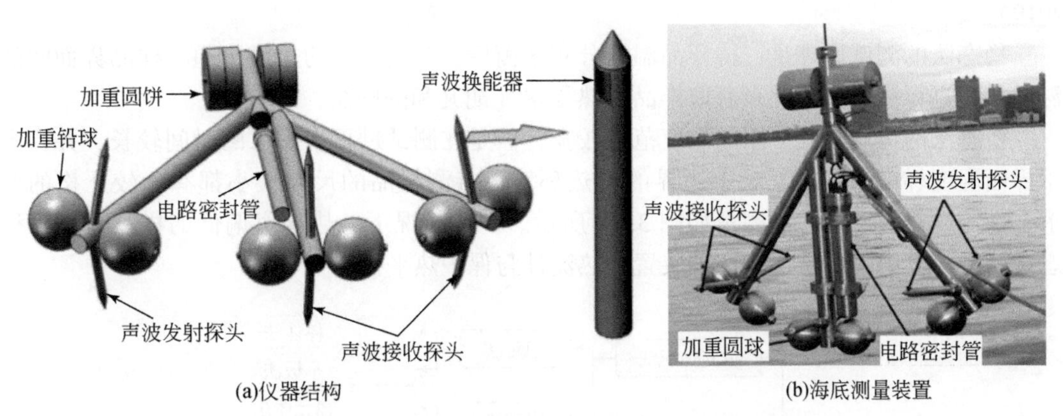

(a)仪器结构　(b)海底测量装置

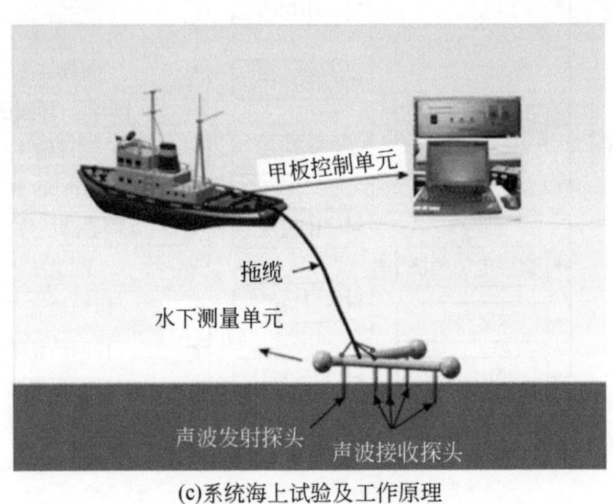

(c)系统海上试验及工作原理

图3.27　新型海底沉积物声学原位测量系统（侯正瑜等，2015）

3.4　海洋地热探测

地球内部蕴含有大量的热量，海底岩浆活动、海底火山、海底地震、海山形成等均与深部热活动密切相关。海洋地热探测对于研究地球内部热传输、大洋岩石圈演化、大陆边缘形成、板块俯冲过程以及热点岩浆作用等问题有重要意义，同时对于天然气水合物和海底热液矿物等新型资源的形成也具有重要的指示意义（汪集旸，2015）。

3.4.1　工作原理

热导率可以表示岩土体内部的热传递性能，国内外许多学者，都对岩土体的热导率测定开展了大量理论、实践研究。通过多年的研究，逐步巩固评价岩土体热导率的根基水准，并在各类室内测试方法上进行优化改善，集成多条岩土体热导率测试途径。按测试原理，热导率的测试方法可分为稳态测量法和非稳态测量法（又称瞬态测量法）（张涛等，

2019）。

稳态法的测试原理是：待样品温度分布平衡后，对其内部的热量传递、样品界面间的温度梯度进行测量，以此来获取样品的热导率（胡芃和陈则韶，2009）。

稳态法的优点是其使用的温度范围较宽，但是在测试过程中需求的时间较长，并且由于界面温度梯度的测量，对于边界的绝热环境、待测样品的尺寸大小都有比较严格的要求。常用的热导率稳态法测量如图 3. 28 所示。一般情况下，热导率偏低的样品适用于稳态法测量。其中，最常用的两种装置是热流计与保护热平板。

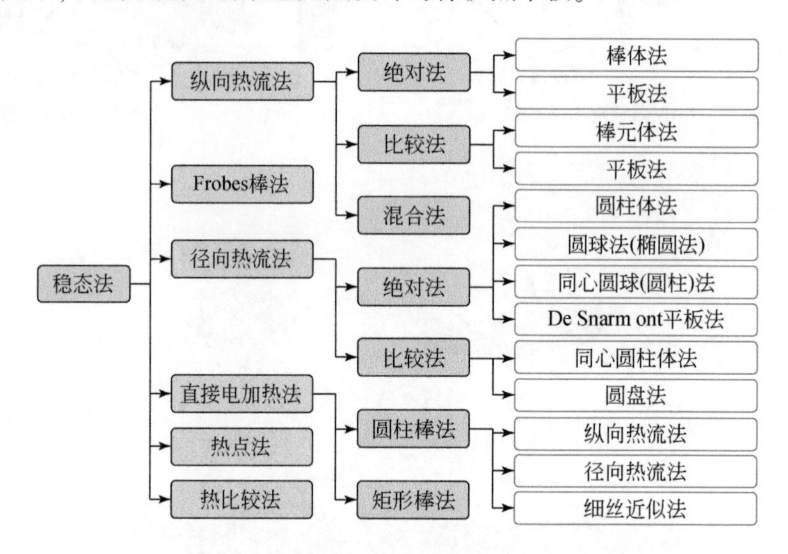

图 3. 28　热导率测量中常用的稳态法

非稳态测量法对不同类型材料的热导率测定都有一定支撑作用。非稳态法的测试原理是对热平衡状态下的测试对象施加热脉冲，并同步取值其对热干扰产生的效果，接下来参照曲线对测量对象的热导率进行表征。在非稳态法环境中，测量样品的温度随时间变化，通过温度的相对变化来推算热导率，参考原理公式是非稳态导热方程。

相较于稳态法，非稳态法的测量速度快，精确度高，并且非稳态法对样品的尺寸及外在温度绝热等都没有过高的要求，因此当前各类样品材料常用非稳态法测定热导率，其中常用的方法如图 3. 29 所示。

针对稳态法与非稳态法中常用的技术方法，将其优缺点总结如表 3. 2 所示。

原位环境下的海底热流值则主要通过以下两种方法获得，一是通过大洋钻探的钻孔或石油钻井测温数据和测温井段内岩心热导率获得，二是使用热流探针测量海底沉积物的热流。通过大洋钻探的钻孔或石油钻井进行热流测量虽然受地表浅层作用的影响小、可靠性较高，但受作业条件的限制较严重，而且费用高、工作效率低，因此应用不太普遍。相对而言，热流探针测量具有成本低、操作简单、效率较高等优点，而且随着技术的逐渐完善，精度也有了很大的提高，因此在海洋热流探测中得到越来越广泛的应用。

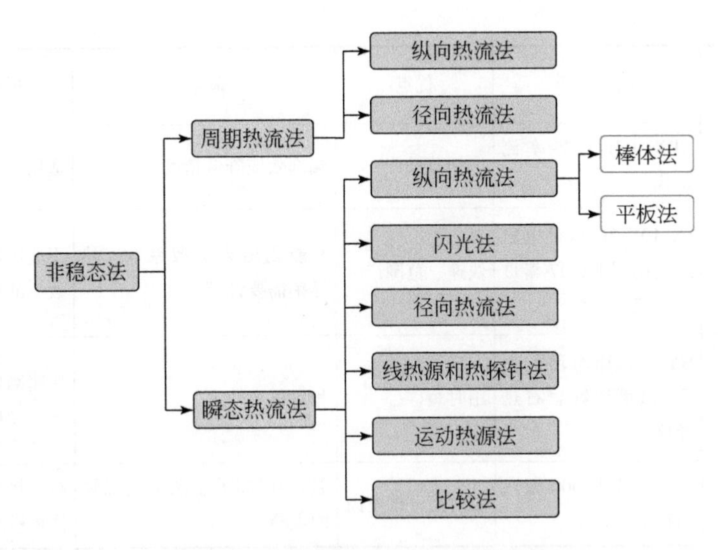

图 3.29 热导率测量中常用的非稳定法

表 3.2 常用热导率方法及仪器（程超等，2017）

分类	测试方法	代表仪器	优点	缺点	适用性	误差范围
稳态法	纵向热流法	DRX-I-JH 直流通电纵向热流法导热仪	使用广泛	接触热阻热量损失可能导致误差较大	适用于中低热导率材料	5%
	径向热流法	地热-I 稳定平板式岩石导热仪		热线电阻随温度升高变化；温度对热导率系数变化影响难以确定		4%
	保护热板法	GHP456 双试件平板法导热仪	测量精度高	测试用时长		<2%
	分棒法	地热-II 稳定分棒式热导仪		耗时，要求岩心规则，不能同时确定热导率和热扩散率	不适合裂缝性或胶结差的岩石	<2%
非稳态法	差示扫描量热法	Du Pont9900 差示扫描量热仪	自动化程度高，分析速度快	样品用量少，均匀性差的样品代表性风险高	烘干后的粉末状样品	<5%
	光学扫描	Bukhardt H 等开发的一种光学装置	无接触、无损坏、精度高	扫描深度浅	岩样要求低	1.5%
	瞬态平面热源技术	TPS2500S 导热仪；LFA-447 导热仪	用时短，测量范围广，不受接触热阻影响	要求样品表面平整，因表面接触不良降低精度	适用各种材料	<5%
	热线法	TC Probetm 热导仪	测量液体效果好	温度影响难以确定，难以保持固体样品的良好接触	适用于液体材料	4%～5%

续表

分类	测试方法	代表仪器	优点	缺点	适用性	误差范围
非稳态法	热丝法	DRX-Ⅰ/Ⅱ 热导率测定仪	应用范围广	端部效应降低精度	适用各种材料	<2%
	激光脉冲法	SX-10-12G 像是电阻炉及德国 FA427 籍贯导热仪	快速、范围广	只能测出热扩散系数，热导率需要计算	不适用热扩散系数小的材料	2%
	热探针法	HY-1 非稳态环形热源-微型探针岩石热导仪	用时短	相对误差较大	快速测量松散粉末、颗粒材料等	2% ~ 3%
	闪光法	FLASHLINE5000 激光热扩散系数仪	用时短，精度高	温升-时间关系图上出现脉冲尖峰	高导热材料与小体积样品	2%

与陆地不同的是，深海海底的表层温度变化不明显，因此只需测量海底以下数米范围内的温度梯度，热流探针的长度为数米，呈中空的管状，内部顺着延伸方向排列着一系列热敏元件。

在作业时，热流探针通过钢缆从船上放入水中，在距海底一定距离处进行自由落体，探针在重力作用下垂直或者近于垂直地插入沉积物中，经过一定时间后，温度达到稳定状态，通过热敏元件记录下所处深度上的沉积物的温度，计算两个热敏元件的温度差与深度差的比值可以得到在该点处的地温梯度（图 3. 30）。

图 3. 30　“嘉庚”号科考船海底热流探针作业（图片来自厦门大学嘉庚号网站）

3.4.2　地热流探测设备

Bullard 型热流计（图3.31）是最早出现的海底热流测量仪器，并于1950年在太平洋进行了首次海底地热探测。Bullard 型热流计最初只能完成地温梯度的测量，后来经过改进，出现了一系列改进的 Bullard 型热流计，功能更加丰富，可以在测量地温梯度的同时，获取沉积物样品来测量热导率，Bullard 型热流计的结构设计为后来热流计的发展奠定了基础，此后出现的热流计多数都采用这种探针式结构。

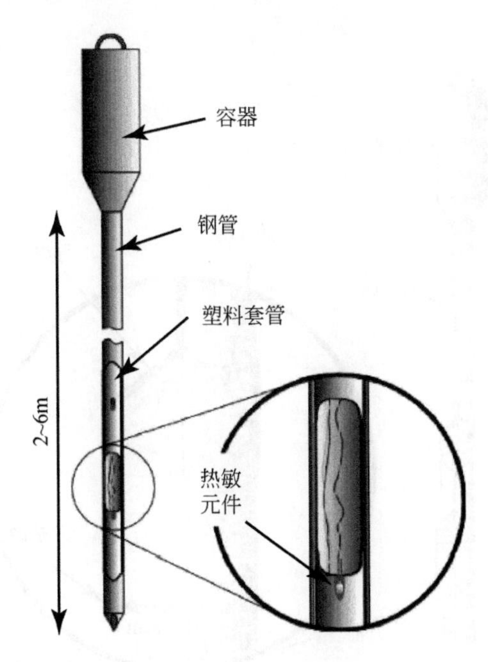

图3.31　Bullard 型热流探针结构示意图（李官保等，2005）

Bullard 型热流计在结构上主要包括探针和记录系统两部分。探针外形为细长的管状，内部排列着固定间距的热敏元件。最早的探针长约5m，内、外径分别为11.2mm、27mm，热敏元件只有两个，分别位于探针的两端，后来随着技术的发展，探针逐渐变短、变细、变薄，热敏元件的数量也有增加。日本东京大学设计的 Bullard 型热流计的探针长度最短只有1.5m，内、外径分别为15mm、25mm；1954年以后“Discovery”号在大西洋的热流调查中使用的热流计探针的上、下两端以及中间部位各有一个热敏元件。更短的探针使得操作更方便，细而薄的探针体能够使热敏元件对探针周围沉积物温度变化的感应更灵敏。在探针中部增设一个热敏元件则是为了在探针不能充分插入沉积物时，也可以得到测量结果；而在探针充分插入时，三个热敏元件感应的温度可以在计算地温梯度时互相验证（Bullard，1954）。

1957年由 Ewing Gerard 和 Lang seth 设计完成了首个 Ewing 型热流计，并于1959年在西大西洋成功进行了热流测量。Ewing 型热流计与 Bullard 型热流计之间最明显的区别是普遍采用了取样器，既作为插入动力装置又可以获取沉积物样品，并用数个细小的针式探针取代了 Bullard 型管状探针，探针通过外伸支架固定在取样器上（图 3.32）。Ewing 型热流探针是一个不锈钢细管，外径只有几毫米，内部安装一个热敏电阻。探针直径的减小大大缩短了插底后达到温度平衡所需的时间，实际测量证明，因摩擦造成的温度扰动经 1min 左右就可以基本消除。取样器长度可达 10m 以上，可以允许多个（通常为 3 ~ 5 个）探针固定在上面，同时使地温梯度的测量深度增加。探针呈螺旋状排列，可以减小插底时的阻力；探针距离取样器的外壁 8cm 以上，以保证取样器在插底时的摩擦热扰动对探针的影响最小。由于当时热导率测量的效率极低，Ewing 型热流计仍然不能对热导率和地温梯度进行同时测量。

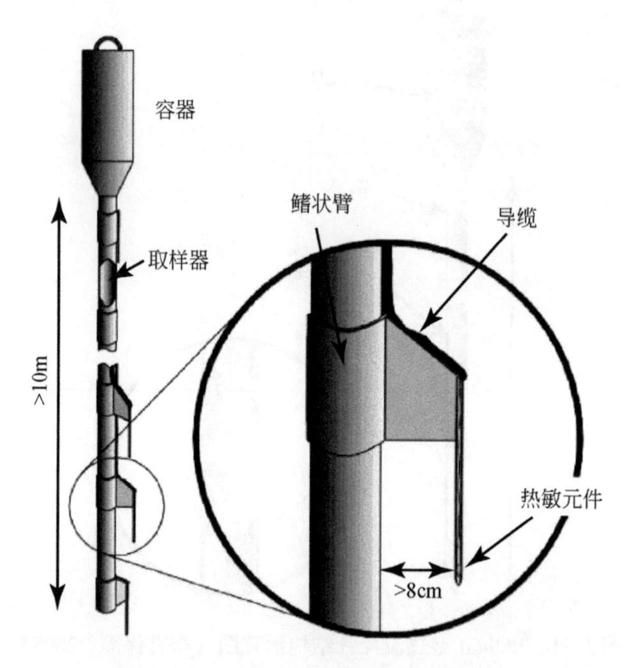

图 3.32　Ewing 型热流探针结构示意图（李官保等，2005）

为缩短热导率测量时间以进行热导率与地温梯度的同步测量，基于原位测量的 Lister 型热流计应运而生。Lister 型热流计的探针呈细长的管状，外径不超过 1cm，固定在一个直径 5 ~ 10cm 的强力支架上（图 3.33），因其形状像小提琴的琴弓而得名。探针离开支架 5cm 以上，以保证探针不受支架插底引起的摩擦热扰动。探针内部包括一个发热线圈和两类热敏元件（点热敏元件和热敏元件组）。点热敏元件一般为 3 ~ 4 个，间距固定，每两个之间是一组串并联连接的由 9 个或者 16 个热敏元件组成的热敏元件组。点热敏元件测量的温度用于计算地温梯度。热敏元件组则测量两个点热敏元件之间的调和平均温度，用于推导沉积物的热导率。

Lister 型热流计第一次实现了海底热流的原位测量，对热流探测方法的改进是突破性的。使用脉冲探针法在海底测量热导率，比稳态方法和针式探针法测量热导率消耗的时间更短，同时也避免了海底取样的繁重作业。由于测量过程减少了对沉积物的剧烈扰动，因

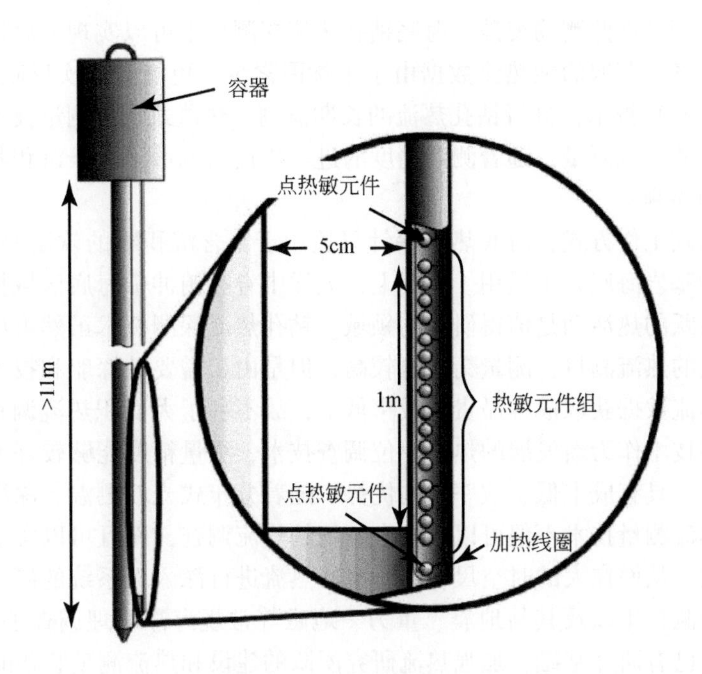

图3.33　Lister型热流探针结构示意图（李官保等，2005）

此测量结果从理论上更接近于海底的真实情况。高精度、高效率的优点加上多次插底技术、数字化存储技术的采用，使其更能够满足现代洋盆热历史、海底热液矿床等方面的研究对于海底热流探测的精度和效率的要求（Stein and Stein，1994；Lowell et al.，1995）。

目前应用于现场测试的探针类型，主流产品有美国“Hawii型”、日本东京大学研制的“东大型”、法国NKE公司研制的THP海底泥温仪和CTH探针，此外还有德国Fielax公司与不来梅大学联合研制的Lister型HF-Probe探针。国内自主研发的主流产品有台湾大学研制的Lister型地热探针、自然资源部第一海洋研究所和中国科学院等联合研发的剑鱼型探针和飞羽型梯度仪以及国家技术中心研制的Lister型地热探针与自返式探针（杨小秋等，2013）。

3.4.3　发展趋势

地热流原位测试技术应该满足科学前沿研究、资源勘查需求以及其他新的需求。这些需求对于新的地热流探测技术研究提出了不同的要求，主要包括：①提高温度测量精度使得对研究或调查区域地热流的微弱变化的研究成为可能；②能够在大的时空尺度上实现热流数据的获取；③降低地热流测量装备的成本和海上布放回收的操作难度，提高数据获取效率。

为到达以上要求，一些新的技术会逐渐应用到地热流测试系统中。例如，提高分布式光纤测温精度，并用于大面积海底热流测量；发展深海数据通信技术，实现定期甚至实时回传数据；开发深海长期供电技术，进行海底地热流数据的长时间序列获取，实现海底地热流由短期探测到长期监测的突破。海底钻孔热流探测技术可以实现海底以下数百米甚至上千米的热流测量，获取的地热流数据由于干扰因素少，更能够真实反映热的散失过程。宜进一步发展 CORK 技术，进行钻孔热流的长期监测。热毯式热流测量技术可以满足硬质海底和基岩海底的热流测量，随着测温精度的进一步提高也可以用于沉积物海底，实现多底质海底热流的探测。

由于其插入式工作方式，海底热流探针只适用于富含沉积物的软质海底的热流测量，对于硬质海底和基岩海底并不适用。实际上，大洋中脊和俯冲带海底区域拥有相当数量的基岩海底，其活跃的热活动是值得研究的领域。钻孔热流探测技术虽然可以用于硬质海底甚至是基岩海底的热流测量，测量精度也较高，但是由于需要钻探船和技术复杂的钻探和测量装备，其热流数据获取成本昂贵，效率低下，故不利于大面积热流调查的开展。热毯式热流原位探测技术作为新发展的热流原位调查技术，测量精度能够较好地满足科学研究和资源勘探需求，具有成本低、效率高的优势。随着分布式光纤测温、深海通信等技术的发展，热毯式热流测量技术不但可以用于大面积的热流调查，而且可以实现由热流探测向热流监测的突破，从而在大的时空尺度上对海底热流进行深入而系统的研究。国外强调了发展热流原位探测技术以及其与地震、重力、地磁等常规海洋物理调查手段的结合应用。我国也宜立足于已有研究基础，加强热流研究团队的建设和热流测量装备的研发。

3.5 其他原位测试技术

3.5.1 十字板剪切实验

海上原位十字板剪切试验（offshore in-situ vane shear test，简称 VST）是针对饱和黏土进行的一项现场原位不排水抗剪强度的测试试验，是海洋工程地质勘察中非常重要的原位测试方法之一。这种方法最初是由瑞典人在 1919 年提出来的，一直到 40 年代得到了巨大发展。此后，这种方法在国外的海洋工程地质勘察中得到了非常广泛的应用。而国内受技术、设备的限制等原因，在 20 世纪 50 年代才由南京水利科学院引进，至 20 世纪 60 年代在沿海诸省及多条河流的冲积平原软黏土地区得到了广泛应用。此后，我国很多陆地勘察院所在设备的改进和应用实验方面做了大量工作，该项技术的应用已经相当成熟，但由于海上风浪、潮流等因素的影响，该方法在海洋工程地质勘察中并未得到广泛应用。近年来，中国海洋石油勘探开发项目部与国外公司合作，在南海进行了几个场址的钻孔内原位十字板剪切试验，获得了宝贵的海底饱和黏土原位抗剪强度的测试资料，开辟了我国海上应用原位十字板剪切试验的历史。

海上原位十字板剪切试验是通过往海底钻孔内的土体中插入标准形状和尺寸的十字板(图 3. 34)，并施加扭矩，在土体中匀速扭转形成圆柱状破坏面，通过相关经验公式或理论模型得到不排水抗剪强度。原位十字板剪切试验所需设备主要包括不锈钢型轴杆、驱动装置、测力与记录单元和十字板（矩形、锥形）等设备，由于是海底试验，在下放试验设备之前，需要下套管进行隔离。

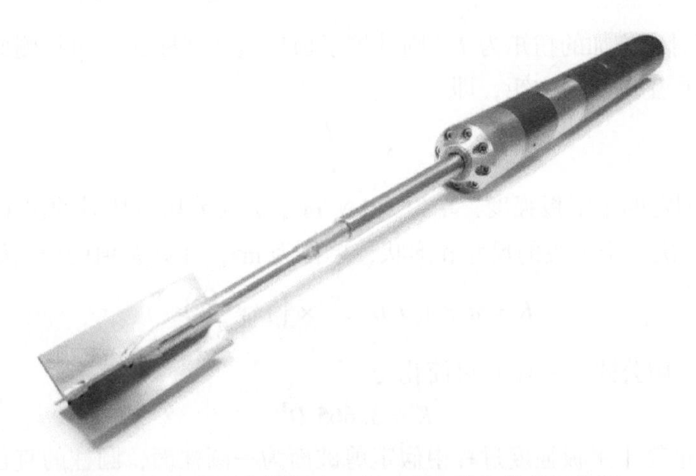

图 3.34　海底十字板探头（图片来自荷兰范登堡公司）

十字板头由两块相互垂直相交的高强度薄金属板构成（图 3.35），图中 D 为十字板的直径，L 为扭力杆的长度，一般为 10 倍的十字板直径，H 为十字板的高度，一般为 2 倍的十字板直径。十字板厚一般为 2mm，常见的有矩形十字板和锥形十字板两种，其高径比通常为 2.0～2.5。轴杆与十字板头之间通过焊接的方式连接。驱动装置是通过给轴杆施加扭矩，让轴杆带动十字板头以一定速度往同一方向旋转，测力与记录单元是通过扭力传感器将十字板头与轴杆相连接，测出十字板旋转的扭转力矩，并实时记录所测力矩值和旋转角度的关系。

使用时将十字板插入土中，通过驱动装置施加扭力于轴杆上，使十字板在土中转动，形成圆柱剪切面，如图 3.36 所示。

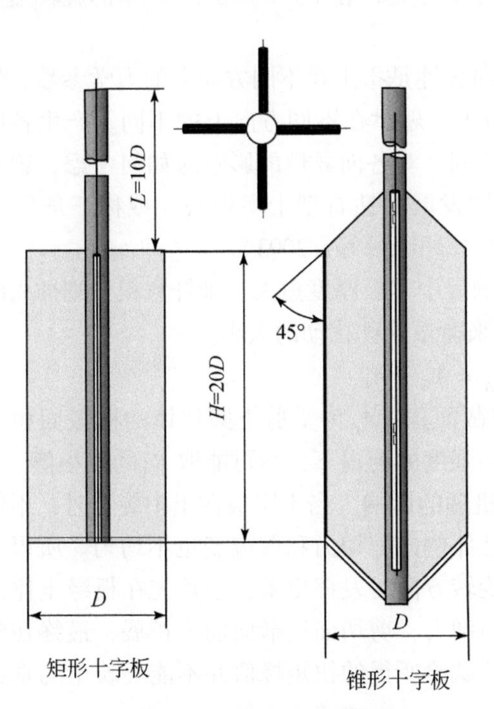

图 3.35　十字板截面和俯视图
（改自姚首龙和郑喜耀，2015）

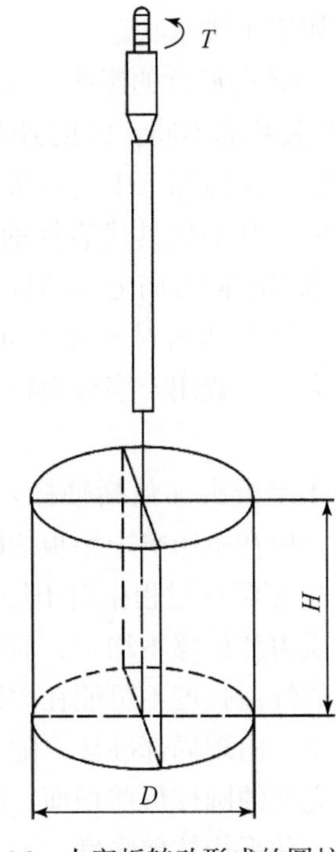

图 3.36　十字板转动形成的圆柱剪切面
（姚首龙和郑喜耀，2015）

设剪切破坏时所施加的扭矩为 T，则其等于剪切破坏圆柱面（包括侧面和上下面）上土的抗剪强度所产生的抗扭力矩，即

$$s_u = \frac{T}{K} \tag{3.9}$$

式中，s_u 为现场测定的十字板强度，单位为 kN/m^2；T 为剪切破坏时的扭矩，单位为 kN · m；K 为常数，取决于十字板的尺寸和形状，单位为 m^3，计算 K 值的公式如下：

$$K = \pi \times (D^2H/2) \times \left(1 + \frac{D}{3H}\right) \tag{3.10}$$

若 $H/D = 2$，则公式（3.10）可简化为

$$K = 3.665\ D^3 \tag{3.11}$$

由上可知，推算十字板强度过程中假定剪破面为一圆柱面，圆柱的直径和高度等于十字板的宽度和高度；圆柱侧面和上、下底面的强度相等，且在圆柱侧面和上、下底面同时响应。

影响十字板原位测试实验的因素主要有以下五个方面（姚首龙和郑喜耀，2015）：

（1）十字板头规格的影响。十字板头的规格是指十字板的高度（H）、直径（D）、板厚及轴杆直径。这些尺寸对总扭矩值、周围土体扰动程度都有直接影响。目前，国内外已有较统一的规格。一般 H/D 为 2.0 ~ 2.5，板厚为 2 ~ 3mm。此外，十字板及轴杆都采用高强度钢，以保证十字板头具有足够的刚度。

（2）十字板旋转速率的影响。旋转速率对剪切试验结果影响很大。一般对于高塑性黏土，抗剪强度随剪切速率的增大而增大，而且增长得很快；对于低塑性黏土，抗剪强度值随剪切速率变化的幅度不大。目前，国内外大多采用（0.1° ~ 0.3°）/s 的旋转速率，此时黏性土基本属于不排水状态。

（3）土的各向异性的影响。土的各向异性是指土在不同方向上的力学参数、结构特性及应力-应变关系的不同，即抗剪强度和变形规律在不同方向上的不同。产生各向异性的原因在于土的成层性和土中应力状态的不同。对各向异性的影响应如何考虑，曾有不少学者进行过研究，其中最具代表性的为英国发展的钻石型十字板头（或称三角形十字板），使用时，可求出不同方向上土的抗剪强度（顾晓鲁等，2003）。

（4）十字板插入时对土层扰动的影响。十字板厚度愈大、轴杆愈粗，则插入时对土引起的扰动愈大。一般用十字板面积比 R_A 来衡量这种扰动的大小。

$$R_A = A_V + A_C \tag{3.12}$$

式中，A_V 为十字板头（包括轴杆）的横截面积；A_C 为受剪土圆柱体的横截面积。所以在实际应用中，应在不影响十字板的刚度和强度的前提下，尽可能取 R_A 的较小值。

（5）十字板测试过程中对土层破坏机理的影响。当十字板在土中旋转时，不但板头上下两端面上应力和位移不均匀，而且圆柱体侧向剪切力和剪应变也不均匀。所以，在剪切面上各点土的峰值强度不可能在向同一旋转方向时发挥出来，会首先在板缘土体薄弱位置产生应力集中，出现局部破坏。随着扭矩增大，剪切面逐渐向前方扩展，最终在整个圆柱体侧面形成完整的圆柱形剪切面。因此，试验所得的扭矩峰值并不能反映土的真正峰值强度，仅仅是一种平均抗剪强度。

上述因素的影响程度都与土类、土的塑性指数和灵敏度有密切关系。此外，由于风浪及涌浪、水流、水深、钻具自沉等影响还容易引起套管晃动和土体扰动，影响试验数据可靠性。在实际应用中，操作过程要严格遵循规范，尽量减少或降低上述提到的各种因素的影响程度。

3.5.2　扁铲侧胀试验

1980年意大利人Silvano Marchetti发明了扁铲侧胀试验方法，并被收录为美国ASTM的推荐方法和欧洲标准（Foged et al.，2003）。该试验已成为国内外工程勘查中常用的一种原位测试技术，经过40年的持续改进，自首次提出以来，经历了Seismic DMT（2008年）、Medusa DMT（2019年）两个重要发展阶段，测试功能更加多元，测试过程更加便捷，测试结果更加可靠。国内关于扁铲侧胀试验的改进研究尚不多见，主要表现为增加扁铲探头的测试功能，仍围绕传统岩土工程领域展开，且处于探索阶段，在海洋岩土工程中的改进研究和应用更为少见。总的来说，国内关于扁铲侧胀试验工程应用经验的积累尚不够丰富（个别地区，如上海，已积累了较多的地方经验），因此有必要结合各地区城市建筑、市政交通等基础设施建设，进一步加强工程应用及其经验总结（刘斌奇等，2021）。

扁铲侧胀试验设备主要由扁铲探头、钻杆、测控箱、气源组成。扁铲侧胀试验是利用静力或锤击动力将一扁平铲形测头贯入土中，达到预定深度后，利用气压使扁铲测头上的钢膜片向外膨胀，分别测得膜片中心向外膨胀不同距离（分别为0.05mm和1.10mm这两个特定值）时的气压值，进而获得地基土参数的一种原位试验方法。该试验使用的探头为扁平形，整个贯入过程中土体受到的影响比较小，消除了土体扰动对试验结果的影响，能够很准确地测试出试验土体的基本特征（图3.37）。

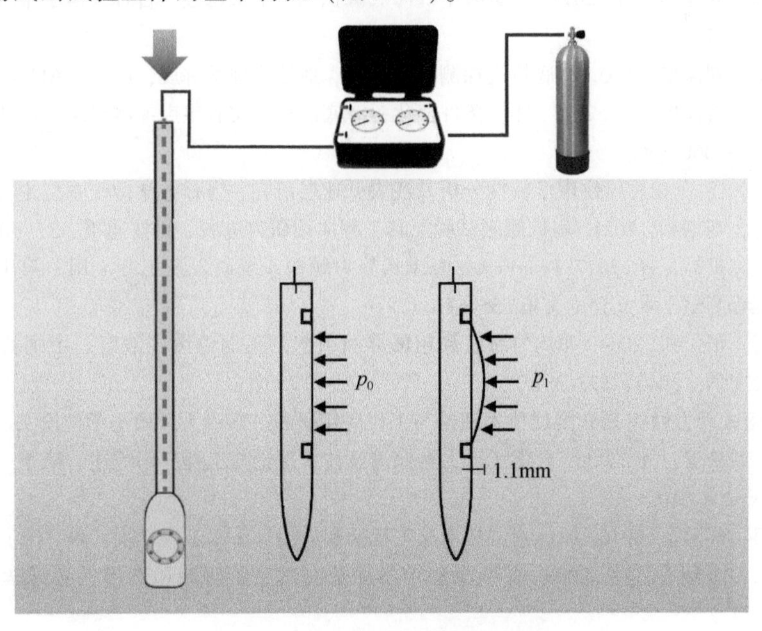

图3.37　传统扁铲侧胀试验示意图

扁铲侧胀试验适用于一般黏性土、粉土、中密以下砂土等，不适用于含碎石的土。它简单、快速、能重复使用。可用于土层划分和不排水剪切强度、应力历史、静止土压力系数、压缩模量、固结系数等参数的原位测定。

参考文献

陈奇，张志刚，杨楠，等 . 2016. 海洋数字式多功能静力触探探头的开发与应用 . 工程勘察，44（06）：18-23.

程超，于文刚，贾婉婷，等 . 2017. 岩石热物理性质的研究进展及发展趋势 . 地球科学进展，32（10）：1072-1083.

崔新壮，丁桦 . 2004. 静力触探锥头阻力的近似理论与实验研究进展 . 力学进展，（02）：251-262.

顾晓鲁 . 2003. 地基与基础 . 北京：中国建筑工业出版社 .

顾晓鲁，钱鸿绪，刘惠珊，等 . 2003. 地基与基础 . 北京：中国建筑工业出版社 .

郭常升，窦玉坛，谷明峰 . 2007. 海底底质声学性质原位测量技术研究 . 海洋科学，（08）：6-10.

侯正瑜，郭常升，王景强，等 . 2015. 一种新型海底沉积物声学原位测量系统的研制及应用 . 地球物理学报，58（06）：1976-1984.

胡芃，陈则韶 . 2009. 量热技术和热物性测定 . 合肥：中国科学技术大学出版社 .

季福东，贾永刚，刘晓磊，等 . 2016. 新型海上静力触探设备的研制与应用 . 海岸工程，35（02）：1-9.

阚光明，刘保华，韩国忠，等 . 2010. 原位测量技术在黄海沉积声学调查中的应用 . 海洋学报（中文版），32（03）：88-94.

阚光明，邹大鹏，刘保华，等 . 2012. 便携式海底沉积声学原位测量系统研制及应用 . 热带海洋学报，31（04）：135-139.

阚光明，苏元峰，李官保，等 . 2013. 南黄海中部海底沉积物原位声速与物理性质相关关系 . 海洋学报（中文版），35（03）：166-171.

阚光明，苏远峰，刘保华，等 . 2014. 南黄海中部海底沉积物声阻抗特性 . 吉林大学学报（地球科学版），44（01）：386-395.

李官保，裴彦良，刘保华 . 2005. 海底热流探测技术综述 . 地球物理学进展，（03）：611-619.

李官保，阚光明，孟祥梅，等 . 2013. 环境条件变化对海底沉积物实验室声速测量结果的影响 . 海洋科学进展，31（03）：360-366.

李红星 . 2008. 杭州湾沉积物原位声学特性分析及浅表低速层研究 . 吉林大学博士学位论文 .

刘斌奇，陈忠清，刘培成，2021. 扁铲侧胀试验及其工程应用研究进展 . 科技通报，37（08）：8-15.

刘雨，祝汉柱，陈贵标，等 . 2017. PeneVector 海床式静力触探系统研发及工程应用 . 第十五届全国工程物探与岩土工程测试学术大会论文集 . 55-61.

彭朝晖，周纪浔，张仁和 . 2004. 非均匀海底和粗糙界面引起的平面内海底散射 . 中国科学 G 辑：物理学、力学、天文学，（04）：378-391.

荣琦 . 2021. 自落式动力触探 FFP 测试技术理论与工程应用研究 . 东南大学硕士学位论文 .

荣琦，蔡国军，刘松玉，等 . 2020. 自落式动力触探测试技术理论与工程应用综述 . 第十一届全国工程地质大会论文集 . 204-210.

沈小克，蔡正银，蔡国军 . 2016. 原位测试技术与工程勘察应用 . 土木工程学报，49（02）：98-120.

陶春辉，金肖兵，金翔龙，等 . 2006. 多频海底声学原位测试系统研制和试用 . 海洋学报（中文版），（02）：46-50.

汪集旸 . 2015. 地热学及其应用 . 北京：科学出版社 .

许薇龄，焦荣昌，乐俊英，等. 1995. 东海陆架区地热研究. 地球物理学进展，(02)：32-38.

杨小秋，施小斌，张志刚，等. 2013. 海底原位热流探测技术的改进. 中国地球物理2013—第二十八专题论文集，44.

姚首龙，郑喜耀. 2015. 海上原位十字板剪切试验方法介绍. 海岸工程，34（02）：67-73.

张涛，刘松玉，张楠，等. 2019. 土体热传导性能及其热导率模型研究. 建筑材料学报，22（01）：72-80.

郑杰文，刘保华，阚光明，等. 2014. 海底沉积声学在海洋工程地质研究中的应用. 2014年全国工程地质学术大会论文集，520-527.

Biot M A. 1956. Theory of propagation of elastic waves in a fluid- saturated porous solid. II. Higher frequency range. The Journal of the Acoustical Society of America，28（2）：179-191.

Bishop A W. 1966. The strength of soils as engineering materials. Geotechnique，16（2）：91-130.

Bullard E C. 1954. The flow of heat through the floor of the Atlantic Ocean. Proceedings of the Royal Society of London. Series A. Mathematical and Physical Sciences，222（1150）：408-429.

Chotiros N P，Isakson M J. 2004. A broadband model of sandy ocean sediments：Biot-Stoll with contact squirt flow and shear drag. The Journal of the Acoustical Society of America，116（4）：2011-2022.

Clark，Tony F，Frank J Malcolm，et al. 1972. An improved Ewing heat probe frame，Marine Geophysical Researches，1：451-455.

Foged N N，Buth L，Magnan J P，et al. 2003. Geotechnical design Part 2：Ground investigation and testing：prEN 1997-2.

Gassmann F. 1951. Elastic waves through a packing of spheres. Geophysics，16（4）：673-685.

Hamilton E L. 1979. Sound velocity gradients in marine sediments. The Journal of the Acoustical Society of America，65（4）：909-922.

Hamza M，Shahien M，El-Mossallamy Y. 2009. Proceedings of the 17th International Conference on Soil Mechanics and Geotechnical Engineering：The academia and practice of geotechnical engineering. Alexandria，Egypt：IOS Press.

Horai K. 1985. Measurement of heat flow on Leg 86 of the Deep Sea Drilling Project. Proc. DSDP，Init. Repts.，86：759-777.

Hyndman R D，Davis E E，Wright J A. 1979. The measurement of marine geothermal heat flow by a multipenetration probe with digital acoustic telemetry and insitu thermal conductivity. Marine Geophysical Researches，4（2）：181-205.

Jackson D，Richardson M. 2007. High-frequency seafloor acoustics. Springer Science & Business Media.

Kan G M，Liu B H，Han G Z G，et al. 2010. Application of in-situ measurement technology to the survey of seafloor sediment acoustic properties in the Huanghai Sea，Acta Oceanologica Sinica，32：88-94.

Li C，Yu L，Kong X，et al. 2023. Estimation of undrained shear strength in rate-dependent and strain-softening surficial marine clay using ball penetrometer. Computers and Geotechnics，153：105084.

Lowell R P，Rona P A，Von Herzen R P. 1995. Seafloor hydrothermal systems. Journal of Geophy-sical Research：Solid Earth，100（B1）：327-352.

Lu Y，Duan Z，Zheng J，et al. 2020. Offshore cone penetration test and its application in full water-depth geological surveys. IOP Conference Series：Earth and Environmental Science. IOP Publishing，570（4）：042008.

Lunne T. 2012. The Fourth James K. Mitchell Lecture：The CPT in offshore soil investigations-a historic perspective. Geomechanics and Geoengineering，7（2）：75-101.

Marchetti S. 1980. In-situ tests by flat dilatometer. Journal of the geotechnical engineering division, 106 (3): 299-321.

Mayne P W. 2007. In-situ test calibrations for evaluating soil parameters. Characterization & Engineering Properties of Natural Soils. Taylor & Francis Group London, 3: 1601-1652.

Mulukutla G K, Huff L C, Melton J S, et al. 2011. Sediment identification using free fall penetrometer acceleration-time histories. Marine Geophysical Research, 32 (3): 397-411.

Ogushwitz P R. 1985. Applicability of the Biot theory. I. Low-porosity materials. The Journal of the Acoustical Society of America, 77 (2): 429-440.

Ohta K, Okabe K, Morishita I, et al. 2005. Inversion for seabed geoacoustic properties in shallow water experiments. Acoustical Science and Technology, 26 (4): 326-337.

Pfender M, Villinger H. 2002. Miniaturized data loggers for deep sea sediment temperature gradient measurements. Marine Geology, 186 (3-4): 557-570.

Ratcliffe E H. 1960. The thermal conductivities of ocean sediments. Journal of Geophysical Research, 65 (5): 1535-1541.

Robertson P K. 2012. Interpretation of in-situ tests-some insights. Mitchell Lecture-ISC, 4: 1-22.

Shirley D J, Hampton L D. 1978. Shear-wave measurements in laboratory sediments. The Journal of the Acoustical Society of America, 63 (2): 607-613.

Stark N, Wever T F. 2009. Unraveling subtle details of expendable bottom penetrometer (XBP) deceleration profiles. Geo-Marine Letters, 29 (1): 39-45.

Stark N, Wilkens R, Ernstsen V B, et al. 2012. Geotechnical properties of sandy seafloors and the consequences for dynamic penetrometer interpretations: quartz sand versus carbonate sand. Geotechnical and Geological Engineering, 30 (1): 1-14.

Stark N, Staelens P, Hay A E, et al. 2014. Geotechnical investigation of coastal areas with difficult access using portable free-fall penetrometers. Proceedings of the CPT, 14: 12-14.

Stark N, Radosavljevic B, Quinn B, et al. 2017. Application of portable free-fall penetrometer for geotechnical investigation of Arctic nearshore zone. Canadian Geotechnical Journal, 54 (1): 31-46.

Stein C A, Stein S. 1994. Comparison of plate and asthenospheric flow models for the thermal evolution of oceanic lithosphere. Geophysical Research Letters, 21 (8): 709-712.

Terzaghi, K. T. 1943. Theoretical Soil Mechanics. Hoboken: Wiley.

True D G. 1976. Undrained vertical penetration into ocean bottom soils. University of California, Berkeley.

Yu H S, Mitchell J K. 1998. Analysis of cone resistance: review of methods. Journal of Geotechnical and Geoenvironmental Engineering, 124 (2): 140-149.

Zhang J R, Meng Q S, Guo L, et al. 2022. A case study on the soil classification of the Yellow River Delta based on piezocone penetration test. Acta Oceanologica Sinica, 41 (4): 119-128.

第4章 海底原位探测与监测技术

在浅海大陆架环境下，海底边界层指海底以上部分，称之为“bottom boundary layers”，在深海中则称之为“benthic boundary layers”。对于海洋沉积动力学来说，海底边界层的范围是指海床界面上下一定范围内水流与海床相互作用的区域，既包含受扰动的水流，又包括海床以下受到扰动的一定厚度的沉积层。海底边界层厚度δ可以由海流流速确定，在特定的水流周期中，边界层是一个动态的概念，它与流速过程有关，水体静止时，边界层厚度为0；随着流速的增大，边界层的厚度也相应增大。此外，由于对边界层的不同理解，在海底边界层厚度计算时，形成了不同的定义。这主要是基于对雷诺应力、海床粗糙率、波浪摩擦因子以及边界层内水流的振幅等参数的不同考虑所导致的（文明征等，2016）。

海底边界层内的流体流速随流体距离海床的高度的增加而增加，在底边界上流速为零，到达一定高度后趋于一个恒定值，称为自由流速度。在海床面与自由流面之间海流流速的变化并非线性增加。根据海流流速的不同可以将海底边界层细分为如下四个层（图4.1）：①黏性亚层，是海床面以上极薄的一层，该层几乎不受湍流扰动作用并且黏性剪切力不变；②过渡层，该层受湍流和黏聚力的共同作用；③湍流对数层，该层内黏性剪切力的作用可以忽略不计，湍流剪切力保持恒定并且与海底剪切力相当；④湍流外层，该层的流速趋于稳定，到达自由流面剪切力逐渐降为零（文明征等，2016）。其中，湍流外层的厚度最大，约占海底边界层总厚度的80%（Ali et al.，2009）。

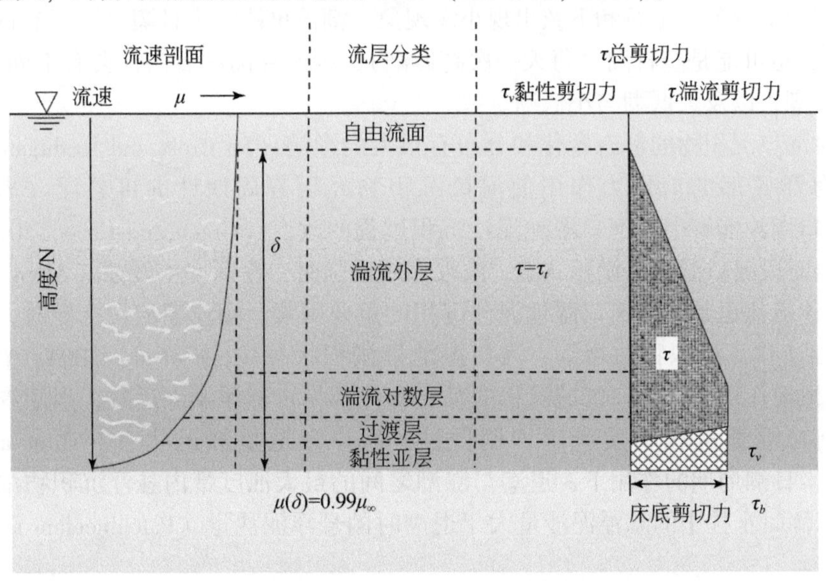

图4.1 海底边界层分层（改自文明征等，2016）

海底边界层是海床沉积物与底层海水相互作用的区域，由于位处固液交界带，该层沉积物会发生复杂动力响应，已成为制约海底边界层研究的重要因素，也是海洋科学与工程学界共同关注的热点区域。海底原位探测与监测是研究海底边界层的必要途径，是获取相关资料的最重要的技术手段。

4.1 海底水动力环境监测技术

海底环境中的动力环境主要受潮汐、波浪、浊流、海洋内波等产生的海流效果影响，由于这些影响种类复杂且不停变化，需要相应的监测仪器对各个指标进行监测，然后根据监测结果对不同的动力环境进行分析，得出理想的结果。

4.1.1 原理与意义

海底环境长期处于复杂状态下，因此会对海底工程造成不可避免的影响。在河口、海岸、陆架等区域的海底水动力环境主要受潮流、波浪、河口环流与陆架环流的控制影响；在陆坡、深海等区域的海底水动力环境主要受深海环流和重力流影响，其中浊流为重力流的主要类型（高抒，2017）。此外，海洋内波是发生在密度稳定层化的海水内部的一种波动，也是影响海洋动力环境特别是中深层动力环境的重要因素（李家钢和徐晓庆，2013）。

4.1.1.1 潮汐

潮汐是地球上的海洋表面受到太阳和月球的万有引力（潮汐力）以及地球自转的规律性变化引起的海水涨落现象（Punmia，2005）。潮汐具有一定的规律，通常在农历每月的朔和望出现大潮现象，上弦和下弦出现小潮现象。潮汐可能是半日潮（一天有两次高潮和两次低潮），也可能是全日潮（每天一次高低潮），因此在潮汐表内，会有不同的大高潮、小高潮与平潮，以及大低潮与小低潮。

潮汐对河口沉积物的形态转化和分布有很大的影响（La Croix and Dashtgard，2015），其作用于海洋底部的剪切力作用使河口沉积物经历着周期性的再悬浮（Yang et al.，2005）。河口潮汐能够引起河口湿地泥沙沉积过程的改变（Green and Coco，2014），在潮汐作用较弱时段河口湿地呈淤积状态，波浪作用增强时，逐渐发生侵蚀（Allen and Duffy，1998）。潮汐流速也是影响河口湿地泥沙沉积的重要因素，潮汐潮流占主导时，近海细粒物质向潮滩迁移，淤积物质增加，河口湿地呈淤积状态（Lee et al.，2004；Yang et al.，2008）。在风浪作用下，河口区域沉积的黏土和沙都易再悬浮发生运移，当潮汐波浪占主导时，对河口湿地沉积物质产生冲刷侵蚀，河口湿地呈蚀退状态（Hunt and Bryan，2017）。在半日潮周期的作用下，退潮与涨潮之间的最大浊度带内悬浮沉积物浓度有明显的变化，涨潮时水柱中的悬浮泥沙量大于退潮时的悬浮泥沙量（Patchineelam and Kjerfve，2004）。

潮汐作用的环境下所形成的岩石记录通常发育有序的交错层理（如 S 形交错层理、复合交错层理）、羽状交错层理（双向交错层理）、双向流水沙纹、砂泥互层的韵律层理、透镜状-波状-脉状层理等，在个别保存较好的地层，可观察到由大潮-小潮交替形成的韵律层（Peng et al.，2018）。此外，由于潮汐的枯水期使水流速度周期性降低，使得沉积地层富含大量泥质披覆层、双黏土层。潮汐作用的沉积环境中，由于河流和海水不断混合，形成的盐度一般只适合有限种类的生物遗迹化石发育（彭旸等，2022）。

对于特定地点的潮汐，月球的高度和满潮与干潮时间的关系（月潮间隔）是可预测的，而相同海岸的其他地点的潮汐之间也是有关联的；对于常规不定点的潮汐，由于滨线和海床形状的变化会改变潮汐的传播，所以潮汐时间和高度的预测不能单纯地只观测月球在天空中的位置。海岸的特性，如水下的深度和海岸的形状，都会影响到每个不同地区的潮汐预报；精确的海水高度和潮汐时间可能需要依据不同地区的海岸地形学特征或仪器对潮汐流动影响的模型来预报。

4.1.1.2　波浪

在例如三角洲、缓陆坡等快速沉积环境中，沉积物松散程度较高，波浪对海底影响程度较大。受海床颗粒土性质的影响，波浪作用过程中易导致海床面土颗粒的超孔隙水压力累计，土体渗流性增加，土体颗粒组分更新等变化，进而导致海底水动力变化，海床面强度降低，底层悬沙的运动加剧。波浪作用过程中，海底边界层的物质转化与迁移过程非常复杂，主要包括：①海床土的渗流作用、底层水体的剪切作用、海床土的液化影响了底层悬沙浓度的变化；②悬沙浓度的变化影响着底层流速的分布，进而影响着水沙的运动过程（牛建伟等，2017）。近底层的流体剪切力和水体的湍动作用是维持悬沙沉积物运移浮动的关键因素。在非破碎规则作用过程中，湍动作用限制在床底之上的薄层区域，波浪振荡引起的水底剪切作用力基本保持恒定。

在规则波与不规则波浪作用过程中，水动力特征有着明显的区别，波浪能量的分布存在较大差异。不规则波浪的能量分布在一个较宽的频段，而规则波的频率是固定的。从海床土的响应强度来看，不规则波浪的响应强度远远超过对应的规则波浪，这意味着波浪能量的分布对海床土的响应强度有着非常大的影响，且二者对应的水沙运动也存在差异。流体剪切力和水体的湍动作用是维持悬沙运移、保持悬沙颗粒悬浮动的关键因素，而悬沙浓度的因素是多方面的，除了波浪能量、波浪分布以及水深外，悬浮体的粒度及絮凝特性也发挥着重要的作用。而波浪的水动力条件又反作用于絮凝过程，波浪-絮凝体的相互作用极大地增加了海底水动力环境研究的复杂性（牛建伟等，2017）。

以波浪和风暴浪作用为主的沉积环境通常可见对称性浪成沙纹、丘状-洼状交错层理、低角度交错层理等，一般情况下波浪作用形成的地层具有大量且丰富的遗迹化石（彭旸等，2022）。但这种地理观察方式需要长时间的累积，会延误大量的有效时间，不适用于现阶段的及时监测反馈情形。

4.1.1.3　异重流

异重流属于重力流的一种，又称密度流，是普遍存在于自然界和实际工程中的一种流体运动现象，通常指密度不同且可以互相混掺的两种流体，受到两种流体密度差异影响而发生的相对运动，但运动过程中两种流体均能保持自身原本流动特性，不因交界面上的紊动现象或其他因素而混为一体（钱宁和万兆惠，1983）。异重流的形成较为广泛，可由流体中温盐差异而具有不同的密度，或因溶解其他杂质，或含悬浮沉积物导致流体与周围环境流体密度存在差异，最终这种存在密度差异的流体在重力驱动下而流动。

海洋异重流往往伴随着较为强烈的旋流作用，对水体输送、泥沙扩散沉积、污染物扩散等影响较大，与海洋工程环境息息相关。由于海洋环境复杂多变，其运动成因和驱动因素非常复杂，不仅与浓度差、坡度有关，还受到壁面形式和糙率等相关因素的影响。在自然界中水下异重流现象往往具有高度偶然性和不可预测性，同时野外水下异重流基本都是发生在湖泊、河流等下层或是底层，使得这种现象不易观察。

异重流可根据其成因及支撑机制不同进行分类。最早由 Dott（1963）根据水中沉积物支撑机制的不同将水下异重流分为两大类：流体态流和碎屑流（Dott，1963）。Middleton 和 Hampton（1973）细化分析了异重流的支撑机理，将异重流根据其搬运机制的不同分为四大类：碎屑流、颗粒流、液化沉积物流和浊流（Middleton and Hampton，1973）。碎屑流（或泥石流）为高浓度沉积物分散体，其特点是屈服强度和黏性均较高，主要由水和黏土等物质支撑；颗粒流由细砂、砾石一类的无黏性力的颗粒组成；液化沉积物流是由超孔隙压力支撑沉积颗粒漂浮的异重流；含有大量泥沙等悬浮沉积物，并在重力驱动下沿着地形底部运动，形成的水下沉积物流称为浊流。随后，Lowe（1982）在 Dott 和 Middleton 和 Hampton 的分类基础上，根据流体不同流动状态和颗粒支撑机制将异重流更为细致地分成液体化流、浊流、液化流、颗粒流和泥流等五类，其中还对液化流及液体化流做了较为详细的区分和解释。异重流涉及流体力学、海洋科学、大气科学等不同领域，既包括大气中的冷、暖锋现象，也涉及水体中分层潜流。

浊流是一种含多量悬移物质的海水顺海底运移的特殊重力流，其中的悬移物质主要为砂、粉砂、泥质物，有时还夹带砾石，其内部的沉积物颗粒处于悬浮态。在浊流运移过程中，对海底有侵蚀作用，久而久之形成海底峡谷。浊流停止流动产生所含悬移物质沉积形成特定的粒级层序列，成岩后称浊积岩。浊流是含有丰富沉积物质的海水沿着海底渠道输送的。浊流的触发机制主要是河流入海口的连续入流和突发性坍塌引起的突然释放流。深海或深湖底部的浊流具有较强的输运和侵蚀能力，如浊流在大陆斜坡长时间的侵蚀作用会促使其发育成海底大峡谷；浊流极大程度上地影响了沉积物从浅海到深海的迁移，这些迁移距离从几百米到几千米不等（Walker，1978）。

浊流作用领域广泛，例如沉积物在深海和深湖底部经过长达万年以上的沉积形成沉积扇；砂岩经过沉积、深度掩埋和压实等过程能形成碳氢化合物储层；砾石中可能会有金属和重金属沉积下来形成海底金属矿，这些都受到浊流的作用。影响了泥沙金属矿物油气运移储存的海底浊流具有重要的研究价值，此外浊流可能会导致底部铺设的仪器、管线、电缆等工程设施的损毁，对于海洋工程的建设具有重要影响。因此，对浊流的监测是海洋工程环境调查中不可忽视的部分。

4.1.1.4 海洋内波

海洋内波包括内潮波、内孤立波、近惯性波等。内潮波基本属于线性波动，振幅较小，一般具有 10m 的量级；内孤立波是一种强非线性内波，振幅较大，一般具有 100m 的量级，它通常是由强流通过陡峭海底地形所激发产生的、在传播过程中波形近似保持不变的波动；近惯性波是由风应力引起的，其波动的强弱程度取决于风应力强度（蔡树群，2015）。大多数海洋内波在一个周期内某一个水层可能同时存在波峰和波谷，内孤立波在一个周期内的一个水层只有一个波峰或者波谷。内孤立波具有不对称性，具有较大的振幅、波高和波长，传播距离可以达到数百千米（韩鹏等，2020）。内孤立波分类有很多种，从重现周期上可分为三类：a 型波振幅较大，在每天的同一时间有规律地出现，重现周期约为 24h；b 型波振幅比 a 型波弱一些，每天出现的时刻比前一天晚一个小时，重现周期约为 25h；c 型波是重现周期约为 23h 的新型内孤立波。按照连续出现内孤立波的个数可以分为单个孤立波，多个孤立波组成的波列或者波群（徐智优等，2020）。

许多学者探讨了内波作为一种重要甚至是主要的深水作用的机制，并进而形成重要的深水沉积体系的可能性，但内波作用和相应沉积作用依然需要进一步探讨（李家钢和徐晓庆，2013）。

4.1.2 相关设备及应用

海洋水动力环境的复杂性与多变性，对海底工程环境造成了不可忽略的影响，所以在进行海底工程作业前与过程中，需要对海洋水动力环境进行考虑并将其带来的影响降到最低。海底水动力环境监测的常见设备主要包括温盐深剖面仪、声学多普勒流速剖面仪、波潮仪、边界层悬浮物剖面测量仪等。

4.1.2.1 温盐深剖面仪（CTD）

温盐深剖面仪（conductivity temperature depthprofiler，CTD）测量系统，一般称为温盐深系统，用于测量水体的电导率、温度及深度三个基本的水体物理参数。根据此三个参数，还可以推算出海水盐度、密度、声速等相关其他各种物理参数（图 4.2），是海洋及

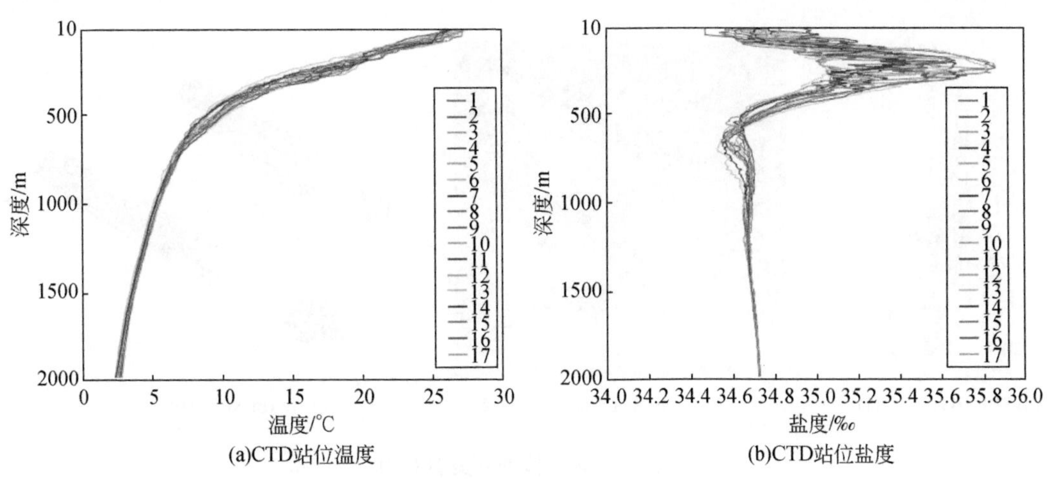

图 4.2 温盐深剖面仪实测数据（李宏琳等，2021）

其他水体调查的必要设备。CTD 可以实现如走航实时观测、定点自容观测、抛弃式探头观测等多种观测方式，可应用于几乎全海深的测量范围，可测定不同水层或深度的水体水温、盐度、氧含量、声速、电导率及压力等物理环境参数，用以研究水体物理化学性质、水层结构和水团运动状况，对于海洋工程建设、海洋科学研究、海洋环境保护等都具有非常重要的意义。

在数十年的发展过程中，美国的 CTD 测量技术一直处于国际领先水平，著名的 CTD 生产厂家有 Sea Bird、FSI、YSI 等。日本的 CTD 产品则致力于小型低功耗产品的研发，注重发展链式系留传感器测量技术。英国、意大利等欧洲国家也始终走在 CTD 测量技术的前列。意大利 Idronaut 公司研发的 300 系列 CTD，采用大口径七电极电导率传感器，传感器性能得到明显改善，并且采用 A/D 转换电路代替了 Sea Bird 公司产品采用的振荡器设计，在同类产品中具有较高的竞争力（张龙等，2017）。

不同的应用需求催生了多种类型的温盐深剖面测量设备，其中包括船用绞车布放式、拖曳式、抛弃式以及搭载在各种海洋观测平台上的温盐深剖面测量设备。绞车布放式温盐深剖面仪广泛应用于海洋调查中，是目前应用最多的温盐深剖面测量设备。其中最具代表性的是 Sea Bird 公司的 SBE 911Plus CTD 剖面仪［图 4.3（a）］；与传统 CTD 剖面仪的工作方式不同，拖曳式温盐深剖面仪（underway conductivity temperature depthprofiler，UCTD）可在船舶航行过程中实现大面积、连续、快速的温盐剖面测量，测量结果具有更强的实时性和代表性，且具有更高的测量效率是研究海洋动力学和海洋水文要素的重要监测仪器，是观测内波和海洋上边界层物理特性的有效手段［图 4.3（b）］；抛弃式温盐深剖面仪（expendable conductivity temperature depth profiler，XCTD）是国外于 20 世纪 80 年代开始研制并快速发展的一种海水温盐剖面测量设备。它可以在下沉过程中测量海水的电导率和温度，并根据下沉时间和速度计算出深度［图 4.3（c）］；海洋观测平台种类繁多，布放数量大、范围广，搭载于其上的 CTD 传感器也是重要的海洋温盐度数据来源（张龙等，2017）。

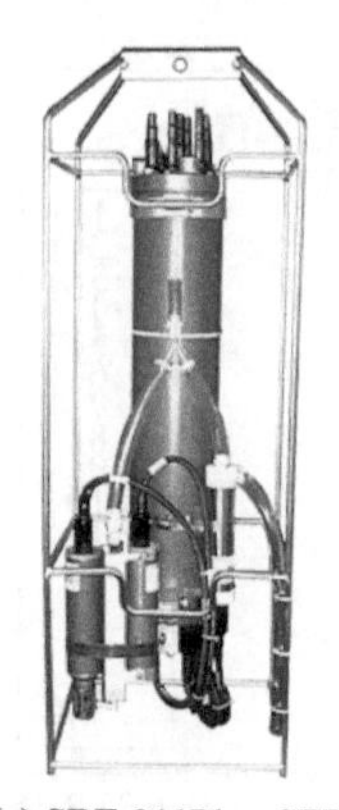
(a) SBE 911Plus CTD

(b) Sea Soar

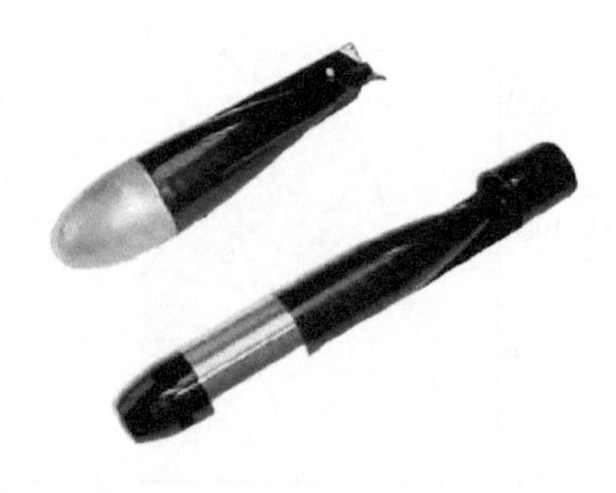
(c) XCTD探头

图 4.3　现阶段的各类型 CTD

近年来，我国的 CTD 测量技术发展迅速，相继成功研制了船体固定式、拖曳式、抛弃式等多种 CTD 测量仪器。虽然研制成功的高精度 CTD 的技术指标已接近世界先进水平，但是仍存在数据采集速度较慢、集成化程度不高、现场观测精度难以保证、智能化程度较低、仪器长期稳定性不佳等技术短板，且产品商业化不足，所以实际应用较少，国内市场基本被进口 CTD 设备所占据。

目前，CTD 产品正向着低功耗、模块化、智能化、多参数方向发展，同时注重防生物附着和提高传感器的测量精度和长期稳定性，以获得更高精度和分辨率的观测数据。随着深远海发展战略的逐步推进，深海温盐深测量技术已成为该领域的研究热点。

4.1.2.2　声学多普勒流速剖面仪（ADCP）

近年来，由机械海流计发展到声学海流计是测流技术的巨大进步，随着传感器和半导体设计的发展，测量精度从 cm/s 提高到了 mm/s，观测仪器的体积进一步缩小，数据存储量也得到极大的提升，改进的电池技术使得长期监测成为可能。耦合改进的潜标设计，使得连续一年的海流观测比以前的日观测、月观测有很大的进步。目前各种技术参数的设计较为成熟，使得海底几千米的海流观测成为可能（李家钢和徐晓庆，2013）。

声学多普勒流速剖面仪（acoustic doppler current profiler，ADCP），利用声学多普勒原理，测量分层水介质散射信号的频移信息，并利用矢量合成方法获取海流垂直剖面水流速度，即水流的垂直剖面分布（图 4.4）。对被测验流场不产生任何扰动，也不存在机械惯性和机械磨损，能一次测得一个剖面上若干层流速的三维分量和绝对方向，是一种水声测流仪器（刘彦祥，2016），几乎可对全海深范围内的流速剖面进行测量。

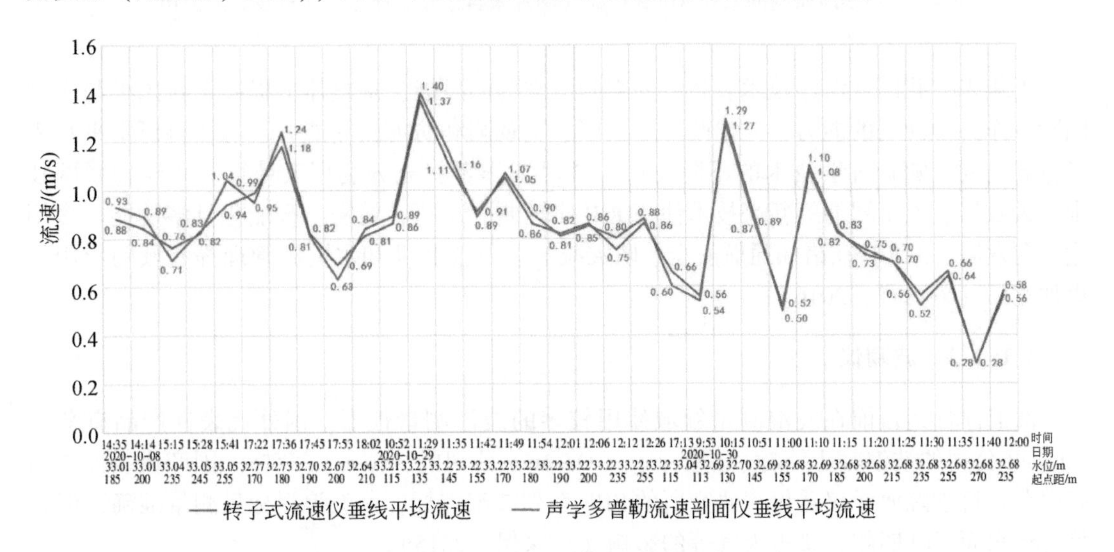

图 4.4　ADCP 实测数据（吴平辉和谭云辉，2022）

ADCP 已历经半个多世纪的发展，归纳起来主要有四个发展阶段：①20 世纪 60 ~ 70 年代探索研究阶段；②20 世纪 70 年代末至 80 年代初窄带 ADCP 发展阶段；③20 世纪 80 年代中期至 90 年代初宽带 ADCP 发展阶段；④20 世纪 90 年代中期至今，宽带束控技术发展及测流的多功能、多用途研究阶段（刘德铸，2010）。

国内海流测量技术经历了三个阶段（朱光文，1999）：20 世纪 50 ~ 70 年代的纯机械海流计、80 年代的单点电测海流计，90 年代后以 ADCP 为主。中国科学院声学研究所研发的 ADCP 产品（图 4.5）已在我国沿海、太平洋、印度洋、大西洋、北冰洋、南北极等区域，以及“蛟龙”号、“深海勇士号”、“潜龙 1 号”、“潜龙 3 号”等我国大型深海作业装备上实现了应用（邓锴等，2019）。

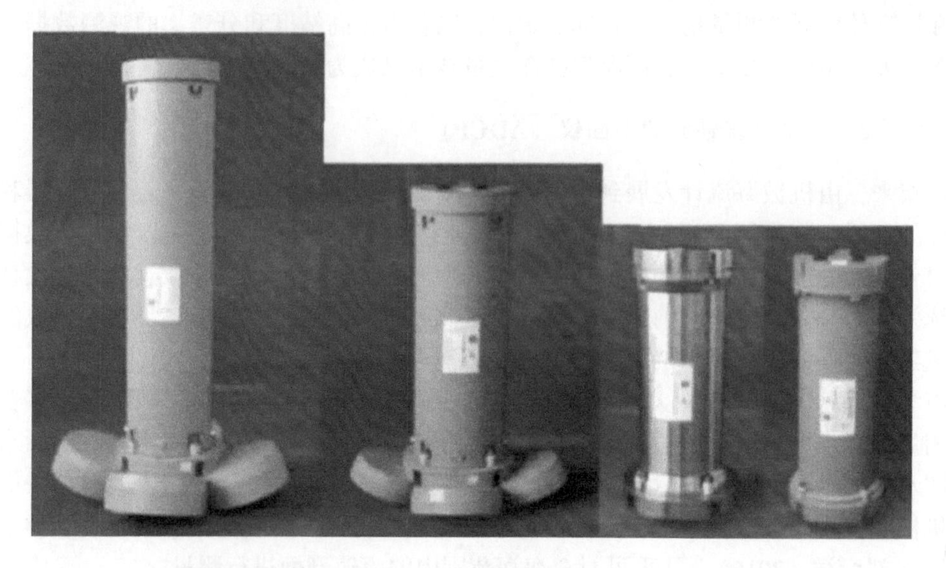

图 4.5　声学所研制的系列 ADCP 产品（图片来自于辽宁航星海洋科技有限公司）

近年来，我国在海洋技术装备方面得到了空前的发展，从整体上提高了我国参与大型国际海洋科学计划的能力，大幅改善了我国系统观测和防灾减灾能力，海洋科研水平步入了世界前列。随着科学技术的不断发展，科研工作者将充分利用云计算、海洋物联网技术、大数据、人工智能等新兴技术使 ADCP 向轻便、小巧、精密、智能化且多功能、多用途方向发展。ADCP 在诸如通航安全、防灾减灾、打捞救助和水资源管理等领域的应用会更加宽广（刘彦祥，2016）。

4.1.2.3　波潮仪

波浪浮标是目前在波浪测量领域使用较多的波浪测量仪器，国外代表性产品有荷兰 datawell 公司的波浪骑士浮标、挪威 Fugro Oeeanor 公司的 wavescan 浮标。国产代表性产品有山东省科学院海洋仪器仪表研究所的 SBF 系列波浪浮标，其波浪浮标虽测量准确，但容易受到水面行驶船舶、恶劣天气等的影响（章家保，2015）。

坐底式声学波浪监测仪器不干扰波浪场，可以通过遥测方式进行表层波浪的测量，是一种普遍使用的波浪测量仪器。声学波潮仪可以准确获取海洋波浪（波高、波周期、波向）、潮汐、水深和水温参数的实时资料，全天候、全自动完成资料的采集、处理、存储、编报以及远程传输和用户服务等功能（图 4.6）。适用于沿海各海洋台站、海岛观测站、海洋平台、无人值守站、港口、码头以及大型海洋工程等场合的自动化观测。

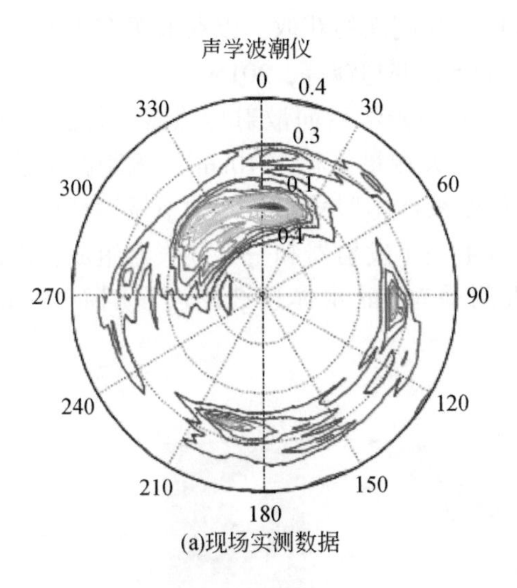

(a)现场实测数据

(b)实物图

图4.6　声学波潮仪（郑威等，2021）

国外代表性的产品有美国“骏马”系列产品、挪威诺泰克公司“浪龙”系列产品，国外产品测量准确度高、稳定可靠，具有良好的口碑，广泛应用于海洋工程以及科学研究（周庆伟等，2016）。国内有山东省科学院海洋仪器仪表研究所、国家海洋技术中心等多家单位从事坐底式声学波浪测量仪器研究，目前国内产品可测量波高和波周期，但欠缺波向测量能力，代表性产品有山东省科学院海洋仪器仪表研究所的LPB系列声学测波仪（图4.7）和国家海洋技术中心的SBA系列声学测波仪（郑威等，2021）。

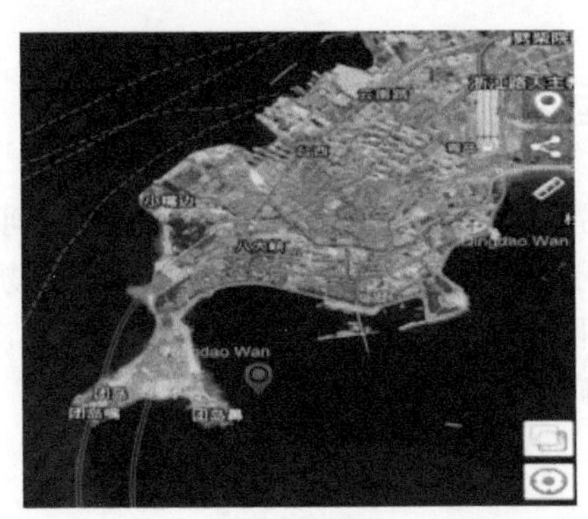

(a)试验码头

(b)声学波潮仪样机

图4.7　LPB系列声学测波仪（郑威等，2021）

4.1.2.4　边界层悬浮物剖面测量仪ASM

边界层悬浮物剖面测量仪（argus surface meter，ASM）是现场悬浮物浓度的高分辨率剖面观测仪，在测量悬沙浓度方面具有多点同步的优点。国外多位学者已将ASM引入近底层及潮滩等水沙观测研究中，用于高密度分层悬沙剖面的获取，以获取更多水沙过程信息得到更准确的悬沙通量数据（Marion et al., 2005；邢超锋等，2015）。

ASM 是由德国 ARGUS 公司生产，采用 850nm 的光学后向散射传感器进行浊度观测，传感器测量的样品的体积取决于悬浮物的浓度，最大测量体积为 10cm³，测距在传感器前 0～100mm 之间变化（图 4.8）。在 1m 左右（长度跟具体型号相关）的不锈钢杆里，每隔 1cm 间距内置了一系列浊度传感器，每个传感器由一个发射器和一个接收器组成，因此在 1m 的范围内有近 100 个传感器，从而可以观测垂向 1m 水体连续的浊度剖面（Gilpin, 2003）。

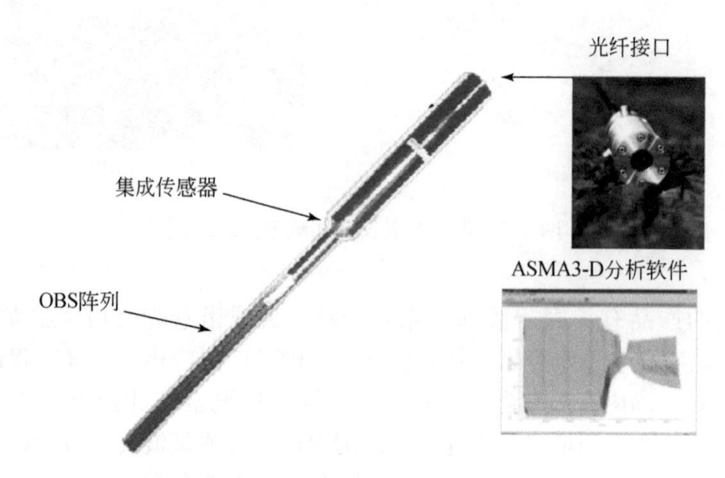

图 4.8　ASM 装置图（Gilpin，2003）

4.2　沉积物输运监测技术

河流作为陆地和海洋环境系统的连接通道，是陆海沉积物输运、循环的纽带。河流入海沉积物的输运过程与路径，对河口地貌演变和环境变化具有重要影响。入海沉积物在海底边界层发生着复杂的动态变化，不同粒径的沉积物颗粒在水动力条件下，发生着沉降、推移、悬移、再悬浮等变化，对海底工程环境影响巨大。

4.2.1　原理与意义

海岸带是海洋系统与陆地系统相连接的地理单元，与人类生存与发展密切相关。我国沿海地区面积仅占国土总面积的 14%，而生产总值在过去十年占国内生产总值的比重一直保持在 56%～63%（林香红等，2019）。但海岸带地区同时是地质灾害多发的地区，由于陆海相互作用而引发的地貌演变与灾害，对海岸带地区的经济发展与工程建设造成了严重的威胁（黄海军等，2005）。20 世纪末，国际地圈生物圈计划（IGBP）提出海岸带的海陆相互作用（Land-Ocean Interactions in the Coastal Zone，LOICZ），关注外力变化对近海颗粒物质通量与储存的影响，得到全球各国的积极响应。而我国同时期开展的国家自然科学基金重大项目“中国河口主要沉积动力过程研究及其应用”，聚焦长江口等主要河口地区，对我国的沉积动力过程进行了开拓性的研究（李凡，1996；张少同，2017）。

河流作为陆地和海洋环境系统的连接通道，是陆海沉积物输运、循环的纽带。河流入海沉积物的输运过程与路径，对河口地貌演变和环境变化具有重要影响（Green and Coco，2014；图4.9）。可以看出，我国主要河流的携沙量巨大，且沉积物输运远离河口地区分布扩散的现象普遍存在。全世界的河流每年向海洋排放的沉积物达 1.9×10^{10} t，如图4.9所示。

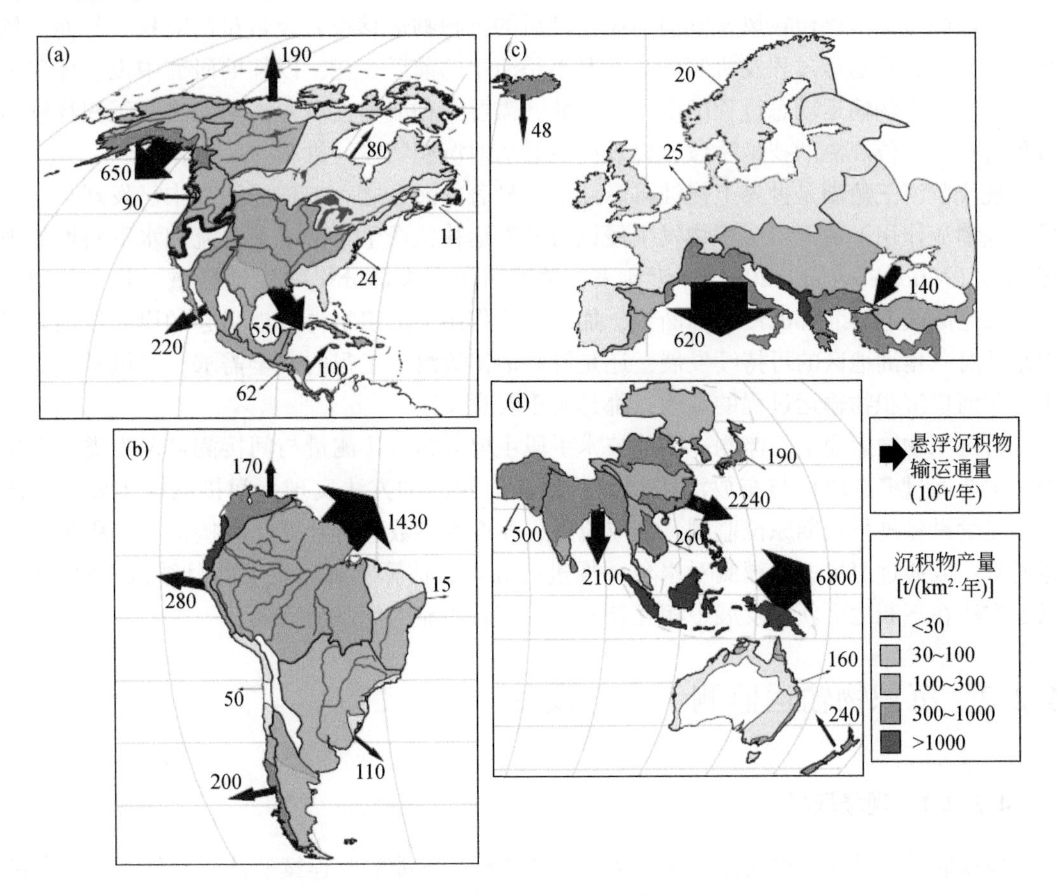

图4.9　世界不同地区河流输运的悬浮沉积物通量与产量对比（Milliman and Farnsworth，2013）
（a）北美洲；（b）南美洲；（c）非洲；（d）亚洲与澳洲

沉积物的传输过程与通量变化是沉积物从“源”到“汇”研究计划中的重要内容。在从“源”到“汇”的过程中，河流入海沉积物在海底边界层发生着复杂的动态变化，不同粒径的沉积物颗粒受到不同力的作用，发生着沉降、推移、悬移、再悬浮等变化（Ludwig and Probst，1998）。海底沉积物的再悬浮的条件受到海洋中实时水动力、海床沉积物本身的性质以及海床面性质之间复杂的相互作用，精确理解和确定沉积物的再悬浮过程有助于沉积物输运研究。目前世界范围内，对于河口地区常规情况下的沉积物输运过程研究较为成熟，但是对于风暴潮等阵发性事件对海底沉积物输运过程的影响机制少有研究。高能量阵发事件控制着海底沉积物的起动与输运，从而进一步影响着海底地形地貌。虽然这些事件在地质历史上经常发生，然而受到技术制约当前对其全过程的观测还非常有限，导致风暴潮等阵发强烈事件对沉积物的输运影响机制难以解释，从而影响了此类阵发事件对海岸带地形地貌变化的认知。

通过现场调查发现，全球范围内普遍存在着沉积物远离河口输运堆积的现象。河口地区常规水动力条件下的沉积物输运过程的研究已经较为成熟，但是对于风暴潮等阵发性事件对海底沉积物输运过程的影响少有研究。

目前的研究多停留在风暴潮前与风暴潮后的沉积物运移位置及数量的对比。然而，风暴潮对于沉积物输运过程及机制的影响并不是简单的前后变化，以往的研究中没有体现风暴潮期间沉积物输运动态过程的变化。因此，需要一种能够在风暴潮期间进行沉积物输运过程进行全方位观测的技术手段，以观测风暴潮对沉积物输运机制的影响。

现代黄河三角洲是世界上侵蚀再悬浮最为显著的海区之一。现场调查中已发现，在风暴和强潮流作用下黄河口沉积物发生侵蚀再悬浮运移，产生高密度重力流和水下斜坡的破坏流动（Nittrouer et al.，2004）。近年来，黄河三角洲大部分岸线侵蚀严重，其主要诱因是黄河尾闾改道后北部泥沙来源断绝，加之风浪作用下沉积物再悬浮引起的岸滩侵蚀。不论是针对三角洲地区的可持续发展，还是胜利油田等海上工程的安全需求，对风暴潮等作用下黄河口沉积物输运过程的观测，都具有重要意义。

对沉积物输运通量的监测，当前技术手段主要分为直接测量与间接测量两大类。直接测量主要通过多点取样与布放沉积物捕获器获取样品的方法实现。间接测量主要通过声学、光学设备进行长期原位监测，获取流速、浊度等参数进行计算，间接估算沉积物的输运通量；或通过卫星遥感观测对水色图像进行处理，估算宏观尺度下的悬浮沉积物浓度。以上方法在不断地更新与发展中相互补充，都有着明显的优点与缺陷。

4.2.2 沉积物输运监测手段与设备

4.2.2.1 现场取样

现场取样、过滤称重的方法操作繁杂，效率低，不能实时连续监测，只能得到离散的浊度数据，在观测中可能丢失峰值数据，不能满足悬浮物动力过程观测的精细化研究。但其优势是能够对一定区域内的悬沙浓度情况有整体的认识，便于直接分析沉积物的空间分布。

4.2.2.2 声、光学设备观测

声、光学原位观测设备是目前主流的原位观测方法（图 4.10）。光学设备主要有光学后向散射浊度计（optical back scattering，OBS）与激光粒度仪。声学设备则主要有声学悬沙剖面仪（acoustic backscatting sensor，ABS）。

OBS 通过接收本身发射的红外辐射光的后向散射量监测悬浮物质，建立水体浊度与泥沙浓度的相关关系，进行浊度与泥沙浓度的转化，得到泥沙含量。激光粒度仪通过颗粒的

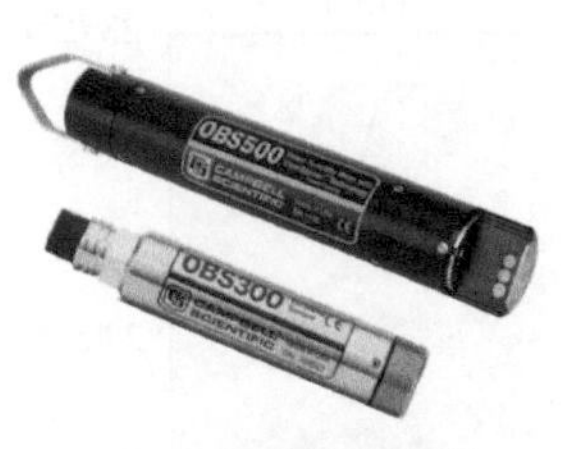

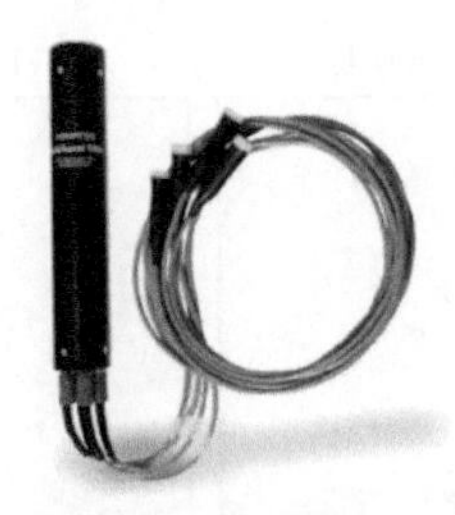

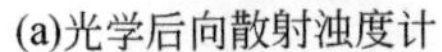
(a)光学后向散射浊度计　(b)声学悬沙剖面仪　(c)声学流速剖面仪

图 4.10 常见的沉积物输运过程原位观测设备

衍射或散射光的空间分布（散射谱）来分析颗粒大小，测试过程不受温度变化、介质黏度，试样密度及表面状态等诸多因素的影响，可获得准确的测试结果。ABS 主要通过测量水体内从一定剖面由泥沙或其他悬浮颗粒反射回来的声学信号来反演计算悬沙浓度。此外，采用声学多普勒流速仪（ADV）或声学多普勒流速剖面仪（ADCP）也可以估算悬沙浓度的变化（图 4.11）。

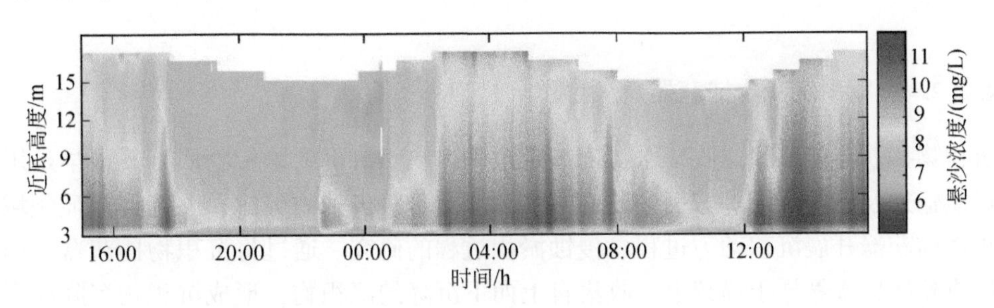

图 4.11 通过 ADCP 反演得到悬沙浓度剖面（原野，2009）

ADV 或 ADCP 流速测量利用的散射体主要是水体中的悬浮颗粒，记录的回声强度可以用来反演悬浮物浓度。回声强度经过一系列校正可以得到体积后向散射强度，基于瑞利散射原理，反演悬浮物浓度。该类装置易受到悬浮物质浓度的影响，对于沉积物输运过程丰富、浊度较大的河口地区，极易超出量程导致无效观测。

4.2.2.3 卫星遥感

间接测量手段中，卫星遥感能够研究河口海岸地区混浊水体的泥沙运动、泥沙来源、扩散范围、输移方向以及含沙量判读等。卫星遥感可以获取河流和海口的水色图像信息，构建悬沙浓度与水色图像信息的反演模型（图 4.12）。反演模型反映了悬沙浓度与水色图像信息之间的关系。该方法适用于大面积的宏观监测，能够对河口区域悬沙浓度大尺度时空变化进行宏观分析，但仅能获得水体表层数据且误差较大，无法准确监测海底边界层的泥沙输运过程，难以进一步研究沉积物输运的诱因与机制。

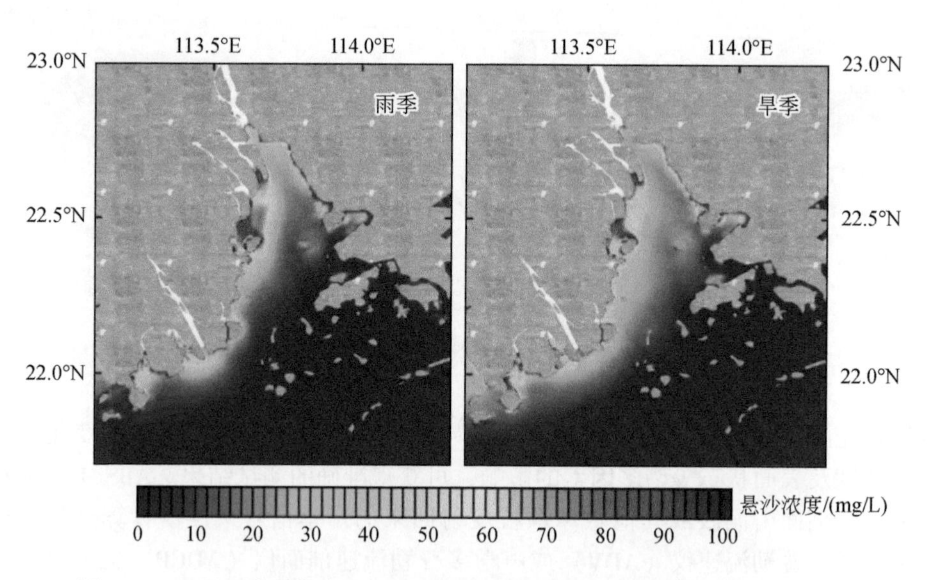

图 4.12 卫星遥感图像对河口悬沙浓度进行大尺度长期观测（栾虹，2016）

4.2.2.4 垂向沉积物捕获器

沉积物捕获器能够原位收集水体内一定范围内自然沉降的颗粒物质，其最早是用于海底有机质输送及海洋碳汇等方面的研究（Volk T and Hoffert，1985）。在海洋地质领域，常用沉积物捕获器开展沉积动力过程、侵蚀淤积过程的研究。通过将沉积物捕获器长期放置于海底或湖底，或悬挂于锚链上，收集自上而下沉降的沉积物，形成沉积物沉降序列。随后通过室内实验能够获取其粒度成分、矿物组成、化学成分等物理化学指标，为河口海岸地区的侵蚀淤积、入海泥沙远距离输运等研究提供支持。

除常见自制单、多筒沉积物捕获器外，目前国外比较著名的商业化沉积物捕获器有美国 Mclane 公司的 Mark 系列沉积物捕获器、法国 Technic AP 公司的沉积物捕获器、日本 NiGK 公司的沉积物捕获器（图 4.13）。它们一次可以采集数十个样品，可以在水下采样数天到数周，最长工作时间长达两年，最大工作水深可达万米。我国研制的 CliST 沉积物捕获器，在沉积管内置间隔控制器将沉积物柱状样品按时间段分割，用于海洋浊流研究。但传统捕获器均开口向上，忽视沉积物水平向输运带来的影响，因此通过此类沉积物捕获器来进行沉积物输运研究是不全面的。

4.2.2.5 水平向沉积物捕获器

为了对泥沙运移过程进行取样研究，Helley 和 Smith（1971）设计了压差推移质采样器［图 4.14（a）］，其具有一个扩展的喷嘴、采样袋和框架。该采样器可用于捕获平均流速 3m/s 以下、粒径 2～10mm 的沉积物。Kraus 等（1987）设计了横向开口的旋式捕获器［图 4.14（b）］。Payo 等（2020）利用拖缆式便携泥沙捕获器在岸滩进行布放［图 4.14（c）］，并根据捕获结果估算了泥沙输运通量。

(a)德国Hydro-Bios单筒沉积物捕获器

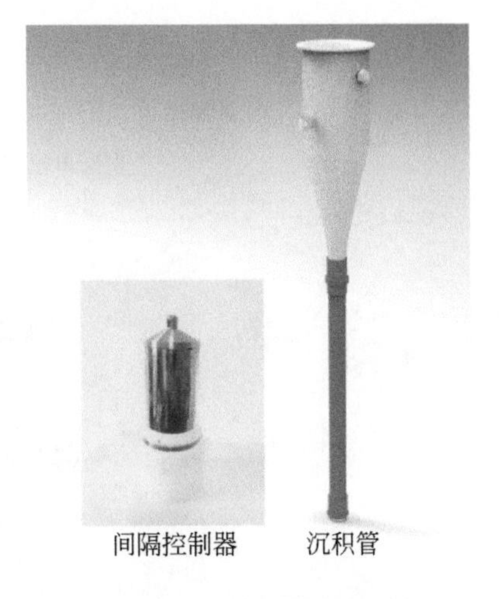

(b)CliST沉积物捕获器

(c)日本NiGK沉积物捕获器

(d)美国Mark系列沉积物捕获器

图 4.13　国内外典型沉积物捕获器

国内相关研究起步较晚，王伟伟等（2017）设计了笼式泥沙捕获器［图 4.14（d）］，可观测五层位，八个方向的泥沙运移特征并在白沙湾海域岸滩进行了泥沙输运观测。虽然以上泥沙捕获器能够实现横向输运过程的沉积物捕获，但是并未确立精细解析沉积物输运通量的方法。郭磊与刘涛等人共同研发了一套通过捕获悬浮沉积物反推其输运过程的时序矢量原位观测装置［图 4.14（e）］，并构建了配套的沉积物输运通量时序解析方法，为沉积物横向输运矢量过程监测提供一种有效的技术手段①。

① 专利号：CN107478458A，三维时序矢量沉积物捕获器。

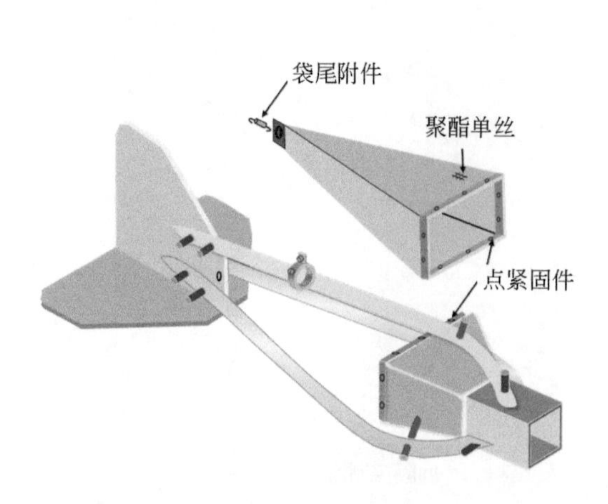

(a)Helley-Smith采样器(Helley and Smith，1971)

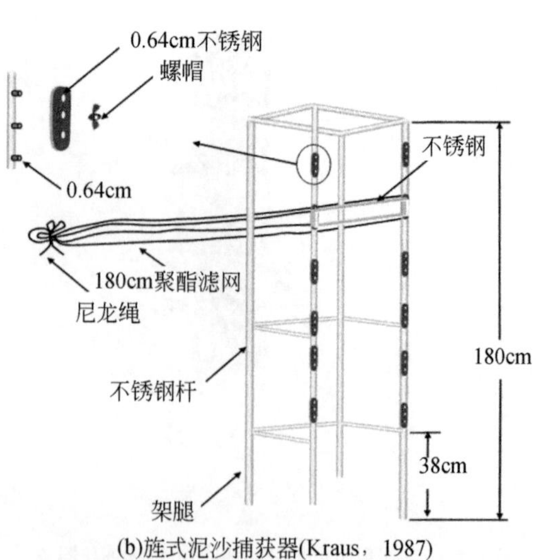

(b)旌式泥沙捕获器(Kraus，1987)

(c)拖缆式便携泥沙捕获器(Payo et al.，2020)

(d)笼式泥沙捕获器(王伟伟等，2017)

(e)横向沉积物捕获器(Liu et al，2022)

图 4.14　国内外典型水平向沉积物捕获器

由于各类观测仪器各自的局限性（表4.1），很难直接应用于浊度较大的河口地区，对风暴潮期间更高的浊度、更加丰富的沉积物输运的观测更为困难。现有直接观测手段难以获取沉积物输运的实时方向、浓度剖面等信息的时序变化。当前沉积物捕获器的设计，虽然不受量程限制，但垂向开口的沉积物捕获器不能直接捕获横向输运的沉积物，而当前横向开口的泥沙捕获器也无法精细解析沉积物输运通量，缺乏时域、空间以及定量方面的可靠分辨率。因此，对于风暴事件在物质再悬浮和输运过程中的作用难以直接应用并开展研究。

表4.1 沉积物输运过程主流监测技术对比

监测技术类别	量程	精度	时效性	样品获取	是否需要搭载平台
含沙水样测量	无限制	低	低	单一样品	需要
光学后向散射浊度计（OBS）	低	高	高	无	需要
声学悬沙剖面仪（ABS）	较低	高	高	无	需要
声学流速剖面仪（ADCP）	较低	高	高	无	需要
卫星遥感监测	无限制	低	高	无	需要
沉积物捕获器	无限制	较高	高	时序样品	无

4.3 沉积物电阻率探测与监测技术

由于空气、水、沉积物三者的电导率存在显著差异：空气的电阻率非常大，近乎开路状态；海水的电阻率较小；沉积物电阻率主要依赖沉积物孔隙液的成分、含量以及沉积物的结构组成-粒径分布、孔隙分布、传导矿物和各向传导性质、沉积物结构组成以及矿物组成（丁忠军，2013）。从理论上讲，不同介质的电阻率具有显著差异，而对于单一介质（海水或沉积物），其部分物理指标对电阻率也会产生一定程度上的影响。所以，应用电阻率测量方法能够观测包括空气-海水-沉积物的完整空间立体环境。

沉积物的电阻率法对于沉积物的工程力学参数评价、沉积环境监测、海底矿产资源勘察等具有重要的理论意义和应用前景。目前，电阻率传感器由于其反馈及时性与精确性，在海洋探测领域被广泛应用于测量海水盐度、沉积物电性等方面，大量的科研成果和市场化产品陆续面世。

4.3.1 电阻率与沉积物性质

沉积物电阻率是表征沉积物导电性的基本参数，是电导率的倒数，是沉积物固有物性参数之一。电流垂直通过边长为1m的立方体沉积物时而呈现的电阻就是沉积物的电阻率，单位用Ω·m表示。组成沉积物的不同颗粒物的电阻率从10^{-8}Ω·m到10^{18}Ω·m，变化范围超过了27个数量级，导致沉积物的电导性千差万别。海底沉积物的电阻率变化范围也高达 8 个数量级，与陆地沉积物相比，海底表层沉积物电阻率主要由孔隙水含量及其含盐量控制，除此之外，沉积物结构组成、矿物组成等也是海底沉积物电阻率的控制因素。

海底沉积物直流电阻率测量方法主要有两类：一类为两相电极法，多采用两相平行板电极进行测量；另一类为四相电极法，多采用四相探针电极进行测量。两相平行板电极常用于实验室或甲板测试分析，四相探针电极一般用于现场原位探测。

早在 20 世纪 20 年代组合探针测量技术已被地质学家探索应用（Ridd，1994）。从 20 世纪 50 年代到 80 年代，平行四电极探针电阻率测量技术逐渐成熟，根据电流激发电极和电势差测量电极的不同出现了 Wenner、Schlumberger、dipole-dipole、pole-dipole 等四种主要排列形式的电极传感器设计形式（Seidel and Lange，2007），目前平行四探针电极技术多用于陆上沉积物电阻率测深、二维和三维电阻率成像等表层沉积物电阻率场调查研究。

海底沉积物电阻率测量通常采用 Wenner 排列电极，可分为贯入式和拖曳式两类（Barker，1981）。Jackson（1975）首先开发了海底表层沉积物的拖曳式电阻率测量设备，该设备把 Wenner 排列点电极安装在平板上，通过拖曳方式测量海底沉积物-海水界面 0.5m 深度范围内的电阻率。Lavoie 等（1988）运用平行四电极探针技术开展过浅海拖曳式电阻率成像调查研究，此后的相关应用极少。

海底沉积物电阻率拖曳测量技术主要不足是对海底松软沉积物扰动较大，同时在海底原位调查作业时，探针与沉积物的接触状态难以控制，电阻率调查数据的质量难以保证，重复性较差（丁忠军，2013）。

1969 年，Kermabon 开发并应用了贯入式电阻率测量设备，该设备的传感器采用了垂直排列的 Wenner 点电极技术。Won 于 1987 年开发了四环形 Wenner 点电极电阻率测量系统，即在一个玻璃纤维或是其他电绝缘的垂直探杆上，沿探杆表面等间距设置环形电极，实现海底沉积物电性探测。Ridd 于 1994 年对四环电极电场的电势进行了系统的理论计算和分析，提高了该电极的测量精度。电阻率环形探针测量技术的主要不足是垂直分辨率较低，尤其在高速重力贯入调查作业过程中，环电极排列距离越大，垂直分辨率越低，如果减小排列间距，受探杆几何因子影响，其系统测量精度会降低。

Fossa（1998）开发了点电极电阻率测量探针，减小了电极几何因子造成的电阻率测量误差，提高了海底沉积物电阻率原位探测的垂向分辨率，在海底沉积物原位调查研究领域得到推广应用（Woolley，2009）。

近年来，海底电阻率量测法已成为一种原位土体物理性质测试和长期观测的有效间接方法。很多研究已经建立了海洋沉积物电阻率与物理力学性质指标间的关系，通过观测到的电阻率数据分析，可以掌握海底沉积物物理状态及变化。

4.3.2　相关设备

Kermabon 等（1969）研发了一种电阻率测量设备，该设备的传感器采用了垂直排列的 Wenner 点电极排列、伸缩式电极支架，依靠移动式的单点测量方法对全路径进行电阻率连续测量。

1982年，Hulbert设计了一套由四个微间距点电极构成的电阻率探杆，以振动驱动的方式将该装置贯入到浅层沉积物中，并成功地在佛罗里达州东南部海岸获取石灰岩沉积物的电阻率分布。该装置随后与声学仪器组合成船载拖曳探测系统，进行联合作业调查。通过电阻率等数据计算孔隙率、湿容重、覆土应力以及沉积物组成；通过声学数据获取海底形态、地层分布和沉积物结构等信息。

目前，电极式电阻率传感器在海洋探测领域被广泛应用于测量海水盐度、沉积物电性等方面，大量的科研成果和市场化产品陆续面世。如美国的Brown公司生产的四电极电阻率传感器、SBE公司生产的三电极电阻率传感器；德国基尔大学应用物理研究所、日本Alex公司、意大利Idronaut公司各自研发的七电极电阻率传感器。

我国的同类设备虽起步较晚，但近些年发展较快，如国家海洋技术中心研发的高性能七电极电导率传感器（李建国，2009；图4.15）；青岛科技大学与国家深海基地管理中心联合研制的高精度海底沉积物四点电极电阻率探针（魏晓等，2013；图4.16）。

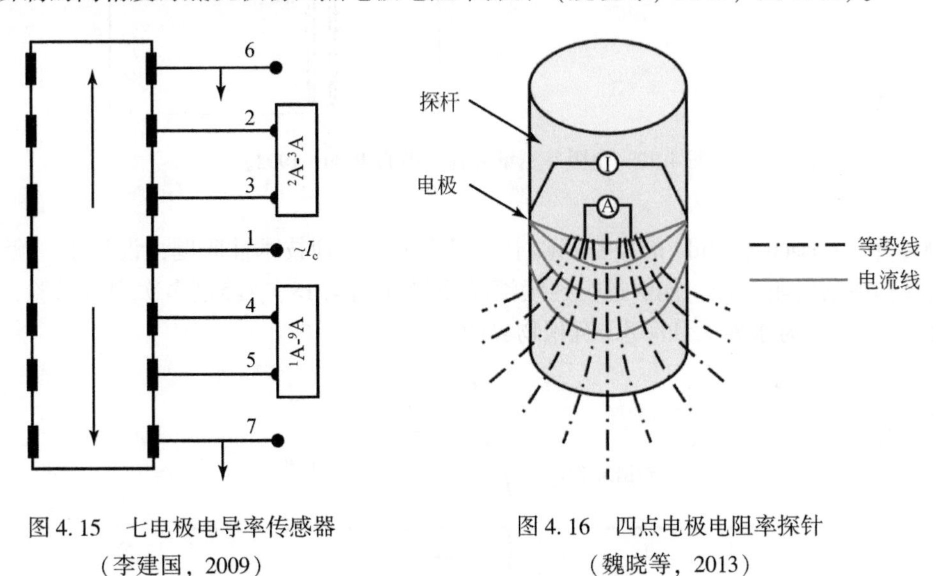

图4.15　七电极电导率传感器
（李建国，2009）

图4.16　四点电极电阻率探针
（魏晓等，2013）

高密度电阻率法是采用大量的电极沿一定规则预先布设，通过电极转换控制电路进行通道的快速切换，进行一种或多种测量方式的大量测点的快速测量方法。高密度电阻率探杆则是采用高密度电阻率法，将环形电极沿杆体轴向等间距布设，通过电极转换电路和采集系统实现大量测点的密集测量。高密度电阻率探杆的测量原理与传统电法测量原理类似，但其数据的空间密度是传统电法的数十倍甚至更多，可以直接获取高解析度的空间数据，用于反演不同被测介质或相同介质的不同组成成分之间的空间构成。

1992年，Ridd将Won设计的装置加以改进，包括一对电流电极（发射电极）和六对电压电极（测量电极），并应用该装置进行了海床蚀积过程监测实验（图4.17）。2002年，Thomas对Ridd设计的装置进行了优化改进，简化了原位测量方式，将数据采集部分与探杆整合为一体。

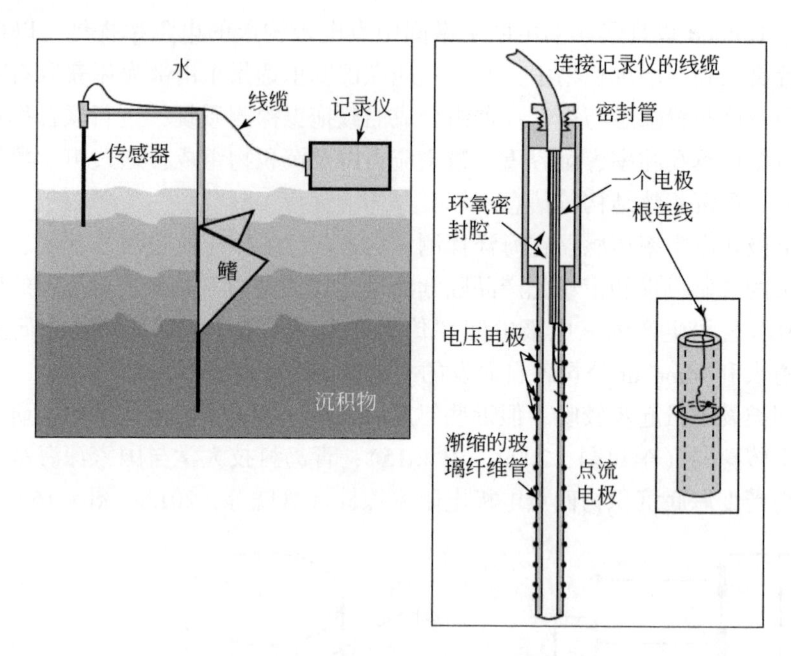

图 4.17　电阻率测量装置（改自 Ridd，1992）

2004 年，Cassen 在 Ridd 的设备基础上，解决了一系列技术性问题，设计了一套由 32 组点电极构成的电阻探杆，能够进行连续滚动测量（图 4.18）。经过多次现场试验，粗略地获取到了空气-海水界面和海水-沉积物界面。

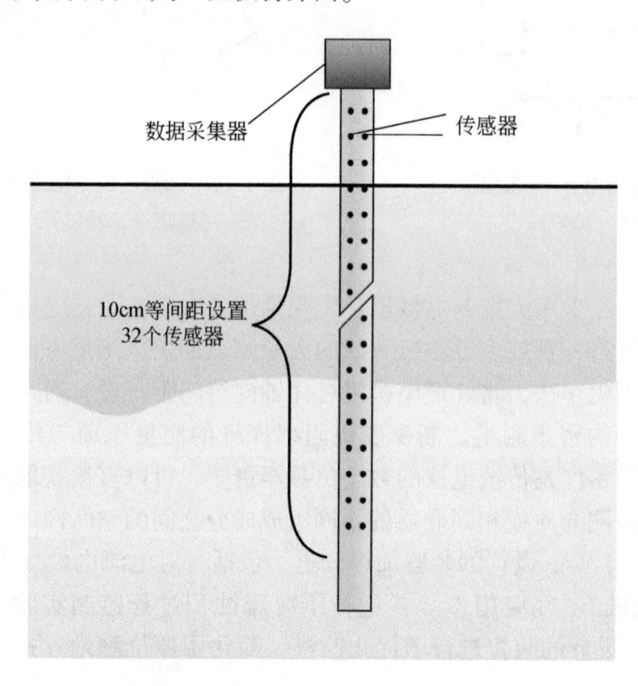

图 4.18　点电极电阻率探杆（改自 Cassen et al.，2005）

单红仙（2010）、Jia（2012）等基于点电极理论设计了点电极探头，包括48个点电极，能够实现固定间距的wenner连续滚动测量（图4.19）。

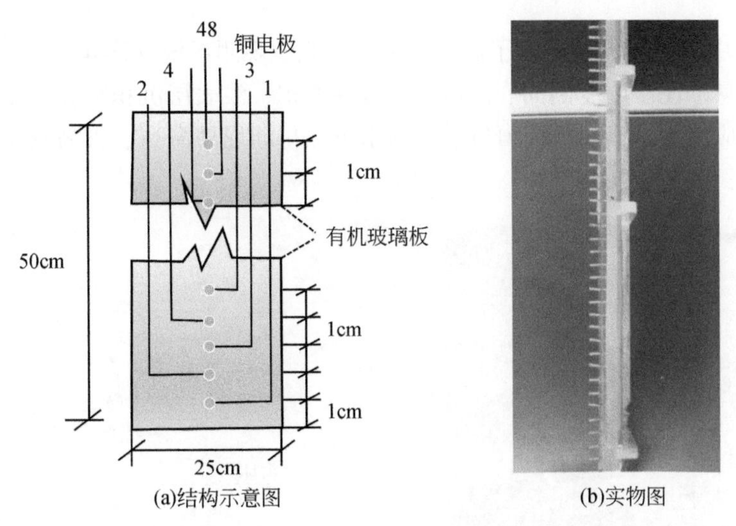

图4.19　点电极探头（改自单红仙等，2010）

王玉（2009）基于环形电极原理，对Won设计的装置进行机械改进，优化电阻率探杆的尺寸、形状、电极间距等，形成一套高密度电阻率探头，夏欣（2009）为该设备研发了一套基于wenner原理的滚动采集系统，其一侧为等间距热敏电阻，另一侧为电阻率测量电极，并采用加速度传感器进行贯入阻力与姿态的测量（图4.20）。

图4.20　高密度电阻率监测系统（王玉，2009；夏欣，2009）

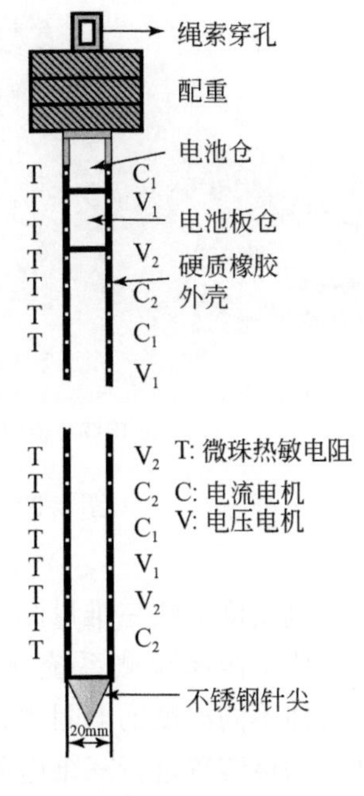

图4.21　沉积物微探针（丁忠军等，2009）

2009 年，丁忠军等设计了一种多参数贯入式原位探测微探针（图 4. 21），其一侧为等间距热敏电阻，另一侧为电阻率测量电极，并采用加速度传感器进行贯入阻力与姿态的测量。

2015 年，中国海洋大学研制了高密度电阻率原位观测系统（图 4. 22）。该系统能够获得近底层海水悬浮泥沙浓度剖面、海床界面侵蚀淤积、浅表层沉积物孔隙度剖面动态变化过程。该系统应用于营口白沙湾海域、黄河水下三角洲埕岛海域、青岛胶州湾大沽河水下三角洲海域等。

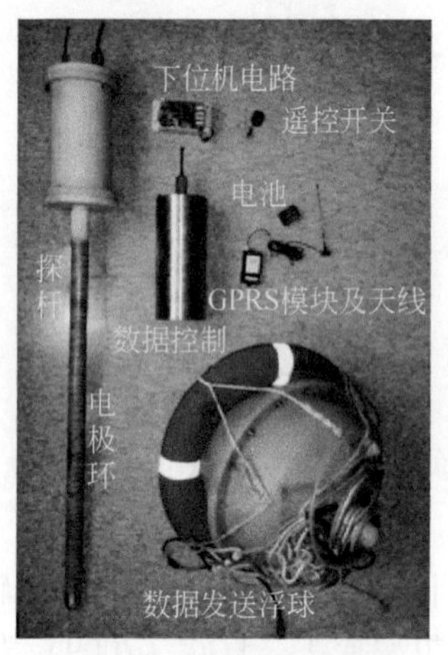

(a)高密度电阻率探杆实物图

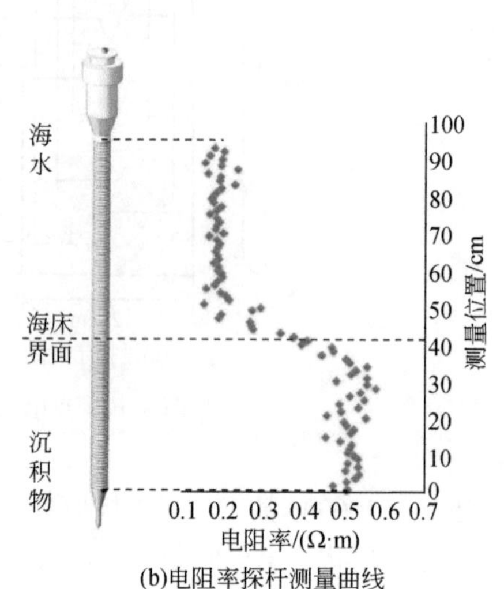

(b)电阻率探杆测量曲线

(c)现场布设图

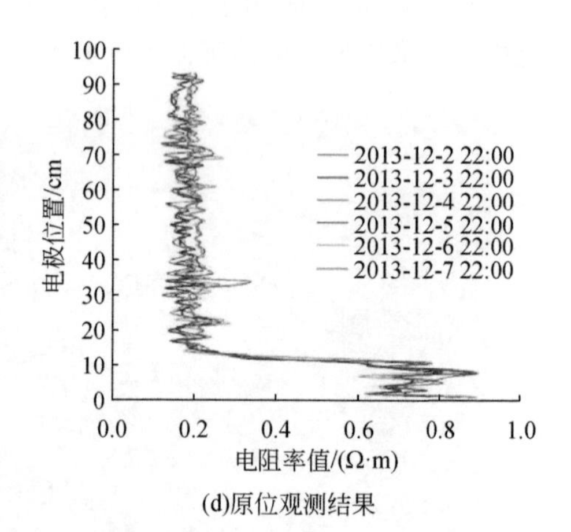

(d)原位观测结果

图 4. 22　高密度电阻率传感器（文明征等，2017）

该套高密度电法三维量测系统，包含控制舱、垂直探杆和四根十字交叉平面探杆共同组成的三维电阻率量测系统（图 4. 23）。通过垂向探杆上电极的 Wenner 方式滚动测量，测得沿杆体不同深度的电阻率，进而反演分析获得海底边界层位置信息、海水泥沙含量信息。通过两极装置进行三维电阻率测量，构建沉积物视电阻率三维图像。

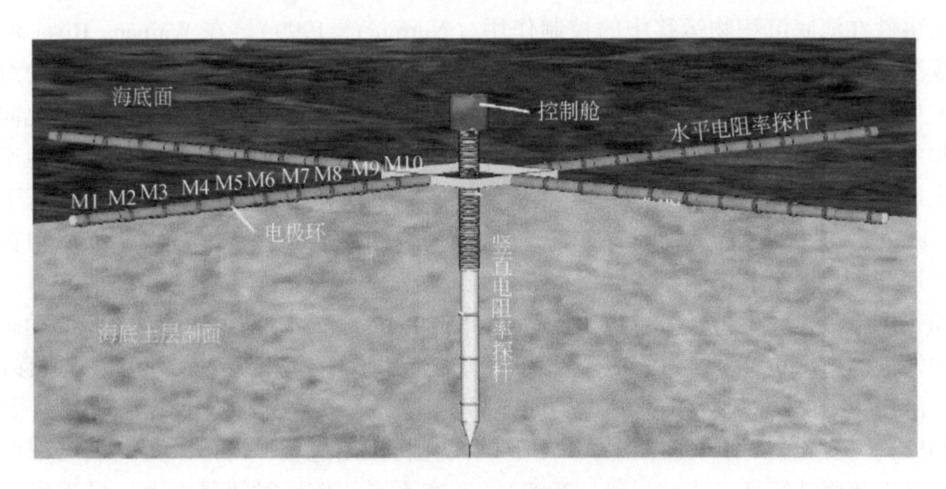

图 4.23 三维电阻率量测系统示意图

4.4 海底变形监测技术

海底变形监测针对的科学问题主要包括海底构造变形及非构造变形，前者包括大洋构造板块的运动变形、俯冲带地震循环形变、海底火山变形等，后者包括海底滑坡、天然气水合物及其他资源开发引发的海底变形等。

地球表面的变形测量方法，涉及陆上和海底两域。通常在陆域使用的较为广泛成熟的方法有全球导航卫星系统（GNSS）及雷达干涉测量技术（InSAR），但由于电磁波在水中的传播受限以及海底环境的复杂性，陆域使用的测量方法大都无法在海底进行移植使用，因此衍生出新的一批关于海底变形测量的方法手段，且随着技术的发展与进步，测量所针对的科学问题、测量的空间尺度、测量精度也得到相应发展。

海床变形主要分为海床面变形和海床内变形。海床面变形主要是集中在海底边界层范围内的变形，范围主要包括海床表面、海床表面以下几米区域这两部分；海床内变形主要为海床内部整体的变形。

海底变形测量尺度的发展由大变形趋向于小变形测量、整体区域变形趋向于局部区域变形测量。因此，在海底变形的监测领域，本节从“单点-小尺度-微尺度-大尺度”的方面介绍展开，对海底变形监测技术进行一个全面的介绍。由于海底变形效果主要作用于海底边界层范围，因此海底边界层动态变化为其中一个重要的研究部分。

4.4.1 变形监测原理

大量现场观测结果表明，在不同海况条件下，海底边界层涉及的厚度范围不同，动态变化过程与作用结果也表现出不同的特征。在风暴和强潮流作用下黄河口沉积物发生再悬浮运移，产生高密度重力流和水下斜坡的破坏流动已经在现场调查中发现（Prior et al., 1989）。在 Eel River 河口进行的为期五年的海底沉积物传输过程的现场观测，发现了风暴和波浪事件在海底沉积物运移中的控制作用（Nittrouer，1999）。在 Waipaoa River 河口的现场观测发现，在泥沙注入量很小，风暴事件发生的条件下，起初处于淤积状态的海底沉积物发生再悬浮并向大陆架外发生输运（Bever et al.，2011）。在黄河口地区冬季北向长风区，加之强东北风，产生的波浪会对已沉积的沉积物的再悬浮和水下斜坡的季节性变化产生巨大影响（Wang et al.，2006），导致冬季黄河口沉积物远距离输运强度明显高于夏季（Yang et al.，2011）。现场观测与室内模型实验研究结果表明，黄河三角洲沉积物在波浪荷载作用下极易发生液化，导致沉积物剪切强度、临界剪切应力降低，在波浪与海流的联合剪切作用下极易发生再悬浮（贾永刚等，2007；Zheng et al.，2011）。在沉积物动态响应研究中发现的一个重要变化过程是，在海洋动力作用下，沉积物不仅发生水平运移过程，在底床沉积物内部，在波致渗流梯度力的作用下，深层细粒沉积物不断向上输运（贾永刚等，2012），而经过长期的海洋动力作用下的液化再固结过程，河口三角洲表层则形成硬壳层，呈现超固结特征（张建民等，2007），并在不同的作用时间尺度上，呈现出不同的侵蚀再悬浮特征，表现出独特的动态演化趋势（Jia et al.，2012）。

本节介绍的变形监测主要包括单点测试法、声学测距法、水压监测法、直接监测法、大尺度探测技术。

4.4.1.1 单点测试法

（1）取样测量分析：对于某一区域，采用单点沉积物取样的方式，通过所取的海底沉积物样品的级配与上下层结构组成，判定该区域的海底变迁规律。

（2）光学测量技术：在某一测试区域，将光学测量传感器置于海底，当海底变形发生时会触发光电效应变化，随后根据传感器的数据进行判断。

（3）电阻率监测技术：在某一选定区域，将电阻率探杆贯入海床中，由于电阻率受悬浮泥沙浓度、海底沉积物种类等因素的影响，当海底发生变形时这类因素也会发生相应的变化。

4.4.1.2 声学测距法

声学测距法是测量布放在海床表面的多个声应答器，它们相互之间的声信号飞行时间（TOF），或者测量单个发声设备与多个声应答器之间的声信号飞行时间，以计算各个终端之间的距离。声波在海水中传递过程中，会受到海流的影响，使测得的飞行时间缩小或者增大，所以一般都是用双向测量或双程测量的方法来抵消这其中的误差。定期重复测量便可得出各终端之间的距离变化，从而反映海床的横向变形。

在海洋表面设立转接浮标或平台，结合全球定位系统（GPS），可将海床表面的应答器终端阵列纳入到大地坐标系中，从而能解决构造板块变形的测量需求。

4.4.1.3 水压监测法

水压监测法是在海床表面放置的高精度压力计观测水压的变化从而计算海床的沉降量。目前应用较为成熟的方法是利用石英晶体谐振器（水压力计）来测量海床垂向变形，水深的变化会引起水压力计内部的谐振器的震动，通过谐振器记录的震动可计算出水深变化。

4.4.1.4　直接监测法

部分仪器例如倾角计、三轴加速度传感器、测斜仪、伺服加速计等可以直接对海底变形进行监测。通过测量各轴向的加速度数据，推算出传感器在重力场中的姿态，海床变形会带动传感器产生角度变化，这一变化可通过测量传感器倾角变化来表征海床变形过程；在水合物开采过程中可能出现海底滑坡、滑塌和浊流等环境问题，利用测斜仪监测能够得到水合物开采区域准确的倾角、方位角和体积等信息。此外，某些新兴的设备例如微地貌仪等，可以直接给出海底变形的基本参数状态。

4.4.1.5　大尺度探测技术

大尺度探测技术包括搭载于科考船、ROV 的单波束回声测深仪和多波束测深声呐等走航式探测技术，本书第 2 章已经进行了详细的介绍，此处不再展开；还包括卫星遥感技术，可以获取海洋区域的大地水准面高数据；还包括海底观测网，通过搭载多种传感器进行综合监测。

4.4.2　相关设备及应用

根据监测对象的不同，可分为海床面变形的监测设备和海床内变形的监测设备。

4.4.2.1　海床面变形

20 世纪 90 年代，Lawler 设计了一套光电感应探杆（photo- electronic erosion pin, PEEP）。PEEP 传感器是一种简单的光电器件，由一排重叠的光伏电池串联而成，当插入海床界面的光电感应探杆，因海底变形造成暴露在光下的光电感应传感器数量变化时，其电压值也随之变化，从而获取海底侵蚀沉降信息（Lawler，1991；图 4.24）。

图 4.24　PEEP 光电感应探杆（Sutarto，2018）

Erlingsson（1991）研制出了一套沉积测量仪（SEDIMETER），该仪器由红外线传感器及数据采集装置构成，其工作原理基本与 PEEP 相同。可惜的是，PEEP 和 SEDIMETER 只能对沉积物覆盖的相对位置进行观测，但对于该部分沉积物的性质，例如固结程度，含水量等均无法反映。

在日本海底天然气水合物开采 MH21 计划中，应用地质公司（OYO）联合 JOGMEC 开发的监测装置，将单点三轴加速度传感器安置于海床表面，测量加速度变化，其中压力计为石英晶体谐振器，测得的水压变化可反映海床沉降量；倾角计是通过装置内液态电解质的导电性反映海床倾角变化（图 4.25）。

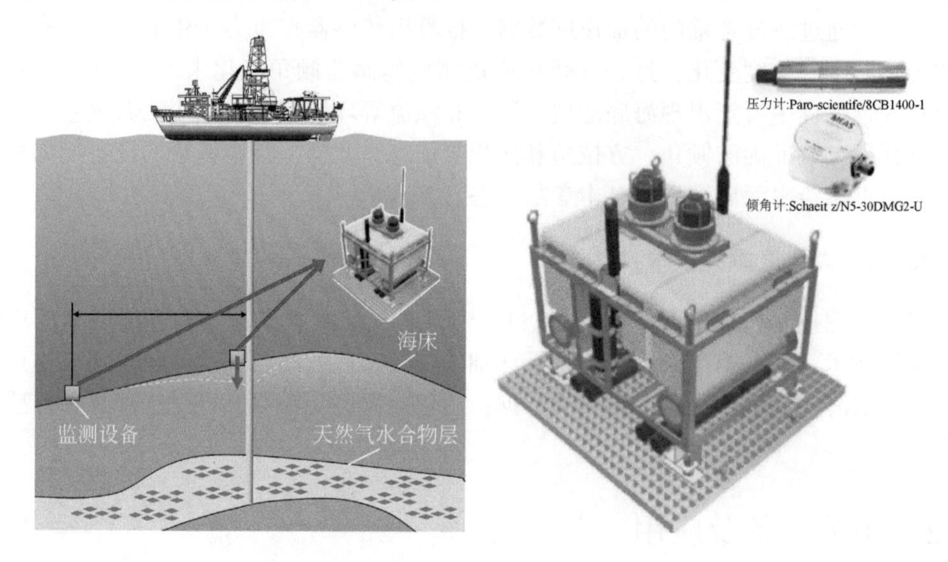

图 4.25　MH21 计划采用的海床变形监测装置（改自 Yokoyama et al.，2012）

通过高精度压力计测量海床沉降量的方法适用于深海地区，可以避免波浪潮汐等较频繁的水动力因素干扰。Stenvold 等（2006）在北海地区采用高精度水压测量技术进行海床沉降的监测，提出了一种精确测量远离平台位置的海底沉降的方法，该方法基于海底水压，通过远程操作设备（ROV）搭载高精度水压力计对预先部署的基准进行多次测量，同时在一个或多个参考位置进行连续测量，获得具有测量平均时间代表性的高精度相对深度（图 4.26）。

4.4.2.2　海床内变形

水下地形沉降监测在海洋工程建设中是极其重要的一部分，对海底地质灾害的发生有预警作用。浙江大学团队研制了基于 MEMS（micro-electro-mechanical system）传感器的多点、同步采集子系统，提高系统数据采集效率并保证检测数据的准确性。传感器采用三轴陀螺仪、轴加速度计、三轴磁力计，通过总线方式采集并备有同步接口，最终构建三维海底地形矢量模型，对三维海底地形变形情况进行动态、真实表达，实现海底地形变化的主动监测（图 4.27）。

加拿大 Measurand 公司生产的 Shape Tape 系统（图 4.28）利用光纤传感器观测海底构造应变，其观测类似于陆域地裂缝观测方法，将光纤平铺于海床表面，两端锚定，通过测量光纤拉伸长度反映该区域海床的横向变形量。该设备可测量物体的弯曲和扭转变形，配有三维可视化软件，可以显示所监测的曲线和曲面，从而实现对结构的形状和方向的监测。

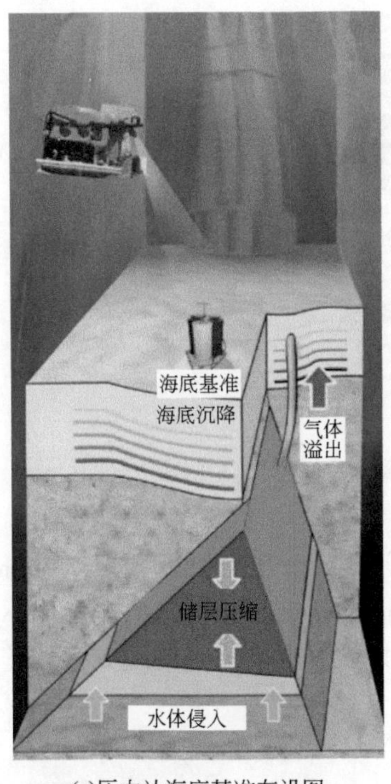

(a)压力计海底基准布设图

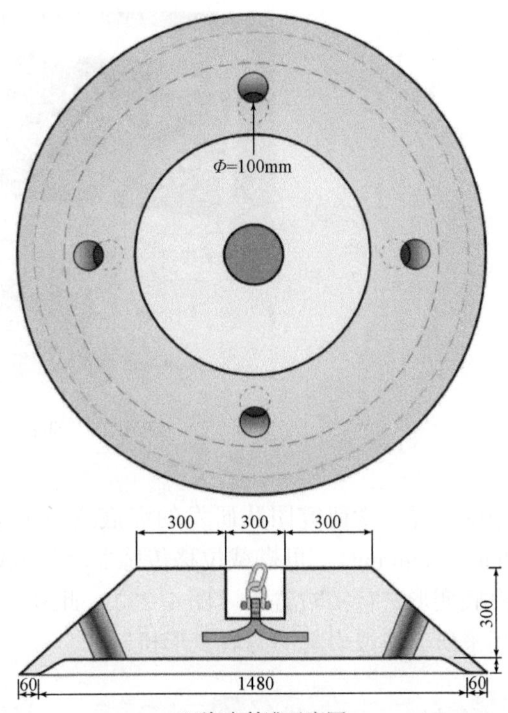

(b)海底基准示意图

图 4.26　高精度压力计应用（Stenvold et al., 2006）

图 4.27　微机电系统传感阵列海底布放示意图（Xu et al., 2018）

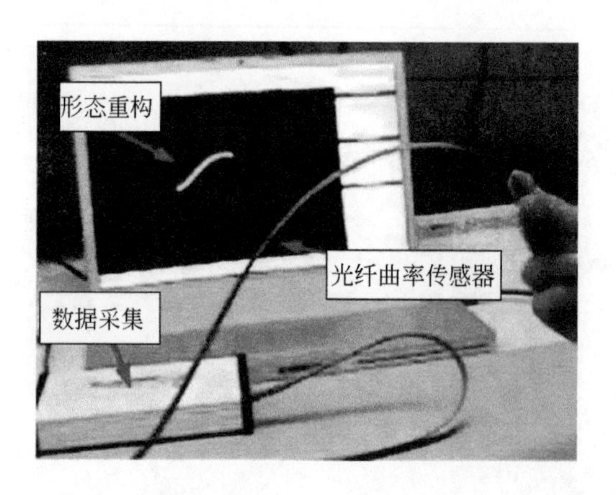

图 4.28　Shape Tape 系统

中国海洋大学研究团队研发的海底变形滑动原位实时自动观测设备 SLM（submarine landslide monitoring），可搭载位移传感器阵列 SAA（shape accel array）对海床土体不同深度的海底变形进行实时监测（图 4.29）。此外，在水动力数据也被记录的地方，SLM 系统可以用来研究波浪引起的海底变形机制。

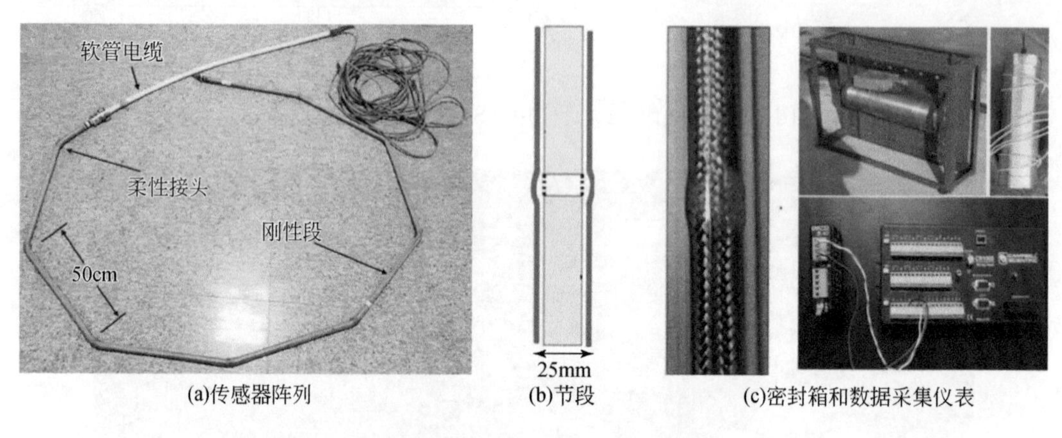

图 4.29　海底变形滑动观测系统（Wang et al.，2018）

4.5　沉积物孔压探测与监测技术

沉积物孔隙水压力是指沉积物中由孔隙水所承担或传递的压力，又称中性应力、孔隙压力。沉积物的抗剪强度受垂向有效应力控制，根据有效应力原理，孔隙压力升高会导致垂向有效应力降低，从而导致抗剪强度降低，影响海床面强度，进一步诱发各类海洋地质灾害。因此，海底沉积层的孔隙压力作为控制沉积层稳定性的重要因素，不仅具有重要的科学意义，还具有显著的工程应用价值。通过海底沉积物孔隙压力的监测可以判断海床的稳定状态，对于海底地质灾害监测预警和海洋工程建设的安全运行具有重要意义。

4.5.1　孔压与沉积物性质

孔隙压力指沉积层单个颗粒之间的空隙（孔隙）中流体的压力。本节仅讨论饱和土，因为这是海底沉积物中最常见的环境。

由于海洋沉积物具有低渗透性，海底沉积物的孔隙压力受任何施加应力的影响都会较为明显，故可以通过沉积物孔隙压力的测量进而判断施加的应力性质或沉积物物理性质。根据有效应力原理，土体有效应力（σ'）为土体总应力（σ）与孔隙压力（u）之差：$\sigma'=\sigma-u$。

如图 4.30 所示，在完全饱和的土体中，任意点的孔隙压力（u）都可以分解为两个分量：静水压力 u_0 和超孔压 Δu。超孔隙压力的大小通常用 $\Delta u/u_0$（以百分比表示）来表示。静水压力 u_0 可以通过该点所处水深获得，其数值大小等于该点流体的单位容重。流体密度可以采用经验值，其受盐度、温度以及赋存深度的影响变化对于岩土工程问题来说可以忽略不计。

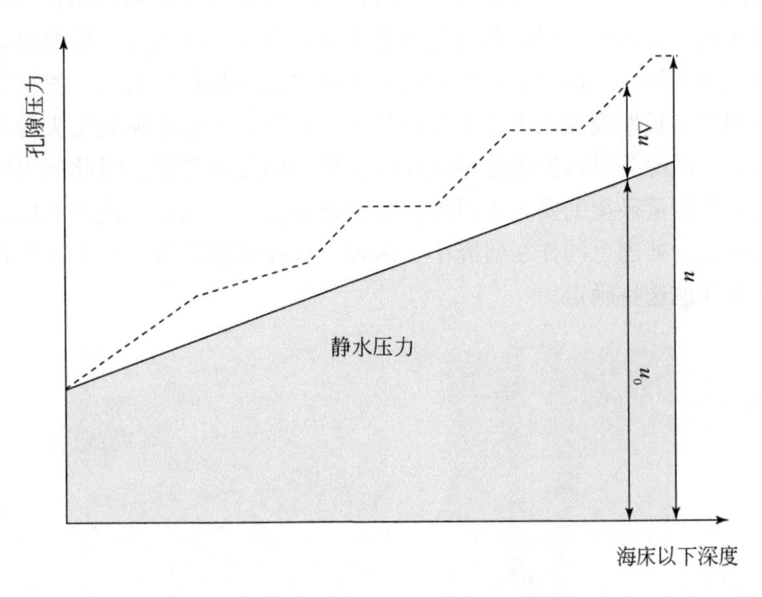

图 4.30　静水压力超孔压之间的关系

一般情况下，如果一个测点的水文地质条件和岩土条件被完全熟知，并且这些条件表明测点赋存于静水压力环境中，那么超孔隙压力（Δu）可以估计为零（即孔隙压力等于静水压力）。

在岩土工程问题中，我们更关注超孔隙压力，它会导致沉积物变得相对不稳定。事实上，所有的滑坡可能都是沉积层内孔隙压力增加所引起的，发生滑坡时，孔隙压力必须超过临界水平。超过临界状态的原因可能为周围环境的缓慢量变以及风暴或者地震活动所引起的瞬变。此外，快速沉积、气体逸散或由地热梯度引起的自然平流等均有可能引起沉积环境产生超孔隙压力。因此确定风险区域对于任何海底工程项目都是非常重要的，特别是深水碳氢化合物提取区域和具有显著斜坡的地区。

目前岩土工程中主流的原位孔压测量方法分为以下几种：①以短期观测为目的的孔压静力触探（CPTU）及渗压探头；②以长期观测为目的的压力计。

4.5.1.1　短期消散测试

以短期观测为目的的CPTU及渗压探头观测通过将带有压力传感器的探头贯入到沉积层中，探头与海面以上的设备通过导向管连接（图4.31）。由于观测时间短，因探头贯入所引起的超孔压不能完全消散，所以对探头结构设计等方面的要求更为严格。不同的探头半径对于沉积层的塑性破坏程度不同，所需的超孔压消散时间也不同，基本上是探头半径越大消散时间越长。目前CPTU及渗压探头已经形成了较为成熟的应用标准，相关的商业产品也很多，针对不同的产品其数据处理方式各有不同。

4.5.1.2　长期原位观测

以长期观测为目的的压力计观测则主要将传感器布放到（贯入或钻孔埋设）到沉积层中，通过灌浆或其他方式封孔以防测点与海水完全贯通（图4.32）。其观测时长根据测量目的从几天到几年不等，一般会采用自容式采集装置进行数据的采集，根据需要对数据的记录模式进行调整。长期观测压力计主要包括海床面以下的原位观测探头与海床面上的采控装置两个部分。因探头贯入所引起的超孔压会随时间逐渐消散，因此压力计的结构设计大多以稳定或满足测量环境的要求为目的。目前设备并未形成较为成熟的标准，因此压力计获得孔压数据的后处理也同样在研究中。两种方式在仪器设备上并没有严格的界限，根据观测目的针对性地选择确定。

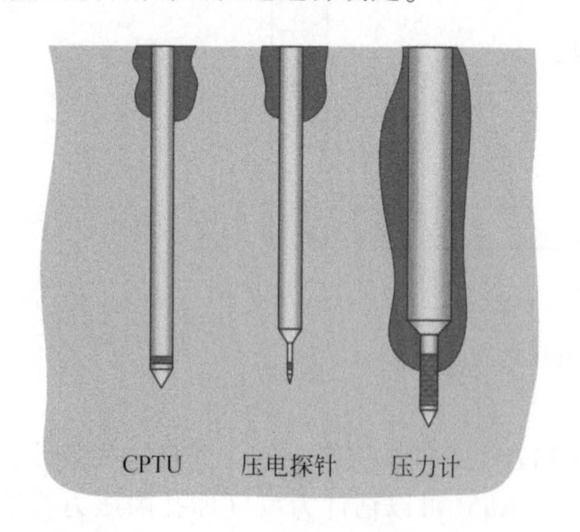

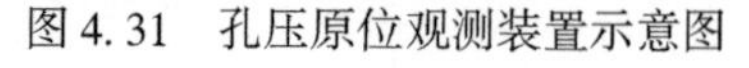

图4.31　孔压原位观测装置示意图

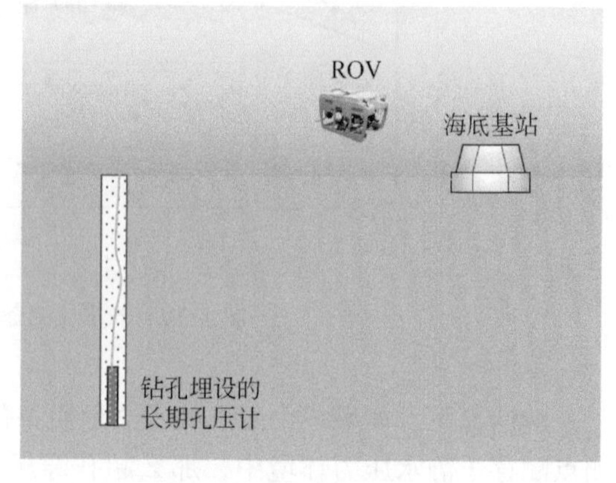

图4.32　海底长期孔压观测

超孔压（Δu）数值上是一个差值，其测量必须要求一个参考压力，在海底沉积物中这个参考压力就是测点的静水压力。当然也有一些其他的参考压力可以被应用，但是需要考虑相对引入的几何效应。将测点的静水压力作为参考压力，可以抵消潮汐以及大气压力。

压力测量传感器主要有两种：绝对压力传感器或差压传感器。两者主要区别在于压差传感器除测量压力端口外还包括一个参考压力端口，允许传感器对参考压力的变化进行自我补偿。绝对压力传感器的测量值是相对于固定压力的（如绝对或大气压），并且参考压力的变化会直接记录到测量值的变化中。

在长期观测用的压力计中，压差传感器的参考压力端口可用于补偿潮汐和气压影响。如果使用绝对压力传感器，必须使用额外的传感器来专门测量参考压力的变化，通过计算软件将参考压力从测量压力中去除，从而获得压差。在深海应用中，每种类型的传感器如何使用还存在很大的争议。

压力计中如何使用这两种传感器进行测量共有三种结构模型。如图4.33所示，结构1和结构3测压原理相似，仅压差传感器的位置不同。结构2使用的是两个绝对压力传感器。

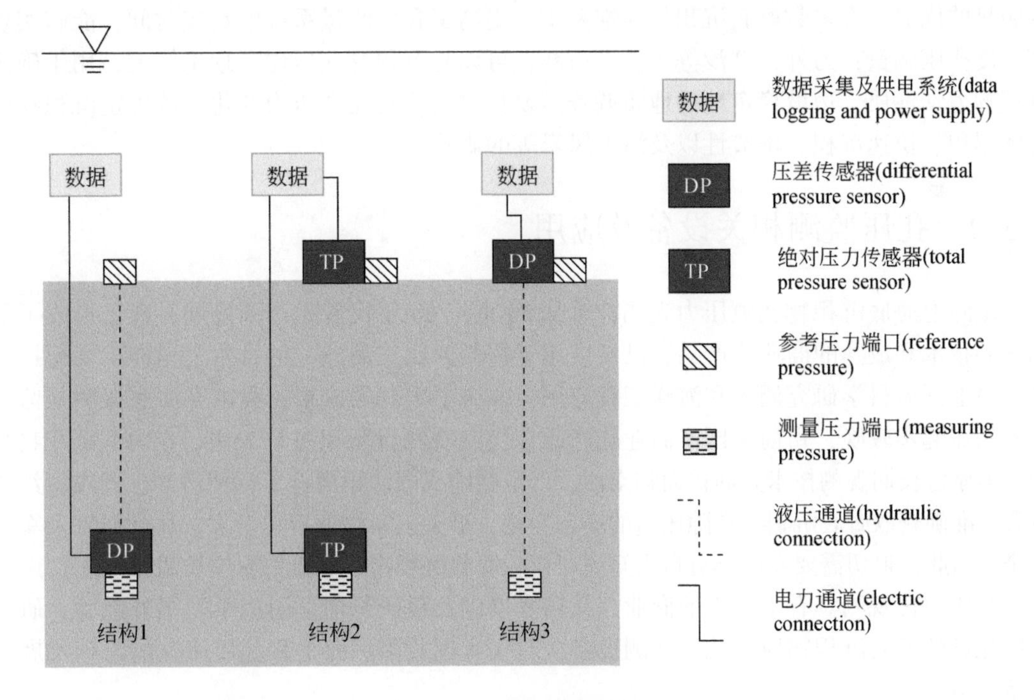

图4.33　压差式测量原理

结构1：压差传感器直接布放在测点位置，测量压力端口的透水装置接触沉积物环境，参考压力端口通过液压通道与海水连接。该结构为深海观测应用中的首选，然而这种结构的设备在海底难以被安全布放。目前的传感器在结构以及工艺上还不能完全满足在深海中的应用条件，如几何尺寸、防水耐腐蚀性等的局限。

结构2：采用两个绝对压力传感器联合观测的手段，一个测量传感器布放在沉积物中用来测量沉积物内孔隙压力，一个参考传感器布放在测点对应的海床面测量海水压力，通过后期校正获得压差。这一结构应用较为广泛，但是参考传感器和测量传感器之间的相对几何位置偏移会引入较大的误差，早期的研究中就已经意识到这一问题。

结构3：压差传感器布放在测点对应的海床面，测量压力端口布放于测点通过液压通道与压差传感器连接，自动计算补偿参考压力变化，采集系统直接记录压差值。布放深度的误差不会对孔隙压力测量产生影响。该结构的另外一个好处是传感器可以自动恢复以重新校准（关闭测量压力端口仅测量海水压力进行零值校准），而安装在钻孔中的传感器则不能被恢复与重复利用。

通过沉积物孔隙压力原位观测确定风险区域，对于任何海底工程项目都是非常重要的。海洋岩土工程中最突出的问题是海洋工程结构物处于远比陆地更严峻、更复杂、变化更迅速的环境荷载作用下，这种环境荷载作用会引起海底沉积物孔隙压力的响应，孔隙压力的不断累积会导致海床强度的降低，严重影响海洋工程结构物的稳定（陈天等，2022）。由于海洋沉积物相对难以接近的环境和高静水压力，使得原位孔隙压力的测量变得更加复杂。然而，一旦克服了这些技术困难，深海沉积物原位调查中，孔隙压力测量便提供了一些明显的优势。大多数海底沉积物为饱和土，提高了孔压测量系统的响应时间，能够实现高精度孔压测量；另外，潮汐等天然动荷载，可以与沉积物孔压建立理论模型，用于确定沉积物力学性质。边坡稳定性的地质调查需要长时间监测孔隙压力变化，以确定沉积物中气体累积、快速沉积、季节性以及海上风暴等的影响。

4.5.2 孔压监测相关设备及应用

国际上海底沉积物孔隙压力观测技术从20世纪60年代开始逐渐发展，现已形成了系列核心技术和成熟的商业化产品，已被应用于密西西比三角洲、尼日尔三角洲、马德拉群岛等多地开展科学研究调查和海洋工程应用，取得了丰硕的成果；我国在海底探测与监测技术领域起步较晚，目前无国产商业化产品在售，观测设备以进口为主，在海底沉积物孔隙压力原位长期观测技术方面仍面临空白，严重制约我国认识海洋、探测海洋、开发海洋的进程。准确获取海底沉积物孔隙压力的动态变化，事关国家深海资源开发、科学研究及军事安全。因此，迫切需要发展具有自主知识产权的海底沉积物孔隙压力原位长期观测技术。

孔压原位观测具有十分强的商业、战略发展以及科研价值。引进学习国外经验，研究发展先进的海底沉积物原位孔压观测设备，对于实现我国深海工程地质研究的跨越发展有着重要意义。

4.5.2.1 NGI-Illinois 压差式孔隙压力观测系统

挪威岩土工程研究所与美国伊利诺伊大学共同研发了一套 NGI-Illinois 压差式孔隙压力观测系统（NGI-Illinois differential piezometer probe system），这是已知最早的海底沉积物孔隙压力观测设备（图4.34）。

4.5.2.2 美国地质调查局 SEASWAB 试验

美国地质调查局在密西西比河三角洲开展了两次 SEASWAB（shallow experiment to assess storm waves affecting the bottom）试验，试验水深分别为19m和13m，试验期间研发了多种海底沉积物孔隙压力观测设备，使孔隙压力原位长期观测技术得到了显著的发展（图4.35）。

图 4. 34　NGI-Illinois 压差式孔隙压力观测系统及其传感器结构图（Richards et al.，1975）

4. 5. 2. 3　美国桑迪亚国家实验室 GISP 孔隙压力观测探杆

美国桑迪亚国家实验室（Sandia National Laboratories）设计制造的 GISP（geotechnical instrumented seafloor probe）孔隙压力观测探杆（图 4. 36），可以在水深 450m 的海底独立工作，将孔隙压力观测设备的使用范围扩展到了深海。

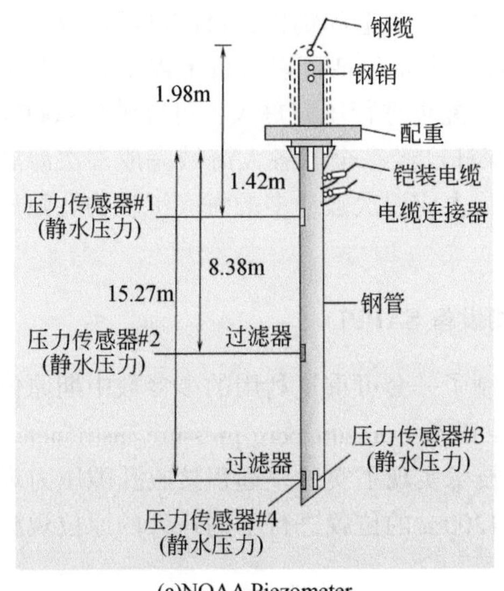

(a)NOAA Piezometer

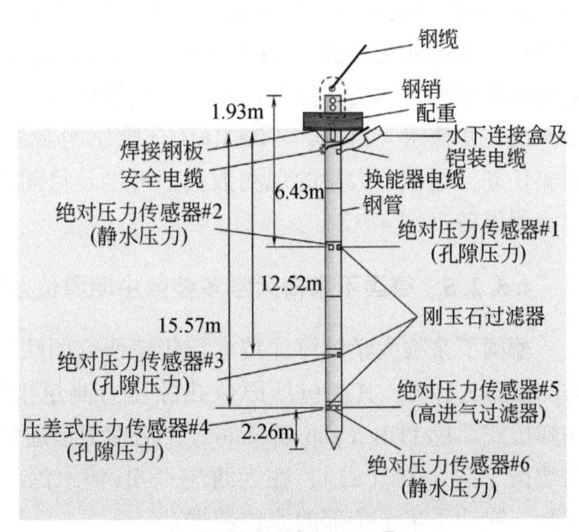

(b)NOAA Piezometer II

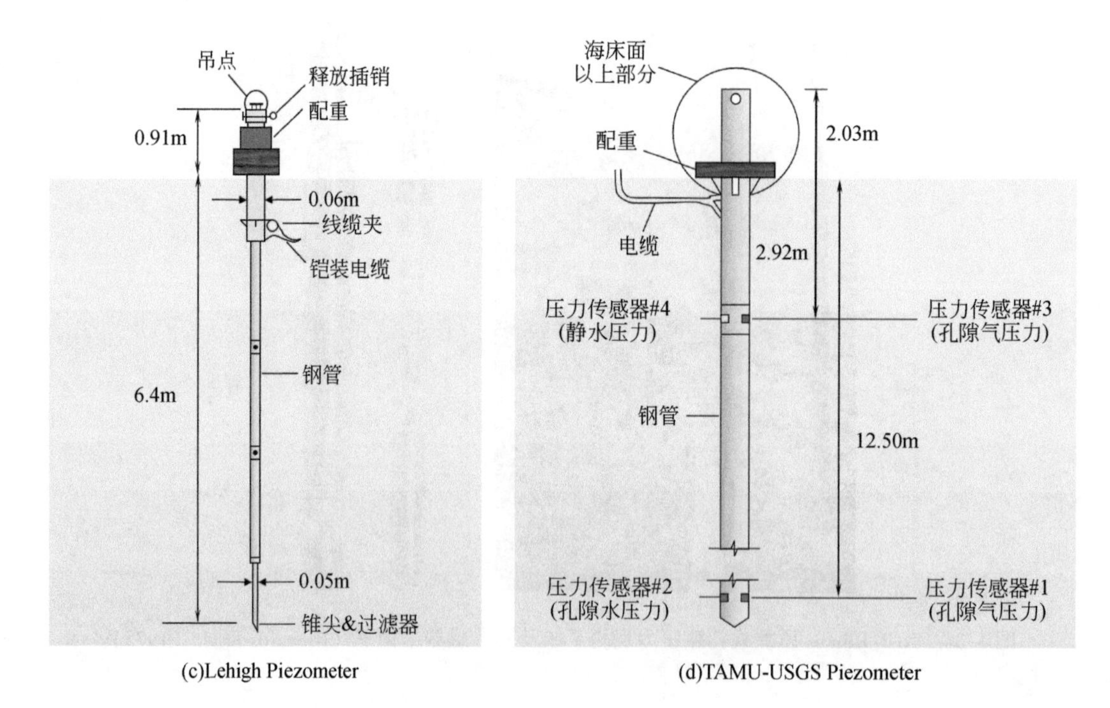

图 4.35 美国地质调查局 SEASWAB 试验孔隙压力探杆结构示意图（改自 Dunlap et al.，1978）

4.5.2.4 法国海洋开发研究院 IFREMER Piezometer 系列孔隙压力观测探杆

法国海洋开发研究院设计研发了一种自落式海底沉积物孔隙压力观测设备—IFREMER Piezometer 系列孔隙压力观测探杆，由法国 NKE 公司进行制造和销售，目前已经形成了成熟的技术和商业化产品，IFREMER 孔隙压力观测探杆主要包括可以自行上浮回收的数据采集舱和抛弃式的贯入探针两部分，使用可回收的铅配重进行压载贯入，可以满足 6000m 水深的工作需求。目前，IFREMER 孔隙压力观测探杆已经在全球各大海域完成多次海底观测任务，累积了大量的观测数据，可能是目前世界上应用次数最多的海底沉积物孔隙压力观测设备（图 4.37）。

4.5.2.5 德国不来梅大学多参数中期原位监测设备 SAPPI

德国不来梅大学的海洋技术与传感研究团队研制了一套可重复利用的多参数中期原位监测设备 SAPPI，其中包括原位孔隙压力测量仪器 IPPI（in-situ pore pressure instrument）和弹出式浮标 PUB（pop-up buoy），借助卫星通信技术实现了实验室远程接收孔隙压力观测数据［图 4.38（a）］，在大西洋 Cadiz 湾水深约 1200m 的位置进行了约八天的原位观测试验，成功采集了全部的原位数据。

不来梅大学还制造了另一种海底沉积物孔隙压力原位观测设备 P-lance 孔隙压力观测探杆［图 4.38（c）］。该探杆利用声学释放器在海底附近释放后，以自由落体的方式完成海底贯入布放，最后通过水下机器人 ROV 辅助进行回收［图 4.38（b）］。2014 年 2 月至

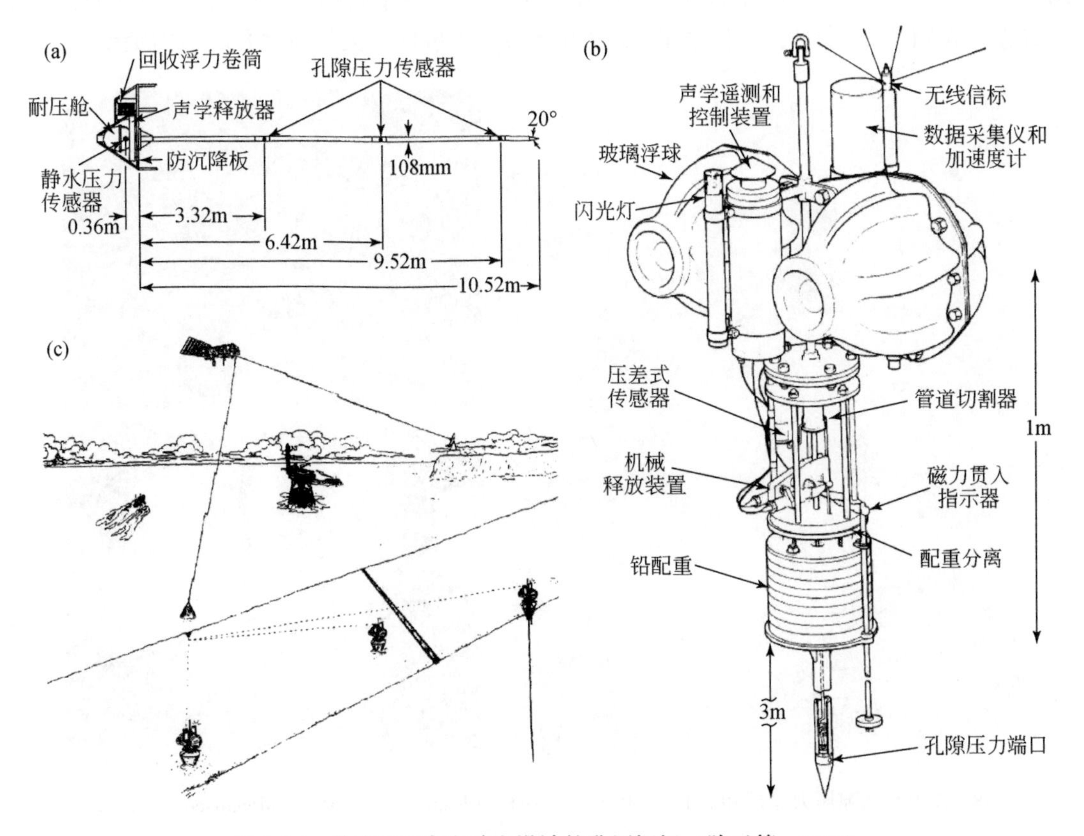

图4.36　桑迪亚国家实验室设计的孔压探杆（陈天等，2022）

图4.37　IFREMER孔隙压力探杆和甲板布放系统（Luca et al.，2009）

2016 年 4 月，P-lance 孔隙压力观测探杆在地中海东部的雅典娜泥火山附近 1800m 水深的位置连续观测了 26 个月，捕捉到了 32 次可能与地震事件有关的海底孔隙压力突变。

图 4.38　SAPPI 孔隙压力探杆和 P-lance 孔隙压力探杆（Kaul et al.，2004；Menapace et al.，2017）

4.5.2.6　挪威岩土工程研究所 NGI

根据实际工程需要，NGI 设计研发了一系列海底沉积物孔隙压力观测设备（图 4.39），并在 Troll A 深海天然气平台、Ormen Lange 油气田、德国费马恩海峡大桥（Fehmarnsund Bridge）等建设中进行了广泛的应用。

4.5.2.7　国产海底孔压原位监测设备

国内近几年有关孔压的监测技术发展也处于突飞猛进的状态。中国海洋大学海洋地球科学学院冯秀丽等人研制出了海底土体原位孔监测装置，由集成了锥尖阻力传感器，侧摩阻力传感器，孔隙水压力传感器的测杆与自动化数据采集、处理、评价系统组成，可持续一个月以上用来监测波浪在土体内不同深度处产生的超孔隙水压力，并利用建立的分析评价系统及时反馈采集数据中的指定深度，任意时间段孔压、波浪变化曲线，获取同时段探测深度上的孔压曲线，并判断波浪对孔压作用机理。此外可根据有效应力原理及物理模型试验得出的经验公式对土体液化可能性进行判别。

山东省海洋环境地质工程重点实验室研发了一套复杂深海工程地质原位长期观测设备（SEEGeo），设计制造的海底沉积物孔隙水（气）压力观测探杆，采用自主研发的适用于深海环境的压差式光纤布拉格光栅孔隙压力传感器，实现长期连续观测（图 4.40）。

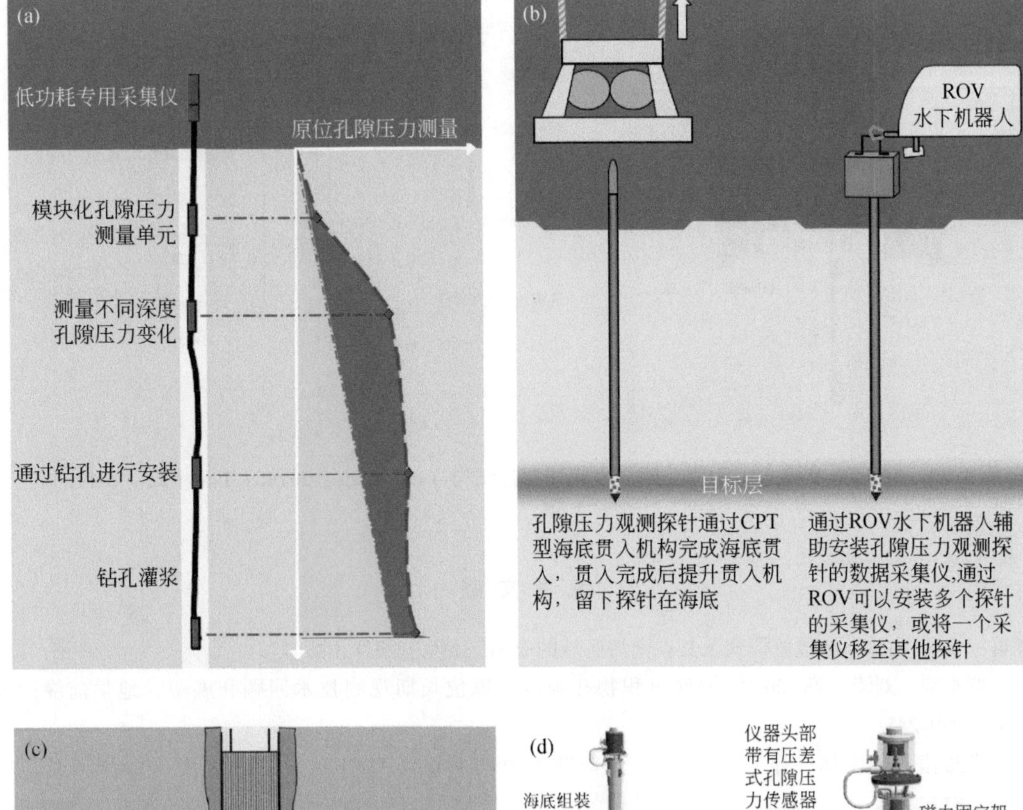

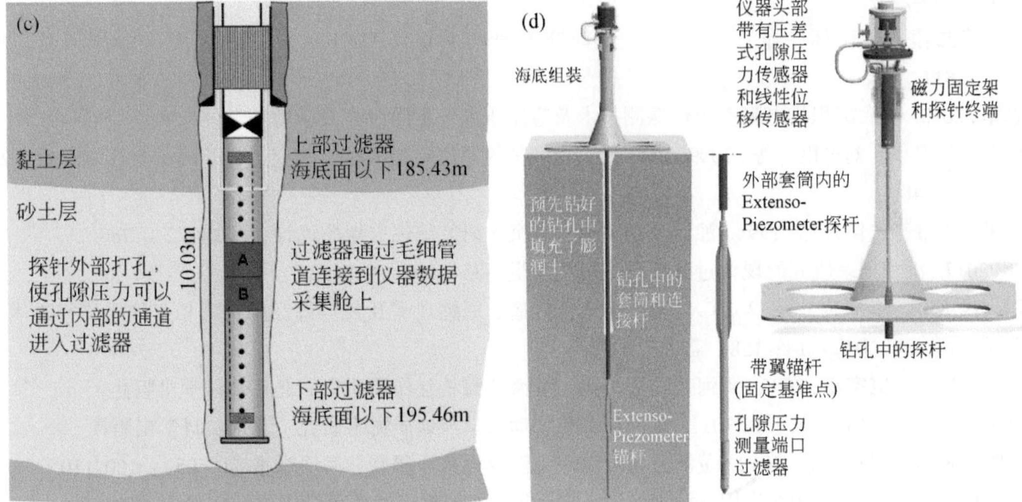

图4.39 NGI孔隙压力观测系统（Strout and Tjelta，2007；Tjelta et al.，2007；陈天等，2022）

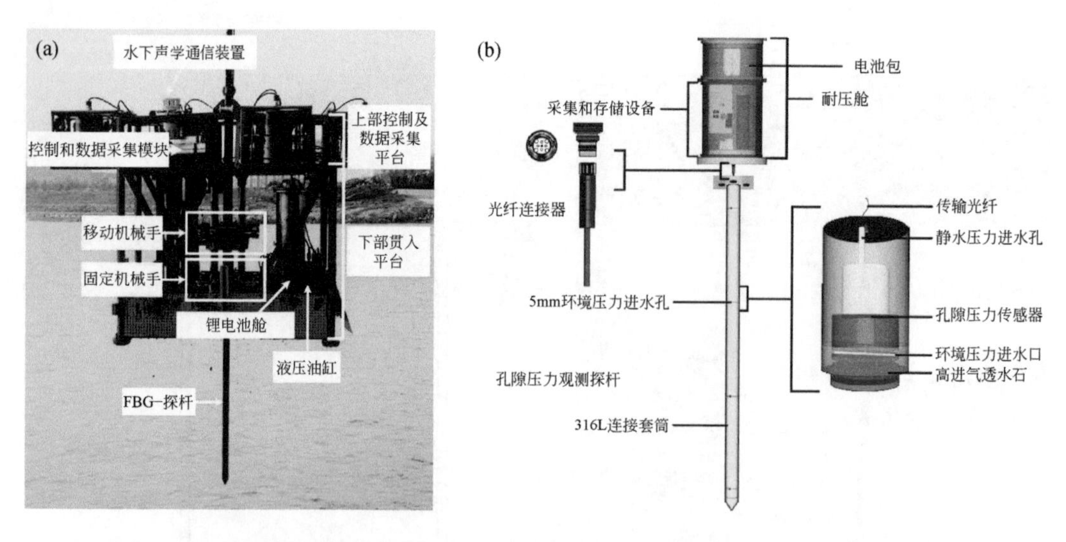

图 4.40　SEEGeo 和海底沉积物孔隙压力观测探杆结构（Liu et al.，2019a；Liu et al.，2019b）

参 考 文 献

蔡树群．2015. 内孤立波数值模式及其在南海区域的应用．北京：海洋出版社．

陈天，贾永刚，刘涛，等．2022. 海底沉积物孔隙压力原位长期观测技术回顾和展望．地学前缘，29（05）：229-245.

邓锴，张兆伟，俞建林，等．2019. 声学多普勒流速剖面仪（ADCP）国内外进展．海洋信息，34（04）：811.

丁忠军．2013. 海底沉积物电阻率原位探测技术及应用研究．中国海洋大学博士学位论文．

丁忠军，刘保华，刘忠臣，等．2009. 海洋沉积物多参数原位探测微探针研究．电子测量与仪器学报，23（12）：44-48.

方爱民，李继亮，侯泉林．1998. 浊流及相关重力流沉积研究综述．地质论评，（03）：270-280.

高抒．2017. 沉积记录研究的现代过程视角．沉积学报，35（05）：918-925.

韩鹏，钱洪宝，李宇航，等．2020. 内波的生成、传播、遥感观测及其与海洋结构物相互作用研究进展．海洋工程，38（04）：148-158.

黄海军，李凡，庞家珍．2005. 黄河三角洲与渤、黄海陆海相互作用研究．北京：科学出版社．

贾永刚，单红仙，杨秀娟，等．2011. 黄河口沉积物动力学与地质灾害研究．北京：科学出版社．

贾永刚，张颖，刘辉，等．2012. 黄河三角洲海底土波致再悬浮研究．海洋学报 34（05）：100-110.

李凡．1996. 海岸带陆海相互作用（LOICZ）研究及我们的策略．地球科学进展，（01）：19-23.

李宏琳，李倩倩，周康颖．2021. 温盐深剖面仪与 Argo 数据的冬季印度洋声速剖面分析．应用声学，40（05）：738-744.

李家钢，徐晓庆．2013. 海洋深层水动力环境调查技术回顾．海洋科学，37（06）：121-125.

李建国．2009. 高性能七电极电导率传感器技术研究．海洋技术学报，28（2）：4-10.

林香红，彭星，李先杰．2019. 新形势下我国海岸带经济发展特点研究．海洋经济，9（02）：12-19.

刘德铸．2010. 声学多普勒流速测量关键技术研究．哈尔滨工程大学博士学位论文．

刘彦祥．2016. ADCP 技术发展及其应用综述．海洋测绘，36（02）：45-49.

栾虹 . 2016. 基于 landsat8 珠江口悬浮泥沙及叶绿素 a 浓度遥感反演及时空变化 . 广东海洋大学硕士学位论文 .
牛建伟，徐继尚，董平 . 2017. 随机波浪作用下底层水沙运动的试验研究 . 海岸工程，36（02）：17-28.
彭旸，龚承林，李顺利 . 2022. 河流—波浪—潮汐混合作用过程研究进展 . 沉积学报，40（04）：957-978.
钱宁，万兆惠 . 1983. 泥沙运动力学 . 北京：科学出版社 .
单红仙，刘晓磊，贾永刚，等 . 2010. 黄河口沉积物固结过程电阻率监测研究 . 岩土工程学报 . 32（10）：1524-1529.
王伟伟，马恭博，程林，等 . 2017. 笼式泥沙捕获器的研制与实测应用 . 海岸工程，36（03）：52-58.
王鑫娟 . 2021. 潮汐循环对胶州湾大沽河口沉积物氮、磷、DOM 释放影响的模拟研究 . 青岛大学硕士学位论文 .
王玉 . 2009. 海床界面蚀积过程原位监测系统探头的设计研究 . 中国海洋大学硕士学位论文 .
魏晓，丁忠军，吴俊飞，等 . 2013. 高精度海底沉积物四点电极电阻率探针研究 . 电子测量与仪器学报，9：810-816.
文明征，单红仙，张少同，等 . 2016. 海底边界层沉积物再悬浮的研究进展 . 海洋地质与第四纪地质，36（01）：177-188.
文明征，郭磊，贾永刚，等 . 2017. 变点分析理论在高密度电阻率探杆观测海床界面中的应用 . 海洋通报，36（05）：521-527.
吴平辉，谭云辉 . 2022. 声学多普勒流速剖面仪垂线平均流速计算模型研究及应用水文，42（03）：67-71.
夏欣 . 2009. 基于电阻率测量的海床蚀积过程原位监测技术研究 . 中国海洋大学博士学位论文 .
邢超锋，何青，郭磊城，等 . 2015. ASM 在近底泥沙浓度剖面观测中的应用研究 . 泥沙研究，（06）：46-51.
徐智优，原庆东，熊学军，等 . 2020. 南海东北部 C 型内孤立波的观测与分析 . 海洋科学进展，038（002）：211-225.
于小军 . 2007. 电阻率模型理论应用于海相软土蠕变研究 . 岩石力学与工程学报，26（8）：1720-1727.
原野 . 2009. 基于声学方法的中国近海沉积物和悬浮颗粒物动力过程观测研究 . 中国海洋大学博士学位论文 .
张建民，单红仙，贾永刚 . 2007. 波浪和潮波作用下黄河口快速沉积海床土非均匀固结研究，28（7）：1369-1375.
张龙，叶松，周树道，等 . 2017. 海水温盐深剖面测量技术综述 . 海洋通报，36（05）：481-489.
张少同 . 2017. 波致粉质土海床液化对沉积物侵蚀再悬浮的影响 . 中国海洋大学博士学位论文 .
章家保，蔡辉，陈加银，等 . 2015. 当前海洋波浪测量的技术特点和实测分析 . 海洋技术学报，34（04），33-38.
郑威，惠力，王志，等 . 2021. 声学波潮仪波浪测量要素的试验分析 . 海洋技术学报，40（03）：45-51.
周庆伟，张松，汪小勇，等 . 2016. 声学多普勒剖面流速仪检测方法探讨 . 海洋技术学报，35（04）：31-35.
朱光文 . 1999. 我国海洋探测技术五十年发展的回顾与展望（一）. 海洋技术，18（2）：6.
Ali A，Lemckert C J. 2009. A traversing system to measure bottom boundary layer hydraulic properties. Estuarine，Coastal and ShelfScience，83（4）：425-433.
Allen J R L，Duffy M J. 1998. Medium- term sedimentation on high intertidal mudflats and salt marshes in the Severn Estuary，SW Britain：the role of wind and tide. Marine Geology，150（1-4）：1-27.

Barker R D. 1981. The offset system of electrical resistivity sounding and its use with a multicore cable. Geophysical Prospecting, 29 (1): 128-143.

Bever A J, McNinch J E, Harris C K. 2011. Hydrodynamics and sediment-transport in the nearshore of Poverty Bay, New Zealand: Observations of nearshore sediment segregation and oceanic storms. Continental Shelf Research, 31 (6): 507-526.

Cassen M, Abadie S, Arnaud G, et al. 2005. A method based on electrical conductivity measurement to monitor local depth changes in the surf zone and in depth soil response to the wave action. Coastal Engineering 2004: (In 4 Volumes) . 2302-2313.

Dott R H. 1963. Dynamics of subaqueous gravity depositional processes. AAPG Bulletin, 47 (1): 104-128.

Dunlap W A, Bryant W R, Bennett R A, et al. 1978. Pore pressure measurements in underconsolidated sediments. Offshore Technology Conference, OTC-3168-MS.

Erlingsson U. 1991. A sensor for measuring erosion and deposition. Journal of Sedimentary Research, 61 (4) .

Fossa M. 1988. Design and performance of a conductance probe for measuring the liquid fraction in two-phase gas-liquid flows. Flow Measurement and Instrumentation, 9 (2): 103-109.

Gilpin M B. 2003. A snapshot of suspended sediment concentrations and fluxes using optical and acoustic velocity profilers, the Stour Estuary, Suffolk, UK. Report Argus Gesellschaft fuer Umweltmesstechnik MBH. 17p.

Green M O, Coco G. 2014. Review of wave-driven sediment resuspension and transport in estuaries. Reviews of Geophysics, 52 (1): 77-117.

Helley E J, Smith W. 1971. Development and calibration of a pressure-difference bedload sampler. US Department of the Interior. Geological Survey, Water Resources Division, 73-108.

Hulbert M H, Bennett R H, Lambert D N. 1982. Seabed geotechnical parameters from electrical conductivity measurements. Geo-Marine Letters, 2 (3-4): 219-222.

Hunt S, Bryan K R. 2017. Mullarney J C. The effect of wind waves on spring-neap variations in sediment transport in two meso-tidal estuarine basins with contrasting fetch. Geomorphology, 280: 76-88.

Jackson P D. 1975. An electrical resistivity method for evaluating the in-situ porosity of clean marine sands. Marine Georesources & Geotechnology, 1 (2): 91-115.

JiaY G, Li H L, Meng X M, et al. 2012. Deposition-monitoring technology in an estuarial environment using an electrical-resistivity method. Journal of Coastal Research, 28 (4): 860-867.

Kaul N, Villinger H, Kruse M. 2004. Satellite-linked autonomous pore pressure instrument (SAPPI): a step toward a deep-sea observatory for intermediate time spans with automated data transmission into the laboratory. Sea Technology, 45 (8): 54-58.

Kermabon A, Gehin C, Blavier P. 1969. A deep-sea electrical resistivity probe for measuring porosity and density of unconsolidated sediments. Geophysics, 34 (4): 554-571.

Kraus N C. 1987. Application of portable traps for obtaining point measurements of sediment transport rates in the surf zone. Journal of coastal Research, 3 (2): 139-152.

Kitheka J U, Obiero M, Nthenge P. 2005. River discharge, sediment transport and exchange in the Tana Estuary, Kenya. Estuarine, Coastal and Shelf Science, 63 (3): 455-468.

La Croix A D, Dashtgard S E. 2015. A synthesis of depositional trends in intertidal and upper subtidal sediments across the tidal-fluvial transition in the Fraser River, Canada. Journal of Sedimentary Research, 85 (6): 683-698.

Lavoie D, Mozley E, Corwin R, et al. 1988. The use of a towed, direct-current, electrical resistivity array for the classification of marine sediments. OCEANS'88. 'A Partnership of Marine Interests'. Proceedings. IEEE,

397-404.

Lawler D M. 1991. A new technique for the automatic monitoring of erosion and deposition rates. Water Resources Research, 27 (8): 2125-2128.

Lee H J, Jo H R, Chu Y S, et al. 2004. Sediment transport on macrotidal flats in Garolim Bay, west coast of Korea: significance of wind waves and asymmetry of tidal currents. Continental Shelf Research, 24 (7-8): 821-832.

Liu T, Li S P, Kou H L, et al. 2019a. Excess pore pressure observation in marine sediment based on Fiber Bragg Grating pressure sensor. Marine Georesources and Geotechnology, 37 (7): 775-782.

Liu T, Wei G L, Kou H L, et al. 2019b. Pore pressure observation: pressure response of probe penetration and tides. Acta Oceanologica Sinica, 38 (7): 107-113.

Liu T, Fei Z, Guo L, et al. 2022. Newly Designed and Experimental Test of the Sediment Trap for Horizontal Transport Flux. Sensors, 22 (11): 4137.

Lowe D R. 1982. Sediment gravity flows; II, Depositional models with special reference to the deposits of high-density turbidity currents. Journal of Sedimentary Research, 52 (1): 279-297.

Luca G, Luis G, Paolo F, et al. 2009. MARM2009: marinegeological study of the north Anatolian fault beneath the sea of MARMARA. Bologna: ISMAR.

Ludwig W, Probst J L. 1998. River sediment discharge to the oceans; present- day controls and global budgets. American Journal of Science, 298 (4): 265-295.

Marion C, Anthony E J, Trentesaux A. 2005. Multi-technique survey of fine sediment transport and deposition in a managed estuary: the Authie Estuary, northern France. Vliz Special Publication, 219-228.

McLachlan R L, Ogston A S, Allison M A. 2017. Implications of tidally- varying bed stress and intermittent estuarine stratification on fine-sediment dynamics through the Mekong's tidal river to estuarine reach. Continental Shelf Research, 147: 27-37.

Menapace W, Völker D, Sahling H, et al. 2017. Long- term in situ observations at the Athina mud volcano, eastern Mediterranean: taking the pulse of mud volcanism. Tectonophysics, 721: 12-27.

Middleton G V. 1993. Sediment deposition from turbidity currents. Annual review of earth and planetary sciences, 21: 89-114.

Middleton G V, Hampton M A. 1973. Part I. Sediment gravity flows: mechanics of flow and deposition. Turbidites and Deep Water Sedimentation.

Milliman J D, Farnsworth K L. 2013. River discharge to the coastal ocean: a global synthesis. Cambridge: Cambridge University Press.

Nittrouer C A. 1999. STRATAFORM: overview of its design and synthesis of its results. Marine Geology, 154 (1-4): 3-12.

Nittrouer C A, Miserocchi S, Trincardi F. 2004. The PASTA project: investigation of Po and Apennine sediment transport and accumulation. Oceanography, 17 (4): 46-57.

Patchineelam S M, Kjerfve B. 2004. Suspended sediment variability on seasonal and tidal time scales in the Winyah Bay estuary, South Carolina, USA. Estuarine, Coastal and Shelf Science, 59 (2): 307-318.

Payo A, Wallis H, Ellis M A, et al. 2020. Application of portable streamer traps for obtaining point measurements of total longshore sediment transport rates in mixed sand and gravel beaches. Coastal Engineering, 156: 103580.

Peng Y, Steel R J, Rossi V M, et al. 2018. Mixed- energy process interactions read from a compound- clinoform delta (paleo- Orinoco Delta, Trinidad): preservation of river and tide signals by mud- induced wave damping. Journal of Sedimentary Research, 88 (1): 75-90.

Prior D B, Suhayda J N, Lu N Z, et al. 1989. Storm wave reactivation of a submarine landslide. Nature, 341 (6237): 47-50.

Punmia B C. 2005. Surveying Vol. I. Firewall Media. New Delhi: Laxmi Publications Private Limited.

Richards A F, Øten K, Keller G H, et al. 1975. Differential piezometer probe for an in situ measurement of sea-floor. Geotechnique, 25 (2): 229-238.

Ridd P V. 1992. A sediment level sensor for erosion and siltation detection. Estuarine, Coastal and Shelf Science, 35 (4): 353-362.

Ridd P V. 1994. Electric potential due to a ring electrode. IEEE Journal of Oceanic Engineering, 19 (3): 464-467.

Saito H, Yokoyama T. 2008. Development of seafloor displacement monitoring system using a 3-component servo-accelerometer. OCEANS 2008-MTS/IEEE Kobe Techno-Ocean. IEEE, 1-4.

Saito H, Yokoyama T, Uchiyama S. 2006. Seafloor stability monitoring by displacements calculated from acceleration waveforms obtained by a 3-component servo-accelerometer system. OCEANS 2006. IEEE, 1-6.

Seidel K, Lange G. 2007. Direct current resistivity methods. Environmental geology. Heidelberg: Springer.

Shanmugam G. 1996. High-density turbidity currents; are they sandy debris flows? . Journal of sedimentary research, 66 (1): 2-10.

Stenvold T, Eiken O, Zumberge M A, et al. 2006. High-precision relative depth and subsidence mapping from seafloor water-pressure measurements. Spe Journal, 11 (03): 380-389.

Strout J M, Tjelta T I. 2007. Excess pore pressure measurement and monitoring for offshore instability problems. Proceedings of the Annual Offshore Technology Conference 2007. Houston: Offshore Technology Conference (OTC), OTC19706.

Sutarto T E. 2018. Photo Electronic Erosion Pin (PEEP) Data Processing for Revealing Stream Bank Retreat. 2018 International Conference on Applied Science and Technology (iCAST) . IEEE, 301-307.

Tjelta T, Svanø G, Strout J M, et al. 2007. Gas seepage and pressure buildup at a north sea platform location: gas origin, transport mechanisms, and potential hazards. Proceedings of the Annual Offshore Technology Conference 2007. Houston: Offshore Technology Conference (OTC), OTC18706.

Volk T, Hoffert M I. 1985. Ocean carbon pumps: analysis of relative strengths and efficiencies in ocean-driven atmospheric CO_2 changes. The carbon cycle and atmospheric CO_2: natural variations Archean to present, 32: 99-110.

Walker R G. 1978. Deep-water sandstone facies and ancient submarine fans: models for exploration for stratigraphic traps. AAPG Bulletin, 62 (6): 932-966.

Wang H, Yang Z, Li G, et al. 2006. Wave climate modeling on the abandoned Huanghe (Yellow River) delta lobe and related deltaic erosion. Journal of Coastal Research, 22 (4): 906-918.

Wang Z H, Jia Y G, Liu X L, et al. 2018. In situ observation of storm-wave-induced seabed deformation with a submarine landslide monitoring system. Bulletin of Engineering Geology & the Environment, 77: 1091-1102.

Woolley D E. 2009. Simulation of Four-Point Test for DC Electrical Resistivity of Moderately Conductive Solids—Error due to Nonideal Specimen Size and Current Electrode Configuration. Journal of Testing and Evaluation, 37 (1): 69-76.

Xu C, Chen J, Zhu H, et al. 2018. Design and laboratory testing of a MEMS accelerometer array for subsidence monitoring. Review of Scientific Instruments, 89 (8): 085103.

Yang B C, Dalrymple R W, Chun S S. 2005. Sedimentation on a wave-dominated, open-coast tidal flat, southwestern Korea：summer tidal flat-winter shoreface. Sedimentology，52（2）：235-252.

Yang S L，Li H，Ysebaert T，et al. 2008. Spatial and temporal variations in sediment grain size in tidal wetlands，Yangtze Delta：on the role of physical and biotic controls. Estuarine，Coastal and Shelf Science，77（4）：657-671.

Yang Z，Ji Y，Bi N，et al. 2011. Sediment transport off the Huanghe（Yellow River）delta and in the adjacent Bohai Sea in winter and seasonal comparison. Estuarine，Coastal and Shelf Science，93（3）：173-181.

Yokoyama T，Shimoyama M，Matsuda S，et al. 2012. Monitoring system of seafloor subsidence for methane hydrate production test. SPWLA 18th Formation Evaluation Symposium of Japan. OnePetro.

Yokoyama T，Shimoyama M，Matsuda S，et al. 2013. Monitoring system for seafloor deformation during methane hydrate production test. Tenth ISOPE Ocean Mining and Gas Hydrates Symposium. OnePetro.

Zheng J W，Shan H X，Jia Y G，et al. 2011. Field tests and observation of wave loading influence on erodibility of silty sediments in Huanghe（Yellow River）estuary，China. Journal of Coastal Research，27（4）：706-717.

第5章　海底采样技术

由于海水的隔离，人类对海洋资源的勘探与开发，对海洋地质构造与演化的探索均受到了极大限制。随着时代发展，人们采取了诸如地质、地球物理、地球化学等各种各样的方法、手段换取海底的各种信息，并通过对获取信息的认知来认识和了解海底的构造演化与资源状况。在众多信息获取手段中，海底采样手段是最直接的方法。

海底采样技术是利用采样工具或设备对海底的水质、沉积物、岩石等对象进行样品采集的技术（陈鹰等，2012）。从海底环境中获取的有代表性的样品，通过采用一些预防措施，避免采集样品分析前发生物理、化学性质的变化。海底采样是涵盖海洋、机械、电子、精密制造与加工、材料、控制技术等诸多领域的交叉技术。

在各类海底地质调查、海底资源勘探与海底矿产评估中，海底采样技术及其设备扮演了重要的角色，海底采样设备作业水深范围可从几米的滨海扩展到几千米的深海（耿雪樵等，2009）。根据采样对象进行划分，水下采样技术可分为海水采样、底质采样和其他采样技术。

1. 海底采样的目的与意义

海洋拥有充沛的资源，但人类及各类探测设备无法或很难进行原位分析探测，导致海底的油气储备、海床稳定性等探测工作难以开展。而海底采样可为科研人员提供海水、底质、沉积物、岩石等海底样品，为海洋科学研究、海底资源勘探、海底稳定性以及海底工程环境调查等方面提供有力支撑。所以，先进行海底采样，再对样品进行分析是海底工程地质调查中的常见方法。采集后的样品，利用岸上或船上现有的仪器进行分析探测，大大提高了海底探测效率与准确度。

海底采样对于认识地球环境变迁，预测未来气候长期变化、发现海洋微生物的多样性、探索海底新能源以及开发应用各类矿产资源等方面都发挥着重要作用。

2. 海底采样通则

海底采样的代表性。对于海底采样而言，代表性原则是非常关键的。为了保证所采集的样品具有代表性，应周密考虑设计作业海域的采样剖面、采样站位、采样时间、采样频率和样品的质量与数量等，确保采集样品的分析数据可以客观地表征海洋环境的实际情况。因此，在代表性原则下，需要确保所采样品不仅能够代表原海底环境，而且在采样及取出过程中样品不变化、不添加、不损失。在一些要求高的情况下，采集样品的物理保存条件也需要保持恒定，如温度、压力等。

海底采样的原位性。海底采样的目标是获取运输方便可行、船上实验室或近岸实验室易处理、能表征特定海底环境特性的样品。因此要采取切实可行、可靠的技术与措施，实现原位无损采样，保证所采样品中相关组分的比例和浓度相较其所处海洋环境中不变，确保在处理分析之前样品组分不发生改变，与其采样时的状态保持一致。

3. 发展趋势

目前，海底采样技术日渐成熟，存在以下发展趋势：

（1）保真采样。随着海洋科学的发展，科学家对样品提出更高的要求，现在虽然有些采样器能够实现保温、保压或者气密采样，但没有真正做到保真采样。

（2）多点序列采样。现在的采样大多是单点采样，为了研究样品在时间、空间上的演变规律，要进行多点序列采样。

（3）深海海底采样。科技进步带来的影响之一便是科学家们的焦点从浅海海底逐渐延伸至深海海底直至地球深部，对深海海底的采样技术也是一个重点发展趋势。

5.1 海水采样技术

海洋水团性质是研究全球海洋运动的重要指标，因此对于海洋中水团性质的研究是海洋科学领域的一个重要环节，而海水采集为此研究提供了一种直接的手段。一些海底活动会导致海水成分的变化，如海底热液活动会喷发出大量的 CH_4、CO_2、H_2S、H_2 等气体（Kelley et al.，2002），同时，像天然气水合物的分解、油气的泄露等会释放 CH_4 等烃类气体，进一步引发海水中气体异常高含量分布的情况（Milkov et al.，2004）。因此，通过深海海水中特定的标志性气体的异常信号，以寻找海底成矿区或某些特殊环境区域，是当前海底寻矿、海洋地质研究的重要发展趋势。而如何既能快速的采集到海水样品，如何通过海水样品真实地反映其原位化学成分的组成，便成了近几年海洋技术领域，尤其是海水采样技术领域的研究热点与难点。

海水中的气体样品获取往往通过海水采集，然后进行分离富集获取海水中的气体。在传统海水分析中，一般借助 CTD 的搭载设备，同时搭载采水瓶进行水样采集。利用采水器获取海水样品（图 5.1），随后通过顶空法完成样品转移，最后气体样品用色相色谱方法进行分析（图 5.2）。但是由于传统采水器并不具有保温、保压的功能（被称为非气密采水器），因此所采取的水样在回收过程中，其所溶解的气体会因为压力、温度等因素发生逸散或改变，从而无法反映真实的海水信息。

海水采样一般分为非气密采样和气密采样两种。对采水器的研究始于 20 世纪初，国外对此的研究已取得了一定的成果，现在正由最初的非气密采水器向现在的气密采水器发展。对比国际上的采样技术，国内采水技术的研究相对较滞后。

5.1.1 非气密海水采样技术

非气密海水采样技术是不考虑水中气体的保存的，采集的水样主要用于水中生物化学性质的分析，不进行其中气体的分离。常见的非气密海水采样器主要是南森采水器，以及一些基于南森采水器发展的一系列非气密采水器。

1910 年，挪威探险家和海洋科学家 Fridtjof Nansen 发明了南森采水器（Nansen bottle），又称颠倒采水器、南森瓶，主要用于采集预定深度的海水样并固定颠倒温度表（Warren，2008）。南森采水器一般为圆筒形，在圆筒的两端均有端盖，端盖的松紧通过弹

图 5.1　采水现场工作图（图片来自厦门大学嘉庚号网站）

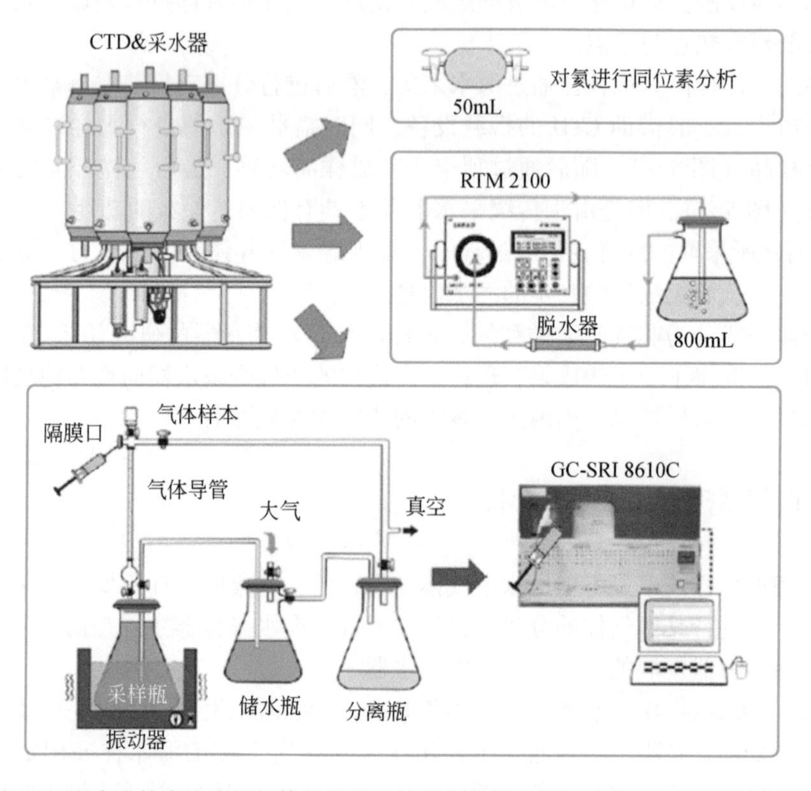

图 5.2　海水中储水池溶解气体的采样、处理和分析（图片改自 Yang et al., 2006）

簧调节。上下端盖之间利用杠杆连接，保证两个端盖能够同步开启或关闭。南森采水器一般用于常规水文、海水化学和水体内微生物的调查，由于南森采水器结构简单，工作可靠，使用便捷，当前已成为各国经常使用的一种采水器（图5.3）。

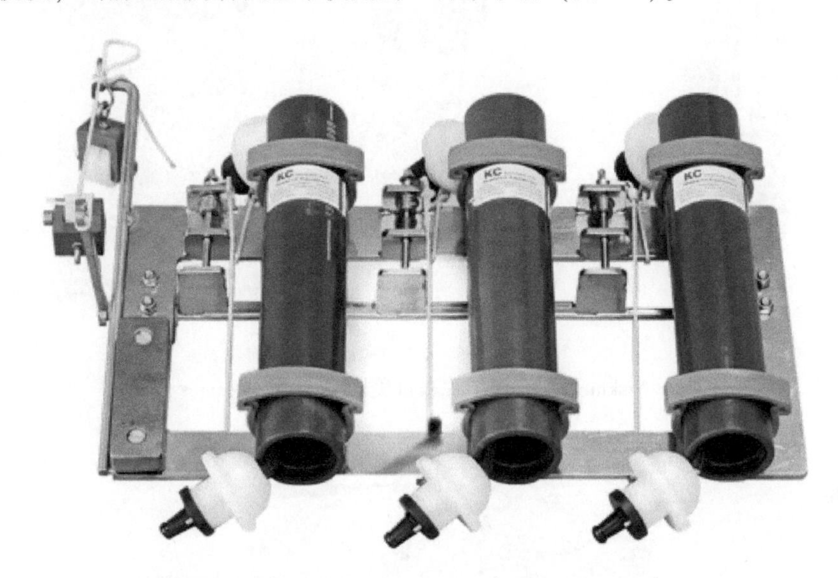

图5.3　南森采水器（图片来自丹麦 KC-Denmark 公司）

1962年，工作于美国迈阿密大学海洋科学研究所的Niskin发明了一种获取海洋微生物的采水器（Niskin，1962）。常见的Niskin采水器有两种形式，一种是卡盖式（李立平，2003）；另一种是球阀，也就是GO-FLO采水器（侯正田，1989；图5.4）。卡盖式的Niskin采水器采用"开-闭"工作模式，即采水器在打开状态下下沉到指定深度，然后关闭采水器完成采水；球阀式采水器采用的是"闭-关-闭"的工作模式，采水器在关闭状态下到达指定深度，随后打开采水，采集结束后再次关闭，完成采水。与卡盖式相比，球阀式采水器避免了表层海水对采水器内壁的污染，使得采水代表性更好。

通过将Niskin采水器构建成轮盘阵列，同时利用远程命令进行控制端盖的开闭，实现了对海水的分层采样，这也是现在常见的轮盘式采水器（常与CTD配合使用），一些知名公司如美国Sea-bird Electronics公司等也都有此类产品（图5.5）。

南森采水器与Niskin采水器都是早期的采水器，随着科技的迅速发展，各类新技术应用到采水上，形成当前新式采水器百花齐放的局面，采水深度也实现了由浅海向深海跨越。

为了将采水器与载人深潜器结合使用，美国特拉华大学研制了名为Sipper的小容量采水器（Di et al.，1999；图5.6）。Sipper采水器是采用的是注射管式采水模式，通过搭载在Alvin号载人深潜器上使用，单次下潜可完成12组海水样品的获取，每组样品容量1～10mL。采集后海水样品主要用于海洋微生物与海洋化学等科研分析。

美国WHOI海洋研究所成功研制了一种微生物采水器（autonomous microbial sampler，AMS）（图5.7），利用一个多通道的转阀来控制六个样品的采集（Doherty et al.，2003）。

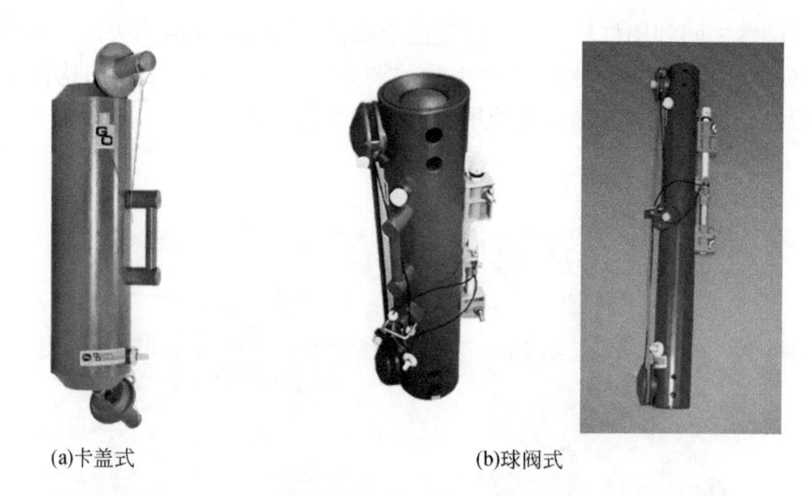

(a)卡盖式　　(b)球阀式

图 5.4　Niskin 采水器（图片来自美国 General Oceanics 公司）

图 5.5　轮盘式采水器（图片来自美国 Sea-bird Electronics 公司）

AMS 采样器每个采集瓶都有独立的采样管，采样管前端有防止采样前海水进入的端帽，因此能够很好地防止样品的交叉污染与表层海水污染。在采集的时候，利用脱帽泵抽取无菌去离子水将密封帽重开，随后利用采样泵将海水、热液样品抽取到采样瓶。

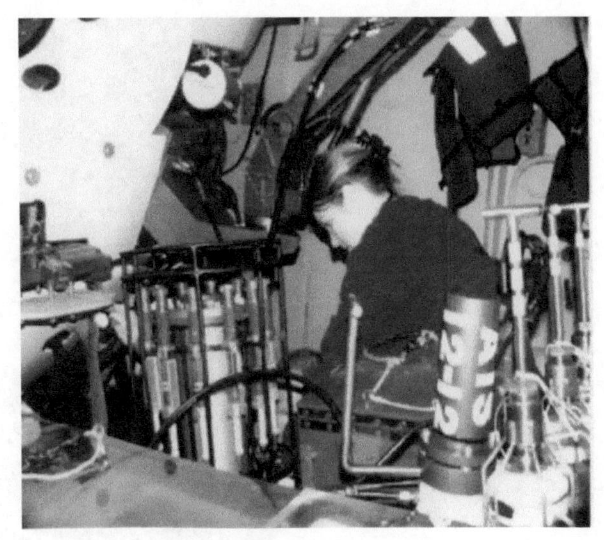

图5.6　Sipper小容量采水器

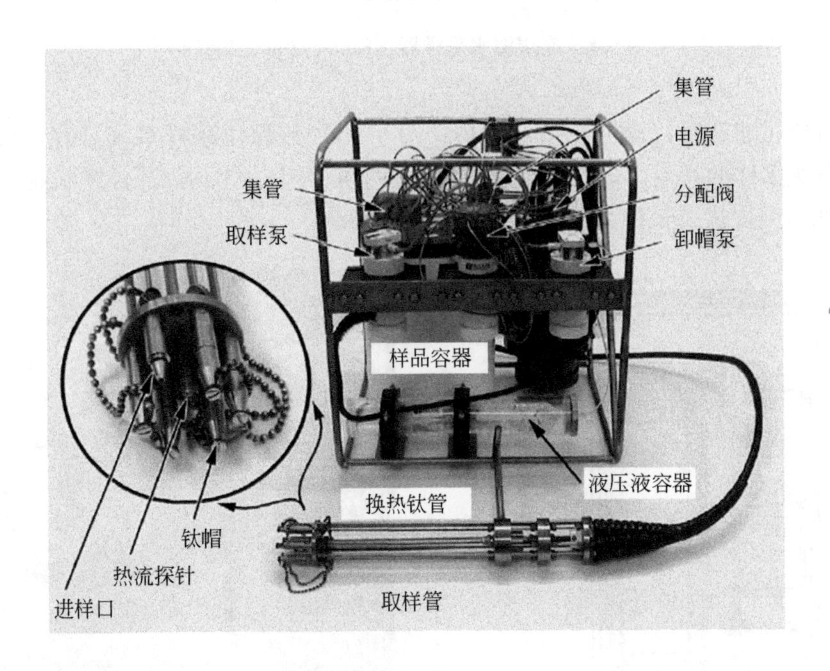

图5.7　自动微生物采样器（Taylor et al., 2006）

德国Alfred Wegener海洋与极地研究所成功研制了高分辨率的底层海水采样器BoWa Snapper（图5.8），弥补了传统CTD轮盘采水器体积占用率大的问题，成功将采水器的体积向小型化改进（Sauter et al., 2005）。

相较于国外，国内海水采样领域的自主研发技术与装备相对滞后，当前相关采样技术与装备多属于对国外产品的吸收与改造。中国科学院海洋研究所研制了一种高通量深海海

图 5.8　底层海水采样器（Sauter et al., 2005）

水采样及分级过滤装置（陈永华等，2017；图 5.9）。该原位采样系统具有多层同步高通量过滤和分级采样的特点，现已被应用于海洋科考航次中，为深海悬浮颗粒物（含浮游微生物等）的研究提供了一种简约高效的样品获取方法。

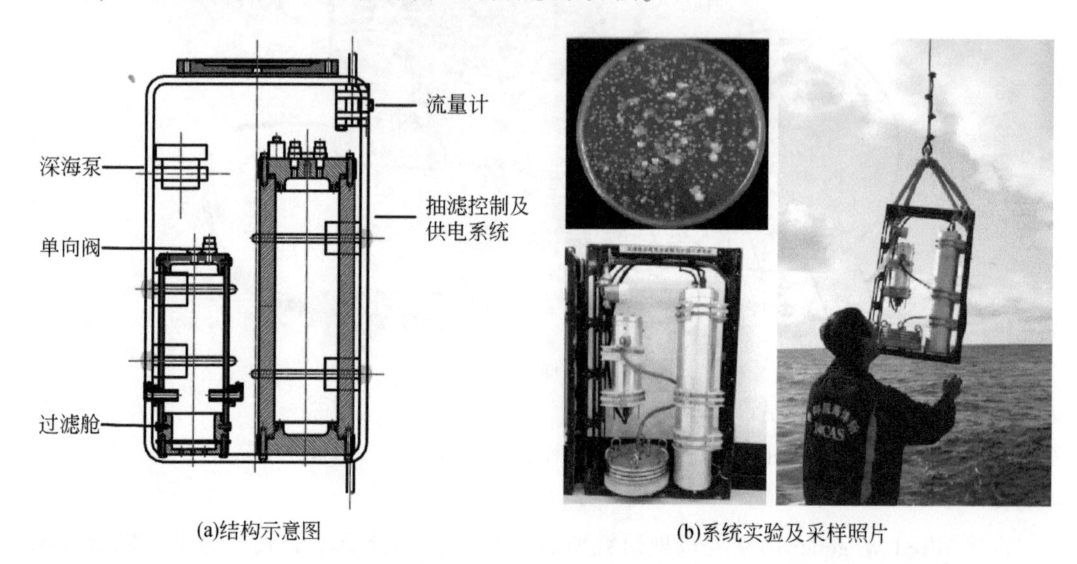

图 5.9　高通量深海海水采样及分级过滤装置（陈永华等，2017）

5.1.2　气密海水采样技术

国内外现有的深海采水器一般为非气密的海水采集装置，主要用于水样获取，不考虑水样中气体的保存。为了保证水体中气体的保存完整，气密海水采样技术应运而生。比较常见的气密海水采样技术可分为两种——气密海水不保压采样技术与气密海水保压采样技术。

5.1.2.1　气密海水不保压采样技术

气密不保压采水器，是指采集海水可以保证不发生气体损失，但无法保持压力。气密海水不保压采样技术要求所采集的海水样品中，气相与液相样品都保存，不发生泄漏与污染，但该技术并不考虑由于水深变化产生的压力变化。气密不保压采水技术往往使用压力补偿或压力平衡的技术方法，保证采水器内外压力基本一致，同时辅以密封技术确保样品不发生泄漏。

大部分气密采水器采用的为气密不保压技术，如图5.10所示是比较常见的气密不保压采水器——AquaLAB深海气密采水器，该采水器是由美国Lamont-Doherty地球观测所和哥伦比亚大学共同完成研发。AquaLAB可以完成深海系列采样和高保真的短期采样，示踪气体分析等任务。AquaLAB具有50个端口的转阀，一次应用过程可以在不同水层获取50组样品，每组样品容量1L，最大采集深度可达6000m。

图5.10　AquaLAB深海气密采水器

日本北海道大学开发了一种便携式气密采水器WHATS Ⅱ（Water Hydrothermal-fluid Atsuryoku Tight Sampler Ⅱ）气密采水器（Saegusa et al., 2006），主要搭载在载人深潜器或

ROV 上（图 5. 11），用于采集深海热液口的海水样品。其主体包括四个 150ml 的不锈钢采样瓶，一个电机驱动机械手，8 个球阀，一根与钛输入管连接的柔性管等，工作最大水深为 4000m。目前该设备已在 Hyper Dolphin、Shenkai 6500 等 ROV 或载人深潜器上成功完成多次任务（Takai et al.，2004；Naraoka et al.，2008）。

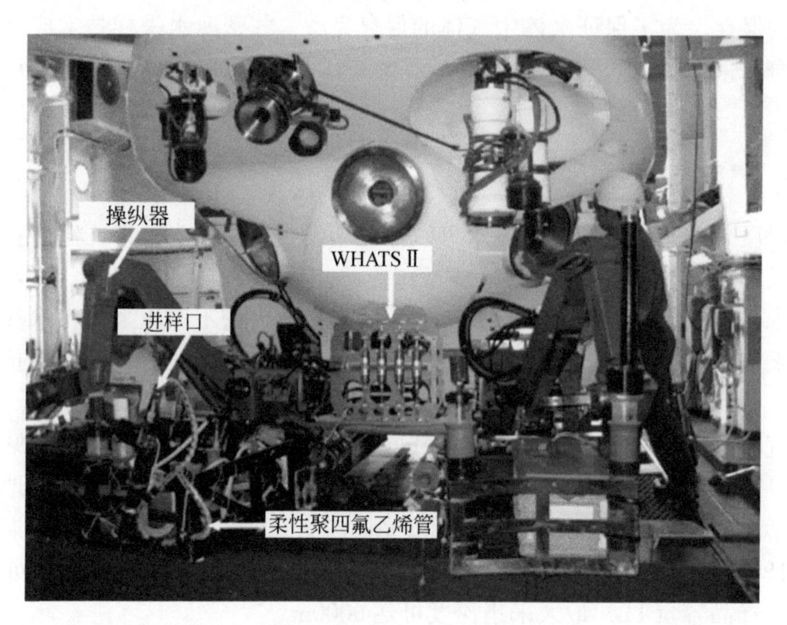

图 5. 11　安装在潜水器上的 WHATS Ⅱ（Saegusa et al.，2006）

美国罗得岛大学和 WHOI 海洋研究所共同研制了装在水下自潜器（autonomous underwater vehicle，AUV）上用的气密采水器（Roman and Camilli，2007；图 5. 12），用于提供高质量的海水样品，以实现水中溶解气体的准确分析。由于是用于 AUV 上使用，所以每个采样瓶容量较小，仅有 20mL，每次工作可获得八个海水样品，最大水深为 2000m。

美国 MBARI 研究所研制了一种大容量离散海水采样器 Gulper sampler（图 5. 13）。Gulper 采样器是一种注射器式的采水器，每个采样瓶体积为 2L，AUV 一次下潜可以搭载十个采样瓶，并能在两秒内快速完成采样（Bird et al.，2007；Zhang et al.，2009）。为了实现 AUV 下潜和上浮过程的双向压力补偿，Gulper 采水器装有 1. 6mm 厚，直径为 22. 3mm 的膜，可以在 AUV 下潜和上浮过程提供双向的压力补偿，因此 Gupler 采水器具有气密性。

5. 1. 2. 2　气密海水保压采样技术

气密保压采水器，可以保证所采海水样品在采集过程中不发生压力损失，实现水中气体的完整与原位性。气密保压采水器除了要求采集到的液相样品和气相样品都完整保存，没有污染和泄漏之外，还保证了海水样品的压力与海水被采集时所处的压力一致，不发生压力损失。

气密保压采水器往往用于海洋资源环境学科（周丽娟，2008）。深海中很多矿物和生物资源的形成与条件与保存条件都离不开高压环境，当这些成分所处环境发生高压向低压

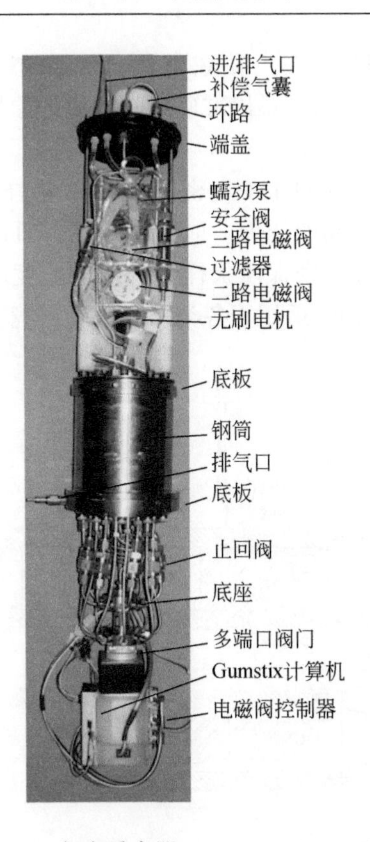

图5.12　AUV气密采水器（Roman and Camilli，2007）

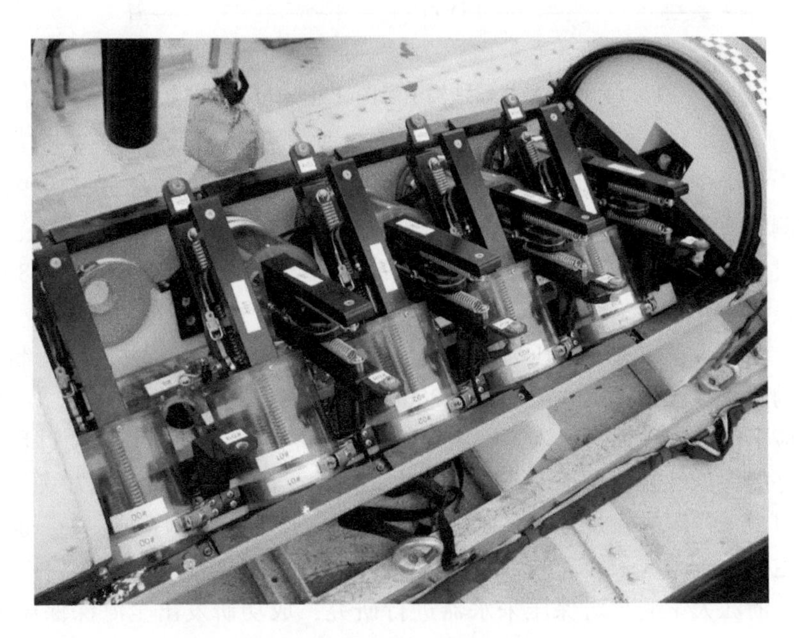

图5.13　Gulper采水器（Zhang et al.，2009）

改变时，会导致其气相溶解组分损失、某些变价离子氧化态改变、有机组分分解以及所含微生物大量死亡，这使得获取的数据难以准确反映物质的原始成分与状态，从而失去了科学研究的使用价值。

美国WHOI海洋研究所研制的Jeff气密保压热液采样器（Seewald et al., 2002；图5.14），利用压缩氮气来保持样品的压力。取样过程中，通过向蓄能腔内注入高压水，从而保持采集腔内压力不变。Jeff气密保压采样器的采样速度可调节，样品处理高效，可有效地用于热液扩散流的捕获，同时适用于各类海底极端环境。

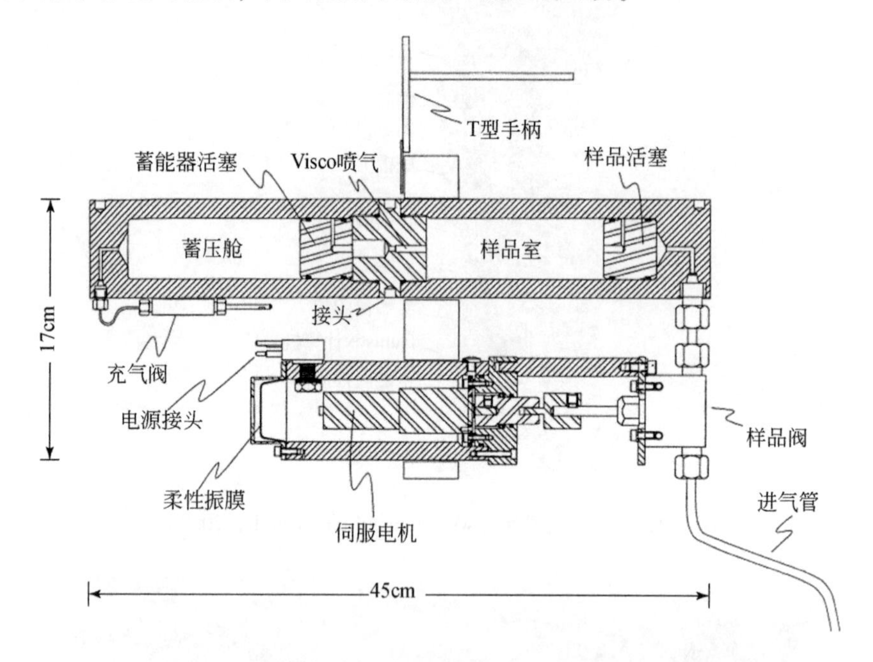

图5.14 Jeff采样器结构示意图（Seewald et al., 2002）

法国地中海大学成功研制了HPSS高压系列采水器（Bianchi et al., 1999；图5.15），主要用于探测深海微生物的活动。HPSS高压系列采水器可搭载在Sea-Bird公司CTD采水轮盘上，通过采水器自带的蓄能器维持所获样品的压力。其一次工作可获取8个500mL的海水样品，最大工作水深为3500m。

在国内，浙江大学率先开展压力自适应气密采样装置的研制，并成功研制出机械触发和电控触发的气密保压采样器（吴世军，2009；黄豪彩，2010；图5.16）。该采水装置采用压力自适应平衡技术，通过充入一定压力氮气的蓄能腔来补偿样品回收过程中压力的损失，具备良好的保压性能，保证了获取样品的气密性。该采水器的触发方式与Niskin卡盖式采水器类似，采样阀的触发方式可通过机械触发，主要应用于序列采样；也可通过电控实现触发，主要用于单次采样。

近年来，浙江大学继续对保压采水器进行研究，成功研发出全海深保压采水器（刘恒，2019；图5.17）。该采水器主要由入管口、采样阀、执行装置、触发装置、含蓄能腔的采样筒体以及带T形手柄的支架组成，可搭载于深潜器上，依靠机械手夹持进行采样。

图 5.15　HPSS 的高压系列采水器

(a)机械触发式

(b)电控触发式

图 5.16　深海气密保压热液采样器（黄豪彩，2010）

5.1.3　孔隙水采样技术

赋存于海底松散或半松散沉积物之间孔隙中的水质，称之为孔隙水。为了实现深海区域内各类矿产资源，如天然气水合物、浅层气等的高效探测，沉积物孔隙水的原位采集与现场试验成为一种主要的技术手段。

目前孔隙水的提取有两种途径，一种是先获取沉积物，随后在实验室通过压榨、离

图 5.17　浙江大学研发的深渊保压采水器（图片来自浙江大学求是新闻网）

心、真空过滤抽取等手段完成孔隙水的提取，这是非原位的孔隙水提取；另一种对原位孔隙水进行捕获，一般对于潮间带、湖泊、沼泽地等浅水区域的孔隙水采集，可有离心、压滤、透析、泵吸等方法。但是对于海洋沉积物孔隙水的获取，由于高压力背景和腐蚀环境等因素影响，加上需要动用勘察母船，导致其采样难度与成本极大。目前深海孔隙水采样器鲜有使用。

广州海洋地质调查局、中国地质科学院与四川海洋特种技术研究所联合研制了深海沉积物孔隙水原位气密采样器（陈道华等，2009），可实现海底沉积物孔隙水样品的原位气密采集，但是作为首次研制的原理样机，设备在可靠性、易操作性和耐用性上都有一些不足，作为实际的生产设备使用尚有欠缺，还需要进一步地完善和改进。针对此项不足，近年来，防灾科技学院、广州海洋地质调查局、中国地质调查局北京油气资源调查中心等单位对该装置进行了双储水室采水瓶设计、线路内置、采样柱与柱头结构优化以及增加锚定板等针对性的改进和完善（图 5.18；刘广虎等，2018）。

5.1.4　海底采水关键技术与难点

在深海海底的海水采样领域中，常用的采水器往往都是非气密性的，气密采水器的使用仅占很小的比例。现有气密采水装置的共同特点是采用了比较复杂结构，且都需要搭载在载人深潜器、ROV 或 AUV 等水下移动探测装置上使用，其使用成本高昂。

同时由于海底探测向极端海底环境靠拢，如热液区海水中的气体含量丰富，而普通海水中的气体含量较少，所以气密采水器的使用范畴也多用于这些极端环境，针对普通海水采样仍使用传统的采水装置。但随着海洋科学研究的不断深入，科学研究对海水样品精准

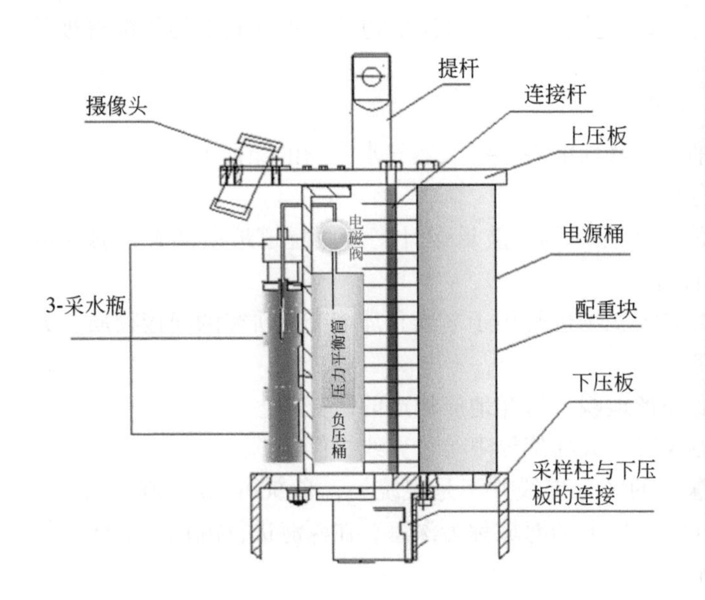

图5.18　深海沉积物孔隙水原位气密采样器柱头（刘广虎等，2018）

化、真实性的要求更加严苛，非气密采样显然无法满足科学研究的需要，因此当前深海气密采水技术及装置便成了海洋科学研究必需的支撑设备。

为获取指定深度、洁净无污染、无泄漏的海水样品，深海气密采样技术及装备将成为主流的采样装备，但同时其发展也面临着以下难题：

（1）气密技术。如何保证海水样品在采样、转移及存储过程的气密性，是当前气密采水技术亟须突破的技术难点。

（2）防污染技术。如何避免不同深度海水之间混合，尽量减小死区容积对采集样品的影响，同时要避免样品转移过程的污染，同样是气密海水采样需要解决的技术难点之一。

（3）防腐蚀技术。如何合理选择采样器的使用材料并进行防腐蚀设计也是确保样品真实度的技术问题之一。

（4）采水器控制技术。如何研制出操作便捷、可靠性高的操控系统，是研制气密采水器所面临的又一技术难点。

5.2　底质采样技术

海洋底质沉积物是指各种海洋沉积作用所形成的海底沉积物的总称。传统上，按深度将沉积物划分为：近岸沉积（0～20m），主要是分布在海滩、潮滩地带等浅海区域的碎屑，由不同粒度的砂、砾石或生物骨骼、壳体等组成；浅海沉积（20～200m），浅海海域的沉积物占海洋全部沉积物的90%，其组成复杂，沉积源广泛；半深海沉积（200～2000m），通常沉积组成以陆源的泥质沉积为主，也含有少量化学沉积和生物沉积；深海沉积（大于2000m），以生物沉积为主，如各类浮游生物遗体，通常会形成生物软泥。海洋沉积物，尤其是深海沉积物的研究对海洋地质学、海洋生物学、古气候学等等都有极其重要的意义。

海底底质采样技术应用广泛，可服务于：

（1）海底资源勘探，例如石油和海底新能源——天然气水合物的探查等；

（2）底层生物样品的获取与分析；

（3）海洋工程地质勘查，如海岸工程探测，航道设计，海底隧道地质调查，海底电缆、光缆、输油/气管道线路的布设等；

（4）全球气候及环境研究，海底沉积物也是用于气候和环境变化研究的间接物质，尤其适用于大尺度的气候和环境研究；

（5）海洋地质学研究，如海底地形地貌、海洋地质构造的研究等；

（6）海洋填图，为划定经济专属区、大陆架界限等分界线提供依据。

从沉积环境上来看，浅海与深海的区分界线并不是很统一，自500m至2000m不等。在海洋环境调查中，一般把水深1000m以上的海域称为深海。在深海进行沉积物采样，往往面临以下几个方面的难点和困扰。

（1）定位困难。由于定位仪器通常安放在船上，因此获得的数据是船的位置。但实际采集的样品是在水下的海底，这样就可能造成船位与样品位置之间有着很大的偏差。在深海区采集一个样品往往需要很长的时间，有时单放缆一项就需要数小时以上，在这么长的时间里要保证准确的定位是极其困难的。

（2）水流影响大。海水无论是在水平方向上，还是在垂直方向上都是流动的。海水的流动对采样过程产生直接的影响。现阶段深海区沉积物采样多数采取有缆作业方式，在释放几千米缆绳的过程中，水流会导致缆绳的倾斜，使之与投放点（即船位点）产生水平偏差，并且水深越大、水流越急，偏差就越大；同时很难判断采样器的垂直位置，由于缆绳的倾斜是不均匀的，因此从放缆长度上是很难确定采样器是否接近海底，这就给重力类采样法带来一定的困难，同时也增加了采样器损坏的概率。

（3）深海底质资料少。较浅海区而言，深海区，特别是大洋区域的底质沉积物资料较少。一次沉积物采样失败，原因有很多种可能：底质是基岩或大块砾石，底质是密实沙砾层，海底水流冲刷强，采样器机械故障或没有真正到达海底等。底质采样时依赖海底底质资料，根据不同的底质资料，需要更换不同的底质取样技术与装备。

海底底质一般以砂质或黏土质的沉积物为主，另外也有以坚硬的岩石为底质的区域，因此对于海底底质的采样也主要是针对沉积物或岩石。对于沉积物的采样，又可以按照样品所处的位置和研究需求分为表层采样与柱状采样，而对岩石进行采样，往往是采取岩心采样的方法。

5.2.1 表层采样技术

由于海水的覆盖和海底沉积物较松散，海底底质采样和观测方法与陆上有所不同（室内分析方法大体相同）。表层采样器就是采集海底表层样品的设备。国内外有许多厂家生产，其外形结构形式多样，各具特色，需按应用场地情况选择合适的采样器。

5.2.1.1　表层采样器分类

海底底质采样的常用工具形式多样，一般使用的底质表层采样器，按照采样设备外形可分为：蚌式抓斗采泥器（图5.19）、箱式采样器、拖网采样器、多管采样器等；还有一些特殊用途采样的设备如电视抓斗等。

图5.19　蚌式抓斗采泥器

蚌式抓斗采泥器是最早发明的采样设备之一。基本构成是由斗体与释放板两部分组成，其操作方法简单，体积小、易搬运。用于采集受扰动沉积样品，主要用于采集海底0.3～0.4m的浅表层泥砂样品。

箱式采样器（图5.20）由管架、采样盒、配重铅块、闭合铲等组成。箱式采样器用于采集不受扰动的沉积样品及其上覆底层海水，由于其简便可靠，能以较小干扰和样品污染采集沉积物，因此大多数海洋调查中采集海底表层样品使用箱式采样器。按照采样面积可以分为大型箱式采样器（0.25m^2）、中型箱式采样器（0.1m^2）和小型箱式采样器（0.05m^2），由于相对较大的沉积物块体可提供更大、保存更完整的样品，具有体积小、易搬运、易装卸、易操作和采样效率高等特点，故箱式采样器广泛应用于海洋环境、海洋生物、地球化学等应用中的采样工作，样品可用于沉积物物理化学性质分析和海底环境分析等。

拖网采样器用于采集海底基岩、粒径较大的沉积物（砾石、粗碎屑），如破碎的海底烟囱、海底多金属结核、岩块、贝壳及生物等样品。这些拖网的结构由拖体、网具及保护缆绳组成。根据拖网采样器的外形可以分为底栖拖网、采样筒和采样盒三种类型。底栖拖网主要用于大颗粒的沉积物或砂石的获取，同时也可用于底栖生物的采集（图5.21）；常见的采样筒或采样盒，则主要用于砾、砂等碎屑物质的捕获。常见的拖网采样器一般装有锯齿状刮铲，这是为了在采样时将沉积物刮入采样器中，提高采样效率。根据不同的采样功能又可将拖网采样器分为结壳拖网（或岩石采样器）和结核及表层生物拖网。拖网没有

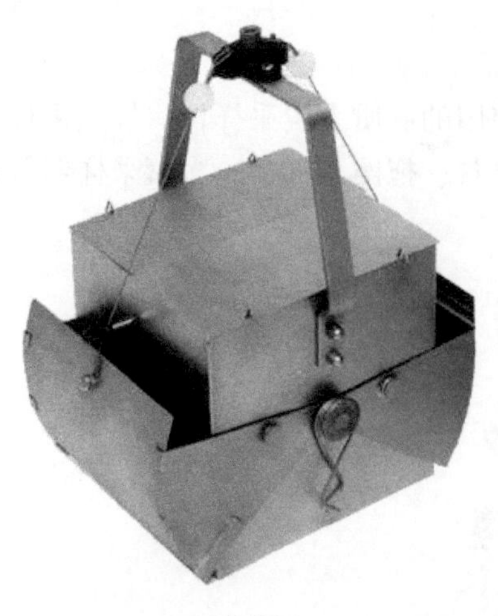
(a)实物图
(图片来自美国Wildco-Ekman)

(b)现场工作图
(图片来自广州海洋地质调查局)

图 5. 20　箱式采样器

统一尺寸，可根据实际的探测需求定制拖体的尺寸与网具尺寸及网眼大小。

图 5. 21　底栖拖网采样器（图片来自中国地质调查局）

多管采样器是海洋地质调查中常用的设备，常用于海底生物环境调查。多管采样器可以获取未扰动的表层沉积物和底层海水，是了解海底沉积物原貌以及底层海水的性质的重要手段。多管采样器（图 5. 22），一般分为四部分：采样器底座支架、沉积物采集头、配重以及行程缓冲机构。具有获取样品量大、质量高、采样稳定性强和同时获取沉积物上覆水体等优点，多管采样器也是目前世界上获取表层沉积样品和短柱样品最常用的设备之一。

图5.22　沉积物多管采样器（图片来自青岛水德科技有限公司）

电视抓斗是一种集海底摄像、水下连续观察与抓斗采样器相结合的底质采样装置。电视抓斗主要用于海底块状沉积物，如锰结壳、多金属结核或其他沉积物的采集。主要由采样器、铠装电缆和船上操纵板组成。在传统电视抓斗的基础上，广州海洋地质调查局成功研发了深海可移动电视抓斗（杨楠等，2018；图5.23）。深海可移动电视抓斗增加了水下推进器、激光矩阵，可以在看清水下样品后，通过一定范围内的移动进行选择性获取（图5.24）。

5.2.1.2　维护保养

由于常规表层采样器结构原理较简单，因此保养维护相对容易。箱式采样器各个活动轴承涂上黄油，保持各部件连接处活动自如，避免腐蚀生锈。因为生锈的部件可能影响下次采样成功率。蚌式抓斗采泥器、多管采样器保养方法与箱式采样器类似，而拖网采样器除了上述保养还需要对保护缆绳进行维护保养。因为海水腐蚀性很强，所以长时间不用采样器时，应及时用淡水对设备进行彻底冲洗并按照相关要求存放。对于拖网采样过程中损坏的网兜应进行及时更换，采样前还应该检查保护缆绳。

对于新型特殊用途采样设备由于其系统结构比较复杂，因此需要严格按照相关操作程序进行保养维护。采样器复杂的结构带来的问题就是故障较多，需要调节的部分也很多，新设备或者进行过大修的设备都需要重新调整，并对采样器进行详细的检查和调试。由于

图 5.23　我国自主研发的深海电视抓斗（图片来自北京先驱高技术开发公司）

图 5.24　深海可移动电视抓斗（杨楠等，2018）

采样器状态直接影响作业进度，因此总结和跟踪采样器故障并及时调整采样器会给生产带来很大帮助。

5.2.1.3　发展趋势

时代在发展、科技在进步，虽然使用常规海底采样设备的海洋调查占据着很大比重，但是新型海底采样设备还是不断涌现，为了适应以后海底采样设备的发展步伐，可以预见采样设备也会有更多更现代化的改进。

（1）可视性。随着同轴缆或光缆的应用，缆线的数据传输功能与动力传输功能改变了海洋地质采样设备的采样方式，数据传输可以将海底视频信号同步传输至甲板监控器，并可以通过甲板控制系统对水下设备进行控制。

（2）可控性。采样设备可以通过甲板对水下设备进行全作业控制操作，采样设备从纯机械作业发展为自动化控制。

（3）动力化。采样装置的动力化可改变传统的采样方式，保证采样设备更快更多样地完成任务。

（4）定位性。船舶动力定位的使用与水下定位技术的联合使用，使得精准采样成为现实，水下定位技术可以精确显示采样器在海底的位置，在作业过程中，也可以预先设定好海底采样坐标点，通过动力定位及监测水下定位数据，使采样设备到达目标点。

随着我国综合科学技术的进步，一批包含各学科顶尖科学技术的采样设备正在研发，使得表层采样技术得以快速服务于海洋科学调查之中，提高野外资料采集质量，提升我国海洋科学研究。

5.2.2　柱状采样技术

柱状采样就是垂直获取一定深度内的海底表层以下的沉积物，一般获取柱状样品是通过柱状采样工具实现。沉积物柱状样品是海洋地质、海洋工程地质最常用的沉积物样品之一，可用于分析沉积物强度、沉积物测年以及海洋沉积环境变化等。

5.2.2.1　柱状采样器分类

柱状样品采集所使用的设备主要有靠振动器提供外力进行采集的设备和靠自身重力进行采集的设备两种。海底沉积物样品采集的设备选择与沉积物类型有关，通常在泥质沉积区采用重力型采样器、该采样器操作简单；在砂质沉积区则较多采用振动型采样器，在深海区域采样则一般采用重力活塞采样器。此外在软泥质沉积区取心较为容易，采集到的岩心也较长，在砂质沉积区或硬黏土沉积区的海底取心短（于志刚等，2009）。

振动采样设备（图5.25），主要用于采集砂质底质长柱状样品，是一种常规的海洋地质调查采样装备，广泛应用于海洋区域地质调查、环境地质调查、海洋矿产资源地球化学勘查等工作中。振动采样设备主要由管架、采样管、振动器活塞以及起吊设备组成，并通过振动器产生的冲力将采样管贯入至海底沉积物中。该采样技术适用广泛，采样长度为2～4m，在底质比较软的情况下，可取到超过5m长的柱状样。

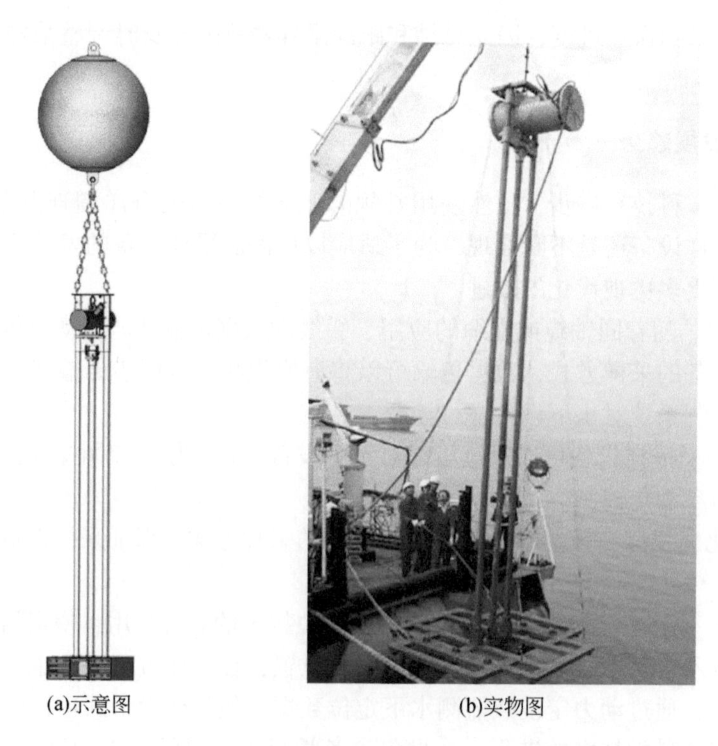

(a)示意图 (b)实物图

图 5.25 振动采样设备示意图（图片来自广州海洋地质调查局）

重力采样设备（图 5.26）是获取柱状沉积物样品常用的工具之一。重力采样设备根据触底方式不同，可以分为重力柱状采样器和重力活塞采样器。重力柱状采样器一般由配重铅块、采样管、平衡尾翼组成。简单重力柱状采样器操作相对简单、采样成功率高、对海况要求相对降低。该采样器是利用重力进行采样，采样长度一般不超过 2m。不带活塞的简单重力采样器是当今获取海水-沉积物界面附近无扰动样品的最佳手段。重力活塞采样器相比重力采样器增加了重锤和释放装置，主要由配重铅块、重锤、采样管、释放器系统、活塞系统等组成。重力活塞采样器与重力采样器的最大区别是除了通过采样器自身重力竖直贯入沉积物土层，还利用安装在其上的活塞进行抽吸，从而消除衬管在贯入土层中所产生的侧壁摩擦力，因此活塞采样器的取样长度往往都大于重力采样器的长度。

重力活塞采样器由于存在体积庞大、组装复杂、容易误释放样品、接管长度受限于母船甲板作业空间等固有缺点不能满足深海科学研究的需求。为此，中国科学院海洋研究所历时十余年研制了深水可视化可控轻型沉积物柱状取样系统（简称为中科海开拓柱状沉积物取样系统，图 5.27），该系统采用液压锤击、立式收放、在线实时监控技术，实现了不同深度范围内柱状沉积物的低扰动夯击作业。系统下放时，利用高度计判断距底高度情况，利用摄像系统和姿态仪判断系统横滚、俯仰状态。在满足释放条件时，以一定的距底高度自由释放，在下插稳定且倾斜角度满足锤击要求条件时，启动锤击功能，使取样管继续向深部插入，实现沉积物的超长、低扰动、定点精准采样。

(a)重力柱状采样器
(图片来自厦门大学嘉庚号网站)

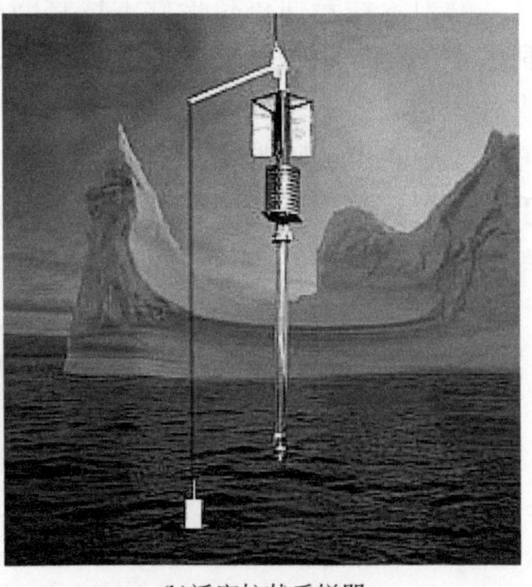

(b)活塞柱状采样器
(图片来自丹麦KC-Denmark公司)

图 5.26　重力采样设备

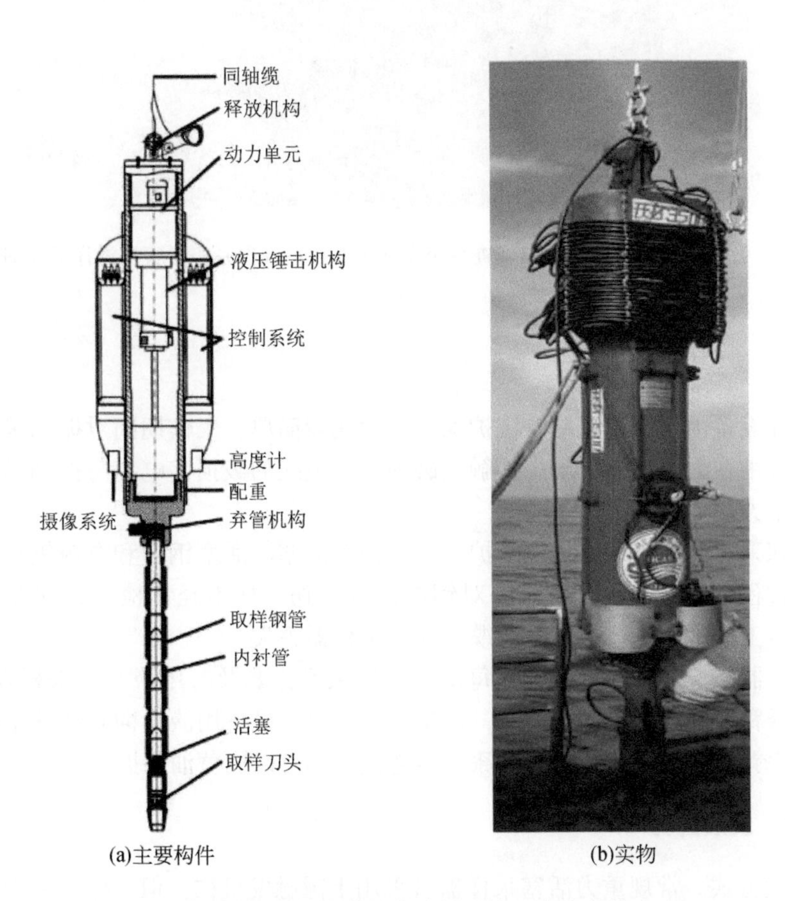

(a)主要构件　　(b)实物

图 5.27　中科海开拓沉积物柱状取样系统（张建兴等，2023）

静力采样是通过将搭载采样管的水下工作平台下放至海底，技术人员通过甲板操作控制水下工作平台将采样管贯入沉积物；随后操作人员控制水下工作平台回拔采样装置，完成沉积物采样。青岛海洋地质研究所研发了一套海底工程地质环境原位调查系统，该系统可用于海底沉积物静力采样、静力触探、孔压测定等一系列功能。该装置通过调节机械手，可搭载参数不同的各类探杆及采样管。2017 年 11 月 20 日至 12 月 9 日，该装备于渤海湾西部完成野外测试，测试时间共 20 天，其中完成沉积物采样十余米（图 5. 28）。

图 5. 28　海底工程地质环境原位调查系统海试采样现场（图片来自青岛海洋地质研究所）

5. 2. 2. 2　维护保养

柱状采样设备由于结构简单，维护保养方面比较简单。工作期间对振动采样器的检查维护的重点集中在配电箱的防水、接触点破损、电缆线的破损、电缆与振动马达连接处的密封性等几个方面。

重力活塞采样器工作期间日常维护主要是检查活塞、活塞钢缆和重锤钢缆。由于活塞钢缆在采样过程中容易缠绕、打结，对钢缆造成损伤，如不经常检查会存在较大安全隐患，在采样器工作过程中容易发生断缆，使得采样器丢失。

由于采样器经常与海水接触，在每次采样结束后，要及时用淡水将采样器清洗干净，防止设备生锈腐蚀。外业工作结束后，设备入库时应将设备用淡水彻底冲洗干净，并在作业期间防锈漆剥落的地方重新除锈喷漆。对连接丝扣可以刷黄油保护。

5. 2. 2. 3　发展趋势

（1）触发方式。常规重力活塞采样器常采用重锤触发机构，但工作过程中经常发生重锤的连接缆与采样器缠绕的情况，这使回收采样设备的难度大大增加。对于常规重力活塞采样器在回收重锤过程中存在的缺点，有相关单位开始研制不用重锤触发的重力活塞采样器。新型重力活塞采样器去掉了重锤这个触发机构，改为触探杆触发。通过触探杆触发的重力活塞采样器，可以在工作过程中省去安装或拆除重锤的步骤，从而提高工作效率，也有利于保证工作过程的安全性。

（2）动力方式。目前常用的振动采样器主要是靠振动马达提供动力，而振动马达的电力需要通过电缆由调查船上提供，因此造成了振动采样器使用的条件有限，针对振动采样器存在的局限，有专家提出了研制液动冲击采样器，新型液动冲击采样器适用于贯入至较密实的砂土、黏土等地层，具有采样速度快、采样质量高、采样深度大等优点，同时对设备进行简单改型即可实现海底钻孔的静力触探，从而得到较全面的海底勘探信息。

5.2.3　岩心采样技术

人类调查海洋和海底的实践证明，海洋和海底蕴藏着可为人类开发利用的巨量矿产和生物资源。开展海洋区域地质、环境及工程地质的调查，勘探开发海底矿产资源，对社会经济可持续发展及环境保护具有十分重要的意义。在调查研究海底地质构造演化、探查矿产资源的活动中，钻井取得的岩心样品是最直观、最具有说服力的实物资料，历来都受到地质工作者的重视。因此，海洋岩心采样是必不可少的勘查技术方法（赵斌，2018）。

5.2.3.1　岩心采样分类

岩心采样又称岩心钻探采样，是以钻探获得的岩心或矿心为对象所进行的采样工作。它一般用人工或机械的方法，采取一定长度的样品。主要的采样形式分为平台钻井采样、海床钻井采样、小型机械采样等。

（1）海上钻井平台取心（图5.29）。海上钻井平台上装有钻井、动力系统、通信系统、导航系统等设备，是海上油气勘探开发、海上工程建设不可缺少的构筑物。通过海上钻井平台采集样品主要用于大深度的海底探测或岩心取样，以获取地下实物资料、保证所获资料的真实性，并保障各类工程的顺利开展。一般平台上的岩心取样机用于深海底浅表地层固定矿产资源岩心钻探取样，根据需要可实现一次下水在不同点钻取1～3个岩心。

（2）深海岩心取样钻机。深海岩心取样钻机是一种用于海底硬岩钻探获取的装置，主要用于深海底浅表地层固体矿产资源或岩石地层岩心的钻探取样。在海底钻探过程中，深海岩心取样钻机可根据实际需要完成一次下水后，在海底不同位置钻取1～3组岩心样品，其工作的便捷性要远远优于钻井平台的岩心钻取作业。

目前美国、日本、德国等国家都对岩心钻机开展了较多的研究，并成功研制了多种不同型号的钻机。第一代的海底岩心钻机以浅海应用为主，钻进深度一般小于10m。其结构较简单，供能方式也有浮力型、气压型、液压型、电驱型等，典型代表为俄罗斯北方地质勘探工程联合体研制的GBU1.5型钻机。

第二代岩心钻机的自动化程度得到了提高，同时应用海深也有较大的进展，典型代表有美国地质调查局研制的Rock Drill 1/2等。

第三代的海底岩心钻机在第二代基础上进行了大幅改进，增加了智能操作、诊断与监

图 5. 29　海上钻井平台取心（图片来自中国地质调查局）

测能力，能够实现 5 ~ 50m 深度的钻探取心，典型代表有澳大利亚的 PROD、德国的 MeBo［图 5. 30（a）］等。我国曾于 1998 年从俄罗斯引进 1 台深海浅层钻机，并在“大洋一号”科考船上做了多次海上试验。

2003 年，我国自主知识产权的深海浅地层岩心取样钻机成功研发，并成功通过了海上试验。后续通过不断对岩心钻机优化升级，当前新产品已成功服务于我国大洋富钴结核矿产资源勘探。

2015 年，由湖南科技大学万步岩教授领衔研制的“海牛”号［图 5. 30（b）］在南海 3109m 水深试航成功，标志着我国成为能够水深大于 3000m 的海底进行 60m 钻井的国家之一。“海牛”号潜艇 60m 多用途钻机系统研制是国家高技术研究发展计划（863 计划）重大专项，完全由我们国家自主研制。“海牛”号的成功研制，使我国成功成为拥有在水深 3000m 以深的岩心钻机的四个国家之一。“海牛”不仅能够用来钻取岩心，还能够用来钻薄而软的海底沉积物。

2021 年 4 月，我国自主知识产权的“海牛Ⅱ号”海底大孔深保压取心钻机系统在南海超 2000m 深水成功下钻 231m，刷新世界深海海域岩心钻机的钻探深度（李曼，2022）。“海牛Ⅱ号”的海试成功，突破了我国海底钻探深度大于 100m 的技术难题，并且填补了具备保压取心功能的海底钻机的空白，同时也标志着中国在深海岩心钻探领域达到世界先进水平。

（3）液动冲击海底钻探。液动冲击式海底钻探器是通过高压海水带动高频液动锤，从而产生的强大的冲击能量来驱动岩心管与钻头，强大的高压会使得岩心管内产生抽吸，从而便于岩心样品的捕获（卢春华等，2010）。液动冲击式海底钻探一般搭载在科考船上作

(a)德国MeBo钻机
(Freudenthal and Wefer, 2007)

(b)中国自主研制深海浅地层岩心取样钻机
“海牛号”(图片来自中国日报)

图5.30　国内外深海硬岩取样钻机

业。在钻具工作时，高压流体会沿钻具与井眼孔壁循环往复，从而使钻进取心完成后顺利提出。该冲击式勘探装置适于水深100m的海域，取样长度一般6～10m。随着勘探深度的增加，由于摩擦力急剧增大，将损坏获取样品，使样品发生变形或破碎，因此并不适用大深度的岩心获取。

（4）回旋式海底采样技术。海底回转式采样技术可分为远距离遥控采样技术、自动化采样技术和水下微型采样技术三类。

远距离遥控的海底回转式采样技术由回转器、钻探泵、动力机、监测系统和控制系统、辅助设施组成。远距离遥控的回旋式采样器主要通过有缆操控，同时可以实时获取水下装置的监测数据。该采样器在钻进所需的液体可沿管道从母船供给，也可直接抽取海水提供。根据回转器的类型，采样器可分为立轴式、转盘式和动力头式，其中最常用的装置是动力头式，这种遥控的回转式采样器适用400～500m以内的海深。随着水深增大，电缆长度与成本也急剧增加，同时电缆在工作过程中也容易发生损坏，因此限制了远距离遥控的海底回旋采样技术进一步向深海发展。

自动化海底回转式采样技术是在装置下水工作前提前设定工作流程，其下水工作后可按照之前的设定进行工作。工作过程中所需的电力可使用母船供电，也可通过安装在装置上面的蓄电池进行供电。常见的自动化海底回旋式采样器有日本MD-300 RT，其工作水深不大于300m，钻孔深度约1m，钻孔直径46mm，钻头最大转速可达300r/min。除此外，常见成熟的海底回旋式采样器还有美国、加拿大等国家研发的产品，如表5.1所示，例如美国研发的 LOK HID（图 5. 31），加拿大的 AOL 等产品。

表 5. 1　远距离控制的海底回转式采样器的技术特性

参数	TMC-1 日本	LOK HID 美国	M DC-200 日本	AOL 加拿大	MD-500H 日本
海水深度/m	50	100	200	360	500
钻孔深度/m	3. 2	2. 6	10. 0	4. 3	6. 0
钻孔直径/mm	63. 5	63. 5	—	—	56. 0
岩心直径/mm	—	42. 9	86. 0	30. 5	44. 0
钻进规程转速/$r \cdot min^{-1}$	300	100	160	30	377
孔底钻压/Kn	10. 00	2. 5	5. 00	6. 35	5. 0
泵量/$L \cdot min^{-1}$	—	—	28	—	28
回转器类型	动力回转头	动力回转头	动力回转头	动力回转头	动力回转头
功率/kW	—	—	15. 0	5. 9	9. 0
质量/kg	1500	463	10000	1500	3300

除此外，用于载人深潜器或 ROV 等移动设备上的微型钻机，通过专用的微型夹具夹持住采样器以完成采样。这类微型采样器的钻进深度和孔径都比较小。为了提高其工作效率，近年来已开发出可在采样器上加装多套岩心管的装置。它们轮流下至孔内取心，在一个升降潜水设备的工作循环中，可采集到的更多的海底样品。

图 5. 31　振动回转式采样器（图片来自美国 sdi 公司）

（5）旋转振动部分涵盖振动器和转子，振动器借助橡胶缓冲器固定在轴承座上，转子固定在滑动梁上。振动器和旋转器均由安装在密封盒中的电动机驱动。取样管顶部的转换接头内装有球阀，使取样管内岩心顶部的液体能顺利排出。

当通电驱动振动器和旋转器时，采样管同时受到旋转和振动的冲击，在它们的共同作用下，采样管刺穿土层。当钻孔达到一定深度时，设备自动停机，采样管由起吊装置拉出土层，必要时可连接振捣器在振捣时拉动。振动器和旋转器的操作由控制台上的仪表监控。该设备可从海底钻取沉积岩，深度可达100m，孔深4m，可用于地质调查、大陆架矿产勘查和海洋工程地质的调查。

5.2.3.2　维护保养

岩心钻机的日常保养和注意事项主要有以下几点。

（1）检查岩心钻机的主要结构情况、结构连接螺栓、结构连接销、结构件焊缝、吊篮结构及安全防护情况。

（2）定期检查各种动力头、工作油缸、钻头、钻杆的状况。

（3）定期检查岩心钻机防钢丝绳脱落装置。

（4）岩心钻机电气系统的检查。主要检查项目为：严禁特殊使用电箱设置和短路保护漏电保护装置、紧急断电开关、电箱减震器、工作装置电缆固定、照明线路等。

（5）使用前应检查设备中各类元件、附件是否在正确位置，各管线、紧固螺钉等连接有无松动，是否有渗漏现象。

5.2.3.3　发展趋势

随着岩心取样需求激增和个人计算机技术以及人工智能技术的发展，岩心钻机目前也正处于蓬勃发展的阶段，其发展的趋势主要有以下几个方向。

（1）面向全海深。岩心样品的获取，初始阶段只能适用于水下几十米的深度，发展至今，已经可以用于水下3000m，这是极大的跨越。但随着海洋开发热潮与海洋探测深度的增加，适用于全海深的岩心取样装置也应该顺应其发展，以提高海底岩心采样的深度。

（2）自动化。对于海底岩心样品的采集，实现全自动化十分有必要。由于海上作业的工作环境恶劣，作业过程与海况息息相关。为保障人工安全，提高工作效率，应该将岩心获取的作业过程全自动化，以科技代替人力，提高作业安全性的同时，提高岩心采样的效率。

5.3　其他采样技术

除了常见的海洋水样、海洋底质采样技术外，一些海洋学科中如海洋生物、海洋环境等领域，也针对其需求，研发了诸如生物采样、微生物采样等采样技术。同时随着ROV、载人深潜器技术的成熟，搭载在这些水下移动设备的采样装备也逐渐成为当前海底采样的重要发展方向。

5.3.1　生物采样技术

为研究海底微生物对海洋工程中金属材料或桩基础的腐蚀机理，从而提出新的防腐蚀材料，海洋工程还需要对海底微生物进行研究。目前常见的生物采样器主要有浮游生物采样器、底栖生物采样器、微生物采样器以及附着生物采样器。

浮游生物采样器常用的工具有浮游生物网（图 5.32），如 WP-3 浮游生物网。WP-3 浮游生物网主要用于海洋环境浮游生物样品的采集，采样网配有南森释放系统，可以随时关闭采样网，因此可以进行定深采样。

图 5.32　多层浮游生物网（图片来自厦门大学嘉庚号网站）

底栖生物采样器最常用的工具是底栖生物拖网。底栖生物拖网一般为长方形或三角形的框架和网袋构成，一般固定于船只底部进行底栖拖曳获取生物样品（图 5.33）。

微生物采样器主要包括微生物采水器、采泥器和柱状采样管等。微生物采水器用于采集海水中的微生物药品，有佐贝尔采水器、复背式采水器和无菌采水袋等。常用的佐贝尔采水器由机架和采水瓶两部分组成，将其沉放到预定深度时，投放下坠铁块敲击杠杆后部，杠杆前端挑起，将玻璃管击断，使海水进入采水器瓶内。复背式采水器是由一个厚壁橡皮球附加在颠倒采水器上构成，采水器颠倒时，把球口上的塞子拉下，海水进入橡皮球中。无菌采水袋是将采水袋沉放到预定采水深度时，使锤或切刀将水嘴打开，海水流入。采泥器和柱状采样管也可用来采集底质中的微生物样品。

附着生物采样器的主要工具是挂板和刮网（图 5.34）。将挂板放置在预测地点，按规定时间取回，获取附着生物样品。试验挂板分木质和非木质两类，规格分为年板、季板和月板，主要用于刮取湖泊、河流等水体的底栖生物。

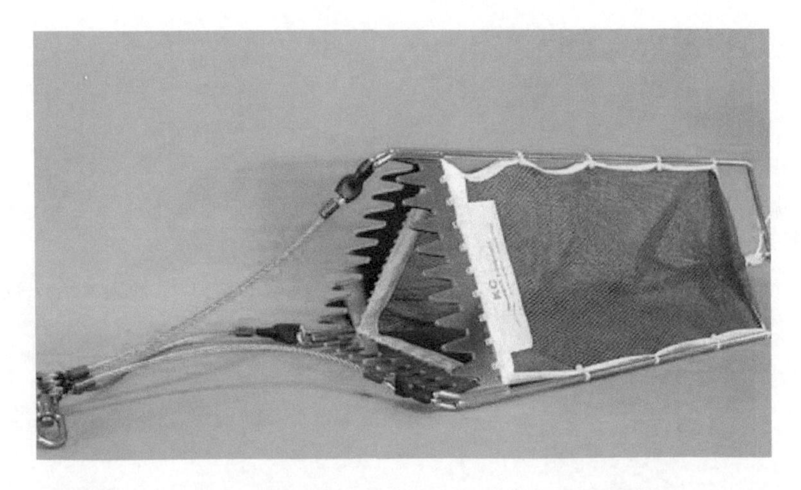

图5.33　三角形底栖生物拖网（图片来自丹麦KC-Denmark公司）

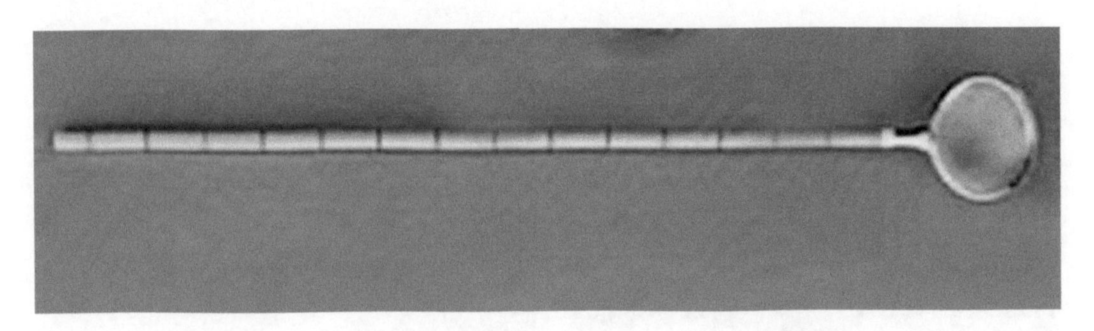

图5.34　附着生物刮网（图片来自北京中慧天诚科技有限公司）

5.3.2　利用移动观测平台进行采样

随着ROV、深水载人潜水器等深海移动观测设备研究的进步，众多采样设备成功搭载水下移动观测平台进行水下采样。

ROV采样主要用于深海热液矿藏附近生物基因以及在极端环境下微生物的科学考察采样，还可进行各种海底观察采样作业。主要由通信控制系统、液压控制系统、电力配送系统、液压补偿系统、浮力调节系统、摄像照明系统和光纤传输系统组成。广州海洋地质调查局引进了HYSUB130-4000RON系统（“海狮”号）并于2009年下半年在“海洋六号”调查船上完成海试，实现了3500m深度以内的大洋海底调查的活动，包括热液矿物采样、深海生物基因和极端微生物捕获与研究（图5.35）。

ROV强大的作业能力使得其在采样过程中也存在多种可能性。通过搭载不同的取样工具，可以实现不同类型的样品采集，如生物诱捕、沉积物获取、金属结核样品采集、水样获取等（图5.36）。

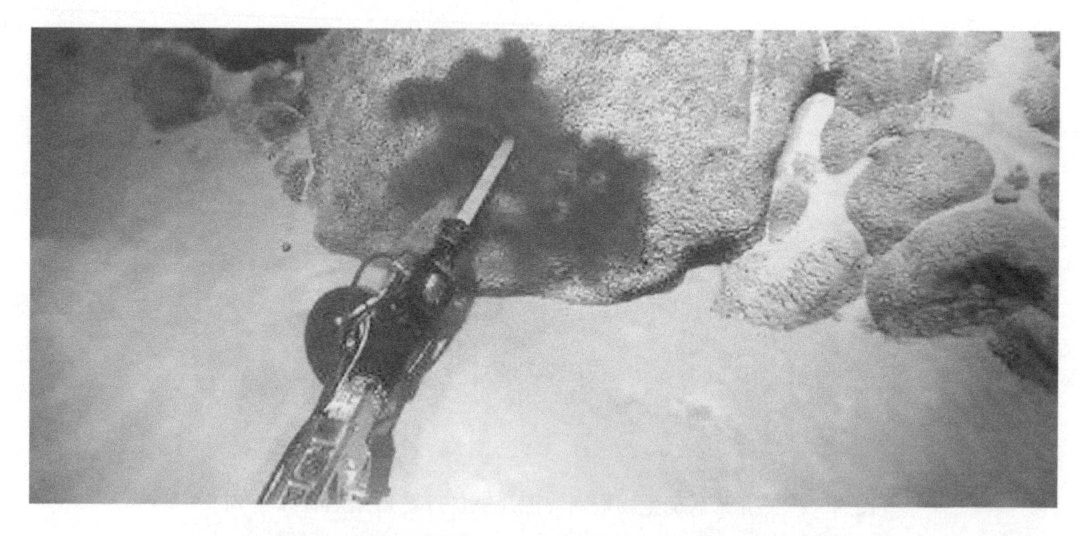

图 5.35　正在采样的 ROV（图片来自广州海洋地质调查局）

(a)生物捕获 (图片来自嘉庚号网站)

(b)沉积物获取 (图片来自沈阳自动化研究所)

(c)金属结核获取 (图片来自中国地调局)

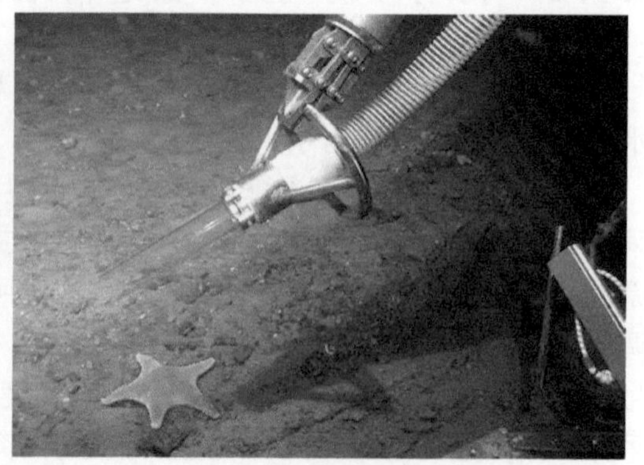

(d)水样获取 (图片来自德国GEOMAR)

图 5.36　获取不同样品的 ROV

5.3.3 微塑料采样

近年来微塑料污染逐渐成为一种新型海洋污染。微塑料污染是指水体中的直径小于5mm的塑料颗粒，被形象地称为“海中的PM 2.5”。与“白色污染”塑料相比，微塑料的危害体现在其颗粒直径微小上，这是其与一般的不可降解塑料相比对于环境的危害程度更深的原因。中国于2016年将海洋微塑料纳入海洋污染的监测范围，微塑料已成为国际海洋生态学与环境科学研究热点。为获取海洋微塑料，不少科研单位、公司等纷纷推出微塑料采样器，如Neuston双体船拖网、Manta拖网等（图5.37）。

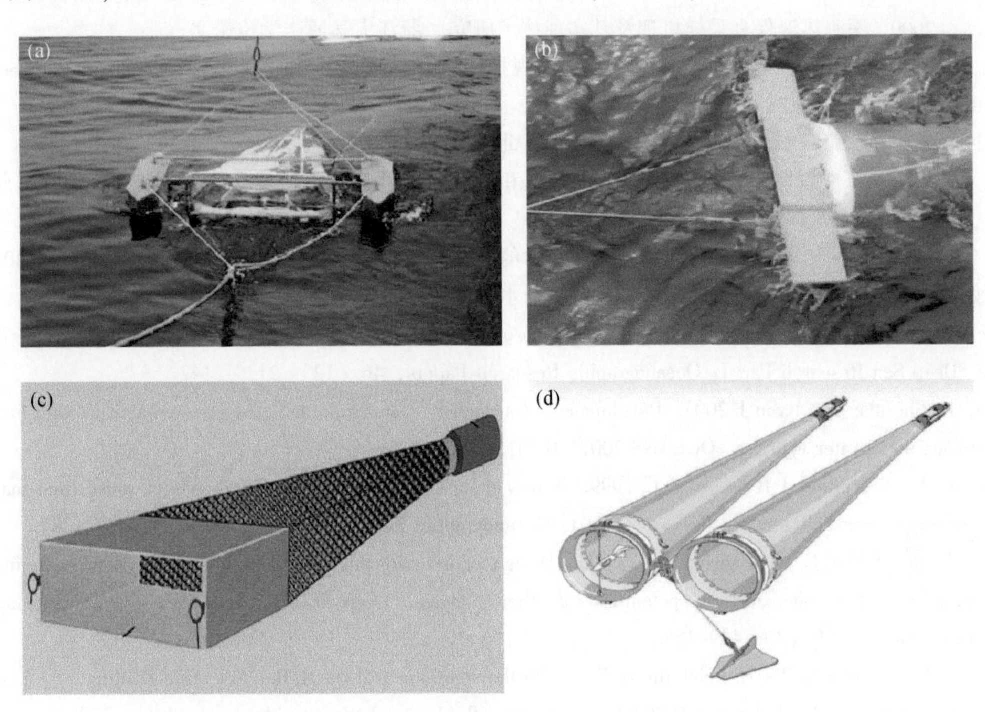

图5.37 常用的海表微塑料拖网（王菊英等，2018）

（a）Neuston双体船拖网；（b）Manta拖网；（c）Neuston拖网；（d）Bongo拖网

参考文献

陈道华，吴宣志，祝有海，等．2009. 一种深海沉积物孔隙水原位气密采样器．海洋地质与第四纪地质（06），145-148.

陈虹，路波，陈兆林，等．2017. 基于海底地形地貌及浅地层剖面调查的倾倒区监测技术评价研究．海洋环境科学，36（04）：603-608.

陈鹰，瞿逢重，宋宏，等．2012. 海洋技术教程．浙江：浙江大学出版社．

陈永华，于非，李晓龙，等．2017. 高通量深海海水原位采样及分级过滤系统．海洋与湖沼（06），1465-1470.

耿雪樵，徐行，刘方兰，等．2009. 我国海底取样设备的现状与发展趋势．地质装备，10（4）：11-16.

侯正田．1989. 深层痕量金属分析采水器的设计与试验．海洋技术，(03)：75-82.
黄豪彩．2010. 深海气密采水系统设计及其海试．浙江大学博士学位论文．
李力平．2003. SJC6-15 型 CTD 专用卡盖式采水器．海洋技术，(04)：37-39.
李曼．2022. 231 米“海牛Ⅱ号”创造深海钻机钻探深度新纪录．科技创新与品牌，(01)：65.
刘广虎，陆程，赵宏宇，等．2018. 深海原位孔隙水采集系统设计改进和海试验证．Advances in Geosciences，8，141.
刘恒．2019. 全海深保压采水器结构设计及密封技术研究．浙江大学硕士学位论文．
卢春华，邵春，鄢泰宁，等．2010. 新型液动冲击海底取样器及触探技术．工程勘察，(08)：27-30.
王菊英，张微微，穆景利，等．2018. 海洋环境中微塑料的分析方法：认知和挑战．中国科学院院刊，33 (10)：1031-1041.
吴世军．2009. 深海热液保真采样机理及其实现技术研究．浙江大学博士学位论文．
杨楠，任旭光，王俊珠，等．2018. 深海移动电视抓斗海洋地质调查中的应用．Mechanical Engineering and Technology，7，309.
于志刚，熊建设，张亭禄，等．2009. 海洋技术．北京：海洋出版社．
张建兴，栾振东，卢新亮，等．2023. 深海超长沉积物柱状取样系统关键技术优化及应用．海洋科学进展，41 (01)：167-176.
赵斌．2018. 基于保压取心和孔隙水原位采样技术的天然气水合物定量分析．海洋地质，(2)：35-40.
周丽娟．2008. 基于压力自适应体积补偿的气密采水器的设计及试验研究．浙江大学硕士学位论文．
Bianchi A，Garcin J，Tholosan O. 1999. A high-pressure serial sampler to measure microbial activity in the deep sea. Deep Sea Research Part I：Oceanographic Research Papers，46 (12)：2129-2142.
Bird L E，Sherman A，Ryan J. 2007. Development of an active，large volume，discrete seawater sampler for autonomous underwater vehicles. OCEANS 2007. IEEE，2007：1-5.
Di Meo C A，Wakefield J R，Cary S C. 1999. A new device for sampling small volumes of water from marine micro-environments. Deep Sea Research Part I：Oceanographic Research Papers，46 (7)：1279-1287.
Doherty K W，Taylor C D，Zafiriou O C. 2003. Design of a multi-purpose titanium bottle for uncontaminated sampling of carbon monoxide and potentially of other analytes. Deep Sea Research Part Ⅰ：Oceanographic Research Papers，50 (3)：449-455.
Freudenthal T，Wefer G. 2007. Scientific drilling with the sea floor drill rig MeBo. Scientific Drilling，5：63-66.
Kelley D S，Baross J A，Delaney J R. 2002. Volcanoes，fluids，and life at mid-ocean ridge spreading centers. Annual Review of Earth and Planetary Sciences，30 (1)：385-491.
Milkov A V，Claypool G E，Lee Y J，et al. 2004. Ethane enrichment and propane depletion in subsurface gases indicate gas hydrate occurrence in marine sediments at southern Hydrate Ridge offshore Oregon. Organic Geochemistry，35 (9)：1067-1080.
Naraoka H，Naito T，Yamanaka T，et al. 2008. A multi-isotope study of deep-sea mussels at three different hydrothermal vent sites in the northwestern Pacific. Chemical Geology，255 (1-2)：25-32.
Niskin S J. 1962. A water sampler for microbiological studies. Deep Sea Research and Oceanographic Abstracts. Elsevier，9 (11-12)：501-503.
Roman C，Camilli R. 2007. Design of a gas tight water sampler for AUV operations. Oceans 2007-Europe. IEEE，2007：1-6.
Saegusa S，Tsunogai U，Nakagawa F，et al. 2006. Development of a multibottle gas-tight fluid sampler WHATS Ⅱ for Japanese submersibles/ROVs. Geofluids，6 (3)：234-240.
Sauter E J，Schlüter M，Wegner J，et al. 2005. A routine device for high resolution bottom water sampling.

Journal of Sea Research, 54 (3): 204-210.

Seewald J S, Doherty K W, Hammar T R, et al. 2002. A new gas-tight isobaric sampler for hydrothermal fluids. Deep Sea Research Part I: Oceanographic Research Papers, 49 (1): 189-196.

Takai K, Gamo T, Tsunogai U, et al. 2004. Geochemical and microbiological evidence for a hydrogen-based, hyperthermophilic subsurface lithoautotrophic microbial ecosystem (HyperSLiME) beneath an active deep-sea hydrothermal field. Extremophiles, 8 (4): 269-282.

Taylor C D, Doherty K W, Molyneaux S J, et al. 2006. Autonomous Microbial Sampler (AMS), a device for the uncontaminated collection of multiple microbial samples from submarine hydrothermal vents and other aquatic environments. Deep Sea Research Part I: Oceanographic Research Papers, 53 (5): 894-916.

Warren B A. 2008. Nansen-bottle stations at the Woods Hole Oceanographic Institution. Deep Sea Research Part I: Oceanographic Research Papers, 55 (4): 379-395.

Yang T F, Chuang P C, Lin S, et al. 2006. Methane venting in gas hydrate potential area offshore of SW Taiwan: evidence of gas analysis of water column samples. TAO: Terrestrial, Atmospheric and Oceanic Sciences, 17 (4): 933.

Zhang Y, McEwen R S, Ryan J P, et al. 2009. An adaptive triggering method for capturing peak samples in a thin phytoplankton layer by an autonomous underwater vehicle. OCEANS 2009. IEEE, 1-5.

第6章　海洋环境移动观测平台技术

海洋环境移动观测平台技术是对导航控制、通信传输等技术的综合，通过这一技术的应用，动力要素、声学要素、气象、地质、海洋生物等现场观测工作都将能得到很好的辅助，这一技术已经成为了深远海区域开发过程中的核心技术（王鑫，2019；图6.1）。

深海、远洋甚至以前无法涉足的海底、热液区、冰下等区域，都已有移动观测技术的应用，获取了大量的观测数据。因此移动观测平台技术在各海洋强国都受到了高度重视，获得高速发展，本章介绍的移动观测平台主要是指在水面上或水下的移动观测平台，包括自治式水下潜器、无人遥控潜器、拖曳式观测平台和载人潜水器。

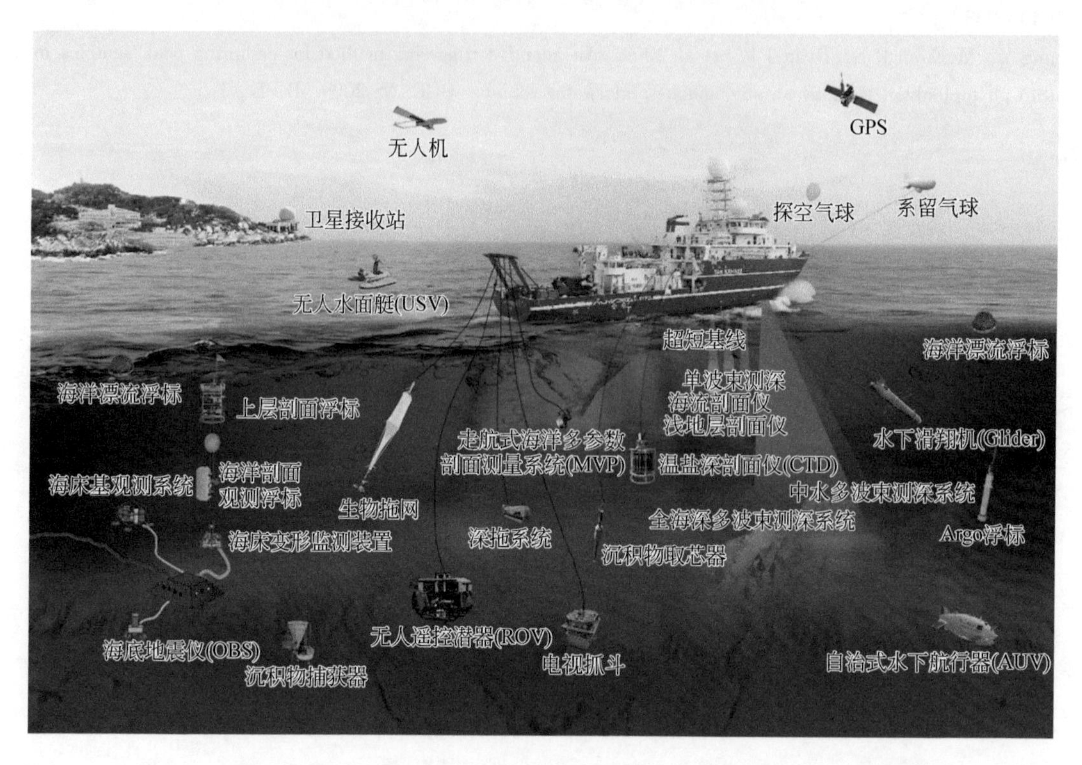

图6.1　海洋环境移动观测平台（图片来自近海海洋环境科学国家重点实验室）

6.1　自治式水下潜器技术

自治式水下潜器不依赖人工控制，可离开母船独自工作，实施水下海洋环境观测，因此，具有更强的环境适应性。主要包括自治式水下航行器（autonomous underwater vehicle，简称AUV）、水下滑翔机（Glider）和Argo浮标。

6.1.1　自治式水下航行器

自治式水下航行器（AUV）是水下无人航行器（unmanned underwater vehicle，UUV）的一种，属于新型水下无人平台，可携带多种传感器和任务模块，具有自主性、隐蔽性、环境适应性、可部署性和高效费比等优点。21世纪以来，AUV发展迅速，在民事、军事和商业等领域被广泛应用。在民事领域中的海底勘探、水下救援、海底打捞、海洋科考等发挥着越来越重要的作用，军事领域可用于水下执行潜艇战和反潜战、反水雷战、海洋侦察和监视、情报搜集、信息通信、目标攻击等，极大拓展了水面和水下作战系统的作战空间，是当今世界主要海军国家重点发展的水下作战装备（侯海平等，2022），自治式水下航行器具有以下性能特点。

（1）具有推进器和控制翼面，具有高机动性，可搭载侧扫声呐，成像声呐等多种设备和传感器，多用于冰下、深海等指定目标区域的海洋环境观测。

（2）活动方式为全自主式或智能控制，能够自主完成对所定任务区域的搜索并返航，在人工设定好参数或下发命令后，能够完成复杂的任务，自主程度较高，具有体积小、灵活性好、使用维护经费低等特点（马腾飞，2017）。

（3）航行范围广、使用方便、效率高。

6.1.1.1　国外代表设备与应用

21世纪以来随着计算机技术、人工智能技术、微电子技术、小型导航设备、指挥与控制硬件、逻辑与软件技术的突飞猛进，自治式水下航行器得到了大力发展（曹晓霖，2014）。无人水下航行器技术始于20世纪50年代，早期民用方面，主要用于水文调查、海上石油与天然气的开发等，军用方面主要用于打捞试验丢失的海底武器（如鱼雷），后来在水雷战中作为灭雷具得到了较大的发展（徐玉如和李玉超，2011）。由于AUV摆脱了系缆的牵制，在水下作战和作业方面更加灵活，该技术日益受到发达国家军事海洋技术部门的重视（彭荆明，2008）。在过去的十几年中，水下技术较发达的国家如美国、日本、俄罗斯、英国、法国、德国、加拿大等建造了数百个智能水下机器人，虽然大部分为试验用，但随着技术的进步和需求的不断增强，用于海洋开发和军事作战的智能水下机器人不断问世（马伟锋和胡震，2008）。

1. Bluefin 系列

美国的蓝鳍金枪鱼系列水下航行器（Bluefin-AUV；图6.2）按照直径分为9英寸、12英寸和21英寸三种，分别命名为BP-9、BP-12和BP-21（庞硕和纠海峰，2015）。重量为60～750kg，潜探深度为200～4500m，续航能力为10～30h，可装备多种传感器和设备，用于海洋环境数据采集、水雷探测、海底地形地貌探测、海底沉积物探测、海底管道探查等（曹少华等，2019）。最新型号BP-21，潜探深度为4500m，可安装侧扫声呐、多波束测深仪等多种设备。2014年4月马航MH370航班失联后，美国海军派出BP-21参加海上搜寻失联客机任务。

图 6.2　蓝鳍金枪鱼 BP-21 自主水下运载器（图片来自 General Dynamics Mission Systems）

2. REMUS 系列

美国 Hydroid 公司的 REMUS 系列按照潜深分为 100 型、600 型和 6000 型，其中 REMUS 600 在改变配置后可用于 1500m 水深作业；REMUS 100 具有小巧、便携的特点（图 6.3）；REMUS 600 有一个单独的负载舱，便于安装客户的定制测量设备，具有更广阔的用途；REMUS 6000 的最大工作深度为 6000m，基本功能包括测深、侧扫和浅地层剖面探测，也可根据用户需求搭载重磁测量、温度测量、光学成像等相关仪器。2003 年 3 月，海湾战争中，REMUS 100 上安装了侧扫声呐，被美国海军用来执行港口扫雷等任务。挪威海军也在使用 REMUS 100。两艘 REMUS 6000 于 2011 年在大西洋参与了法航 AF447 客机残骸的散落区域成像、第三艘 AUV 使用高分辨率摄像机获得了残骸的清晰光学影像之后，ROV 才找到并打捞出该机的飞行记录仪黑匣子。REMUS 系列由美国伍兹霍尔研究所研发，在 Hydroid 公司归属挪威 Konsberg 公司后，与 Hugin 系列一起构成了深潜 100m、600m、1000m、1500m、3000m、4500m、6000m 的覆盖浅海到深海大洋，由便携型到重型、适合多种途径的完整产品系列。

图6.3　REMUS 100型AUV（图片来自美国Hydroid公司）

3. Hugin系列和Munin系列

挪威Konsberg公司的Hugin系列AUV（图6.4）包含Hugin 1000（有1000m和3000m潜深两个型号）、Hugin 3000和Hugin 4500系列。Hugin系列已经为八个国家完成了约30000km^{2}的海底地形调查任务以及多项水下探测作业任务（李岳明等，2016）。

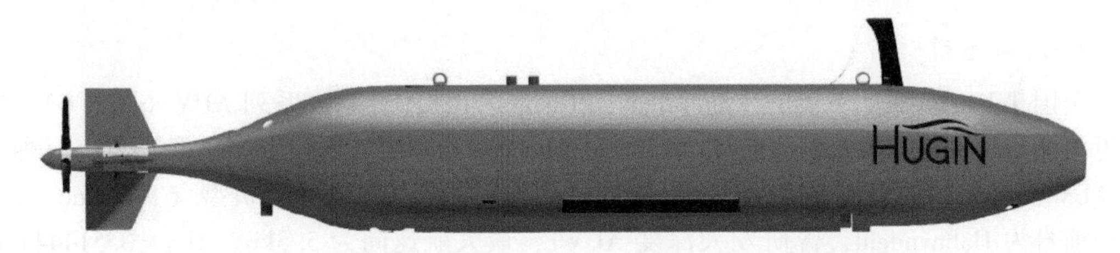

图6.4　Hugin系列AUV（图片来自挪威Konsberg公司）

Hugin 1000军用型安装的是专用于反水雷的中频HISAS 1030系统（该系统可同时获取超高分辨率的干涉合成孔径声呐图像和测深数据），民用型则安装标准侧扫声呐、前视声呐和多波束测深仪。Hugin 1000安装的海洋环境测量设备主要有温盐深测量仪和光学后向散射计。使用ADCP、GPS、超短基线定位、长基线定位、HiPAP高精度声学定位系统、基于地形匹配的导航仪的导航设备，在4节航速（2.1m/s）下，续航可达17h（军用型）和24h（民用型），直径0.75m，长4.5m，重850kg，配置了具有电子稳定功能的摄像头（李凝，2010）。

另外，结合Hugin和Remus 600的技术特色，Konsberg公司研发了新的AUV产品Munin。该型AUV具备细长的外形，可使用志愿观测船布放；采用完全模块化设计且易于拆装，便于空运和现场组装；与Hugin 1000系列拥有相同的操作软件和用户界面，可用于执行复杂任务，可与Hugin系列协同工作。

4. AutoSub系列

英国开发的AutoSub主要用于海洋科学研究，有AutoSub-Ⅰ、AutoSub-Ⅱ、AutoSub-Ⅲ和AutoSub-6000（图6.5）等几种，目前已完成上百项工程和科学探测（裴香丽等，2021）。AutoSub-6000潜深为6000m，长5.5m，直径0.9m，重1500kg，续航力180km（以5kn航速航行36h），携带有EM2000多波束声呐、300kHz的ADCP和Seabird SBS等，采用船载专用布放架进行布放和回收（McPhail et al.，2009）。

图 6.5　AutoSub-6000（图片来自英国国家海洋研究中心 NOC）

5. Gavia 系列

美国 Teledyne 集团下属的冰岛 Teledyne Gavia 公司提供 Gavia 系列 AUV（图 6.6），包括近海测量（offshore surveyor）、科学（scientifiece）和军用（defence）三种型号，三种型号 AUV 具有相同的直径（0.2m），潜深同样为 500m 或 1000m 两种机型（Teledyne Gavia 公司前身为 Hafmyndehf，曾研发大深度 AUV），最大航速同为 5.5kn（1kn = 0.514444m/s），都采用了高度模块化设计，配置灵活。由于配置了不同的传感器测量设备和导航设备，三种型号 AUV 具有不同的长度、重量和续航力，其中近海测量型长 2.7m，重 70 ~ 80kg，科学型的基本艇体长 1.8m，用于反水雷的军用型长 2.6m，重 62kg，3kn 速度下分别可续航 4 ~ 5h、7h 和 6 ~ 7h，都可以加装电池包来提高续航力（Yeo，2007）。

图 6.6　Gavia 系列 AUV（图片来自美国 Teledyne Marine 公司）

6. 其他 AUV

2014 年 11 月 24 日，美国 SeaBed 双体 AUV 海试成功。该 AUV 由 WHOI 研究所研发，长约 2m，重 200kg［图 6.7（a）］，采用双体设计增强了低速摄像机工作时的稳定性，潜深可达 2000m，可在海底以下 2.5m 处缓慢地航行或悬停，航速 0.5kn，特别适合用于采集高清晰度的海底声呐和光学图像。此次海试中 SeaBed 在水下 20 ~ 30m 深度处作业，将探测数据合并处理之后形成冰面下的高分辨率 3D 探测影像，不仅可以绘制高分辨率的南极海冰三维图像，还可以绘制以前无法达到的海冰水下部分的图像（Kang et al.，2020）。

WHOI还研发了用于深海观测的AUV-Sentry［图6.7（b）］，于2010年代替ABE成为了美国国家深潜装备成员。Sentry在继承ABE技术优点的同时，在航速、航程、机动性方面都有提升，凭借具有更加符合水动力学性能的外形，上升和下降速度更快。

(a)SeaBED双体AUV

(b)深海测量型AUV-Sentry

图6.7　双体AUV与深海测量型AUV（图片来自美国伍兹霍尔海洋研究所WHOI）

此外，美国还拥有SeaHorse、Echo-Ranger、Manta等大型AUV，用于部署、回收设备，收集和传输各种类型信息，追踪水下或海面目标等。日本东京大学和某船舶公司合作研制的r2D4型AUV［图6.8（a）］可以探测周围情况并躲避障碍物，还可以利用视频装置对现场环境进行图像采集和视频录制（马腾飞，2017）。英国BAE公司研制成功的Talisman型AUV可以搭载相应的传感器完成水下扫雷。澳大利亚Wayamba型AUV采用的是螺旋桨推进，可以完成水下科学实验研究、检测鱼雷并直接执行灭雷、水下地形的勘测及相关视频资料的摄制等工作（张金泉，2016）。

(a)r2D4型AUV(图片来自日本东京大学)

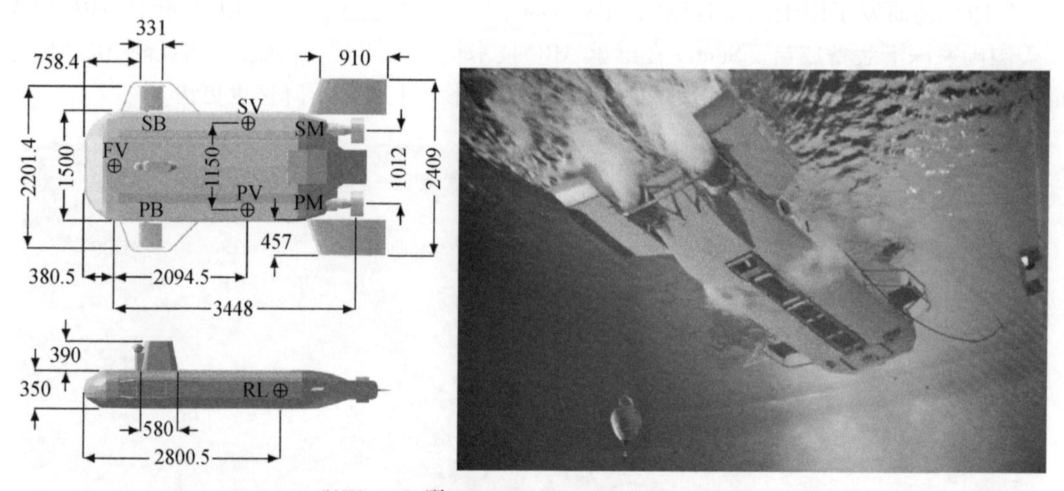

(b)Wayamba型AUV(Madden and Sgarioto，2013)

图 6.8　大型 AUV

eFolaga 水下滑翔器（图 6.9）是目前少数几种混合型滑翔器之一，在保持原有特定位置悬浮、可携带 CTD（电导率-深度-温度）探头的同时使用典型的浮力变化机构，但没有配置能产生升力和向前运动的翼，其向前推进、偏航和俯仰的纠正都是由艇内安装的电力推进器完成（Caffaz et al.，2012）。

图 6.9　eFolaga 水下滑翔器（Marino and Antonelli，2015）

6.1.1.2　国内代表设备与应用

国内于 20 世纪 80 年代中期开始研究智能水下机器人技术，主要研究机构包括中国科学院沈阳自动化研究所和哈尔滨工程大学等单位。中国科学院沈阳自动化研究所蒋新松院士领导设计了“海人一号”遥控式水下机器人试验样机。之后“863”计划的自动化领域开展了潜深 1000m 的“探索者号”智能水下机器人的论证与研究工作，做出了非常有意义的探索性研究（王萧，2014）。哈尔滨工程大学的“智水”系列智能水下机器人已经突破智能决策与控制等多个技术难关，各项技术标准都在向工程可应用级别靠拢，“智水”智能水下机器人在真实海洋环境下实现了自主识别水下目标和绘制目标图、自主规划安全航路线和模拟自主清除目标等多项功能，目前通过各科研机构和院校的同期研制工作，智能水下机器人已经服役并正在形成系列，特别是中国科学院沈阳自动化研究所与俄罗斯合作的6000m潜深的CR-01和CR-02系列预编程控制的水下机器人，已经完成了太平洋深海的考察工作，达到了实用水平（徐玉如和李彭超，2011）。

中国科学院沈阳自动化研究所研制的轻型长续航力AUV“海鲸2000”，在南海通过了长续航力性能验证，连续航行37天，航程突破2000km，创造了国内同类型AUV不间断航行距离最远纪录（柴洪洲等，2022）。“海鲸2000”AUV最大工作深度达到1500m，最大航行速度超过1m/s。“海鲸2000”AUV（图6.10）是由中国科学院战略性先导科技专项“南海环境变化”和国家重点研发计划“深海关键技术与装备”重点专项联合支持，面向海洋环境多参数、移动、立体持续观测需求开发研制的一种新型观测AUV系统。该AUV目前可携带温盐深、流速剖面仪、溶解氧、浊度计等物理和生化传感器。“海鲸2000”AUV具有多种航行模式和自主观测作业模式，满足不同海洋环境特征的动态观测需求（Hu et al.，2022）。

图6.10　“海鲸2000”AUV（图片来自中国科学院沈阳自动化研究所）

“十三五”期间，为满足现有国际海底矿区勘查和新矿区圈定的迫切需要，在国家重点研发计划、中国大洋协会、国际海域资源调查与开发等项目的支持下，沈阳自动化研究所联合国内多家机构，攻克复杂海底环境下的高精度导航、自主避障和稳定航行控制等多项关键技术，成功研制了具有微地形地貌测量、海底照相、水体异常探测、磁力探测等功能的深海资源自主勘查系统——“潜龙”系列深海AUV（图6.11）。“潜龙一号”和“潜龙四号”设计为圆柱回转体，适用于海底相对平坦矿区；“潜龙二号”和“潜龙三号”设计为非回转体立扁鱼形，适用于复杂海底地形矿区。“潜龙”系列深海AUV可应用于多金属结核、富钴结壳、多金属硫化物、天然气水合物等多种深海资源的精细勘查，填补了我国深海资源自主勘查的空白。“潜龙”系列深海 AUV 先后参加了 10 余次大洋科考航次，在太平洋、大西洋、印度洋等海域开展航次应用，累计下潜近百次，完成声学探测测线超过 5000km，声学探测面积近 2000km^2。“潜龙”系列深海 AUV 获取的海底多元数据对探明深海矿产资源的分布和成矿机理具有重要意义，为矿区资源开发提供了精准数据和模型（李硕等，2022）。

图 6.11　“潜龙”系列自主水下机器人（李硕等，2022）
（a）潜龙一号；（b）潜龙二号；（c）潜龙三号；（d）潜龙四号

“橙鲨”号 AUV（图 6.12）是工信部高技术船舶计划项目成果，目前已完成南海试验。该 AUV 长 5.66m，直径 0.82m，空气中重量 1400kg，最大航速 7kn，巡航速度 3kn，续航力 200km，工作深度 2000m，搭载设备包括 Phins6000+DVL、深度计、高度计、避障声呐、前视声呐、水下摄像机、水下灯、USBL、GPS、北斗、无线电、WiFi、水声通信声呐、侧扫声呐、浅剖声呐（可选），锂电池供电，单主推、首尾垂推加水平舵和垂直舵布置（李岳明等，2016）。

哈尔滨工程大学科研团队研发的“悟空号”全海深 AUV（图 6.13），于 2021 年 11 月 6 日 15 时 47 分在马里亚纳海沟“挑战者”深渊完成万米挑战最后一潜，下潜深度达到 10896m 再次刷新下潜深度纪录，超过国外无人无缆潜水器 AUV 于 2020 年 5 月创造的 10028m 的 AUV 潜深世界纪录，并顺利完成海试验收。

中国船舶重工集团有限公司第七〇二研究所承担的国家重点研发计划“深海关键技术

图6.12　“橙鲨”号AUV（图片来自天津深之蓝海洋科技股份有限公司）

图6.13　“悟空号”全海深AUV（图片来自央视新闻）

与装备”专项“可变翼形双功能深海无人潜航器”成功完成深海航行与作业海上试验。其研发的“海翔500X”（图6.14）采用扁平高升力体和分布式复合材料耐压结构，由剩余浮力和推进器混合驱动，基于可变翼形和可开合推进技术，实现水下滑翔器和AUV双功能完美融合，既是深海航行作业的“短跑名将”，也是远海滑翔探测的“马拉松能手”，是当前“跑”和“滑”得最快的深海无人潜航器。海试中两台潜航器搭载CTD、水听器、侧扫声呐等设备，获取了试验海域温度、盐度、深度剖面以及海洋声学、海底扫测图像等大量实测资料。“海翔500X”有效负载量超过30kg，扩展能力强，可同时搭载多种传感器，执行海洋环境立体观测、近海底精细测绘、深海探测搜救等各种作业任务。

虽然我国已研发了多种型号AUV，但由于种种原因多停留在技术成果阶段，AUV研

图 6.14　“海翔 500X”深海无人潜航器（图片来自中国船舶科学研究中心）

发往往既以海上试验成功作为里程碑，也作为结束。目前为止，尚未有 AUV 产品真正投入市场，为用户所接受并广泛应用。如何让企业真正参与并主导技术研发而非形式上的牵头，以加快技术成果的产品转化，这个问题不仅存在于 AUV 研发中，也是我国海洋观测技术发展中普遍存在的问题。

另外，进口 AUV 产品不仅昂贵，而且生产国往往对我国实施出口管制，再加上 AUV 应用仍存在很高的丢失风险，进口 AUV 产品在我国的应用鲜见报道。

6.1.1.3　发展趋势

在各国对传统 AUV 进行技术升级的基础上，新型 AUV 也不断涌现，主要有以下几类：①应用特殊材料的仿生物 AUV，例如像波士顿工程公司研发的人工鱼 Ghost Swimmer（图 6.15），不仅拥有鱼一样的外形，还有可弯曲的壳体，该 AUV 已于 2014 年 12 月由美国海军开展了海上测试，长约 1.5m，重约 45.4kg，潜深可达 91.5m（Dvorak et al.，2010）；②多用途 AUV，例如既可以自主航行又可以载人的 Proteus（图 6.16），更像艘小潜艇；③加装了多个推进器具备悬停功能的 AUV，如瑞典萨伯公司的 Sacbertooth 和洛克西德马丁公司的 Marlin（图 6.17）；④浙江大学航空航天学院交叉力学中心李铁风教授团队联合之江实验室，率先提出机电系统软-硬共融的压力适应原理，成功研制了无须耐压外壳的仿生软体智能机器人，首次实现了在万米深海自带能源软体人工肌肉驱控和软体机器人深海自主游动（图 6.18）。

图6.15　美国海军人工鱼 Ghost Swimmer（Dvorak，2010）

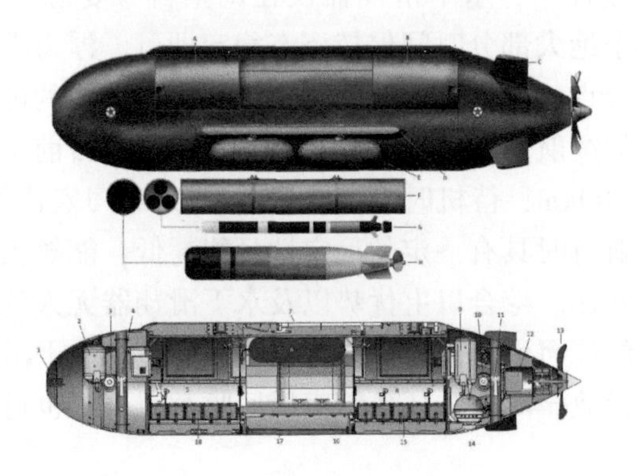

图6.16　多用途 AUV-Proteus

图6.17　Marlin AUV（图片来自美国 Lockheed Martin 公司）

6.1.2　水下滑翔器

水下滑翔器（autonomous underwater glider）是近年来诞生的一种新型无人潜航器，是美国科学家研制出的一种基于浮力驱动的在水下以锯齿形航线航行的自治式观测设备，可搭载温、盐、深等多种传感器，用于大范围海洋环境观测（漆随平和厉运周，2019）。水

图 6.18 仿生狮子鱼深海软体机器人（图片来自浙江大学求是新闻网）

下滑翔器是认识海洋、经略海洋、保护海洋的重要工具，其在海洋资源探索、海洋资源开发以及海洋国防安全方面具有广泛的应用前景（吴尚尚等，2019）。

在水下滑翔器工作过程中，水下滑翔器仅在调整自身姿态时才启动主要动力调整机构——浮力发动机，其余绝大部分时间保持姿态稳定即可，浮力发动机动作时间仅占滑翔机潜水总时间的几个百分点，对前进的速度要求并不高，耗费的能量极少。相对于其他水下航行器，水下滑翔器的续航力和待机时间优势非常明显，目前主流水下滑翔器每次水下工作航程都可以达到 15000km，待机时间可以超过 30 天（刁宏伟等，2022）。

水下滑翔器在水下航行时具有一定的稳定性且能耗低，能够大范围、长时间地连续执行任务，大大提高了效费比。综合以上优势以及水下滑翔器无人驾驶的特点，水下滑翔器可以探索生存环境恶劣的深海以及南北极冰盖以下的区域。水下滑翔器的布放与回收简单快捷，可以由小船直接投放至海中，任务结束后回收至甲板；也可以通过水面舰艇的绞车或者门吊投放或者回收。

相较于潜艇等水下潜器，水下滑翔器无法平稳航行在某一深度的海水中且速度慢，无法携带负重较大的装备，在浮出水面时，有被渔网等杂物缠绕以及与舰船碰撞损坏的风险。由于体积较小，无法携带先进的大型声呐基阵。远距离、长时间执行任务时，需要上浮使天线露出水面以实现较为稳定快速的双向宽带无线通信，以建立与岸上或空中的通信联系，这使得其暴露风险大大增加。

如图 6.19 所示，水下滑翔器基本工作原理是在保持其自身重力不变的条件下，通过电机驱动滑翔器壳体内的液压泵来改变滑翔器外皮囊的体积，从而改变滑翔器自身的浮力来实现沉浮驱动，同时配合滑翔器内部的质量分布调整，改变自身的重心位置来调整运动时的姿态，借助侧翼和尾翼产生水流推力以适应水下运动的要求，改变滑翔器上升和下沉时的姿态，这样滑翔器就能保持以一定的速度和攻角上升、下潜，同时由于水平翼的作用可以获得水平速度，形成一条锯齿状的航行轨迹，使它的位置和航向具有一定的可控性。航行开始时，滑翔器的外皮囊体积减小，以便使系统浮力变小，由于重力不变，滑翔器开始向下滑翔。通过控制滑翔器机体的重心位置，使滑翔器姿态按照预定角度向下滑翔。同时，通过固定水平翼的水动力作用，实现按照预定的航向滑翔。在滑翔过程中，每隔一定时间对滑翔器的姿态进行监控，通过姿态控制机构调整滑翔器机体的重心位置，达到稳定滑翔状态。当滑翔器到达预定深度后，滑翔器密封舱体内存储的传递液体被排入外皮囊，使得滑翔器浮力大于重力，滑翔器实现上升运动。同时通过控制滑翔器机体的重心位置，

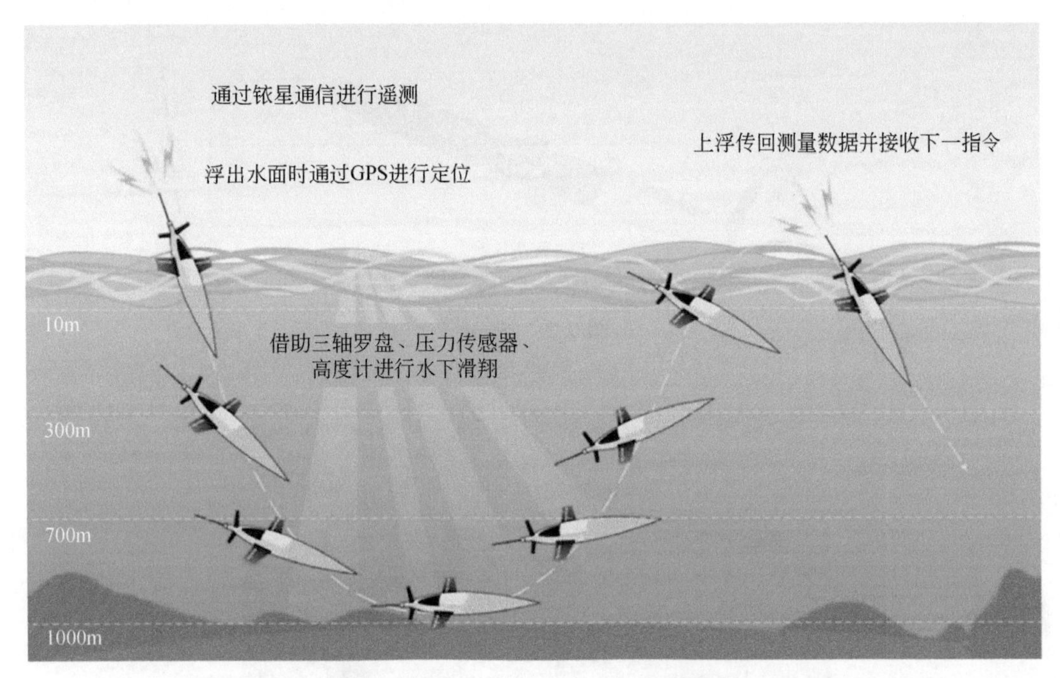

图6.19　Glider浮沉原理及工作方式（图片来自美国国家海洋和大气管理局NOAA）

使得滑翔器的姿态改变，保持头部倾斜向上，实现向上滑翔运动。滑翔器每次位于水面时，通过自身携带的卫星系统确定位置并接受指令，以确定下一次滑翔运动的方向，同时完成相关数据传输。水下滑翔器的运动由一系列下潜与上浮的滑翔运动构成，轨迹为锯齿状（李彦波，2007）。

6.1.2.1　国外代表设备与应用

美国最早开始水下滑翔器的研发，也拥有目前世界上最为成熟的水下滑翔器技术，以Teledyne Webb Research的Slocum（图6.20）、Bluefin Robotics的Spray（图6.21）、华盛顿大学的Seaglider为代表，已形成系列产品且在世界范围内有大量应用。法国ACSA公司的SeaExplorer应用了混合推进器，也实现了产品化（图6.22）。英国、日本、新西兰等国家也纷纷开展了水下滑翔器技术研发（Choi et al.，2018）。

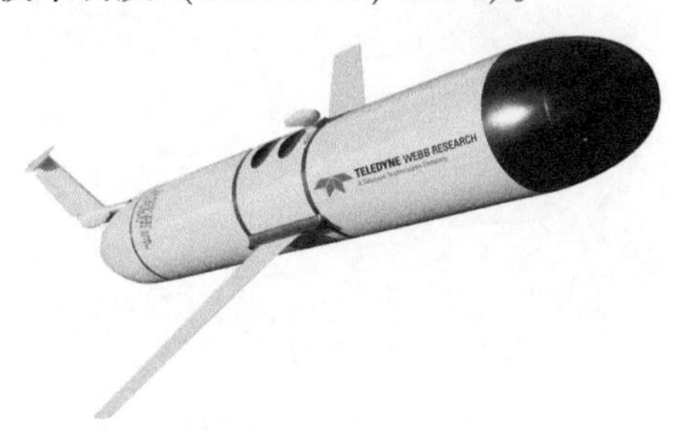

图6.20　Slocum

图 6. 21　Spray

图 6. 22　SeaExplorer

X-Ray 滑翔机是美国 Scripps 海洋研究所海洋物理实验室新设计的高性能水下滑翔器(图 6. 23)。X-Ray 滑翔机采用高升阻比机翼设计，使其能够有效地长距离飞行，能以比现有海洋滑翔机（例如 Seaglider，Slocum 和 Spray）更高的速度行进，并携带相关的战术传感器。这使 X-Ray 适用于美国海军军方的监视及其他遥感应用。2006 年 7 月至 9 月，X-Ray 滑翔机参加了在蒙特雷湾的首次海上测试实验（Nguyen et al.，2018）。

图 6. 23　X-Ray（Brodsky and Luby，2013）

ANT水下滑翔器由ANT公司（原阿拉斯加国家技术公司）制造（图6.24）。该水下滑翔器是在美国海军研究办公室的资助下开发的，设计目的是为满足美国海军水下自主计划的需求。ANT公司已向美国海军交付了18套水下滑翔器，且通过改进传感器灵敏度，为滑翔器增加了水雷探测、水声温度剖面测量、障碍规避和蛙人探测等功能（朱鹏飞，2017）。

图6.24　ANT水下滑翔器（朱鹏飞，2017）

Slocum Glider由浮力驱动，可实现科学研究，军事和商业应用上的持续远程观测（图6.25）。Slocum Glider可以在短时间内从任何尺寸的船只中布放和回收。Slocum Glider一旦布放完成，就可以通过网络从世界任何地方轻松控制它，能够以最少的人员和基础设施进行远程操作。

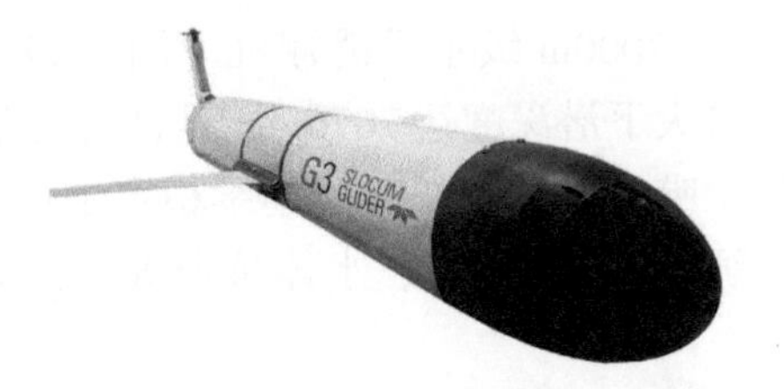

图6.25　Slocum Glider

6.1.2.2　国内代表设备与应用

在“十五”期间中国科学院沈阳自动化研究所、天津大学等就开始了相关技术的研究。国家863计划、国家海洋公益专项、预研课题分别从不同需求方向支持沈阳自动化研究所、天津大学、中国船舶重工集团有限公司第七一〇研究所、华中科技大学、中国海洋大学等国内多家单位开展技术或产品研究，形成了大油囊驱动型、温差能驱动型、混合推进型、声学观测型等多类型样机同时研制的百花齐放局面（张云海，2018）。目前天津大学“海燕”、沈阳自动化研究所“海翼”几乎同时完成了航程1000km左右的长航程试验，回收后样机各方面性能及观测资料均正常。

2020 年 7 月 16 日，由青岛海洋科学与技术试点国家实验室组织实施的水下滑翔机—万米深渊观测科学考察团队顺利返航。在此次综合科考中，我国万米级深海水下滑翔机最大下潜深度首次达到 10619m，获得了大量深渊的温盐、声学以及影像等同步调查资料。由青岛海洋科学与技术试点国家实验室和天津大学共同研发的具有我国自主知识产权的 2 台万米级“海燕-X”水下滑翔机（图 6.26）开展了连续六天的综合调查，共获得观测剖面 45 个，其中 3000m 级、6000m 级和 7000m 级剖面各 1 个；万米级剖面 3 个，分别下潜至 10245m、10347m 和 10619m。连续超过万米深度的滑翔剖面，充分验证了“海燕-X”水下滑翔机在深渊环境下的工作可靠性，标志我国在万米级水下滑翔机关键技术方面取得重大突破（杨伊静，2021）。

图 6.26 “海燕-X”水下滑翔机（图片来自人民日报）

2018 年，两台“海翼”号 7000m 级水下滑翔机（图 6.27）完成了长达 1448km 的马里亚纳海沟深渊测线观测，最大下潜深度达 7076m，是目前世界上下潜深度超过 7000m 次数最多的滑翔机，也是世界上唯一一款能长时间连续稳定工作的深渊级滑翔机（王晓樱，2018），可同时顺利完成对海沟温度、盐度、水体特征等的探测作业（张云海和汪东平，2015）。

图 6.27 “海翼”号水下滑翔机（图片来自新华社）

中国船舶重工集团有限公司第七一〇研究所是国内较早开展水下滑翔机研制的机构之一，该所研制的水下滑翔机在结构上除了常规的主翼之外，还可加装一对鸭嘴形的副翼。使用副翼后，在消耗相同能量的情况下，水下滑翔机航行里程更远，但航速会有所降低。中国船舶重工集团有限公司第七一〇研究所研制的“海鲟4000”水下滑翔机（图6.28）主要由滑翔机壳体、浮力调节装置、姿态调节装置及通信天线等组成。纵剖面的主要运动方式为滑翔运动，与传统滑翔机的滑翔运动类似，通过浮力调节装置和质心调节装置实现纵剖面锯齿形滑翔运动，能够高效地实现深远海域中长时序、大范围、三维连续、实时海洋环境观测和环境参数收集任务，具有巡航范围广、在位工作时间长、低成本、环保、易操作和高自治性等特点（刘来连等，2019）。

图6.28　“海鲟4000”水下滑翔机（刘来连等，2019）

蛇形和鱼形等仿生水下机器人具有高机动性的特点，可以灵活应用于水下建筑裂纹检测、水下设备维修和水下救援等复杂水下环境任务中，但存在能效低、续航差的缺点。中国科学院沈阳自动化研究所将水下滑翔机和水下蛇形机器人相结合研发了一款新型水下滑翔蛇形机器人（underwater gliding snake-likerobot，UGSR；图6.29），研究团队采用趋近律方法设计滑模控制器与无迹卡尔曼滤波器，对测量噪声进行滤波和对未知状态量进行估计，使得该机器人实现了净浮力驱动的滑翔运动和关节力矩驱动的多种游动步态等操作，具备续航能力强和机动性强的优势，并且其提出的闭环控制框架对一些其他非线性系统具有一定的通用性（张晓路等，2019）。

总体上看，我国深海水下滑翔器研究已具有一定的基础，性能的可靠性正在逐步提高，离应用已为时不远。水下滑翔器凭借其续航能力强、搭载传感器种类多、经济性好等诸多优势，将越来越多地被应用于军用或民用领域。

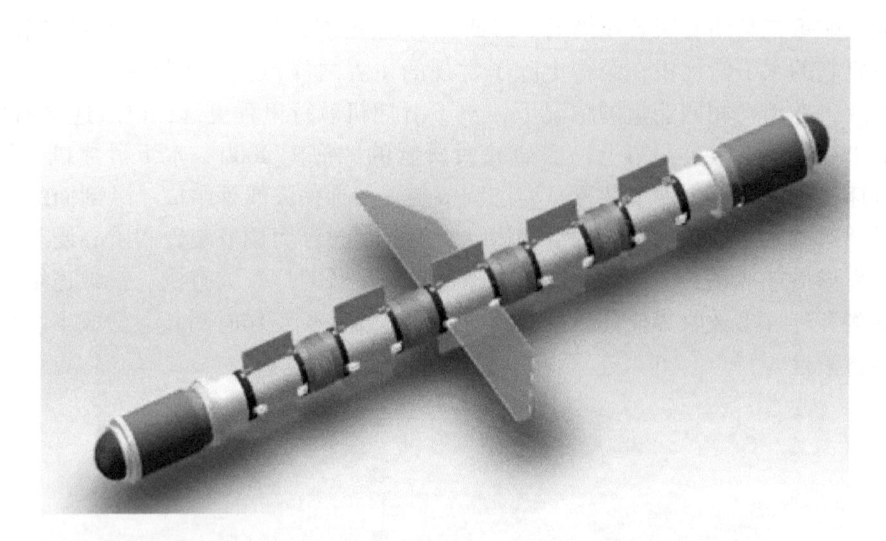

图 6.29 新型水下滑翔蛇形机器人（张晓路等，2019）

6.1.2.3 发展趋势

传统水下滑翔器虽然具有航程大、噪声低、使用性价比高等优点，但应用仍以单体的海洋观测为主，多搭载传统的温度、电导率、压力等传感器，且受限于航速较低等缺点，在流速比较高的区域无法使用。

为充分发挥水下滑翔器技术的优势，目前主要有以下发展方向。

（1）大型化，美国正在研制具备大有效负载的水下滑翔器。

（2）集群化应用，水下滑翔器的集群操作和应用在海洋调查中具有很大的意义，Glider 集群控制是水下滑翔器技术研究重点之一。

（3）声学水下滑翔器，由于水下滑翔器自身噪声很低，可以应用于海洋水下声学调查任务，多个国家正在研发此种用途的水下滑翔器。

（4）混合驱动水下滑翔器，引入喷水驱动器等驱动方式，弥补水下滑翔器驱动力不足的缺陷，扩展其应用范围。

（5）多参数水下滑翔器，越来越多的海洋测量仪器和传感器开始应用于水下滑翔器，使得其测量能力不断提升。

我国将继续加快水下滑翔器技术发展的步伐，实现产业化发展及应用，还将凭借创新型研发实现对世界先进技术水平的赶超。

6.1.3 Argo 浮标

Argo 计划（Array for Real-time Geostrophic Oceanography）（图 6.30）是由美国等国家的大气及海洋领域的科学家于 1998 年推出的一个全球海洋观测试验项目，构想用三年至四年时间（2000 ~ 2003 年）在全球大洋中每隔 300km 布放一个卫星跟踪浮标，总计为

3000个，组成一个庞大的ARGO全球海洋观测网①。旨在快速、准确、大范围地收集全球海洋上层的海水温、盐度剖面资料，以提高气候预报的精度，有效防御全球日益严重的气候灾害给人类造成的威胁，被誉为“海洋观测手段的一场革命”（曹敏杰等，2017）。

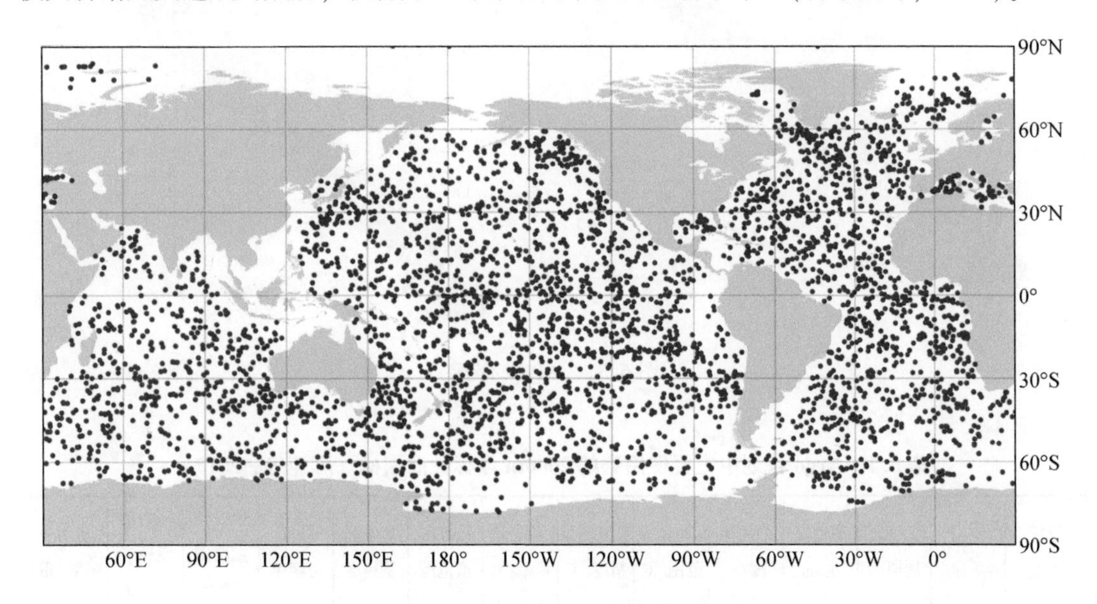

图6.30　Argo计划全球监测网分布示意图

Argo浮标的监测分布面广、测量周期长，集计算机、通信、能源和传感器测量等技术于一体，科技含量较高（商红梅等，2016），能够在海洋中随着海流漂移，自动测量海平面到2000m水深之间的海水温度和盐度随深度的变化，并记录自身的漂移轨迹，从而获取海水的移动速度和方向，已成为获取海洋和水文剖面数据的主要手段（曹军军，2020）。但是Argo浮标不具备自由航行功能，在观测的过程中只能随波逐流，不能够沿着期望的轨迹航行，这种特点决定了Argo浮标只能进行垂直剖面的观测，使得Argo浮标在需要横穿涡流或跟踪洋流等主动航行的功能时显得无能为力，且目前绝大多数Argo浮标的观测深度只能达到2000m，2000m以下的海域以及生物地球化学等领域的海洋信息仍然难以获得（Claustre et al.，2014；表6.1）。

6.1.3.1　国外代表设备与应用

构建Argo全球海洋观测网的剖面浮标已经由最初的4种发展到现在的20种，资料传输的方式也由原来单一的Argos单向通信，扩展到可选的Iridium或Argos-3双向通信；携带的传感器也由早先的温度、电导率（盐度）和压力等物理海洋环境基本三要素，向生物地球化学领域拓展。代表性产品有美国APEX浮标（图6.31）、Naris浮标和加拿大NOVA浮标、法国PROVOR CTS3浮标等。

① 赵熙熙．新传感器将更好勾勒海洋图景［N］．中国科学报，2016-01-27（002）

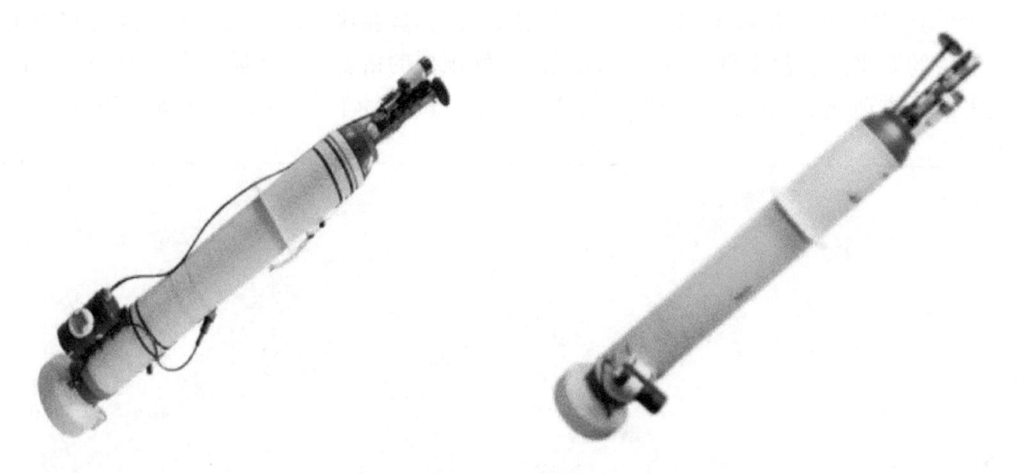

图 6. 31　APEX 浮标

表 6. 1　Argo 计划中主要使用到的 2000m 浮标性能指标（陈鹿等，2017）

浮标类型	使用寿命	最大循环周期/d	漂流深度/m	剖面深度/m	温度测量范围/℃	温度测量精度/℃	温度分辨率/℃	盐度测量范围	盐度测量精度	盐度分辨率	压力测量范围/dbar	压力测量精度/dbar	压力分辨率/dbar
APEX	最多 5a	10	可选	2025	-3 ~ +32	±0. 005	0. 001	25 ~ 45	±0. 005	0. 001	0 ~ 2500	±1	0. 1
PROVOR	最多 5a	10	可选	2000	-3 ~ +32	±0. 005	0. 001	25 ~ 45	±0. 005	0. 001	0 ~ 2500	±1	0. 1
ARVOR	超过 5a	10	可选	2000	-3 ~ +32	±0. 002	0. 001	10 ~ 42	±0. 005	0. 001	0 ~ 2500	±2. 4	0. 1
SOLO	180 个剖面	10	可选	2300	-3 ~ +32	±0. 005	0. 001	25 ~ 45	±0. 005	0. 001	0 ~ 2500	±1	0. 1

已布放在全球海洋中的 Argo 剖面浮标有 67% 是由 Webb Research 公司提供的 APEX 浮标。其技术指标为：①测量参数：温度、电导率、深度，可计算参数流速，可选装溶解氧、叶绿素荧光仪、浊度传感器。②工作深度：2000m（最大），1500m（典型）；设计使用年限：4 年；剖面数：150 个；质量：25kg；尺寸：∅16. 5cm×127cm（不含天线）。

Sea-Bird 公司研发了 Navis 系列浮标（图 6. 32），除了满足 Argo 计划需求外，还可以应用于生物化学参数测量，其技术指标为：①测量参数：温度、电导率、深度（Argo 型），可集成溶解氧、叶绿素 α、后向散射、CDOM 等传感器，还可以捆绑形式加装硝酸盐测量仪、辐射计、透射计。②工作深度：2000m；设计使用年限：8. 2 年；剖面数：300 个；质量：18. 5kg（Argo 型）；尺寸：∅14cm×159cm。

Nke instrumentation 公司研发了 Provor 系列浮标，PROVOR CTS5（图 6. 33）设计基于 ARGO PROVOR CTS4 浮标，将其他传感器集成到标准 CTD 中。其技术指标为：①测量参数：盐度、温度、压力、后向散射、叶绿素、海洋有色溶解有机物、透射率、辐照度、溶解氧、pH 值等。②工作深度：2000m；使用年限：4. 5 年；质量：40kg；尺寸：∅17. 3cm×170cm。

图 6. 32　Navis 浮标

图 6. 33　PROVOR CTS5 浮标

6. 1. 3. 2　国内代表设备与应用

中国 Argo 计划自 2002 年初组织实施以来，在国内多家科研院所的大力支持下，已经在太平洋和印度洋等海域布放了 500 多个自动剖面浮标（图 6. 34），基本覆盖了由我国倡导的“21 世纪海上丝绸之路”沿线海域。为了满足国内外用户对 Argo 实时资料的迫切需求，我国借助便捷的宽带技术，每天从位于法国图卢兹的 CLS 获取由我国布放的进口剖面浮标观测数据（包括使用 Argos 和 Iridium 卫星传输数据的浮标）；对于国产剖面浮标，则直接通过“北斗剖面浮标数据服务中心（中国杭州）”接收其观测数据。通过 Argos、Iridium 和 BeiDou 卫星传输的全部浮标观测数据，经解码和实时质量控制后，发布在杭州全球海洋 Argo 系统野外科学观测研究站（http://www. argo. org. cn/）并及时（24 小时内）更新。

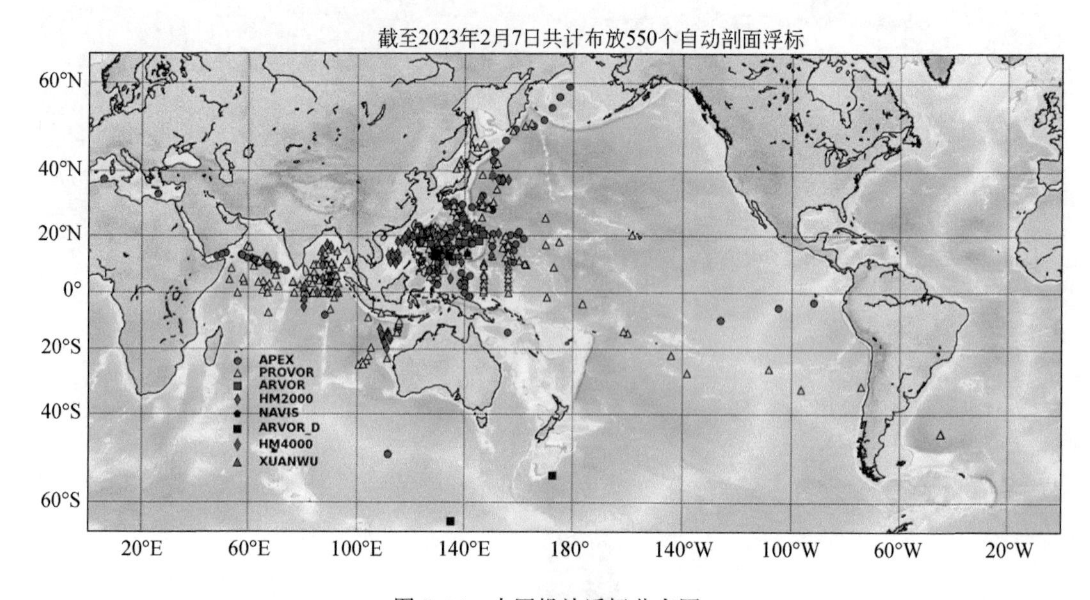

图 6. 34　中国投放浮标分布图

国家海洋技术中心在“九五”“十五”“十一五”国家 863 计划和 2012 年海洋公益性专项经费资助下，Argo 浮标技术逐步成熟，已在天津市海华技术开发中心开展了成果转化和产品化生产。现已研发 400m、1000m、2000m 三型 Argo 浮标。可采用 Argos 卫星或北斗卫星通信方式，解决了定深控制、可在线设置、低功耗、可靠性等关键技术问题。国家海洋局东海分局等用户已采购了近 100 台产品。

2018 年 1 月 17 日，我国“科学”号调查船在西北太平洋海域成功布放一个由中国船舶重工集团有限公司第七一〇研究所研制的海马 2000 型剖面浮标（采用北斗卫星导航系统传输观测数据；图 6. 35），这是我国布放的第 30 个国产北斗剖面浮标。

深海自持式剖面浮标是一种易投弃、小型化、低成本的水下移动观测平台，可在任意海域内实现自适应配平、自动下潜、定深悬停和上浮等功能，根据搭载的传感器类型如 CTD（温盐深）、溶解氧、ADCP（海流剖面仪）等，可以快速、准确、大范围收集全球海洋的海水剖面数据（刘家林等，2019）。2018 年 8 月 20 日天津大学青岛海洋工程研究院海洋浮标团队自主研制的大洋 4000m 深海自持式剖面浮标“浮星-4000”海试成功（图 6. 36），标志着我国在 4000m 深海自持式剖面浮标的实用化道路上迈出了关键一步。研究团队 7 月 28 日在南海北部近 4000m 水域投放，截至 8 月 8 日，已连续稳定运行 26 个剖面，最大下潜深度 3550. 3m，数据传输成功率达到 99. 9%。

目前，我国已经成为国际 Argo 计划（全球约有 30 个沿海国家参加）中的重要成员

图6.35 海马2000型Argo剖面浮标（刘家林等，2019）

图6.36 “浮星-4000”自持式剖面浮标（图片来自青岛海洋科学与技术试点国家实验室）

国。中国Argo计划也是我国正式建成的首个全球实时海洋观测网，填补了国内在这一领域中的空白。该计划建立的“北斗剖面浮标数据服务中心（中国杭州）”也已成为继法国CLS（Argos卫星）和美国CLS America（铱卫星）之后第三个有能力为全球Argo实时海洋观测网提供剖面浮标数据接收和处理的国家平台。

6.1.3.3　发展趋势

Argo 已经成为从海盆尺度到全球尺度物理海洋学研究的主要数据源，已广泛应用于海洋和大气等科学领域的基础研究及其业务化预测预报。未来，国际 Argo 计划仍将持续实施，Argo 实时海洋观测网建设也会从“核心 Argo”向“全球 Argo”的目标继续迈进。我国 Argo 资料的应用虽然取得了一些成果，但与相关国际前沿领域的发展，还有不小的差距，在 Argo 资料的基础研究和业务化应用方面还面临着许多挑战。如利用 Argo 浮标漂移轨迹估算全球海洋流场数据集并应用到海洋内部流场验证的系统研究，利用 Argo 资料改进对海洋复杂空间变化（尺度小于气候尺度）的研究以及结合 Argo 浮标的现场观测资料与卫星高度计反演的海表高度异常数据构建北大西洋的经向翻转流和高分辨率的三维温度场等时间序列的海洋环流动力学状态的研究，我国学者还很少涉足。在国际上，近些年开发的许多气候模式都同化了 Argo 次表层温度资料，对大气季节内波动、季风活动以及海气相互作用（如 ENSO）等问题的预报能力都有了明显提高。邻近我国的强西边界流——黑潮，可以通过携带热带和亚热带温暖的海水到高纬度地区，实现热量向极输送；在其流路上还会有相当一部分热量与大气进行交换，尤其是一些海流会从边界分离进入海洋内部或近岸海域，从而改变风暴的路径或改善大陆性气候等。当前，配备诸如溶解氧、硝酸盐、叶绿素和 pH 等生物地球化学要素传感器的浮标，可以从物理角度监测海洋环流对气候态关键生物地球化学过程（如碳循环、海洋缺氧和海水酸化等）的影响，而这些新式浮标的观测结果还将有助于提高生物地球化学模式的模拟能力。此外，近些年的一些研究成果还涉及到 2000m 以下的深海大洋，尤其是在南半球的高纬度海域，对我们认识整个海洋热含量和热比容导致的海平面上升都具有重要作用（刘增宏等，2016）。

为此，我国应以成功研制北斗剖面浮标以及国际 Argo 计划由“核心 Argo”向“全球 Argo”拓展为契机，通过创建的北斗剖面浮标数据服务中心（中国杭州），积极主动地建设覆盖“海上丝绸之路”沿线海域的 Argo 区域海洋观测网，使之成为“全球 Argo”的重要组成部分，以增进与“海上丝绸之路”沿线国家交流与合作的纽带，进一步促进 Argo 资料在我国乃至沿线国家业务化预测预报和基础研究中的推广应用，让沿线国家和民众能够真切体验和更多享受到海上丝路建设带来的福祉，并为应对全球气候变化及防御自然灾害，更多地承担一个海洋大国的责任和义务（刘增宏等，2016）①。

6.2　无人遥控潜器技术

无人遥控潜器技术，可以实现安全、高效、全天候工作，已经成为水下观测、海底打捞以及海洋勘测的重要工具，广泛应用于海洋资源开发、海洋环境保护、海洋科学研究（邓岩，2015）。无人遥控潜器技术主要包括无人遥控潜水器（remotely operated vehicle，简称 ROV）和自治遥控混合型无人潜水器（hybrid remotely operated vehicle，简称 HROV）。

① http://www.argo.org.cn/

6.2.1　无人遥控潜器（ROV）

无人遥控潜水器是一种通过脐带缆与母船连接以获取能源和接受人工控制的水下作业和观测设备。由母船提供能源，在人工控制下可执行复杂操作，因此在大深度和危险区域，包括海底热液区等的海洋环境观测特别是采样作业中具备独特优势（漆随平等，2019）。

ROV的系统组成包括：动力推进器、遥控电子通信装置、黑白或彩色摄像头、摄像俯仰云台、用户外围传感器接口、实时在线显示单元、导航定位装置、自动舵手导航单元、辅助照明灯和凯夫拉零浮力拖缆等单元部件（唐光盛等，2011）。ROV的功能多种多样，不同类型的ROV用于执行不同的任务，按用途可分为观察级水下机器人和工作级水下机器人；按照应用领域可分为民用水下机器人和军用水下机器人，目前ROV在海洋军事、海岸警卫、海洋资源开发、海底管线探测和海洋科学研究等各个领域都得到了广泛应用。

6.2.1.1　国外代表设备与应用

世界上第一台真正意义上的ROV——“CURV”于1960年诞生在美国，1966年在大西洋西班牙外海打捞起一颗因轰炸机失事掉落的氢弹，引起了全世界的极大轰动，从此人们开始重视ROV技术的研究。目前，美国、日本、俄罗斯、法国等国家已拥有多种ROV产品，最大潜深可达11000m，实现了全海深探测和作业（漆随平等，2019）。

1995年日本海洋研究中心研发的“KAIKO”ROV于马里亚纳海沟下潜至11022m处，创造了当时潜水器最大作业深度的纪录。该潜水器由中继器和ROV本体两部分组成。中继器通过12000m的主光纤电缆与母船相连接，通过250m的二级电缆与ROV相连接。ROV可以在距中继器半径200m的范围内自由运动。KAIKO有三种作业模式：第一种是母船直接拖曳KAIKO系统调查6500m的海床，装备有侧扫声呐和底部剖面测量仪，具备测绘海底地形地貌和研究海底浅层结构的能力；第二种是中继器在母船下方悬停，ROV对海床进行精确测量，该模式下可以在全海域深度范围内开展作业；第三种是为SHINKAI 6500载人潜水器提供救援。2003年5月，“KAIKO”在太平洋海域4675m的深海执行科学调查任务时，由于连接中继器和ROV的电缆突然断裂，潜水器丢失。随后日本海洋科学技术中心对7000m级遥控潜水器UROV7K进行了改造，替代丢失的“KAIKO”号ROV本体，与万米级“KAIKO”号的中继器配合使用，并将系统改名为“KAIKO 7000”（徐鹏飞，2014；图6.37）。

由美国伍兹霍尔海洋研究所研制的Jason号（图6.38），设计最大下潜深度6500m。配置有成像声呐、采水器、摄像机、照相机和视频云台等观测设备，还安装了机械手，可进行海底岩石、沉积物和海洋生物的取样。Jason号ROV已在太平洋、大西洋和印度洋的热液区附近进行了成百上千次的下潜（马新军，2013）。

ROV KIEL 6000（图6.39）最大下潜深度6000m。它通过脐带电缆与水面船只相连传输能源和数据。它配备了静态和视频摄像机以及两个不同的操纵器，在深海中作为“眼

图 6.37　KAIKO 7000 Ⅱ 型 ROV

图 6.38　Jason 号 ROV（图片来自美国伍兹霍尔海洋研究所 WHOI）

睛”和“手臂”。除此之外，还可以根据任务需求添加其他工具，包括简单的操作工具（如凿子和铲子）、可通过 ROV 网络向船舶发送现场数据的电气连接仪器，可以实时操作或取样（Abegg and Linke，2017）。

图6.39　KIEL 6000（图片来自德国亥姆霍兹基尔海洋研究中心GEOMAR）

英国SMD公司的Q-Trencher 2800（UT-1）(原名Ultra-Trencher）是世界上最大的喷射ROV（图6.40），总功率为2.1MW，其主体尺寸为长7.8m×宽7.8m×高5.6m，重约60t，作业水深可达1500m，最大功率2MW，可以在1500m深的坚硬海床上打出宽1m、深2.5m的壕沟，并铺设电缆。

图6.40　Q-Trencher 2800型（UT-1）ROV（图片来自英国SMD公司）

美国 Canyon Offshore 公司的 Triton XLX 是一种作业型 ROV（图 6.41），其主体尺寸为长 3.22m×宽 1.8m×高 2.1m，重 4.9t，作业水深可达 3000m，最大功率 150hp（1hp = 745.7W）。

图 6.41　Triton XLX 型 ROV

中海辉固是由中海油田服务公司（COSL）与 FUGRO 组建的合营公司，拥有 16 台先进 ROV，完备的 ROV 作业工具及完整的 ROV 装备管理体系（图 6.42）。

(a)FVC 4000型ROV

(b)Seaeye Panther XT型ROV

(c)Seaeye Lynx型ROV

图 6.42　中海辉固公司 ROV 系列（图片来自荷兰辉固集团）

小型ROV（图6.43）多数是低成本的ROV，其中大部分是以电力为能源，正常工作水深在300m或300m以下（邓岩，2015）。如美国Teledyne Seabotix公司生产的工作水深从150m到600m的ROV系列化产品，LBV150-4型ROV操作使用性能良好，设备小巧耐用；英国AC-CESS公司的AC-ROV 100布放快速简单，单人单手就可以在三分钟内完成设备的布放工作；美国Video Ray公司开发的超小型水下机器人Video Ray PRO 3和Video Ray PRO4系列，小巧灵活，可到达潜水员无法达到的深度和狭窄的水体。

(a)LBV150-4型ROV

(b)AC-ROV 100型ROV

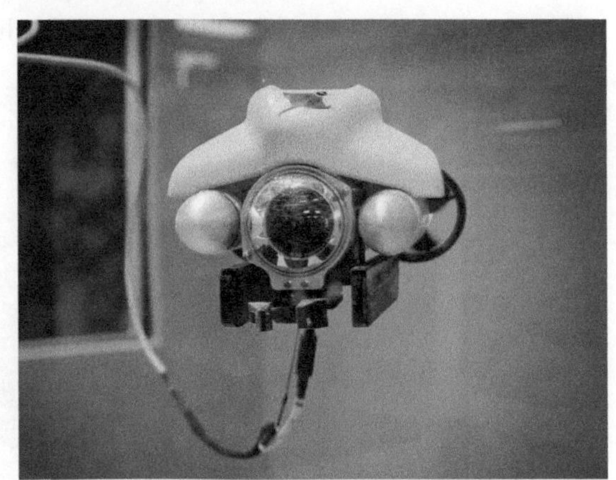

(c)Video Ray PRO4型ROV

图6.43　小型ROV

6.2.1.2　国内代表设备与应用

我国于20世纪70年代末开始研究ROV相关技术，中国科学院沈阳自动化研究所与上海交通大学合作研制的我国第一台ROV“海人一号”于1985年12月首次试航成功，潜深达到199m（周锋，2015）。“海人一号”总功率20HP、最大作业水深200m，装有6功能带有触觉的主从伺服机械手，包括电动主手和液压从手，主、从手之间采用双向反馈形成力感，并以当时较为先进的多片微控制器构成了相当于机器人大脑和神经的控制和通信系统（封锡盛和李一平，2013）。中国科学院沈阳自动化研究所引进吸收国外技术研发的RECON-Ⅳ型ROV实现了产品化，作业深度300m。1986年，中国科学院沈阳自动化研究所与美国佩瑞公司签订了“RECON-Ⅳ”中型水下机器人技术引进合同，把引进消化吸收与攻关相结合（罗阳，2019），1986年“海洋和水下机器人技术开发”列入国家“七五”科技攻关项目。经过三年的时间，开发出了三套国产化超过90%的水下机器人，并于1990年首次销往国际市场。随后，又生产了二套“RECON-Ⅳ”产品服务于海上石油开发（罗阳，2019）。经过多年发展，目前代表性的ROV研发成果包括中国科学院沈阳自动化研究所的作业型ROV（图6.44）和上海交通大学的“海龙”号ROV（图6.45）等。

图6.44　“海人一号”ROV（图片来自中国科学院沈阳自动化研究所）

图6.45　RECON-Ⅳ型ROV（图片来自中国科学院沈阳自动化研究所）

中国科学院沈阳自动化研究所研制了深海基站式新型ROV系统——漫游者潜水器（图6.46），于2020年搭载于“鹿岭号”多位点着陆器上，在3000m海底顺利完成了最大工作深度、运动半径、浮游和爬行双模式下的功能和技术指标验证，基于小型声呐引导实现了自主回坞，利用自研的小型五功能模块化机械手成功布放回收了标识物，并完成了深海生物捕获。漫游者潜水器研制突破了双运动模式模块化对接、电缆与电池组复合供电及基于摆臂履带的复杂海底底质自适应行走等关键技术，具备长时间近海底区域精细探测和作业能力。

图6.46 漫游者潜水器（图片来自中国科学院沈阳自动化研究所）

由自然资源部中国地质调查局广州海洋地质调查局牵头，上海交通大学、浙江大学、中国海洋大学、中国科学院南海海洋研究所等技术研发和科学应用单位联合申报的“海马”号无人遥控潜水器（ROV）是“十一五”国家863计划海洋技术领域重点项目“4500m级深海作业系统”的主要科研成果（图6.47）。曾三次下潜至南海中央海盆4500m的深海底，顺利完成观测网扩展缆的模拟布放、沉积物取样、热流探针布放、OBS布放、作业自拍、标志物布放等多项作业任务。“海马”号不仅具有强作业型ROV的各项

图6.47 “海马-4500号”ROV（图片来自中国地质调查局）

常规功能和作业能力，还具有海底观测网扩展缆布放功能，并可根据不同的任务要求进行作业功能的扩展（陶军和陈宗恒，2016）。“海马”号在可靠性、稳定性和适应性方面已达到了实用化深海探测作业设备的技术要求，已达到国外同类 ROV 的技术水平，标志着我国海洋技术人员全面突破和掌握了深海无人遥控潜水器的设计与制造、系统控制与在线检测等核心关键技术，具备了大深度无人遥控潜水器的自主制造和应用能力（车娜，2017）。

2014 年 12 月 23 日，在西太平洋进行科学考察活动的“科学”号科考船上搭载的中国科学院海洋所“发现”号 ROV 成功下潜至雅浦海山海域接近 4200m 深处。“发现”号 ROV 可以搭载不同的高端试验设备，可以满足科学家远洋的各种实验需求（图 6.48）。“发现号”ROV 已经参与了“科学”号近 90% 的科研任务，自 2014 年至今，对深海温度、盐度、甲烷、二氧化碳、溶解氧等多种物理化学环境参数进行了原位探测，对热液流体、海底海水以及岩石、生物样本进行了可视化取样①。

图 6.48 “发现”号 ROV（图片来自新华社）

上海交大海洋水下工程科学研究院研发的“海象 1500”是国内首台大功率、具有强作业能力的深水油气工程维修专用大型 ROV，可以在 1500m 水深范围内开展油气开发水下设施安装、连接、维修、跨接管预制等作业，可为海上油气田安全生产提供保障（图 6.49）。

上海交通大学水下工程研究所研发的 3500m “海龙”号 ROV（图 6.50），随“大洋一号”执行了深海热液科考任务，在东太平洋海隆区域 2770m 处首次观察到了罕见的巨大“黑烟囱”，不但使用机械手获取了热液“黑烟囱”样品，还搜集了微生物样本，标志着我国成为世界上少数几个掌握 ROV 热液调查和取样研究技术的国家之一。2018 年 8 月，

① 王娉．“科学号”起航再赴南海及雅浦海沟［N］．青岛日报，2017-07-11（002）

图6.49　“海象1500”型ROV系统（图片来自上海交通大学）

由“海龙Ⅲ”ROV在西北太平洋海山区成功完成五次深海下潜，最大潜深4200m，完成了典型海山的环境调查任务，共完成22次坐底，36次悬停观测，近底观测作业16个小时，并成功采集到结壳和结核样品，以及海绵、海百合、红珊瑚等六类生物样品，“海龙Ⅲ”ROV性能状态稳定、作业模式成熟、取样手段丰富，能够适应多种水深和地形环境，具备了在全球60%的海域开展科学考察活动的能力（宁晶，2018）。

图6.50　“海龙”号ROV（图片来自中国网）

6.2.1.3 发展趋势

目前 ROV 的研制技术已经相当成熟，并已实现了模块化和系列化。随着海洋经济的发展和军事需求的增加，ROV 将朝着以下几个方向发展。

（1）向更专业化发展：这是市场和技术的共同需求。尽管 ROV 功能繁多，能执行各种各样的任务。然而，仅靠一台 ROV 很难完成复杂的作业任务。所以，未来 ROV 将根据特定的任务需求搭载最合适的专用作业设备。在 ROV 载荷尽量轻的前提下，最大限度地提升 ROV 的作业效率，缩短作业时间。

（2）向操作更加简便、快捷发展：未来的 ROV，人机交互会更好。在人机工程迅猛发展的当代，ROV 的操控同样需要不断地完善。需要从操作性能、控制精度、人机交互界面、响应速度等多方面不断地改进，使得操作更加简便、快捷。

（3）向 ROV 与 AUV 技术融合发展：ROV 和 AUV 各有利弊。如果可以取长补短将它们有效结合起来，势必得到更高的作业效率。一种常用的组合方式是与母船近距离的复杂任务（例如水下矿产或生物采样等）由 ROV 执行，而远距离的搜索、探测等任务由 AUV 执行。还可以选择 ROV 与 AUV 协同作业，ROV 作为领航者和团队的指挥带领团队进行高效的作业。ROV 和 AUV 具体组合方式可以根据任务需求进行优化与调整（张溟酥等，2022）。

6.2.2 混合型无人潜水器（HROV）

自治遥控混合型无人潜水器（hybrid remotely operated vehicle，HROV）是在无人遥控潜器基础上，结合一定的自治能力，兼具无人自主航行器（AUV）高效、大范围的机动能力以及遥控潜器（ROV）的精确移动定位能力，具有稳定性高、环境适应性强等特点（魏伟等，2018），在 AUV 模式下，潜水器可以在海底自由穿梭，实现大范围自主巡航观测；在 ROV 模式下，通过光纤微缆与母船连接，可在指定海底区域进行定点精细观测和机械手作业，可通过光纤微缆实现海底高清影像回传；在自主遥控混合（autonomous and remotely operated vehicle，ARV）模式下，潜水器通过光纤与母船连接，既可以大范围自主巡航观测，又可以进行定点精细观测、采样作业和实时影像回传，观测与作业模式可以像“汽车换挡”一样灵活切换，更好地满足科学家们对于深渊科考的需求（崔鲸涛，2021）。

6.2.2.1 国外代表设备与应用

美国伍兹霍尔海洋研究所于 2008 年设计的“海神”号（Nereus）HROV，能够在世界各地开展 6000 ~ 11000m 水深的超深渊作业，是世界上第三个到达马里亚纳海沟底部的潜水器（图 6.51）。

“海神”号在 ROV 模式下可以通过与母船连接的光纤电缆传递高清晰度的实时视频和接收来自母船上潜航员的命令，采集样品或用机械手臂进行作业。通过两种操作模式之间的切换，“海神”号能够在洋底执行大量的任务，包括测绘、搜集岩石和沉积物样本、捕捉海底生物、对海底化学物质测试及取样、拍摄照片等。不幸的是在 2014 年 5 月 10 日，

图 6.51　“海神”号混合型无人潜水器（图片来自美国伍兹霍尔海洋研究所 WHOI）

“海神”号在探索新西兰的克马德克海沟时在水下 9990m 处失踪，随后，操作海神号的船上工作人员发现了海面上漂浮着的潜水器的碎片，“海神”号的沉没可能是由于潜水器的陶瓷层无法适应数千米的水深而破损。

“Nereid-UI” HROV 是美国伍兹霍尔海洋研究所在“海神”号的基础上研制的另一款混合型水下机器人，主要用于极地科考和探测（图 6.52）。该水下机器人最大工作水深为 2000m，携带 20km 的光纤微缆，并搭载多种生物、化学传感器，可进行大范围的冰下观

图 6.52　“Nereid-UI” HROV（图片来自美国伍兹霍尔海洋研究所 WHOI）

测和取样作业，该机器人于2013年成功完成了海上试验。

法国海洋开发研究院（IFREMER）研制的“Ariane”号HROV（图6.53）主要用于沿海冷水珊瑚礁、海底峡谷、海山、悬崖等特殊地形的勘察和生物多样性观测。“Ariane”号最大下潜深度2500m，搭载有高清摄像机、照相机、水声通信机和两个机械手。当其以ROV模式运行时，通过光纤与母船连接，实现数据实时传输，当其以AUV模式运行时，通过水声通信将采集到的数据传至水面。2015年“Ariane”号进行了深海试验，最大下潜深度2011m（李一平，2021）。

图6.53　法国IFREMER研制的“Ariane”号HROV

6.2.2.2　国内代表设备与应用

混合型无人潜水器凭借其独特的作业特点和技术优势，近年来在复杂海区的勘探与调查作业、极地冰下调查、深渊调查及作业中进行了应用。在国家863计划支持下，2008年中国科学院沈阳自动化研究所自主研发了满足北极海冰连续观测需求的混合型无人潜水器——北极ARV（图6.54）。2008～2014年间，北极ARV先后三次参加中国北极科考应用，在科考中，多次从冰洞下潜，沿预定轨迹自主完成对指定海冰区的连续观测，通过其搭载的光通量测量仪、CTD、水下摄像机等设备，对海冰厚度、海冰底部形态、冰下光透射辐照度等进行了观测，获得了北极浮冰的多项观测数据，还拍摄到北极冰下的多种浮游生物。通过这些数据，可定量分析太阳辐射对北极海冰融化的影响，同时从动力学和热力学两方面分析出海水对北极海冰的影响（李一平，2021）。

2021年，中国科学院沈阳自动化研究主持研制的“海斗一号”全海深混合型无人潜水器在我国马里亚纳海沟深渊科学考察中取得重要成果，在国际上首次实现了对“挑战者深渊”西部凹陷区的大范围全覆盖声学巡航探测（图6.55），表明了我国全海深无人潜水器正式跨入万米科考应用的新阶段，填补了当前国际上全海深无人潜水器万米科考应用的空白（沈春蕾，2021）。在AUV模式下，“海斗一号”最大下潜深度达到了10908m，海底

图6.54　北极ARV（图片来自中国科学院沈阳自动化研究所）

连续作业时间超过8h，近海底航行距离超过了14km，打破了多项无人潜水器的世界纪录。在自主遥控混合（ARV）模式下“海斗一号”在万米海底连续工作超过10h，达到了国际先进水平，创造了我国潜水器万米海底最长工作时间的纪录，并实现了万米海底定点实时高清精细观测（李嘉乐等，2021）。

图6.55　“海斗一号”布放（图片来自科技日报）

由上海交通大学牵头的科技部“十三五”国家重点研发计划“全海深无人潜水器研制项目（ARV）”，在西太平洋公海海域完成深海试验。本次海试装备全海深无人潜水器（ARV）“思源号”最大下潜深度8072m，最长海底工作时间超过8h，完成了海底探测和取样等多种测试，验证了装备的稳定性和强大的海底作业能力（图6.56）。

图 6.56　全海深无人潜水器“思源号”（图片来自澎湃新闻）

6.3　拖曳式观测平台技术

拖曳式观测平台是一种由船舶拖曳，在航行过程中控制拖曳体的上升、下降和航行轨迹等，开展多参数海洋剖面观测，具有不影响船舶航行、实时、多要素同步观测特点的海洋观测平台（齐超等，2020）。拖曳式观测平台的发展始自 1930 年，英国海洋生物学家阿利斯特哈代开发了一种固定深度的拖曳系统，用于获取水体参数。19 世纪 60 年代开始，一些发达国家先后研制了在船只航行的条件下能够完成剖面测量的运载装置（即拖曳载体），但只有少部分被实际应用于海洋科学调查。近年来，随着工业技术的飞速发展，相关技术得到较快发展，针对不同工作需求的各式拖曳式观测平台被广泛应用于海洋调查中。

拖曳测量系统有两种工作方式，一种是保持定深工作，另一种方式是工作深度可控，工作深度都是由拖曳体上的压力传感器提供。后一种工作方式的拖曳体由于具有可以测量剖面的优点，因而是近几十年来重点发展的拖曳体。拖曳体的工作深度以及最大拖曳速度主要受限于拖缆产生的流体阻力和拖缆自身的极限拉伸强度（徐其成，2009）。常用拖曳系统中的母船-拖缆-拖曳体的结构在实际的海洋环境中，水下拖体会受到母船由于波浪运动所产生的扰动（汪鸿振和汪开军，1999）。为解决这个问题，提出了二体水下拖曳方式，其工作原理是将改变工作深度的迫沉升降机构与拖曳体分离，升降机构通过拖曳主缆与拖曳船连接，以产生足够的迫沉力来带动拖曳体按所设定的剖面轨迹运动（王岩峰，2006；图6.57）。

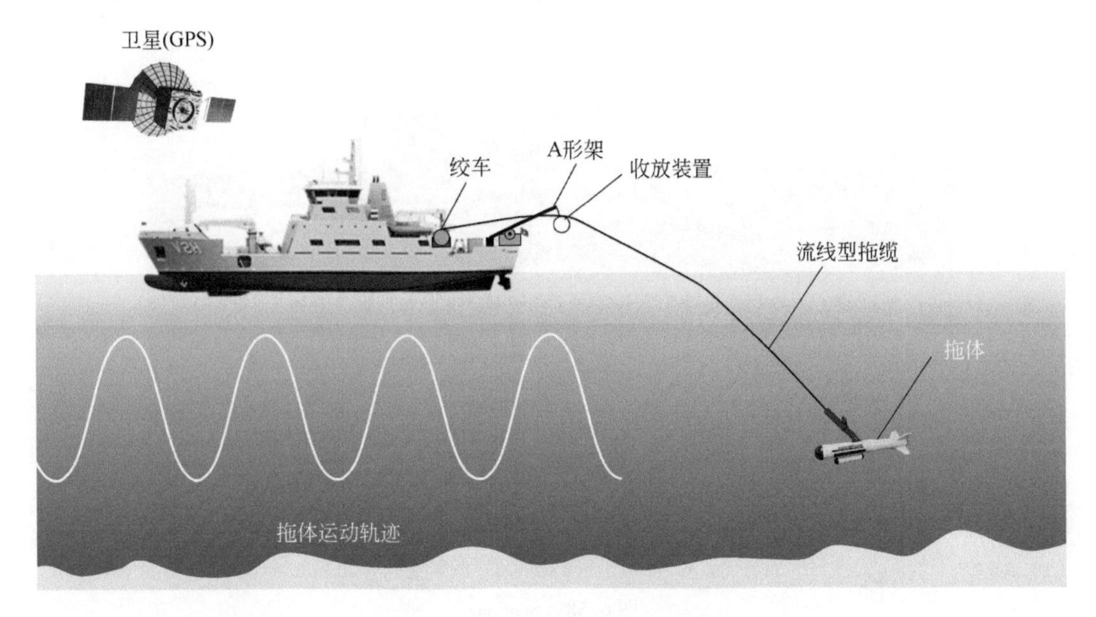

图6.57　水下拖曳体工作示意图

6.3.1　国外代表设备与应用

早在20世纪20年代，水下拖曳式声呐系统就开始应用于军事领域，它的主要用途是探测敌方的水下目标，二战期间，出于对抗声自导鱼雷的作战需求，美国海军研制出了T-MK-4（FXR）拖曳式声对抗装置（陈健，2014）和T-MK-6拖曳式鱼雷诱饵。T-MK-6的拖曳速度为20kn，拖缆长度约为90m，工作深度约为9m。

SeaSoar（图6.58）是CI公司开发的大型水下拖曳体，它能搭载较大负荷的探测仪器，已成功应用于多个国际海洋研究活动，SeaSoar包括带有压力和双电导率和温度传感器的SeaBird 911plus CTD，以及荧光计、透射仪、PAR传感器、实验生物发光传感器等光学仪器，可以在海面以及水深400m范围内上下运动，以8节的速度拖曳前进，一个典型的潜水周期大约需要12min才能完成，每3km提供一次上下剖面。其中完整的潜水周期下降到100m平均需要3min。

丹麦MacArtney A/S公司研制的框架式水下拖曳系统Focus-3（图6.59），主要负责管线检测、大区域搜寻和排雷、海床测绘、电缆路径调查、未爆弹药检测等，5节速度下作业深度可达1000m，搭载有侧扫声呐、多波束声呐、合成孔径声呐、机械前视声呐、机械剖面扫描声呐、浅地层剖面仪、磁力仪、视频摄像系统、激光扫描摄像系统、光纤罗经、惯导系统、底跟踪多普勒计程仪、USBL响应器等。

丹麦EIVA公司生产的ScanFish Ⅲ系列具有特殊的翼状外形（图6.60）。翼展1.8m，

图 6.58 SeaSoar

图 6.59 Focus-3 拖曳系统

翼弦 0.9m，高 0.26m，重 75kg（水中重量为 0），配绞车控制装置时作业深度可达 400m，拖曳速度 4～10kn，下潜或爬升速度可达 2m/s，纵向定位精度 0.2m，负载可达 50kg。两边的黑色薄板带有围栏。既可用作把手，又可保护拖曳体自身，还可以减少对操作员的伤害。测量设备安装在拖曳体上或内部时，会受到拖曳体的保护。

由加拿大 Brook Ocean 公司生产的走航式多参数剖面仪（moving vessel profiler，MVP）（图 6.61）在“科学三号”海洋科学考察船上完成安装和调试，并在朝连岛附近海域进行了海试，顺利通过验收。MVP 搭载了温度、盐度、压力、叶绿素、浊度探头，可实现这些要素的走航式连续剖面测量，将为物理海洋学、海洋化学、海洋生物学提供丰富的现场调查资料，尤其可以促进中小尺度海洋过程的研究工作（李冬等，2017）。

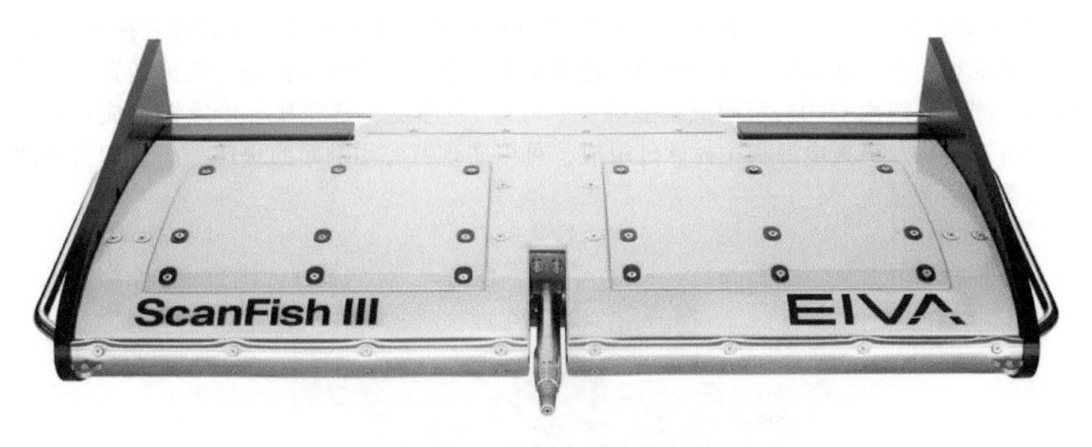

图 6.60　ScanFish Ⅲ拖曳系统

图 6.61　走航式多参数剖面仪（MVP）

6.3.2　国内代表设备与应用

20 世纪初，在 863 计划支持下，国家海洋局第一海洋研究所、国家海洋技术中心和中国船舶重工集团公司第七一五研究所等单位，开展了拖曳式剖面观测系统的研制，“十五”期间研制出了第一套 200m 剖面深度拖曳系统。“十一五”期间，在“大深度（500m）拖曳式剖面测量系统”项目支持下，研制了 500m 剖面深度拖曳系统（CZT-4）

（王岩峰等，2011）。CZT 型拖曳式多参数剖面测量系统（图 6.62）由智能式拖曳系统、测量系统和甲板单元组成。其中智能式拖曳系统由拖体、流线型拖缆、收放装置、绞车组成；测量系统由 CTD、溶解氧、酸碱度、叶绿素/浊度、营养盐等传感器组成；甲板单元由工控机、甲板电源和主控软件组成，可以实现对海洋剖面的快速、高效和实时的多参数同步测量。

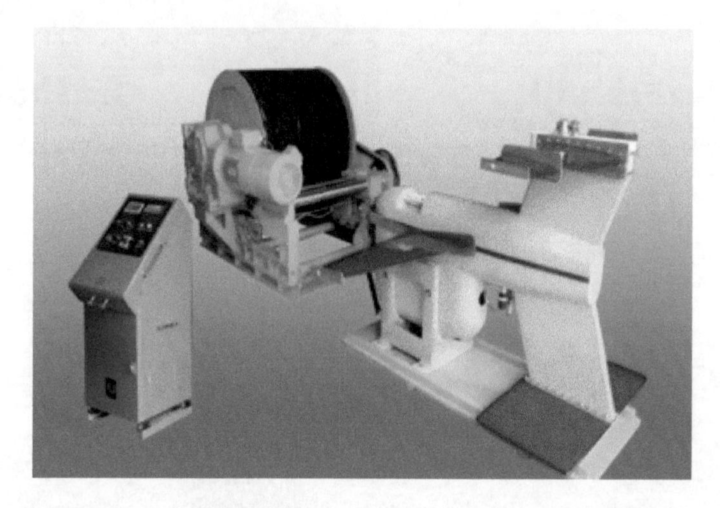

图 6.62　CZT 型拖曳式多参数剖面测量系统（图片来自中国船舶重工集团公司第七一五研究所）

中国科学院声学所承担的“6000m 声学深拖系统适用性改造与维护”课题研制出的“DTA-6000”型声学深拖系统（图 6.63），最大工作水深 6000m，能满足大洋调查任务的需求，系统经过了多次湖上试验和海上试验。其中，2013 年在中国大洋第 29 航次中完成试验性应用工作，首次在海山区同步获得微地形地貌数据和浅地层剖面数据；2014 年通过精度评估，确定声呐测深精度达到国际海道测量组织特级标准①。

2016 年 6 月 3 日至 9 日，中国海洋大学海洋地球科学学院李予国教授团队自主研发的海洋可控源电磁探测系统（图 6.64）搭载“海大号”科考船在我国南黄海成功进行了海洋可控源电磁探测试验，发射系统拖曳体及大功率逆变系统的拖曳速度为 1.5～2.7 节，累计拖曳里程 84km，历时 26h，拖体距海底约 15m，全部采集站都获得海洋 CSEM 数据和 MT 数据，实现了立体式海洋可控源电磁探测，可控源电磁勘探系统及辅助设备全部工作正常、性能稳定，为海洋可控源电磁装备进一步走向深海勘探奠定基础。

由中国地质调查局青岛海洋地质研究所牵头，联合中国科学院声学所、中国船舶科学研究中心共同完成的 3000m 级轻便型声学深拖探测系统（图 6.65）突破了狭小空间内多声学设备同步控制、多类型数据时间对准等技术难题，可以实现测深、侧扫和浅地层剖面数据的同步采集，提高了探测效率；拖体重量轻巧、结构紧凑，方便不同的科考船装配，增强了系统适用性；该系统侧扫最大覆盖单侧 410m，测深最大覆盖单侧 260m，测深精度

① 陆琦. 声学深拖：海底探测添“利器”［N］. 中国科学报，2015-02-12（004）

图 6.63　“DTA-6000” 型声学深拖系统

图 6.64　中国海洋大学研制的拖体系统（图片来自中国海洋大学）

达到国际海道测量组织特级标准，测深侧扫系统可探测出不小于 1.3m 的底物，浅地层剖面声源级 205dB，典型穿透深度不小于 50m（泥底），地层分辨率优于 0.2m，性能指标达到了国内领先、国际先进水平。该系统可在 3000m 以浅的水下长时间连续工作，同时可搭载磁力仪、CO_2和 CH_4等物理化学传感器进行实时探测。该系统在我国冷泉区完成了试验性应用，同步获得了高精度地形、微地貌和浅地层剖面数据，对水合物渗漏形成的羽状流、碳酸盐岩、生物群落等强散射体特征反应清晰明显，为海底冷泉的发现提供了基础资料①。

① 秘丛永，何文昌．海底冷泉拖曳式快速成像项目海试成功．中国矿业报，2017-11-28（005）

图 6.65　3000m 级轻便型声学深拖探测系统（图片来自中国地质调查局）

6.3.3　发展趋势

拖曳观测平台技术已趋成熟和稳定，在海洋观测中获得了广泛的应用，其未来发展将集中在两个方向：①新型传感器（尤其是中小尺度过程观测装置）应用于拖曳系统，拖曳系统的观测要素更加丰富。②剖面测量深度不断增加，锯齿形轨迹拖曳平台的剖面深度已达 700m（例如华盛顿大学应用物理实验室委托 CSIRO 开发的 SeaSoar 改进型 TriSearus）。拖曳系统以其快速高效连续的剖面测量特性，将在未来的海洋调查观测中继续占有重要地位。我国的拖曳式观测平台技术发展需要在技术创新和进一步提高相关技术水平的同时加快产业化发展，以适应我国日益增加的海洋科学研究、海洋经济、海洋环境等领域的需求。

6.4　载人潜水器技术

载人潜水器（human occupied vehicle，HOV）是指具有水下观察和作业能力的潜水装置，并可以作为潜水人员水下活动的作业基地，可以完成海底资源勘察、水下设备定点布放、海底电缆和管道检测等多种复杂任务。但受制于造价及运行费用，全球范围内仅有美国、中国、日本、俄罗斯、法国拥有和运营深海型载人潜水器，此外，西班牙、加拿大和葡萄牙等国正在发展浅水型潜水器。随着全球海权意识及科技水平的提高，载人潜水器愈发受各国重视，逐渐成为国家深海事业发展的重要技术手段和强力支撑，在水下科学研究、海洋工程实施与国防安全等方面发挥了重要作用，被称为“海洋学研究领域的重要基石”（任玉刚等，2018）国内外部分载人潜水器发展情况对比如表 6.2 所示。

表 6.2　全球 4500m 以上载人潜水器（HOV）的对比情况（朱大奇和胡震，2018）

型号	阿尔文号	新阿尔文号	鹦鹉螺号	和平号	深海 6500	蛟龙	深海勇士	奋斗者
国家	美国	美国	法国	俄罗斯	日本	中国	中国	中国
最大工作深度/m	4500	6500	6000	6000	6500	7000	4500	11000
可容纳人员	2/1	2/1	1/2	2/1	1/2	2/1	2/1	2/1
有效荷载/kg	205	>205	200	250	200	220	220	200
球体部分体积/m^3	4.07	4.84	4.84	4.84	4.19	4.40	4.40	3.76
创建时间	1964 年	2004 年	1984 年	1987 年	1989 年	2002 年	2014 年	2020 年

6.4.1　国外代表设备与应用

载人潜水器 HOV 因其有人驾驶、近距离直接观察与操作的特性，已成为深海装备研究的热点之一，美国、法国、俄罗斯、日本和中国等国家纷纷加入到 HOV 研发之中，其中，法国的“鹦鹉螺号”HOV 作业水深达 6000m，已下潜 1700 多次；日本“深海 6500”HOV 已调查水深达 6500m 的海洋斜坡及大断层；美国“阿尔文号”HOV 是世界上下潜次数最多、最为成熟的深海载人潜水器，目前正积极开发下潜深度 6500m 的“新阿尔文号”HOV；俄罗斯研制的“和平 1 号”“和平 2 号”是世界上唯一一对可配合作业的载人潜水器（朱大奇和胡震，2018）。

“阿尔文号”于 1964 年作为世界上第一批深海潜水器之一投入使用，由于其生命周期内进行了多次大修和升级，因此一直保持着最先进的水平，是国际上最著名、使用效率最高的深海作业型载人潜水器（图 6.66），多次执行具有重大科学和政治影响的作业任务，包括帮助美国空军搜寻打捞丢失的氢弹、首次在加拉帕戈斯断裂带发现海底热液区（刘贤俊，2021）、首次在东太平洋洋中脊海域探测并发现高温黑烟囱、成功搜寻并找到泰坦尼克号沉船遗骸（任玉刚等，2018）。“阿尔文号”每隔几年都会进行定期维护和翻修，在其建成 30 周年时，所有部件都已被全部更换过。2002 年 8 月，美国出于全球战略和深海资源探测的需要，认为必须对“阿尔文号”进行全面升级。经过反复论证，对“阿尔文号”的升级工作分为两个阶段：2011 ~ 2013 年，在美国国家自然基金委员会的资助下，“阿尔文号”开展了第一阶段的升级工作，并于 2014 年在墨西哥湾开展了科学验证下潜。经过升级后的“阿尔文号”号具有一个全新的、更大的载人球舱，比原来宽了 6 英寸，内部空间增加了约 18%；改进了舱内人机工程学设计以提高长时间下潜的舒适性；观察窗由 3 个增加到 5 个，使得科学家和潜航员能够同时看到潜水器前方相同的地方，提高潜水器的可观察视野（此前，科学家和潜航员无法同时看到同一地点，这给机械手采样带来了困难）；全新的灯光照明系统和高清摄像系统可以获得更好的图像和视频质量；全新的浮力材料可以获得更大的浮力，提高了可采样品质量；改进了指令和导航控制系统，使得潜航员可以更专注于水下观察和样品采集等。第二阶段的升级工作是将“阿尔文号”载人潜水器工作水深整体升级到6500m，可以探测到98%的海底。除此之外，还包括增加电池容量、增加海底作业时间、提高液压设备性能和机械手性能、提高推力器功率、改善机动性、提高中水层研究能力等（张同伟等，2017）。

图6.66 “阿尔文号”载人潜水器（图片来自美国伍兹霍尔海洋研究所WHOI）

日本1989年建成了“深海6500”号载人潜水器（图6.67），它曾下潜到6527m深的海底，创造了当时载人潜水器深潜的世界纪录。“深海6500”号宽高为2.7m和3.2m，重约26t，最多可容纳2名操作员和1名研究者，水下作业时间为8h，装有三维水声成像等先进的研究观察装置，可旋转的采样篮使操作人员可以在两个观察窗视野下进行取样作

图6.67 “深海6500”号载人潜水器

业。“深海 6500” 载人潜水器已对 6500m 深的海洋斜坡和断层进行了调查，一直被用于研究海底地形地质情况以及全球各个海域的深海生命体。它还曾被用来收集有关板块俯冲等地球内部运动的珍贵数据，地震机制、不依靠太阳光能的深海生命体的起源和进化问题也在“深海 6500 号”的研究范围内。

“鹦鹉螺”号是法国于 1984 年研制成的载人潜水器（图 6.68)，其最大下潜深度可达 6000m，活动范围可以遍及全球海域的 97%。目前累计下潜 1700 多次，完成过多金属结核矿区、深海海底生态等调查任务，以及沉船、有害废料等搜索任务。载人球体的材料为钛合金，深潜器前面装有两个机器手臂，可用于采集样品。“鹦鹉螺”号的工作小组至少有 8 个人，包括 2 个潜航员（其中一个可作为监督者)、2 个精通电子的潜航员、2 个导航专家、2 个精通于机械的潜航员。“鹦鹉螺” 号于 1987 ~ 1998 年期间，共打捞文物 1500 多件，它用两个机械手臂将文物放在箱子里，然后带回水面。1998 年，“鹦鹉螺” 号将一个长 8m、宽 7m 的船壳的碎片带回水面。它的机械手臂非常灵活，即使是一个水晶花瓶，也能够完好无损地带回水面。

图 6.68　“鹦鹉螺” 号载人潜水器（图片来自法国海洋开发研究院 IFREMER)

俄罗斯是目前世界上拥有载人潜水器数量最多的国家，比较著名的是 1987 年建成的 6000m 级的 MIR 深潜器（MIR-1 和 MIR-2；图 6.69)。它可以搭载 3 位工作人员，装载有 12 套深海环境参数测量和海底地貌探测设备，MIR 深潜器能源充足，可以在水下工作 17 ~ 20h。科学家们可以通过深潜器的观察窗、录像、仪器、样品采集和环境监测来观察海底。深潜器内部的工作人员可以通过观察窗清楚地观察到艇外的海洋世界，深潜器获得的主要数据还是录像。深潜器外部有 6 个 5000W 的灯，为录像提供照明。不仅仅科学家可以使用 MIR 来进行海底录像，卡梅隆导演也曾使用这两艘深潜器来拍摄《泰坦尼克号》，此外，MIR 还多次参与 IMAX 电影的拍摄。除了可以拍摄高清晰度的视频，每个深潜器都配有两个机器手臂，技术熟练的潜航员可以用机器手臂来抓取生物及地质样品。此外，机器手臂还可以用来完成其他工作，例如将温度计放置在热液喷口，还可以将深潜器轻轻地向后推以免推进器扬起沉积物。当打捞沉船的时候，一艘深潜器的灯光可以为另一艘提供照明，从而更方便完成一些比较特殊的任务。深潜器大概需要 2 个小时可以到达 6000m 深的海底，到达海底后，得益于大型机动推进器，可以在海底以 9.26m/s 的速度行进。在深潜器两侧安装有小型的转向推进器。可调节的压载系统允许潜航员控制深潜器的浮力，便于悬停在海底。

图 6.69　MIR 载人潜水器

“深海挑战者”号（图 6.70）高 7.3m、重 11.8t，外形狭长，该潜水器应用了最小化乘员球舱设计、新型高性能复合泡沫塑料、竖直下降设计、携带无人着底器共同下潜等技术措施，从而具有较短的下潜时间和更长的海底作业时间，并可获取更多的图像、视频和相关资料。与传统科考用潜水器类似，该潜水器使用了重达 498.96kg 的钢质压载物，抛掉后可使潜水器浮出水面。潜水器还装备了由锂电池系统供电的推进系统、导航系统和通信系统。该潜水器下潜速度达 150m/min，配置了水下 LED 灯、高清摄像机和微型 3D 视频系统阵列。所携带的着底器由美国 Scripps 海洋研究所研发，配备了视频设备。在完成历史性下潜的过程中，潜水器拍摄了相关视频。2013 年，詹姆斯卡梅隆将该潜水器赠予了美国伍兹霍尔海洋研究所（WHOI）。

美国 Ocean Gate 公司于 2013 年开始了 Cyclops Ⅰ（图 6.71）和 Cyclops Ⅱ 两型载人潜水器的研制，主要用于水下观光、拍摄等。Cyclops 的特点是采用了碳纤维船体，Cyclops Ⅰ 潜深 500m、载员 5 人、续航力 8h、生命支持时间 72h。Cyclops Ⅱ 潜深 4000m、载员 5

(a)潜水器着底

(b)潜水器回收

图6.70　“深海挑战者”号载人潜水器

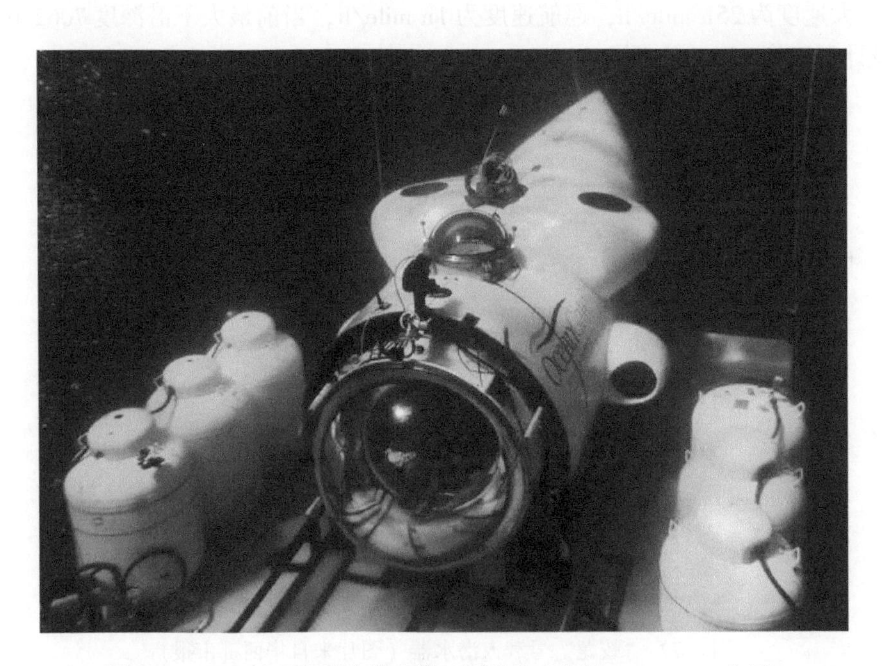

图6.71　Cyclops Ⅰ型载人潜水器（图片来自美国 Ocean Gate 公司）

人、续航力8h、生命支持时间72h（任玉刚等，2018）。

6.4.2　国内代表设备与应用

从1964年“阿尔文”号载人潜水器研制以来，全球发达国家开始致力于载人潜水器的研究，目前已经取得了重大成果。我国对载人潜水器的研究虽然起步较晚，但近年来所取得的突破和成就却举世瞩目。在长期遭遇技术封锁的情况下，我国先后开展了“蛟龙”号、“深海勇士”号到如今的“奋斗者”号载人潜水器的研制，使得我国载人深潜技术逐步达到了世界一流水平。

2002 年中国科技部将深海载人潜水器研制列为国家高技术研究发展计划（863 计划）重大专项，启动“蛟龙”号载人深潜器的自行设计、自主集成研制工作。2009 年至 2012 年，“蛟龙”号接连取得 1000m 级、3000m 级、5000m 级和 7000m 级海试成功。2012 年 7 月，“蛟龙”号在马里亚纳海沟试验海区创造了下潜 7062m 的中国载人深潜纪录，同时也创造了世界同类作业型潜水器的最大下潜深度纪录。这意味着中国具备了载人到达全球 99.8% 以上海洋深处进行作业的能力。2017 年 2 月 28 日“蛟龙”号载人潜水器首次在西北印度洋开展深潜调查，载有 3 名潜航员的“蛟龙”号在西北印度洋卡尔斯伯格脊的卧蚕 2 号热液区被布放入水，本次下潜进行了环境参数测量并布放了微生物富集装置，开展了测深侧扫微地形测量，观察到枕状玄武岩和灰白色有孔虫砂，初步估计了卧蚕 2 号热液区范围直径约 100m，烟囱体的高度达 10m 左右。

“蛟龙”号长、宽、高分别为 8.2m、3.0m 与 3.4m，空重不超过 22t，最大荷载为 240kg，最大速度为 25n mile/h，巡航速度为 1n mile/h，当前最大下潜深度 7062.68 m，最大工作设计深度为 7000m（图 6.72）。

图 6.72　“蛟龙”号载人潜水器（图片来自华西都市报）

2017 年 11 月 30 日，“深海勇士”号 4500m 载人潜水器正式交付，落户中国科学院深海科学与工程研究所（图 6.73）。“深海勇士”号由中国船舶重工集团公司第七〇二研究所牵头研制，集中了全国 94 家企事业单位的优势力量，历经八年持续艰苦攻关，攻克了国产载人舱、固体浮力材料、锂电池、推进器、海水泵、机械手、液压系统、声学通信、水下定位、自动控制系统等十大关键部件核心技术，国产化率高达 95%，实现了真正意义上的中国制造。2018 年 5 月 14 日，中国科学院院士汪品先乘坐“深海勇士”号进行南海科考任务，在南海成功下潜1400m，对海底进行了长达8h的现场观察研究和取样工作。

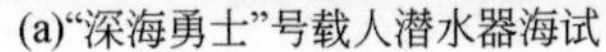
(a)"深海勇士"号载人潜水器海试

(b)汪品先院士随"深海勇士"号一起完成下潜

图6.73　"深海勇士"号4500m载人潜水器（图片来自新华网）

2015年12月14日由中国船舶重工集团公司第七〇二研究所研制的世界最大型全通透载客潜水器——"寰岛蛟龙1"在三亚亚龙湾投入试运营，并成为国内首个获得中国船级社（CCS）认证的载客潜水器，填补了国内观光潜水器市场的空白，为我国海洋旅游开发增添了新的高科技装备（图6.74）。"寰岛蛟龙1"观光潜水器成功应用了"蛟龙"号载人潜水器的创新成果，迈出了载人潜水器产业化发展的重要一步，对我国观光潜水器产业的发展具有里程碑式的意义。"寰岛蛟龙1"最大下潜深度40m，可以搭载9名乘员，起吊重量有23.9t，总长7.9m、总宽3.6m、总高4.4m，配备有供电系统、浮力调节系统、生命支持系统、空调、先进的导航控制系统。

图6.74　"寰岛蛟龙1"观光潜水器（图片来自人民网）

"奋斗者"号是"十三五"国家重点研发计划"深海关键技术与装备"重点专项的核心研制任务，由中国船舶重工集团公司第七〇二研究所牵头总体设计和集成建造、中国科学院深海科学与工程研究所等多家科研机构联合研发（图6.75）。2020年11月28日，"奋斗者"号全海深载人潜水器成功完成万米海试并胜利返航。自2020年10月10日起，

“奋斗者”号赴马里亚纳海沟开展万米海试，成功完成13次下潜，其中8次突破万米，并创造了10909m的中国载人深潜新纪录（唐琳，2022）。“奋斗者”号的载人舱呈球形，能够同时容纳3名潜航员，采用的神经网络优化算法，能让“奋斗者”号在海底自动匹配地形巡航、定点航行以及悬停定位。两套主从伺服液压机械手每套手有7个关节，可实现6自由度运动控制，持重能力超过60kg，能够覆盖采样篮及前部作业区域，具有强大的作业能力。“奋斗者”号通过水声通信与母船“探索一号”之间沟通，实现了潜水器从万米海底至海面母船的文字、语音及图像的实时传输。

图6.75 “奋斗者”号深渊潜水器（图片来自中国船舶网）

6.4.3 发展趋势

载人潜水器设计是一个复杂、多目标反复迭代的多阶段过程，包括方案设计、初步设计和详细设计等阶段。载人潜水器设计内容上包括总体系统、观通系统、机械液压系统、电气系统和作业系统。早期的载人潜水器主要沿用军事潜艇上成熟的设计及环境控制技术，但由于军事潜艇侧重于完成军事任务，相关技术的重点在于实现复杂的水下任务，而忽略了舱室人机环境的舒适性。目前载人潜水器研究主要集中在多目标优化设计以及工程设计方法上，利用多学科优化设计、协同进化设计、群智能计算算法等进行载人潜水器的多目标优化和计算。现代深海作业舱室是一个典型的、复杂的人-机-环境系统，作业人员担负着操作使用、科学研究、长时间驻守等预定使命。作业人员工作质量、作业效能、作业环境条件等将直接影响作业人员作业能力、作业完成度和各项科研任务的开展。如何提高深海作业舱室人员作业能力、作业时长及作业可靠性成为研究的关注点。载人潜水器作为复杂的系统工程，深潜任务期间任何失误都有可能引发严重后果。深海作业环境严苛，潜航员在长时间的深潜任务中必须承受狭小和密闭环境的双重压力，这对潜航员生理和心理都是极大的挑战。因此，从人因工程的角度分析与开发人-机-环境系统成为载人潜水器总体设计的重要环节，考虑人的因素成为载人舱室优化设计的新要求。以环境科学、认知行为科学、系统科学等学科为理论基础，运用系统工程与安全工程方法，研究复杂人机环境系统中人员作业能力与人因可靠性的问题，以及在保证安全可靠的前提下如何提升深海舱室环境下潜航员的作业效率，对载人潜水器开展可靠性研究、提高深海作业任务可靠性、改进载人潜水器舱室人机环境系统、提高载人潜水器的设计制造水平具有重大意义（张帅，2019）。

6.5　其他移动观测技术

世界各沿海国家都在积极发展从空间、陆地、水面、水下对海洋环境进行立体监测的高新海洋技术，装备应用已由单平台观测发展到多平台、多系统立体网络监控，监测要素从单一对象向着自然环境、目标环境、海洋活动等多要素集成方向发展（张云海，2018）。为满足海洋科学研究、海洋开发利用、防灾与减灾、海洋环境保护、国防安全等诸多不同领域的全海深、全维度、全时域各种监测需求，还形成了无人水面艇、海底爬行车、混合式空中水下飞行器等其他移动观测技术，起到了很好的信息支撑保障作用。

6.5.1　无人水面艇

无人水面艇（unmanned surface vehicles，USV），是一种无人操作的水面舰艇，主要用于执行危险以及不适于有人船只执行的任务。USV配备先进的控制系统、传感器系统、通信系统和武器系统后，还可以执行如侦察、搜索、探测和排雷；搜救、导航和水文地理勘察；反潜作战、反特种作战以及巡逻、打击海盗、反恐攻击等多种军用和民用任务。

美国和以色列在无人艇领域一直处于领先地位，美国海军从20世纪90年代就已经开始研究水面无人艇，比较典型的USV主要有美国的SPARTANSCOUT、Roboski、SSC San Diego等，以色列的PROTECTOR、自动航行的中型USV——Silver Marlin，“黄貂鱼(Stingary)”号USV。其他国家的如英国的Springer、日本雅马哈公司研发的高速无人艇UMV-H型和海洋无人艇UMV-O型USV等。

Spartan Scout USV（图6.76）是由美国海军海底作战中心于2002年与Radix Marine、Northrop Grumman和Raytheon公司联合研发的。Spartan Scout作为刚性船体充气船，长7m，可携带机枪和监视设备执行部队保护任务。

以色列是在USV军事化方面领先的国家。代表性的有以色列国防部研发的“PROTECTOR”系列USV（图6.77），该USV能在不暴露身份的情况下执行一些关键的任务，降低了船员和士兵的作战风险。“PROTECTOR”采用远程控制方式，最大航速能达到40kn，该型号USV已被新加坡和美国军方采购（Campbell et al.，2012）。

国内USV起步较晚，正在从最初的概念设计阶段逐渐过渡到实际运用阶段。我国首

图 6.76 Spartan Scout USV

图 6.77 “PROTECTOR” 系列的 USV（图片来自 Rafael：Unmanned Naval System）

艘无人驾驶海上气象探测船——“天象一号”是由中国航天科工集团有限公司所属沈阳航天新光集团与中国气象局大气探测技术中心共同研制的（图 6.78）。另外，青岛北海船舶重工有限责任公司与上海大学、上海海事局联合开发、自行设计研制的我国首艘无人艇——水面无人智能测量平台工程样机也已验收（杜方键等，2019）。

2017 年 11 月，来自珠海云洲智能科技股份有限公司的 M80 “极行者”号海洋探测无人艇作为全球首艘极地科考无人艇，随“雪龙”号极地科学考察船远赴南极，这也是全球第一个进入南极科考的海洋探测无人艇（图 6.79）。在自然环境恶劣的罗斯海西岸难言岛周边海域，该艇历时 14h，完成了 5km^2 海域多波束全覆盖海底地形测量，为船舶航行和新站建设提供了基础空间地理信息数据支撑，填补了该区域的数据空白。

波浪能滑翔器（Wave Glider）是近十年来涌现出来的一种新型海洋无人航行器，能够

图 6.78　“天象一号”无人驾驶海上气象探测船

图 6.79　M80“极行者”号海洋探测无人艇

将海洋中无穷无尽的波浪能转化为自身前进的推力而无须提供额外的助力。波浪滑翔器技术凭借其优秀的续航力和自带的生存能力，日益成为国内外研究热点，相关产品已在海洋科学、海洋工程甚至军事领域得到了广泛应用。

美国 Liquid Robotics 公司研发了一种新型的滑翔器——Wave Glider SV3（图 6.80），该波浪能滑翔器的水面浮艇长 3m，宽 0.7m，总重 155kg 电池容量较前一代 SV2 提升很大。其航速与海况相关，最高可达 3.0kn。由于该平台以波浪起伏作为运动能源，携带太阳能电池板为设备供电，故航程基本无限。可以采用自动或遥控模式工作，一般在水面浮艇上安装气象观测设备，在水下部分安装温盐等测量设备，还可集成水质传感器、ADCP、声学测量装置等测量设备，可将数据通过卫星实时传输。根据搭载的仪器设备种类，可用于多种海洋环境参数的大范围长时间序列观测（Grare et al.，2021）。

图 6. 80　Wave Glider SV3（图片来自美国 Scripps 海洋研究所）

“黑珍珠”波浪滑翔器是（图 6. 81）由中国海洋大学联合天津工业大学研发的一种具有自主导航能力的海洋移动观测平台，其前进的动力来自波浪；测量、控制、导航和通信系统的能源来自太阳能；可实现远海大洋的长时期大范围观测（Mao et al.，2021）。2019 年 5 月 11 日至 2019 年 9 月 16 日，“黑珍珠”波浪滑翔器试航累计 125 天，累计航程为 4212. 8km，海试全程均速 33. 7km/d（0. 39m/s），波浪滑翔器航行速度稳定。波浪滑翔器 3 级海况下实测航行速度为 1. 23kn，在 3 级海况且海流<0. 5kn 情况下，12h 内的位置保持精度优于 100m。全程当前航向与期望航向差值均值为-1. 542°；波浪滑翔器俯仰和横滚的均值及波动都较小。综合数据反映的时空特征、观测时间、观测海域、观测方式等因素来看，波浪滑翔器测得水温、气温、气压、风速等要素基本可信（孙秀军等，2020）。

无人水面艇将会成为无人系统中连接空中、地面、水上和水下各节点的重要中继节点，根据实际使用需求无人水面艇主要有三个应用方向：军用船、科考船和海运船。目前军用船和科考船产品已被成功研制并应用于实际需求中，而海运船正处于预研阶段，预计在 2035 年将出现自主远洋无人水面船舶。军用方面，无人水面艇可以在侦查、威慑、防御和攻击等方面成为海军的主要力量倍增器，无人水面艇可用于敌我身份不明等危险情况下的海上任务，以保护海军作战人员生命安全，提高作战效率和效能比；科考方面，无人水面艇可以搭载相应的探测设备实现无人和有人的协同探测，降低测绘人员的工作强度和操作风险；海运方面，无人水面艇能够降低人工成本，节能降耗，减少事故。随着技术的发展及其智能性的提升，无人水面艇将会被广泛应用于海洋运输、扫雷、反潜、巡逻、科学考察、测绘、事故监测及救援、石油开采等诸多领域（彭艳等，2019）。

图 6.81　“黑珍珠”波浪滑翔器（图片来自青岛海舟科技有限公司）

6.5.2　海底爬行车

海底爬行车（benthic rover/crawler）比传统着底器在深海观测上具有更大的时空尺度。海底爬行车是在着底器上安装轮子或履带，从海底观测网获得电能和传输数据，实现在不规则的海底地形中移动，到多个站位采样并实时传回观测数据，因此海底爬行车具有良好的机动性和稳定性，可作为通用传感器搭载平台用于深海海底探索。

第一辆海底爬行车是由美国 Scripps 海洋研究所制造的，在此基础上，美国蒙特雷湾海洋研究所（Monterey Bay Aquarium Research Institute，MBARI）研制了一种能在 6000 m 深海运行超过六个月的海底爬行车 Bethic Rover Ⅱ，以应对深海的寒冷、腐蚀性和高压环境（图 6.82）。该爬行车由耐腐蚀的钛、塑料和耐压合成泡沫制成，可以承受深达 6000m 的水压，该爬行车大约是一辆小型汽车的大小：长 2.6m，宽 1.7m，高 1.5m（Smith et al.，2021）。

德国不来梅雅各布大学参照火星车 ExoMars 设计的 MOVE（mobile vehicle for benthic research）海底爬行车（图 6.83），长 3m，宽 2m，高 2m，在空气中重 1.5t，在水中仅 100kg，能在 6000m 以浅的海底工作 9 个月。

2021 年 7 月 25 日至 8 月 3 日，教育部集成攻关大平台上海交通大学海洋工程团队研制的深海重载作业采矿车“开拓一号”搭载于“向阳红 03”号科考船，在我国南海西沙海域成功完成了 1300m 深海试验（图 6.84）。“开拓一号”深海采矿车以海底多金属结核为开发作业对象，长 5.6m，宽 2.5m，高 2.0m，空气中重量 9.0t，具有海底作业环境感知、智能自主控制、高效水力集矿等作业能力。此次海试成功，标志着深海重载作业采矿车研发向工程化、智能化迈出了重要的一步。

2018 年 6 月，在自然资源部所属中国大洋矿产资源研究开发协会的支持下，由中国五

图 6.82　Bethic Rover Ⅱ

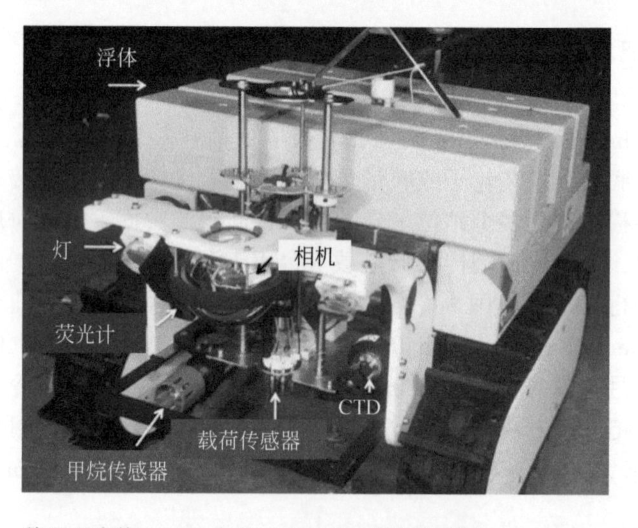

图 6.83　德国不来梅 Jacobs 大学“MOVE”海底爬行车（Purser et al., 2013）

矿集团有限公司所属长沙矿冶研究院有限责任公司牵头组织研制的“鲲龙 500”海底集矿车（图 6.85），在我国南海成功完成了深海多金属结核采集系统的 500m 深海试，全面考核了采矿车海底行走和海底作业等 39 项技术指标，最大作业水深 514m，标志着我国深海采矿技术步入国际先进行列。

深海大型爬行机器人的水下导航、水下探测和机器人的智能化等方面需要继续探究和完善。影响深海大型爬行机器人工作性能的因素有智能机器人系统技术、海底位置环境定位技术、深海海底稀软极限底质可行驶技术、智能路径规划技术等几个方面。当前的深海大型爬行机器人还处于“低智能生物”状态，对路径轨迹只能进行基于局部环境的简单规

图 6.84　“开拓一号”采矿车（图片来自上海交通大学新闻学术网）

图 6.85　“鲲龙 500”海底集矿车

划，需要大量人工干预提高对外界未知环境的智能感知能力，未来增加人工智能、机器学习等智能模块结合基于声学传感器的多传感器综合定位技术、深海未知环境的智能实时定位和建模技术是实现机器人的自我控制和自我决策并针对深海复杂环境做出实时自动反馈操作的研究方向之一。随着深海智能通信技术的不断发展和完善可以使母船在海面上对深海海底的机器人进行实时控制。由于深海地形复杂底质多种多样，随着对行走技术的不断研究，矢量推进器和新式海底行走装置的配合将来也会发展出深海海底稀软底质极限底质的新型行驶技术，结合深海智能定位技术和当前的人工智能技术可以很好地将陆地上的智能导航技术移植到深海海底导航作业之中，以实现在深海海底复杂地形下的智能导航控制，这几方面技术的进步也必将对深海机器人的发展带来巨大的推动作用（陈铭和冷静，2020）。

6.5.3 混合式空中水下飞行器

混合式空中水下飞行器（hybird aerial underwater vehicle，HAUV）将无人驾驶飞行器（unmanned aerial vehicle，UAV）和无人水下飞行器的优点融合到一个平台上，使其能够在空中和水中运行。HAUV 的各种应用前景引起了对其的大量研究，但目前 HAUV 的水下耐久性和操作深度仍然有限，也阻碍了 HAUV 在恶劣环境中的应用和普及。

新泽西罗格斯大学（Rutgers University）展出了一款名叫“Naviator”的特殊四轴海空两栖无人机（图 6.86）。“Naviator”除了基本的飞行功能之外，还能无缝切换到水中模式，潜入最深约 10m 的水中，可以应用在海上救援、搜索、桥梁检查，船舶港口检查以及海上石油和天然气运营等方面（Maia et al., 2017）。

图 6.86 Naviator 海空两栖航行器

上海交通大学研发的“哪吒Ⅳ”自重 21kg，最大载荷 7kg，设计工作深度 100m，最大飞行高度 200m（图 6.87）。采用可折叠、模块化设计，完全展开的尺寸是 1.4m，折叠后的尺寸长宽分别是 0.96m 和 0.62m。“哪吒Ⅳ”结合了无人机和自治水下航行器，拥有更强的机动性能，更适合应急搜救，水下探测等应用。2022 年 5 月 5 日，“哪吒Ⅳ”在海南省分界洲岛附近海域，完成了全球首例真实海洋环境下自主飞行、水下潜航和海空跨域航行全流程试验，海试最大下潜深度达 60m。

现有 HAUV 系统大多仍是从成熟的固定翼或多旋翼 UAV 设计思路出发，各有优缺点，且所有已开发的 HAUV 系统的下潜能力都非常有限，不适合应用于真实的海气边界层跨域

图 6.87 “哪吒Ⅳ—海空两栖航行器”（图片来自新华社）

观测任务，因此仍然需要进一步完善现有 HAUV 的设计理念和方法；固定翼式 HAUV 的性能优势在于海上高速转移的飞行能力，但其在跨域过程中又难以降低速度平稳地穿越水面，它的跨介质方式相比于多旋翼式 HAUV 的 VTOL 方式更加难以控制，更易受风浪的干扰而失败。因此，若能有机融合两种 HAUV 形式的优点，就能在保证跨介质过程的可反复性和稳定操纵性的同时使 HAUV 仍然具有高速飞行的特点，这样的 HAUV 系统也能更好地满足海上的实际应用要求（卢迪，2021）。

参考文献

曹军军 . 2020. 深海机动浮标混合模式切换动力学及运动控制研究 . 上海交通大学博士学位论文 .

曹敏杰，刘增宏，王振峰，等 . 2017. 台风海域实时海洋监测及其应用研究综述 . 气象科技进展，7（04）：47-52.

曹少华，张春晓，王广洲，等 . 2019. 智能水下机器人的发展现状及在军事上的应用 . 船舶工程，41（02）：79-84.

曹晓霖 . 2014. 水下无人航行器及其路径规划技术的发展现状与趋势 . 电子世界，(13)：118-119.

柴洪洲，杜祯强，向民志，等 . 2022. 水下 UUVs 集群协同定位技术发展现状及趋势 . 测绘通报，(10)：62-67+92.

车娜 . 2017. 深海探测：迈向海洋强国 . 国土资源，（10）：21-23.

陈健 . 2014. 新型多自由度可控制水下拖曳体研发，华南理工大学硕士学位论文 .

陈鹿，潘彬彬，曹正良，等 . 2017. 自动剖面浮标研究现状及展望 . 海洋技术学报，36（02）：1-9.

陈铭，冷静 . 2020. 深海大型爬行机器人研究现状 . 海洋工程，38（05）：156-168.

陈书海，顾春卫 . 2020. 国内外海洋观测网现状分析：国内外海洋观测网现状分析 . 北京造船工程学会 2018–2019 年学术论文集，26-38

崔鲸涛 . 2021. 挑战“挑战者深渊” . 中国自然资源报，10-13（005）.

邓岩 . 2015. 新型喷水推进式水下机器人关键技术研究 . 北京理工大学硕士学位论文 .

刁宏伟，李宗吉，王世哲，等 . 2022. 水下滑翔机研究现状及发展趋势 . 舰船科学技术，44（06）：8-12.

杜方键，张永峰，张志正，等．2019. 水中无人作战平台发展现状与趋势分析．科技创新与应用，(27)：6-10.
封锡盛，李一平．2013. 海洋机器人30年：科学通报，v. 58，p. 2-7.
侯海平，付春龙，赵楠，等．2022. 智能自主式水下航行器技术发展研究．舰船科学技术，44（01)：86-90.
贾文娟，李红志，闫晨阳．2020. 拖曳式海洋多参数观测系统与传感器．气象水文海洋仪器，37（04)：92-96.
李冬，张永合，刘雷．2017. 走航式多参数剖面测量系统（mvp）技术研究．数字技术与应用，(07)：114-116.
李嘉乐，付继华，李智涛，等．2021，基于Allan方差法的MEMS惯性器件随机噪声分析：传感器世界，v. 27，p. 31-35.
李凝．2010. 利用休金1000-mr和hisas1030的作战经验．水雷战与舰船防护，18（04)：71-73.
李硕，吴园涛，李琛，等．2022. 水下机器人应用及展望．中国科学院院刊，37（07)：910-920.
李彦波．2007. 电驱动水下滑翔器姿态调整系统研究．天津大学硕士学位论文．
李一平．2021. 自主/遥控水下机器人研究与应用．现代物理知识，33（01)：19-23.
李永成．2017. 水下滑翔机高效滑翔及仿生推进水动力学特性研究．中国舰船研究院硕士学位论文．
李岳明，李晔，盛明伟，等．2016. Auv搭载多波束声呐进行地形测量的现状及展望．海洋测绘，36（04)：7-11.
刘家林，李醒飞，杨少波，等．2019.“浮星”自持式剖面浮标研究现状及进展．海洋技术学报，38（06)：17-23.
刘来连，闵强利，张光明．2019.“海鲟4000”水下滑翔机水动力特性与滑翔性能研究．水下无人系统学报，27（05)：488-495.
刘贤俊．2021. 大深度载人潜水器用组合导航系统关键技术研究，东南大学博士学位论文．
刘增宏，吴晓芬，许建平，等．2016. 中国Argo海洋观测十五年．地球科学进展，31（05)：445-460.
卢迪．2021. 新型多模式海空两栖航行器及其跨介质过程控制方法研究．上海交通大学博士学位论文．
罗阳．2019. 面向核电水池焊接修复的水下机器人关键技术研究，哈尔滨工业大学博士学位论文．
马腾飞．2017. 一种微型AUV的控制系统研究．上海海洋大学硕士学位论文．
马伟锋，胡震．2008. Auv的研究现状与发展趋势．火力与指挥控制，(06)：10-13.
马新军．2013. 作业型rov液压系统研制与艏向控制技术研究．浙江大学硕士学位论文．
宁晶，2018，“海龙Ⅲ”试验性应用完成4200m深潜，科技日报．
庞硕，纠海峰．2015. 智能水下机器人研究进展．科技导报，33（23)：66-71.
裴香丽，张明路，田颖，等．2021. 自主式水下机器人控制方法研究．力与指挥控制，46（10)：1-6+16.
彭荆明．2008. 自主式水下航行体的解析调平方法研究．第五届中国国际救捞论坛论文集，285-289.
彭艳，葛磊，李小毛，等．2019. 无人水面艇研究现状与发展趋势．上海大学学报（自然科学版)，25（05)：645-654.
漆随平，厉运周．2019. 海洋环境监测技术及仪器装备的发展现状与趋势．山东科学，32（05)：21-30.
齐超，金庆辉，邹杰，等．2020. 拖曳式海洋测量传感器阵列的拓扑结构数据传输总线设计与实现．无线通信技术，29（02)：32-35.
任玉刚，刘保华，丁忠军，等．2018. 载人潜水器发展现状及趋势．海洋技术学报，37（02)：114-122.
商红梅，桑阳，张永红．2016. 基于国产第一代Argo浮标的结构优化设计．海洋技术学报，35（06)：26-30.
沈春蕾．2021.“海斗一号”跨入万米科考新阶段．中国科学报，10-12.

孙秀军，桑宏强，李灿，等．2020. “黑珍珠”波浪滑翔器研发综述．海洋科学，44（12）：107-115.
唐光盛，徐根弟，廖菲，等．2011. ROV在导管架检查中的应用与安全管理：港口科技，p. 4-8.
唐琳．2022. “奋斗者”号坐底10909m创造中国载人深潜新纪录．科学新闻，24（03）：23.
陶军，陈宗恒．2016. “海马”号无人遥控潜水器的研制与应用．工程研究-跨学科视野中的工程，8（02）：185-191.
汪鸿振，汪开军．1999. 用有限元法求解水下拖缆振动特性．上海交通大学学报，(08)：133-136.
王萧，2014，基于嵌入式Linux的水中机器人设计，天津大学硕士学位论文．
王晓樱．2018. 我第三次万米深渊科考队胜利返航，光明日报．
王鑫．2019. 海洋环境移动平台观测技术发展趋势分析．科技创新与应用，(05)：141-142.
王岩峰．2006. 拖曳式多参数剖面测量系统的总体设计、功能评价及应用，中国科学院研究生院（海洋研究所）博士学位论文．
王岩峰，易杏甫，官晟，等．2011. 500m深度拖曳系统的设计与试验．海洋技术，30（03）：1-4.
魏伟，王心亮，唐平鹏，等．2018. 水下爬游机器人坐底稳定性分析．海洋工程装备与技术，5（S1）：305-308.
吴丙伟．2013. 浅水观察级ROV结构设计与仿真．中国海洋大学硕士学位论文．
吴尚尚，李阁阁，兰世泉，等．2019. 水下滑翔机导航技术发展现状与展望．水下无人系统学报，27（05)：529-540.
辛光红，冯德忠，潘若男．2015. 浅水观察级小型ROV设计与实现．电脑与电信，(04)：71-73.
徐鹏飞．2014. 11000mARV总体设计与关键技术研究．中国舰船研究院博士学位论文．
徐其成．2009. 走航式拖曳采样系统运动姿态控制的仿真研究．山东科技大学硕士学位论文．
徐玉如，李彭超．2011. 水下机器人发展趋势．自然杂志，33（03）：125-132.
薛前．2019. 面向小型水下机器人的精确控制研究．上海交通大学硕士学位论文．
杨伊静．2021. 日月行空从地转 蛟龙入海卷潮回—中国海洋科技事业破浪前行．中国科技产业，(02)：68-71.
张淏酥，王涛，苗建明，等．2022. 水下无人航行器的研究现状与展望．计算机测量与控制，1-10.
张健，杨天华，李子燃．2021. 水下机器人应用于海事业务的前景与挑战．中国海事，(05)：61-64.
张金泉．2016. 网箱网衣检测用框架式AUV设计．上海海洋大学硕士学位论文．
张帅．2019. 复杂情景环境下载人潜水器人因可靠性分析方法研究．西北工业大学博士学位论文．
张同伟，唐嘉陵，杨继超，等．2017. 4500 m以深作业型载人潜水器．船舶工程，39（06）：77-83.
张晓芳，贾思洋，张曙伟，等．2016. 海洋垂直剖面水温实时监测浮标系统研制与应用．海洋科学，40（05)：109-114.
张晓路，李斌，常健，等．2019. 水下滑翔蛇形机器人滑翔控制的强化学习方法．机器人，41（03)：334-342.
张云海．2018. 海洋环境监测装备技术发展综述．数字海洋与水下攻防，1（01）：7-14.
张云海，汪东平．2015. 海洋环境移动平台观测技术发展趋势分析．海洋技术学报，34（03）：26-32.
周锋．2015. 深海ROV液压推进系统的稳定性和控制方法研究．浙江大学博士学位论文．
周思远．2021. 腐蚀的灾害风险及考虑腐蚀的桥墩强度设计方法研究，哈尔滨工业大学硕士学位论文．
朱大奇，胡震．2018. 深海潜水器研究现状与展望．安徽师范大学学报（自然科学版），41（03)：205-216.
朱鹏飞．2017. 国外水下滑翔器技术现状及应用．现代军事，(04)：60-64.
祝翔宇，冯辉强．2012. 海洋环境立体监测技术：中国环境管理，p. 43-45.
Abegg F，Linke P. 2017. Remotely Operated Vehicle “ROV KIEL 6000”．Journal of large- scale research

facilities JLSRF, 3 (A117) .

Brodsky P, Luby J. 2013. Flight software development for the Liberdade flying wing glider. Washington Univ Seattle Applied Physics Lab.

Caffaz A, Caiti A, Calabrò V, et al. 2012. The enhanced Folaga: a hybrid AUV with modular payloads. Further advances in unmanned marine vehicles, 309-330.

Campbell S, Naeem W, Irwin G W. 2012. A review on improving the autonomy of unmanned surface vehicles through intelligent collision avoidance manoeuvres. Annual Reviews in Control, 36 (2): 267-283.

Choi S, Cho H, Lindsey M S, et al. 2018. Electromagnetic acoustic transducers for robotic nondestructive inspection in harsh environments. Sensors, 18 (1): 193.

Claustre H, Beguery L, Pla P. 2014. SeaExplorer glider breaks two world records. Sea Technol, 55 (2014): 19-21.

Grare L, Statom N M, Pizzo N, et al. 2021. Instrumented wave gliders for air-sea interaction and upper ocean research. Frontiers in Marine Science, 888.

Hu F, Huang Y, Xie Z, et al. 2022. Conceptual design of a long-range autonomous underwater vehicle based on multidisciplinary optimization framework. Ocean Engineering, 248: 110684.

Ji Y, Wei Y, Liu J, et al. 2023. Design and Realization of a Novel Hybrid-Drive Robotic Fish for Aquaculture Water Quality Monitoring. Journal of Bionic Engineering, 20 (2): 543-557.

Kang S, Yu J, Zhang J, et al. 2020. Development of multibody marine robots: A review. Ieee Access, 8: 21178-21195.

Lyu C, Lu D, Xiong C, et al. 2022. Toward a gliding hybrid aerial underwater vehicle: Design, fabrication, and experiments. Journal of Field Robotics, 39 (5): 543-556.

Madden C, Sgarioto D. 2013. Computer-based simulation of the Wayamba unmanned underwater vehicle. Proceedings of the 20th International Congress on Modelling and Simulation, Adelaide, Australia. 1033-1039.

Maia M M, Mercado D A, Diez F J. 2017. Design and implementation of multirotor aerial-underwater vehicles with experimental results. 2017 IEEE/RSJ International Conference on Intelligent Robots and Systems (IROS). IEEE, 961-966.

Mao H, Sun X, Qiu C, et al. 2021. Validation of NCEP and OAFlux air-sea heat fluxes using observations from a Black Pearl wave glider. Acta Oceanologica Sinica, 40 (10): 167-175.

Marino A, Antonelli G. 2015. Experiments on sampling/patrolling with two autonomous underwater vehicles. Robotics and Autonomous Systems, 67: 61-71.

McPhail S, Furlong M, Huvenne V, et al. 2009. Autosub6000: its first deepwater trials and science missions. Underwater Technology, 28 (3): 91-98.

Nguyen N D, Choi H S, Tran N H, et al. 2018. Development of ray-type underwater glider. International Conference on Advanced Engineering Theory and Applications. Springer, Cham, 677-685.

Purser A, Thomsen L, Barnes C, et al. 2013. Temporal and spatial benthic data collection via an internet operated Deep Sea Crawler. Methods in Oceanography, 5: 1-18.

Smith Jr K L, Sherman A D, McGill P R, et al. 2021. Abyssal Benthic Rover, an autonomous vehicle for long-term monitoring of deep-ocean processes. Science Robotics, 6 (60): eabl4925.

Wu J, Chwang A T. 2001. Investigation on a two-part underwater manoeuvrable towed system. Ocean Engineering, 28 (8): 1079-1096.

Yeo R. 2007. Surveying the underside of an Arctic ice ridge using a man-portable GAVIA AUV deployed through the ice. OCEANS 2007. IEEE, 2007: 1-8.

第7章 海底长期观测—监测平台

随着海洋工程建设、海洋科学研究、海洋资源开发、海洋环境保护、海洋灾害防控等领域的快速发展，对海洋环境观测和调查技术的要求越来越高。相比于第一观测平台（地面/海面）和第二观测平台（空间），第三观测平台（海底）更便于探测海洋环境系统的物理、化学、生物和地质过程（胡展铭等，2014）。

建立海底观测平台是目前海洋环境监测领域的基础工程。人们可以通过海底观测平台了解海底的科学现象，获得原位、长期、多参数的海底观测数据。海底观测平台对于海底环境变化、海底资源的勘探与开发以及海洋环境的保护都有重要意义（曾凡宗等，2015）。

本章节将主要介绍锚系观测平台、海床基观测平台、海底观测网、深海空间站这四种海底观测平台。

7.1 锚系观测平台

锚系观测平台是获取海水水体垂向剖面数据的有效手段，一般可分为浮标锚系和潜标锚系两类，这两类的结构相似，区别在于平台的主浮体是浮出水面还是潜在水面之下。其中，浮标能采集海气界面的科学数据，包括大气数据和近海面水体参数，而潜标通常不采集这些数据。当然，为获取这些海气界面的科学数据，浮标要承受海面风浪的侵袭，因此浮标比潜标易受损坏。在设计过程中，潜标只需考虑水流的荷载，而浮标不但要考虑水流的载荷，还需要考虑水面的风荷载及海浪潮汐的荷载，对浮标的可靠性提出了更高的要求。

7.1.1 浮标式锚系监测系统

浮标式锚系监测系统是一种用于监测海洋环境的水文、气象变化并能提供实时、连续的海洋气象环境监测数据的高度自动化的海洋水文、气象测量设备。观测项目包括：风、温、湿、压等气象要素；盐度、海水温度、海流流速与流向等海洋要素（焦明连，2019）。具有长期、连续、全天候自动观测等优点，为海洋预报、防灾减灾、海洋经济、海上军事活动等服务，对沿海国家和地区的国计民生和国土安全等多个方面都具有重大意义，因此受到世界各国的极大重视和大力发展（王波等，2014）。

7.1.1.1 系统组成与结构

浮标锚系监测系统主要由浮标标体及集成设备、实时（或准实时）数据采集和传输系统、服务器和客户端组成，并通过无线通信网络、北斗网络和因特网实现传输（图7.1）。浮标标体及集成辅助设备主要包括浮标主体、固定锚系、供电系统。系统集成的要旨在于保障仪表及整个系统安全、有效、长期连续自动运行，依据客户要求搭载测量传感器。

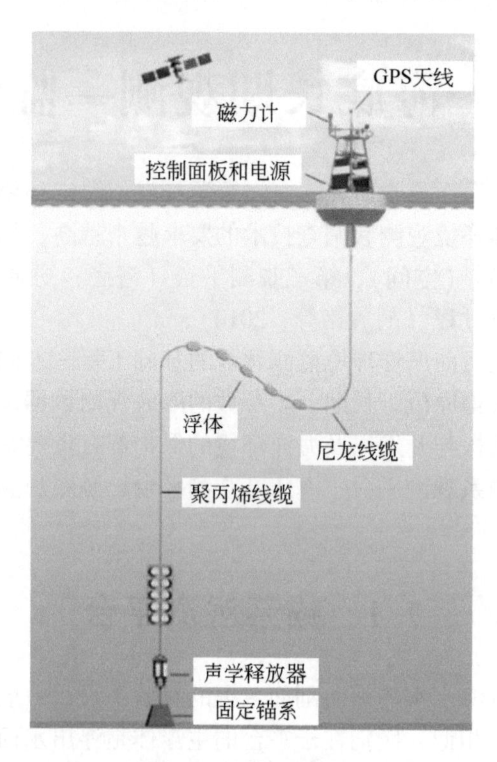

图 7.1　浮标示意图

浮标浮体呈饼状圆柱形，由聚乙烯、不锈钢钢材、弹性泡沫材料等复合而成，具有一定弹性，能在外力撞击和挤压下变形并完全恢复，抗撞性好、重量轻。浮体表层采用具有优异耐腐蚀性和高断裂延伸率的聚乙烯材料和泡沫肋骨制作，内部用 PE 弹性闭孔泡沫和聚氨酯泡沫填充，并采用高刚性、高强度的不锈钢型材制作支撑骨架，满足浮标在起吊和拖带时的受力要求。浮体内预埋安装各种部件和仪器的连接结构件。浮体内部中间设置仪器舱，用于安装水文、水质监测仪器。

7.1.1.2　代表性设备及典型应用

国外海洋浮标观测技术的发展历史悠久，美国、加拿大、挪威等海洋科技强国的通用型海洋资料浮标观测技术已趋成熟，不但功能齐全、可靠性高、精度高、稳定性好，而且形成了功能多样的产品系列，制定了相应海洋环境监测规范和标准，已经在各沿海国家实现了长期业务化运行（王波等，2014）。我国海洋资料浮标观测技术的发展起步较晚，从 1965 年开始研制海洋资料浮标，经过 50 余年的发展与积累，在国家 863 计划和有关部门的支持下，取得了丰硕的成果，总体达到了国际先进水平，已经完全能够满足我国近海长期业务化观测的需求。

美国国家海洋和大气管理局（National Oceanic and Atmosphevic Administration，NOAA）的国家资料浮标中心（National Data Buoy Center，NDBC）管理的海洋资料浮标遍布全球

(图 7.2)，锚系浮标包含从 12m 到 1.5m 直径的多个系列，长年工作于海上获取了大量珍贵的海洋数据；世界气象组织 WMO 和政府间海洋学委员会 IOC 的数据浮标合作小组 (Data Buoy Cooperation Council，DBCP) 也管理着众多的海洋资料浮标，用于全球气象预报等领域。

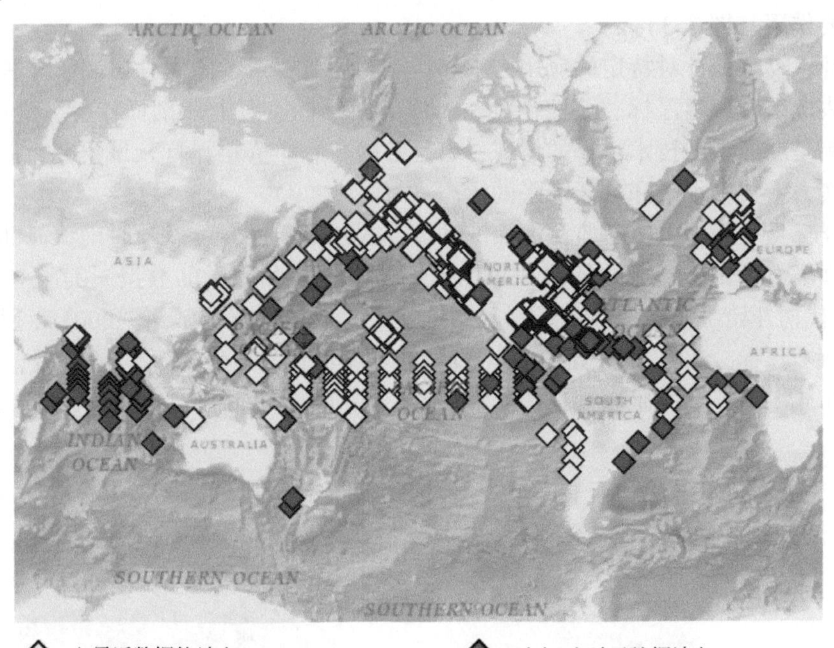

图 7.2　2022 年 11 月 30 日 15：00 锚系浮标全球分布图

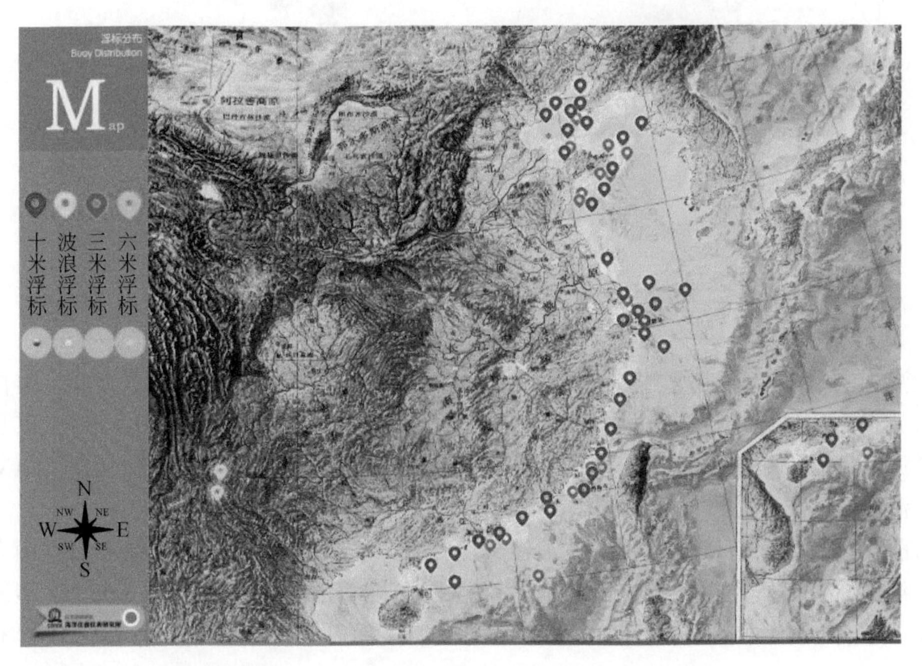

图 7.3　山东省科学院海洋仪器仪表研究所生产的浮标分布图（图片来自青岛日报）

我国目前已经初步建立了近海浮标观测网，分布在渤海、黄海、东海、南海所有海区，山东省科学院海洋仪器仪表研究所是国内最早从事海洋环境监测仪器研究的科研单位之一，目前我国在位业务化运行的浮标总数的90%以上均由该单位所生产，为我国海洋预报、气象预报、海洋工程建设提供实时观测数据，在我国海洋科学研究和海洋环境调查中发挥了重要作用（图7.3）。

海洋环境复杂，针对特定的应用需求和所需的环境要素，国内外研制了多种专用浮标系统，代表成果有海啸浮标、波浪浮标、海洋剖面浮标、海上风剖面浮标、光学浮标等。专用型浮标是浮标观测技术水平的体现，也是各国在海洋资料浮标领域研究、制造、应用方面综合实力、技术水平和创新水平的标志之一。

海啸浮标是一种用于实时监测海面波动情况的专用浮标，可以及时确认海啸的发生以及海啸的强度大小，为海啸的预警和防控提供非常重要和珍贵的数据。美国NOAA在20世纪90年代初开始了海啸浮标的研制及系统建设，取得了优秀成果，2001年研制了第一代DART海啸浮标，2005年开始第二代DART海啸浮标（DART Ⅱ）的建设，2007年开始高效易布放海啸浮标的研制（DART Ⅲ，图7.4）和全球布网（Tang L et al.，2009）。

图7.4　美国NOAA生产的DART Ⅲ海啸浮标

波浪观测是海洋环境观测的重要项目之一，也是海洋环境观测的难点之一，专门用于波浪参数观测的浮标被称为波浪浮标，波浪浮标大都采用球形标体（图7.5），以具备很好的随波性。国外波浪浮标代表产品有荷兰Datawell公司的波浪骑士，和加拿大AXYS公司的波浪浮标。

目前我国已经拥有较为完善的波浪浮标测波技术，代表性的波浪浮标产品有山东省科学院海洋仪器仪表研究所和齐鲁工业大学海洋技术科学学院自主研制的SBF3-2型波浪浮标（图7.6）、中国海洋大学研制的SZF系列波浪浮标以及广东省中山市探海仪器有限公

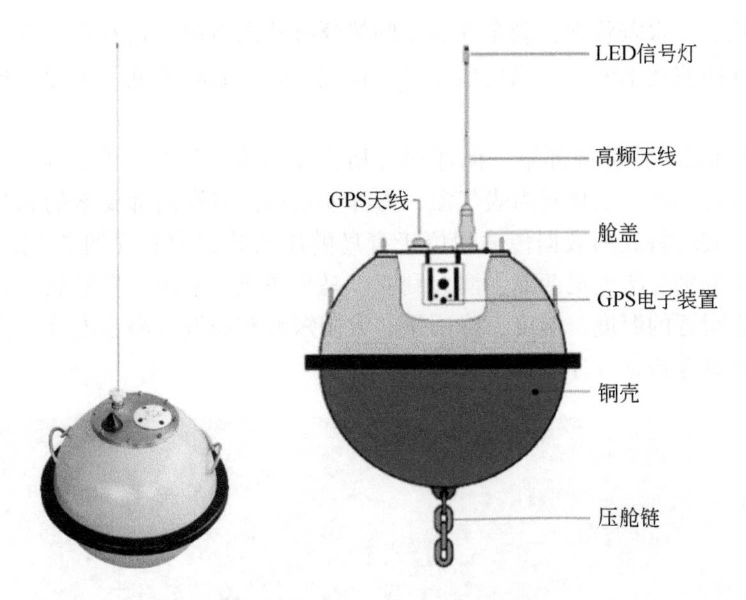

图7.5　荷兰 Datawell 波浪浮标

图7.6　SBF3-2 型波浪浮标（图片来自山东省科学院海洋仪器仪表研究所）

司研制的 OSB 系列波浪浮标等。

2013 年底，山东省科学院海洋仪器表研究所海洋学院海洋浮标团队在 2 个月内完成 6 套波浪浮标的建设任务，并在 2014 年 3 月在深圳近岸海域完成了浮标系统调试和首次布放任务。该浮标系统每隔 1h（大风大浪时可自动加密为 0. 5h）自动向用户岸站指挥中心发送最大波高、波周期，十分之一波高、波周期，有效波高、波周期，平均波高、波周期，波浪个数、主波向及 16 方位波向分布等波浪要素数据，并实时发回电池电压、方位、经纬度、锚灯状态、水警状态、剩余存储空间等浮标状态数据。这 6 套波浪浮标自投入运行至今，凭借其测波技术先进、测量精度高、稳定性好、故障率低等优异表现，获得了用户认可。

“白龙”浮标是自然资源部第一海洋研究所自主研发的国内首个深海气候观测浮标，能够搭载多要素传感器，实现对海表气象、海洋要素以及海洋内部要素的高频采样，同时使用铱星通信，实时将观测数据传输到位于青岛的岸站数据中心（图 7.7）。目前，白龙浮标的 5 个站位分别与印度尼西亚、澳大利亚、马来西亚、泰国、肯尼亚等合作布放在印度洋，监测赤道附近的温度、湿度、降雨量、太阳短波和长波、海水温度、海水盐度、海流、水下二氧化碳等数据（宁春林等，2022）。

图 7.7　海洋一所自主研发的“白龙”浮标（图片来自自然资源部第一海洋研究所）

2021 年 1 月 14 日，我国首套具有长期、定点、智能剖面观测功能的十五米超大型智能剖面观测浮标系统（简称“十五米浮标”）在我国东海海域成功布放，正式加入中国科学院近海海洋观测研究网络东海海洋观测研究站观测阵列。该系统的投入运行改变了我国近海海域缺少长期、定点、实时进行剖面水体观测设施的现状，提高了观测参数的丰富度，为海洋科学研究提供了更加有力的技术支撑（廖洋，2021）。

“十五米浮标”是我国第五代海洋浮标，也是全国首套直径最大、观测参数最全面、智能化水平最高的海洋综合观测试验平台，该系统由一个中心主浮标体和三个外围保护浮鼓及配套锚系组成，这种结构有效解决了传统单锚系浮标进行水下剖面观测时容易造成设备缠绕的问题（图 7.8）。中心主浮标体采用直径 15m 的圆盘形结构，具有抗破坏能力强、稳定性好等优点；外围三套浮鼓的设计使三套锚系远离主浮体，为主浮体的中心观测井预留剖面观测通道（图 7.9），加之智能判断功能有效避免了锚链与剖面观测设备的缠绕，从而可实现水体剖面数据实时观测（贾思洋，2021）。“十五米浮标”还具有智能判断功能，当恶劣天气下的风、浪和洋流值超过安全阈值时，可以安全地恢复剖面观测设备，并

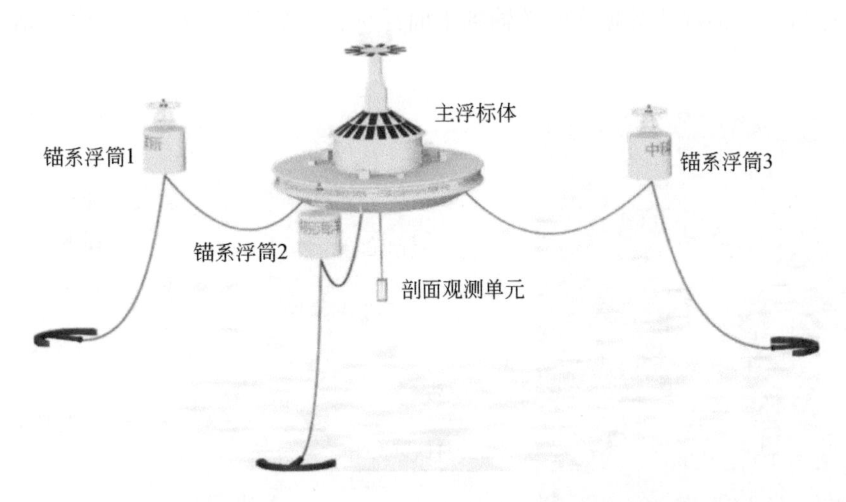

图 7.8　三锚式浮标综合观测平台整体效果（刘长华等，2020）

图 7.9　三锚平台拖带过程（图片来自山东省科学院海洋仪器仪表研究所）

在海况改善时自动打开。

海洋剖面观测浮标是用于观测海水参数的垂直变化剖面的浮标系统。水下剖面观测浮标最早的代表是美国伍兹霍尔海洋研究所（WHOI）设计的具有自动升降功能的剖面观测系统（mclane moored profiler，MMP）（图 7.10），采用电机驱动，搭载有温盐深传感器和声学海流计，观测数据保存在剖面仪中，待系统回收后获取，实质上该类设备属于一种自容式剖面仪，不能实现实时的数据传输功能。随着新技术的应用，通过采用感应耦合技术与海表浮标结合，将观测数据实时传输到水面浮标，然后通过卫星发射到岸站（刘长华，2019）。

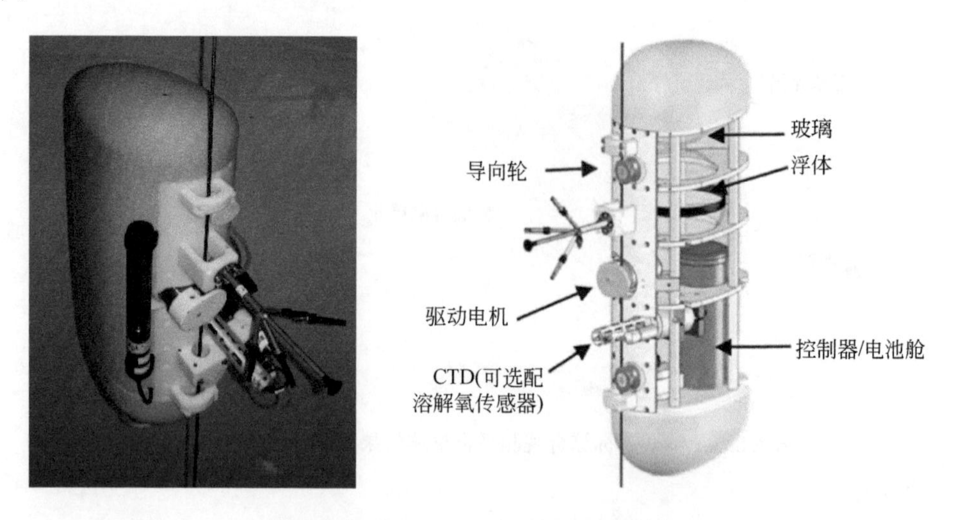

图 7.10　美国 WHOI 海洋剖面观测浮标

海上风剖面浮标是一种新型专用浮标，主要用于测量海上低空（<1km）的风场剖面，代表成果是 2009 年加拿大 AXYS 生产的 WindSentinel（图 7.11）。它用来测试和监测原型浮动风力涡轮机的性能，为开发深海域资源评估的新方法做出贡献，并完善该位置的风力评估。自部署以来，WindSentinel 平台经历了超过 20m/s 的风速和 8m 的波浪，并且已经以超过 98% 的数据可用性运行（Eric Haun，2014）。

图 7.11　加拿大 AXYS 生产的 WindSentinel 浮标

光学浮标是一种以光学技术为基础，用于连续观测海面、海水表层、真光层乃至海底的光学特性的浮标。第一台光学浮标于1994年诞生在美国，此后，英国、日本和法国等发达国家也自主研制了光学浮标，代表产品有美国的MOBY（Brown et al.，2007）和法国的BOUSSOLE（Organelli et al.，2013），如图7.12所示。

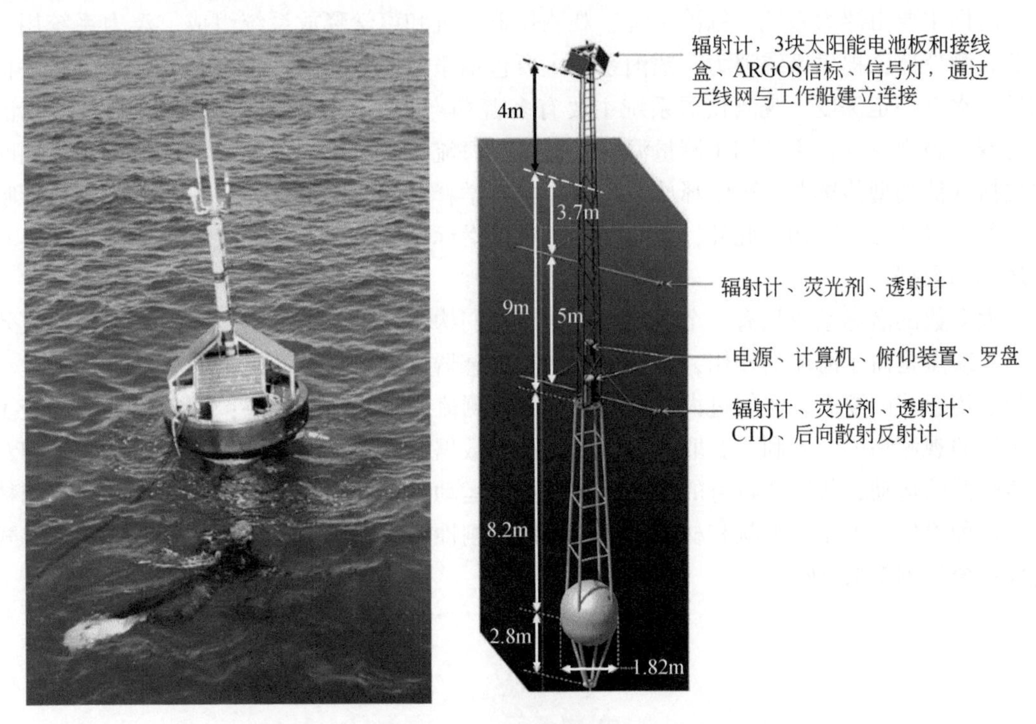

图7.12 美国MOBY（左）和法国BOUSSOLE（右）

总体来说，国外海洋技术强国的海洋资料浮标观测技术处于领先水平，不但技术先进，功能齐全，大部分都已经处于长期业务化运行阶段，而且具有观测精度高、长期稳定性好、功能齐全、功耗低等特点。其观测范围已经扩展到深远海，组成了业务化的观测网，并且向着全球高密度布网发展。具有原始创新和高技术水平的各种专用浮标观测技术发展迅速。我国在海洋资料浮标观测技术方面虽然总体达到国际先进水平，能够满足沿海海域业务化运行的需求，但与国外海洋技术大国相比在搭载的仪器设备的性能、测量精度和工作可靠性等方面还存在较大差距（王波等，2014）。

7.1.2 潜标式锚系监测系统

海洋潜标又称水下浮标，是一种水下观测平台，是海洋环境观测的重要设备之一。通常主浮体布放在海面以下几十米或更大深度的水层中，因而可以避免海洋表面的扰动；锚系系统将整个系统固定在海底某一选定的测点上。在主浮体与锚系系统之间的系留绳索上，根据不同的需要，挂放多层自动观测仪器和浮子，在系留绳索与锚绳的连接处安装释放器。海洋潜标系统由工作船布放，观测仪器在水下进行长周期的自动观测并储存观测数据，达到预定的时间后，工作船到达原设站位，水上机发出指令，释放器接收指令释放锚块之后，系统上浮回收（余建星等，2021）。

7.1.2.1 系统组成与结构

潜标主要由浮力系统、锚泊系统、观测仪器系统和声学释放系统组成。浮力系统用于搭载观测仪器，提供系统浮力。锚泊系统主要包括系留缆、连接件及组合锚，用于将潜标锚系于水下一定深度。观测仪器系统主要有多普勒声学海流计、温盐深仪、单点海流计、水听器、磁力仪等，主要用于测量温度、盐度、海流、噪声、磁力等海洋环境参数，同时也包括其他类型传感器。声学释放系统主要由声学释放器、甲板单元等组成，用于执行唤醒、测距以及释放脱钩。此外，定时和实时通信潜标还有采集通信系统，主要用于采集和发送观测数据。

大多数的潜标系统只有一个锚定点，由于它们构型简单，布设与回收容易，因而收效大。其缺点是由于海流的作用，而使得潜标和传感器发生水平运动与垂向运动。水平运动改变了传感器的姿态，倾斜过大会影响 ADCP 等测流设备的观测效果；垂向运动则改变了传感器的观测高度，不利于获取固定层次的观测数据。此外，测流设备观测的是水体相对于传感器的运动，传感器自身的水平运动与垂向运动却难以确定，从而影响流速的观测精度。这种浮标的大小、形状和材料，根据系留的刚性要求和设置深度而不同。单点系留式潜标系统如图 7.13 所示。

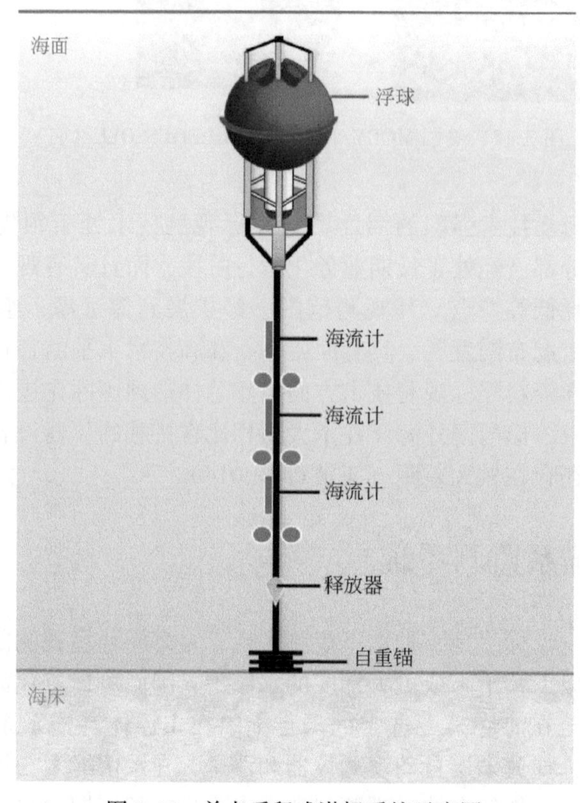

图 7.13　单点系留式潜标系统示意图

多点系留式潜标系统有多个锚定点，以三点系留式潜标系统为例，其由三根等距的、与水平面成45°角的、抵消浮力的系留索，组成一个三脚架式的形状，这个单独的水下浮标就位于这三根系留索的顶端，仪器装置可以悬挂在浮标下一根中间绳索以及系留索上，接在三点系留索上的辅助绳索和浮子可以构成复杂的系留缆索结构（刘勇，2008）（图7.14）。这种潜标系统具有稳定性和可靠性高的优点，但结构复杂并且成本较高。

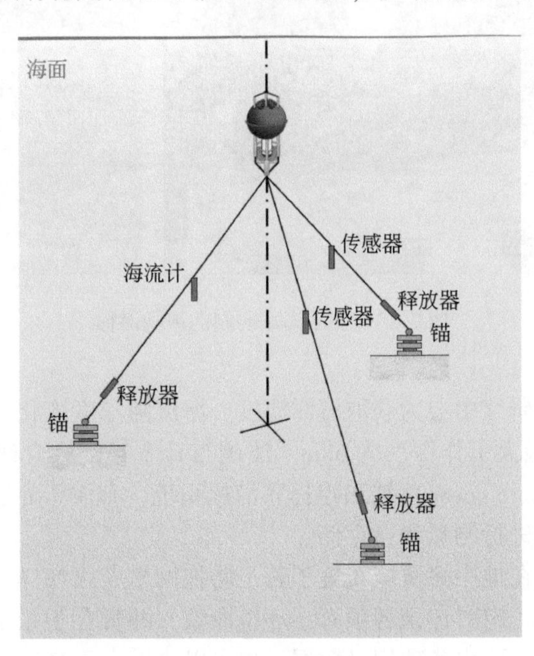

图7.14　三点系留式潜标系统示意图

7.1.2.2　代表性设备及典型应用

潜标最早是20世纪50年代初在美国发展起来的。随后，苏联、法国、澳大利亚、日本、德国和加拿大等国也相继开展了相关研究和应用。从20世纪60年代初开始，美国伍兹霍尔海洋研究所等多家海洋机构在墨西哥湾、西北太平洋、日本附近的黑潮区和琉球群岛附近以及中北大西洋海域的一些观测站，布设了潜标系统。20世纪70年代初，美国海军开始发展军用潜标系统，每年大约布放几十套。如美国海军水下系统中心在1975年研制的系泊式声学潜标系统（mooring acoustic buoy system，MABS）是一种海底系泊的可编程的声学数据记录系统。该系统有高达19种布放方式，它由仪器压力舱、电池块、浮体、电力缆、水听器、声学通话机、声学转发器和释放器、回收盒和锚组成。1983年，美国NUSC研制了多水听器数字化声学潜标系统，有8个水听器，采用数字化输出，动态范围达72dB，频率范围为4～350Hz。20世纪80年代中期，美国已开始将潜标系统用于海洋开发服务。例如，为查清内波对钻井船竖管的影响，由EG&G公司在离钻井7km、水深1093m处布设了潜标系统，进行监测。同时，美国海军在区域性及防潜警戒系统中使用了潜标系统。其研制的被动声搜索型声呐潜标系统N/SSQ-53DIFAR系列（图7.15），可对目标产生的辐射噪声进行检测，并对目标方位进行估计（王婷等，2011）。

图 7.15 美国海军研制的声呐潜标

法国布列塔尼海洋研究中心为获取海洋温度、海流随深度变化的资料，曾在海上布设了 50 多套潜标系统，最大工作深度为 6km。法国与日本等国联合研制的“热带海洋大气阵列”（tropical atmosphere ocean）锚泊浮标和潜标系统，布放于赤道附近的太平洋上，可对其水温与流速等参数进行测量和自存储。

北大西洋公约组织在地中海海域布置了若干防拖网坐底式海洋调查潜标平台。这些潜标可各自按照预定程序，定时记录各项海洋环境参数，并暂存于系统硬盘中，然后定期由水下机器人与潜标对接，取出各项记录数据；也可以借助水下高速通信设备，将所测得的各项数据发送到中继浮标处，再由中继浮标借助无线电通信系统，将各项数据发送回基地。

日本也是最早开展潜标系统研制的国家之一，主要用于黑潮研究和海流监测。日本在每年两次南太平洋调查中，在两条主要的观测断面上，每次布放十几套测流潜标。

在世界大洋环流实验、全球海洋观测系统、加勒比海集成海岸观测系统、热带海洋全球大气计划、ARGO 全球海洋观测网等海洋观测平台中，潜标系统都作为主要的观测设备为海洋高新技术的发展提供了新的契机（毛祖松，2001）。

当前，世界各海洋国家布放的潜标以自容式为主，布放水深从几十米到数千米不等。自容式潜标系统于 20 世纪 60 年代开始研制，主要由多个玻璃浮球和浮球框架组成，布放较短时间后回收潜标下载数据。20 世纪 80 年代中期，锚泊浮标与潜标相结合，形成绷紧式锚泊浮标系统。20 世纪 90 年代绷紧式锚泊浮标系统又有新的发展，即通过卫星实时发送测量数据，典型代表是美国建于 1994 年 6 月的“百慕大试验站锚泊系统”（Bermuda Testbed Mooring，BTM）（图 7.16），所有测量数据都通过感应式调制解调器耦合，实时传送给海面浮标，海面浮标通过 ARGO 卫星实时传送数据，也可以在巡航的调查船靠近 BTM 浮标时通过无线电通信把数据传送给调查船（李民等，2015）。

经过几十年的发展，国外的潜标技术已趋成熟，已经成为一种常规的观测手段。美国伍兹霍尔海洋研究所和日本 NGKOCEAN 公司创建的海洋潜水观测系统是现在潜标技术的

图 7.16　“百慕大试验站锚泊系统”浮标布放现场

典型代表（李楠等，2021）。我国潜标技术虽然起步较晚，但是总体技术水平与国外已经相差不大。

20 世纪 80 年代后期，我国研制了第一代自容式潜标系统，并在我国南海进行了布放和使用。1982 年，国家海洋局立项研制千米测流潜标系统，解决了声学应答释放器、系留系统的设计和计算、潜标系统的布放和回收等关键技术（毛祖松，2001）。“九五”期间国家海洋技术中心开展了 HQB 型海洋潜标系统研制工作，2000 年完成海上试验，同年通过有关部门的设计定型审查，在我国南海北部及巴士海峡海域连续 8 次的实际使用中，系统回收率达到 100%，获取资料数百万组，最大布放深度达到 4700m，使我国的潜标技术进入了实际应用阶段，并在潜标系统的设计、制造、布放、回收等主要技术方面接近国际先进水平，具备了研制覆盖我国领海和周边海域的潜标系统的能力。

2002 年，中国船舶重工集团有限公司第七一〇研究所依托国家 863 计划，在世界上率先开发出具有自主知识产权的海洋实时传输潜标产品，解决了潜标数据远程实时传输的国际难题，弥补了传统自容式潜标的缺陷（李民等，2015）。2006 年，在南海 1650m 水深海域完成了海上布放和示范运行，经过深海实际考核，系统及测量数据正常有效，回收后的样机损伤极小，简单修复保养后即可再次布放使用。2007 年 11 月，实时传输潜标赴印尼参加国家海洋一所的国际合作项目“印尼爪哇沿岸上升流的潜标观测”。此外，山东省科学院海洋仪器仪表研究所还开发了潜标的定时数据传输技术，为潜标观测提供了又一种有效手段（秦承志，2010）。

中国海洋大学研究团队在南海构建了国际规模最大的区域海洋潜标观测网，并开展了大量长期海上应用试验（图 7.17），该观测网性能可靠、工作稳定，有效提高了潜标观测数据的时效性。“南海潜标观测网”首次实现了对南海深海盆地的全面覆盖及完整监测。

2009 年以来，中国海洋大学在南海开展潜标布放回收航次十余次，总航时 734 天，累计布放各类潜标 310 套次，目前，同时在位观测潜标 39 套，观测海域横跨吕宋海峡、南海深海盆、南海东北部与西北部陆坡陆架区（李华昌，2018）。

中国科学院院士汪品先对南海潜标观测网的成功构建给予了高度评价：“南海潜标观测网的成功构建，不仅为实现南海动力环境系统长期连续观测奠定了基础，为研究其水文动力过程时空变异机理提供了宝贵数据，同时也为探讨南海深部沉积搬运过程以及太平洋水体演变、再造边缘海生命史创造了宝贵的条件，是我国海洋科学近年来一项值得表彰的重要进展。”

图 7.17　南海潜标观测网海试现场（图片来自中国海洋大学）

从 2013 年起，在中国科学院战略性先导科技专项的资助下，中国科学院海洋所经过统筹安排和周密部署，成功布放和回收深海潜标 73 套次，为我国建成了由 16 套深海潜标组成的我国西太平洋科学观测网并实现稳定运行，观测网设计了 3 个潜标阵列和 1 套全水深潜标（图 7.18）。

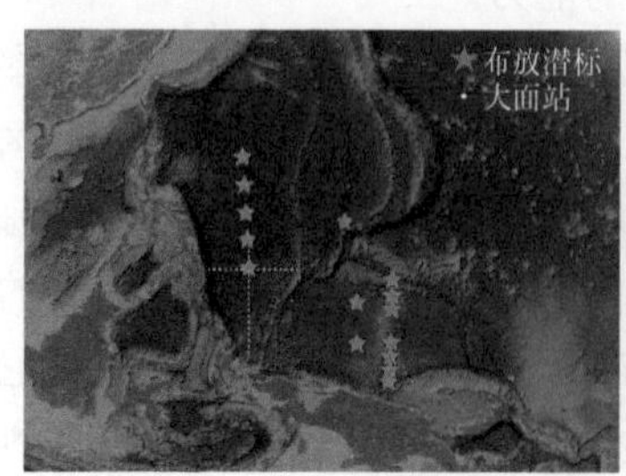

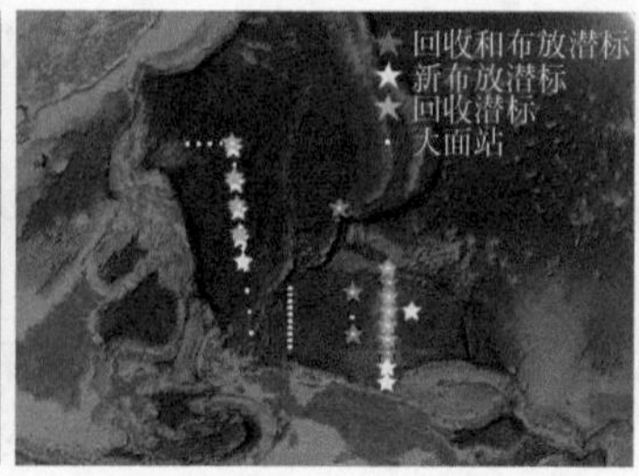

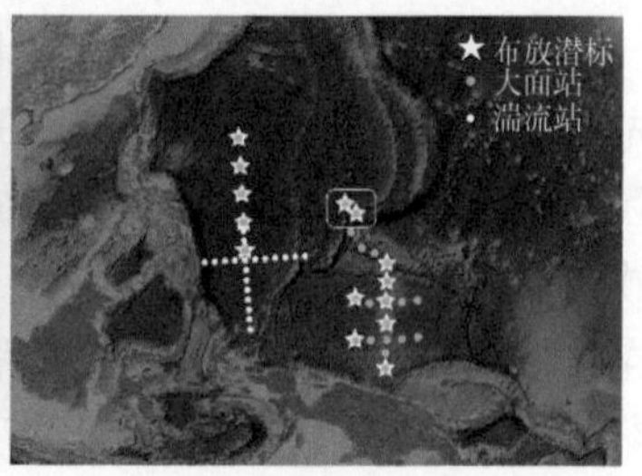

图 7.18　2014～2016 年（自左向右）西太平洋综合考察航次站位（汪嘉宁等，2017）

全水深潜标布放在马里亚纳岛弧海山附近，用于研究地形变化对上、中、深层环流系统的影响，布放地点还位于东、西马里亚纳海盆的水交换通道处，对研究大洋不同海盆的水交换至关重要。该潜标配置的观测传感器还实现了全水深高垂直分辨率覆盖，可用于建立大洋上层和中深层全水体的动力和能量关联。潜标结构如图 7. 19 所示。

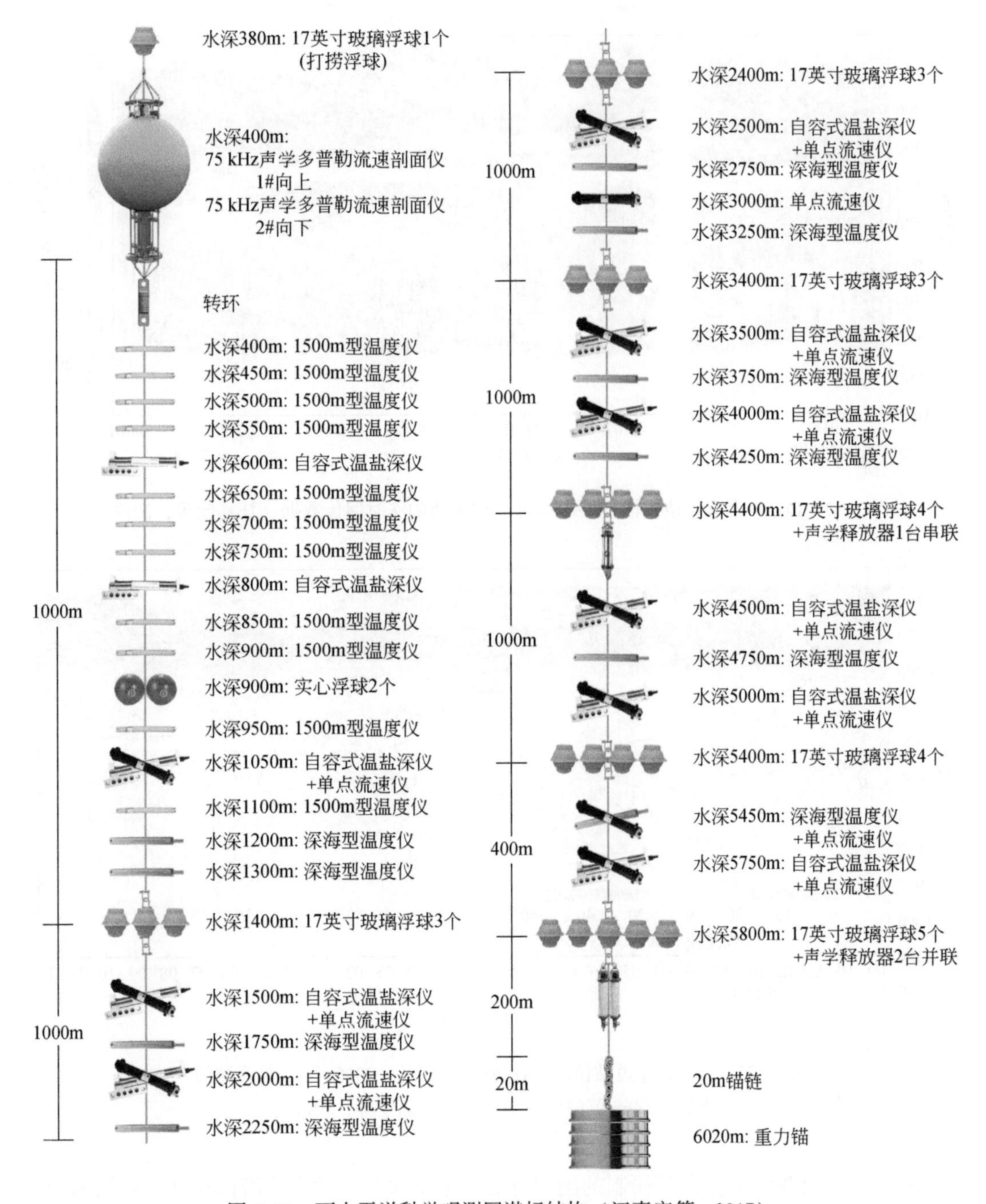

图 7. 19　西太平洋科学观测网潜标结构（汪嘉宁等，2017）

该潜标观测网获取了西太平洋代表性海域的温度、盐度和洋流等数据，其中上层与中层流速数据如图 7. 20 ~ 图 7. 22 所示。这是世界上首次在这一地区获取高质量、高时空分辨率的定点连续观测数据，为探索研究热带西太平洋环流的三维结构、暖池变异及其对中国气候变化的影响提供了宝贵的数据资料。

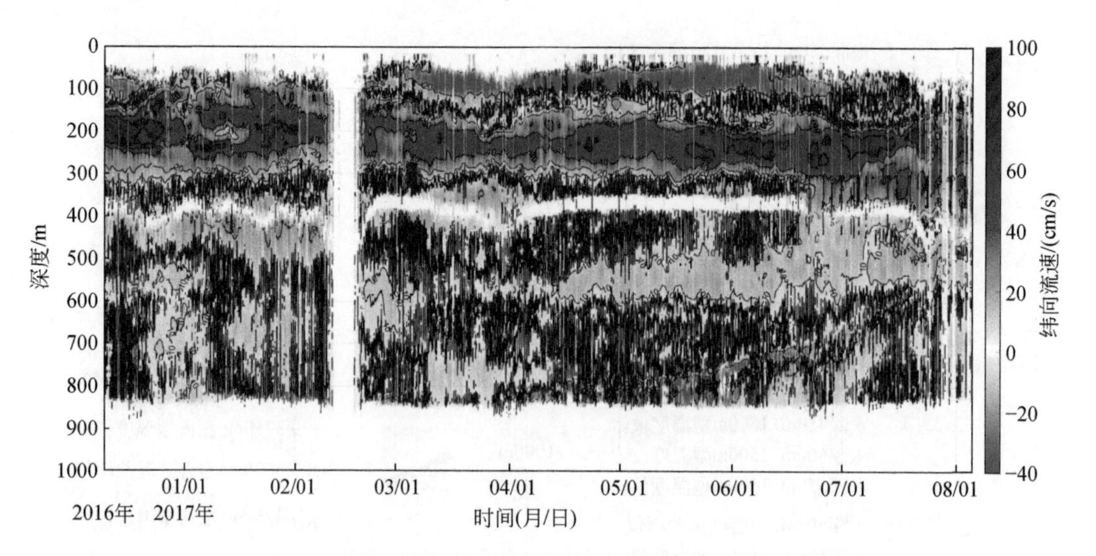

图 7.20　142°E 赤道站位大洋上层 1000m 纬向流速的实时回传数据（汪嘉宁等，2017）

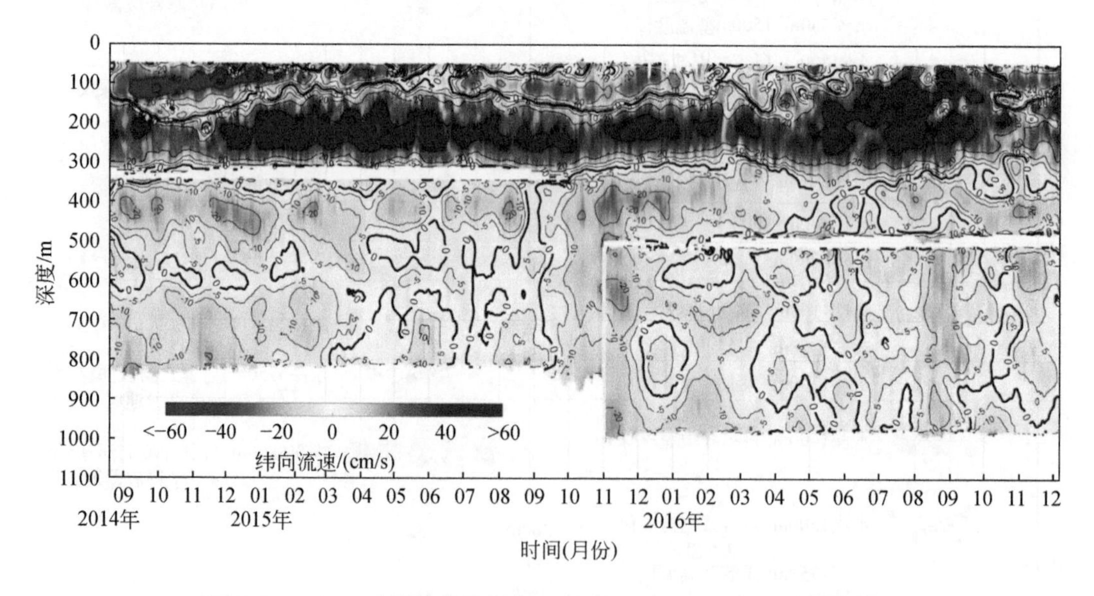

图 7.21　142°E 赤道站位潜标在 2014 年 8 月 ~2016 年 12 月观测的上层 1000m 范围内纬向流速（汪嘉宁等，2017）

2017 年，由西北工业大学研制的国内首套万米全水深声学观测潜标在马里亚纳海沟试验成功（图 7.23）。此次实验由西北工业大学航海学院海洋观测与探测技术研究团队牵头，与中国海洋大学、中国科学院声学研究所和国家海洋局第一海洋研究所合作，完成了万米全水深声学潜标的设计、研发、测试以及马里亚纳海沟声学观测实验方案的设计论证。

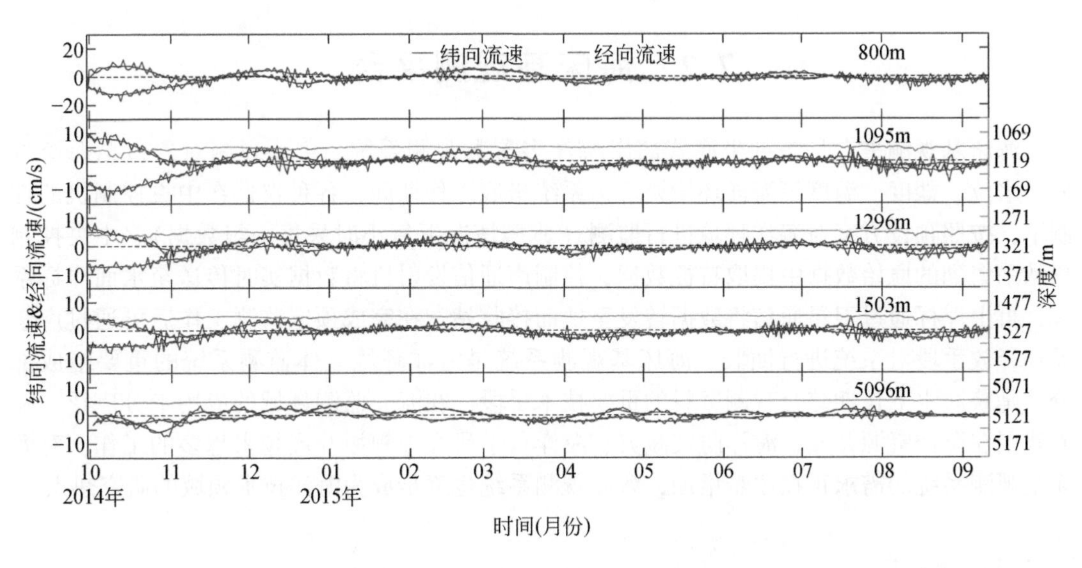

图7.22　15.5°N，130°E站位潜标在2014年9月~2015年9月观测的中深层流速变化（汪嘉宁等，2017）

图7.23　万米声学观测潜标（图片来自中国青年报）

虽然我国潜标的设计集成技术水平已与国外相差不大，但是我国科研院所自主研发的观测传感器在精度和可靠性方面与国外同类技术还有一定的差距，且产品化的进度缓慢。搭载的观测传感器大多仍依靠进口。

7.2 海床基观测平台

海床基观测平台是一种坐底式离岸海洋多参数观测系统，主要观测对象包括海流剖面、水位、盐度、温度等海洋环境要素。系统坐底工作期间，各种仪器在中央控制机的控制下，按照预设方案对海洋环境进行监测（典型情况下每小时采集一组数据）。中央控制机从采集到的原始数据中提取特征数据，控制声通信发射机将数据实时传送至水面浮标系统，再由浮标通过卫星通信将数据转发至地面接收站。在完成预定监测工作后可通过声学遥控释放手段对系统进行回收。海床基观测系统是海洋环境立体监测系统的重要组成部分，是获取水下长期综合观测资料的重要技术手段，在海洋监测领域的应用十分广泛。随着我国在海洋资源开发、海洋防灾减灾、海洋科学研究等领域开展越来越多的工作，对海床基观测系统的需求正在逐步增加，海底观测系统也逐步成为海洋技术领域的研究热点。

7.2.1 概述

海床基作为一种坐底式海洋环境监测装置，布放海域主要集中于海洋沿岸和近岸浅海海域。海床基可对悬浮泥沙参数、流速剖面、水温，水位、潮汐、波浪等海洋水动力学参数进行连续、长期的跟踪监测，且以监测数据受海况影响小、数据质量可靠等优势正在立体监测网中发挥着重要的作用。海床基观测平台通常是由观测器件、通信单元、供电单元和数据采集单元、近距离信号无线电通信装置等部分组成。可根据实际观测需要可以搭载多种监测仪器，如：声学多普勒海流剖面仪（ADCP）、温盐深剖面仪（CTD），海底地震仪（OBS）、悬浮泥沙采集器等（杨涛，2017）。

海床基观测系统投放于河口、港湾或者近海海底时，用于对悬浮泥沙参数、海洋动力参数、温、盐和水质进行长期、同步、自动测量；而投放于深海时，用于研究某些物化生物因素对海底边界层的影响与作用机理，或探索某些未知领域的海底边界层结构在不同海况条件下会发生的动态演化，例如海床浅表层的侵蚀淤积、再悬浮与输运、海底滑坡等地质灾害。多个海床基节点在水下可组成无线水声信网，通过与水上浮标、监测船之间通信，将数据传送至地面数据中心（图 7.24）。

海床基观测平台通常是通过船舶将其运送到指定的地点，从水面直接投放。观测平台依靠自身所配备的重物压载块，使平台能自由降落到海底表面。回收时，通过船舶发送声学释放指令，启动观测平台中声学释放器的脱钩机构，使观测平台的压载配重块与本体分离。依靠本体浮材及附加浮力系统所提供的浮力，使系统的浮力大于其自身重力，系统上浮至水面。海床基观测平台上浮至水面后，一般依靠其上安装的无线电信标或 GPS 信标定位信号来进行定位，回收观测平台设备（余昊建，2020）。

随着人类对深海乃至深渊探测需求的不断增加，海床基观测平台越发受到重视。作为一种结构简单，制作成本低，容易推广使用的无人作业方式，海床基在对海底边界层某一科学现象的定期定点观测具有举足轻重的地位。

图7.24　海床基观测系统（图片来自深圳市朗诚科技股份有限公司）

7.2.2　代表性设备及典型应用

20世纪六七十年代，国外开始研发海床基观测系统。例如美国地质调查局建造的CEOPROBE在亚马孙河口前三角洲65m水深处投放，发现了洪水季节来临沉积物运移的急剧变化；美国伍兹霍尔海洋研究所的ROLAI2D着陆器，在百慕大海域4400m深处使用时显示出灵活而高效的特点：美国国家海洋和大气管理局（NOAA）的DART系统利用坐底式监测设备和水面气象浮标进行海啸监测和预警；美国NeMb海底观测系统布放在1600m水深的火山热液口附近，通过多种仪器监测海底火山活动现象。法国海洋开发研究院IFREMER的MAP坐底式平台装有沉积物捕获器、浊度计、海流计等设备，是欧洲深海水动力和沉积作用研究中的重要装备（焦明连，2019）。

目前海床基多搭载技术相对成熟、观测数据较稳定的物理海洋观测传感器，搭载传感器、采集器种类和数量的不同，平台的尺寸、形状和重量也不尽相同。通常搭载少量传感器的海床基多用于浅海，结构设计简单、尺寸较小、重量较轻，如MIS公司的Micro-MTRBM仅搭载了ADCP（图7.25），空气中重量仅为36kg，长、宽、高仅为1.32m、0.67m、0.35m，可单人小船独立布放和回收（胡展铭等，2012）。

防拖网型海床基是浅海海床基发展的主要方向，其针对浅海渔业拖网、流网等网具设

图 7.25　MTRBM 海床基（胡展铭等，2012）

计，设计有防拖网罩，且多为棱台设计和曲面设计，防止网具将海床基移动，影响仪器设备安全和数据质量。基于棱台设计理念的防拖网罩便于加工生产，美国伍兹霍尔海洋研究所和美国国家海洋和大气管理局研制的防拖网海床基、Flotec 公司、MSI 公司以及 Approtekmooring 等公司生产的防拖网海床基底座以多边形结构为主。基于曲面设计理念的防拖网罩具有低轮廓、对局部流场影响小的特点，代表海床基有意大利 Proteco Sub 生产的 Barny Sentinel（Teague et al.，2002）、NAVOCEANO 生产的 LTRBM（Cumbee et al.，2001）和美国 Oceanscience 生产的 Barnacle（图 7.26）。有些防拖网海床基还进行了异型浮体的设计，可进一步增加海床基表面的流线性，加强防拖网能力，如 Flotec 公司设计的 AL-200 防拖网海床基除了进行了流线型防拖网罩的设计外，通常还需要适当地增加平台重量，以保证其抗拖拉能力（胡展铭等，2012）。

图 7.26　美国 Oceanscience 生产 Barnacle 海床基（胡展铭等，2012）

深海型海床基，搭载传感器较多，材料坚固、可抗高压。由于布放深度较大，通常不需要防拖网功能。如 INGV 设计的 GEOSTAR 海床基（图 7.27）最大布放深度达 4000m，平台尺寸长 3.5m、宽 3.5m、高 3.3m，空气中重 2.5t、水中重 1.4t，可承受 30kN 的深海压力（Favali and Beranzoli，2010）。

图 7.27　GEOSTAR 海床基（胡展铭等，2012）

2006 年，英国阿丁堡大学和日本东京大学合作启动了 HADEEP 研究计划。项目研制了两套全海深着陆器系统（“HadalLanderA” 和 “HadalLanderB”）(图 7.28)，并在太平洋内多个海沟进行了应用，首次拍摄到深渊特有鱼类的视频影像资料，并捕捉到深渊底栖生物。

图 7.28　“HADEEP” 全海深着陆器系统

随着中国对海洋科学研究的持续投入，对深海的探索日益加深，海床基观测平台也因深海原位观测的可靠性在国内快速发展，广泛应用于深海科学研究（钱光跃，2019）。在国家自然科学基金资助的重大研究计划“南海深海过程演变”的支持下，同济大学海洋地质国家重点实验室和美国地质调查局合作研制了“自由下降三脚架”深海着陆器（图7.29），用于研究南海东北部底层海流分布和沉积搬运的动力学过程（李建如等，2013）。

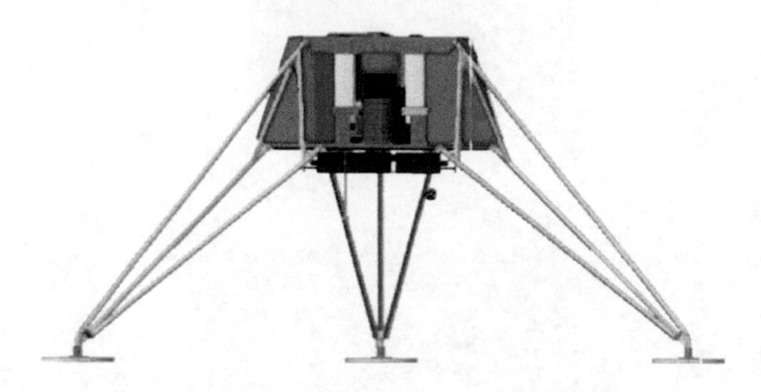

图 7.29 “自由下降三脚架”着陆器

2009 年中国海洋大学研制了四支撑架框架结构的原位观测站（图 7.30），观测站的整体外部结构尺为 1.5m×1.5m×2.0m。该原位观测站能够长时间对海底边界层的多个参数进行同时检测。

图 7.30 中国海洋大学研制的原位观测站（图片来自山东省海洋环境地质工程重点实验室）

中国科学院深海所在国内率先研发出了一批着陆器（图 7.31），着陆器分别以“天涯”号、“海角”号、“万泉”号命名。“天涯”号深渊着陆器下潜9次，先后成功获得CTD、溶解氧数据和近底原位固定的微生物样品、近海底水样、视频、照片及部分沉积物样品，成功捕获批量深渊特征生物狮子鱼及其他大型生物；“海角”号着陆器是集水文测量、光学观测、声学探测和生物取样等功能于一体的深海综合探测装备，在海试过程中“海角”号深渊着陆器下潜作业3次全部成功，并在接近7000m深度捕获狮子鱼、大型端足类钩虾；“万泉”号着陆器协同海底地震仪进行了一系列高精度的三维定位作业，布放了多个具有精确坐标位置的海底标识。

图7.31　中国科学院深海所研制着陆器（图片来自中国日报）

为满足海洋矿产资源勘探与开发、海上工程建设安全保障、海洋地质灾害机制研究、深海环境效应评价等方面的科学研究与工程需要，青岛海洋地质研究所于2019年自主研制了一套海底边界层声学要素监测系统（图7.32），兼具多参数环境指标采集监测功能，通过室内测试、海试进行装置的优化与改进，最终应用于实际监测工作中。

图7.32　青岛海洋地质研究所海底边界层声学要素监测系统（图片来自青岛海洋地质研究所）

设备相比于其他国内外设备，整体采用中空型圆柱浮体，当装备在海水的下降过程中，由于海流穿过中间空隙导致设备稳定下降，极少发生水平偏移；设备的声学释放部分采用挂钩式一体连接，并且配重采用整块中空方形设计，极大地减少了声学释放器发出信号后脱钩卡住的问题。海底沉积物多参数探针及布放系统在完成全部硬件部分的研制、进行整机联调后在青岛深海基地进行了第一次海试，海试地点海况良好，水深8m，底质为淤泥质沉积物，这次海试成功验证了装置的可行性以及各传感器的工作的可靠性，成功获取国家深海基地管理中心码头海区的海底水声特征，并成功获取着陆器坐底工作过程中的姿态变化。

中国科学院海洋研究所成功研制了国内首套可连续工作超1年的深海定点观测系统（图7.33），该观测系统于2016年9月8日零点顺利布放到我国南海北部陆坡冷泉喷口（水深1130m左右）附近生物群落繁茂区，在海底连续工作长达375天后，于2017年9月

图7.33　深海定点观测系统（中国科学院院刊，2016）

18日凌晨顺利回收。该系统携带的高清影像系统，成功获取了冷泉喷口附近多点位置的生物群落生长演化的高清影像资料，利用携带的CTD、甲烷等传感器同步获取了长时间序列完整的近海底理化原位观测参数。累计获取了186G的高清影像和传感器数据资料。为解析冷泉生态系统生物群落变迁、生活史演替、种群补充机制等重要基础生物学问题及其与环境之间的合作关系提供了重要的第一手数据。

杭州电子科技大学海洋工程技术研究所研制了深海微生物富集着陆器（图7.34），该设备在海底最长工作时间为13个月，最大布放水深约5400m，并在南海、西南印度洋完成了多次应用任务。

图 7.34　深海微生物富集着陆器（图片来自杭州电子科技大学海洋工程技术研究所）

7.3　海底观测网

海底观测网络，是海底观测体系中功能最为齐全，观测时间最长，技术含量最高的一种。海底观测网络是一种直接观测手段，把各种观测器件放置到观测点上，用网络方式连接这些观测器件，同时获得观测数据并实时传回到岸基的研究场所，以供科学家进行现场分析。这种海底观测网络，电能由岸基提供，可以布置大量的观测器件，因而可以实现很长时间的、较宽区域的在线观测。

7.3.1　概述

典型海底观测网示意图如图 7.35 所示。海底观测网主要由岸基站、光电复合缆（海缆）、分支单元、接驳盒、观测设备及平台组成。

根据网络功能的需要，海底观测网络将一组不同功能的观测传感器接在接驳盒上构成一个个局部的观测系统。接驳盒实质上相当于网络中的一个个节点，其基本功能是中继和分配，它将光纤骨干网中传来的电能进行转换，然后分配给不同的测量仪器使用，同时将基站传来的信号发给连接在其上的各测量仪器，并将各测量仪器采集的数据传给主干光纤送到基站。根据实际需要，局部观测系统还可以通过子网节点形成扩展的观测系统，然后通过光纤将接驳盒与骨干网上的某个节点连接起来。若干个这样不同功能的观测系统连接在骨干光纤上，就可构成整个海底观测系统。网络系统在陆地上设有基站，其功能主要是实现实时监控、电能和信号的输送、测量信号的分析与处理等（杨竣程，2012）。

图 7.35　海底观测网络构成示意图（图片来自中国科学院声学所）

海底观测网铺设在海底，设计使用寿命 20 年以上，对系统可靠性要求非常高，要求每个部件都具备极高的可靠性。海底环境复杂恶劣，子系统或部件难免发生故障，出现故障后维修困难且费时费力，海底观测网必须具备较强的抗故障能力，能够准确检查定位故障并及时隔离故障，保证无故障部分继续工作。海底观测网建设施工难度大、周期长，需要分阶段建设；系统运行时间长，需要为后续改造建设留有余地，因此海底观测网要具备良好的兼容性和可扩展性。兼容性是指能与其他海洋观测平台如自治式潜水器 AUV、ROV、锚系浮标系统方便接入；可扩展性是网络建成后可以方便地扩展观测节点或子网络，实现观测区域的扩大和观测手段的丰富（李智刚，2020）。

7.3.2　典型应用

建成海底信息观测网是目前海洋科学、海洋生态研究、国家安全分析以及自然灾害预防的发展需求，而调查船方式已经不再能够满足海洋信息收集的需要，因此美国、日本以及欧洲各国斥巨资建设海底观测网，并在水下机器人、水下传感器、海洋大数据中心以及水下安全等领域取得了领先地位（陈建冬等，2019），各国海底观测网现状如表 7.1 所示。

表7.1　各国海底观测网现状（李风华等，2019）

序号	名称		目标	规模	
				总长/km	主基站
1	美国海洋观测网（OOI）		①海洋-大气交换 ②气候变化，海洋环流和生态系统 ③湍流混合和生物物理相互作用 ④沿海海洋动力过程和生态系统 ⑤流体-岩石相互作用和海底生物圈 ⑥板块尺度地球动力学	880	7
2	加拿大海底观测网（ONC）		①人类活动导致东北太平洋海洋变化 ②东北太平洋及萨利什环境中的生命 ③海底海水-大气之间的相互作用 ④海底过程及沉积搬运	>850	5
3	欧洲海底观测网（EMSO）		①海洋生物的分布和丰富程度，海洋生产力、生物多样性、生态系统功能、生物资源、碳循环和气候反馈 ②海洋酸化、水团动态、深海环流及海平面上升 ③斜坡不稳定、热液喷口、海啸、地震和火山事件		15
4	日本海底观测网	DONET	地震、海啸的实时观测和预警	300	7
		DONET2		450	7
		S-net		5700	
5	中国南海海底观测网试验系统关键技术突破，实现温、盐、流水文数据和地震、地磁的实时观测			150	1

7.3.2.1　美国海洋观测网

2016年，美国国家科学基金会宣布“海洋观测网”（Ocean Observation Initiative，OOI）计划正式启动运行，该计划历时10年、耗资3.86亿美元。OOI是一个长期的科学观测系统，由区域网（RSN）、近岸网（CSN）和全球网（GSN）三大部分构成（图7.36）。在大西洋和太平洋的观测系统中分布式布放有850个观测仪器，包括1个由880km海缆连接7个海底主节点（每个节点可提供8kW能量和10Gb带宽双向通信）的区域观测系统、2个近岸观测阵列以及4个全球观测阵列（由锚系、深海实验平台和移动观测平台构成）。OOI系统观测范围从陆地延伸到深海，可实现从海底到海面的全方位立体观测；实现从厘米级到百千米级，从秒级到年代级尺度过程的系统测量。该系统整体使用寿命大于25年，深入观测包括生物地球化学循环、渔业与气候作用、极端环境中的生命、板块构造过程、海洋动力、海啸在内的各种关键性海洋过程，观测结果可用于研究洋中脊、海气交换、气候变化、大洋循环、生态系统、湍流混合、水岩反应、地球动力学、地球内部构造和生物地球化学循环等科学问题。

图 7.36　美国海洋观测网（OOI）

OOI 系统正常运行以来获取的数据均向科学家、教育工作者以及公众免费开放，目前已经产生 2500 多种科学数据产品，10 万多种科学与工程数据产品，而且可用的数据量、数据下载工具以及可进行数据处理的图像数量还在持续稳定增长。OOI 观测数据有效推动了海洋科学研究的进步，提升科学家对海洋科学的认识；同时，一系列海洋观测数据可视化与视频推广也提高了公众对海洋的认识（李风华等，2019）。

除了科学研究之外，随着 OOI 的数据可视化工具和教学材料等一系列在线手段的开发，可以将晦涩且枯燥的海量数据变成看得懂的图像和曲线，尤其是变成可以在网上互动的活材料，使得 OOI 的海洋数据进入课堂，让学生感受到“OOI 就在身边”，大大提高了老师向学生传授海洋学基本知识的效果（吴自军，2016）。

7.3.2.2　加拿大海底观测网

加拿大海底观测网（Ocean Networks Canada，ONC）是由东北太平洋的 NEPTUE Canada 观测网（2009 年建成）和 VENUS 海底实验站（2006 年建成）在 2013 年合并组建而成。目前，ONC 由维多利亚大学负责运营和管理（图 7.37）。ONC 的战略目标是：①满足日益增长的用户需求；②提供可靠的海洋观测技术与设备；③通过商业化运作和新技术研发，推动海洋观测技术不断革新。ONC 系统通过对地震信号的实时监测、快速模拟计算提高了海啸预警能力，对海底多年的连续原位观测揭示了热通量在时间序列的变化与海底地震活动间的响应关系，以及海底地震活动、区域海洋学、风暴天气等对甲烷及其他化学参数的影响。

NEPTUNE Canada 观测网由 5 个海底主节点构成的 800km 环形主干网络，覆盖了离岸 300km 范围内从 20 ~ 2660m 不同水深的典型海洋环境。所有节点都自带一套标准仪器，包

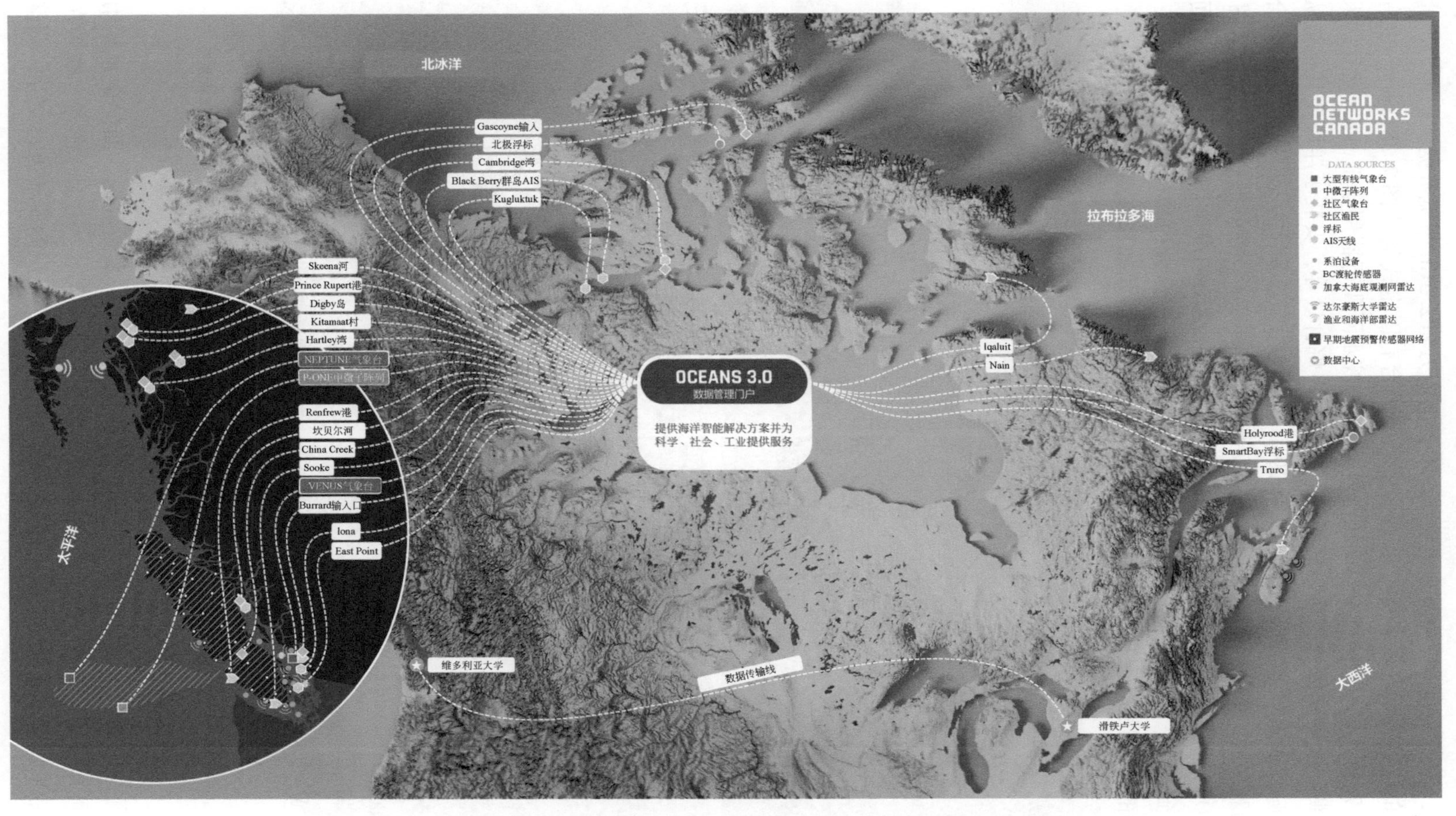

图 7.37　加拿大海底观测网(ONC) (图片来自中国科学院对地观测与数字地球科学中心)

括地震仪，压力仪等，单个节点具有 10kW 供电能力和 2.5Gb 带宽数据传输能力。通过接驳盒连接的仪器则是各种各样，装载传感器的平台有固定式的［图 7.38（a）］也有可移动的［图 7.38（b）、图 7.38（c）］。可移动的遥控水下爬行器用于 Barkley 峡谷的天然气水合物观测，能够摄像和测量海底温度、盐度、甲烷含量等，安装了浮块使其重量从地面的 275kg 减到水下的 45kg。2010 年 9 月 29 日，由美国华盛顿大学和罗格斯大学联合研制的“联网观测喷口成像系统”（COVIS）安装在 Endeavour 节点的海底进行观测［图 7.38（d）］。COVIS 利用声呐实现在热液喷口获取海底热液活动的声学图像，观测的时间尺度从数小时到数周、数月、数年，可以研究热液对海洋潮汐、火山和构造活动的响应，进而了解其间的相互联系，是研究深海热液的又一新武器（李建如和许惠平，2011）。

图 7.38　NEPTUNE Canada 观测网的技术设施

（a）水下固定仪器平台；（b）遥控水下爬行器；（c）垂向剖面仪；（d）联网观测喷口成像系统

（李建如和许惠平，2011）

位于维多利亚大学的运行管理中心汇集了 ONC 系统的观测数据，面向全世界用户免费开放，可提供每天 24 小时的实时数据传输服务，包括数字、图形、图像、视频在内的各类测量数据以及数据处理工具；同时，科学家可以和水下观测仪器进行交互，调整设备观测活动。

ONC主要利用海底光电缆构建的具备观测和数据采集、能源供给和数据传输、交互式远程控制、数据管理和分析等功能的软硬件集成系统，实现对不同深度的海底、地壳板块运动、生态环境变化、海洋生物群落的长期、实时、连续观测，并可通过互联网进行实时直播。ONC不仅为加拿大和世界各地的科研人员提供创新型研究平台，同时在诸如海洋和气候变化、地震和海啸、海洋污染、港口安全和海上运输、资源开发、国家主权与安全、海洋技术创新等方面发挥了重要作用（李风华等，2019）。

7.3.2.3　欧洲海洋观测网

欧洲海底观测系统全称为欧洲多学科海底及水体观测系统（European Multidisciplinary Seafloor and Water-Column Observatory，EMSO），由13个成员国承担，是一个分布在欧洲的大范围、分散式科研观测网（图7.39）。EMSO由一系列具有特定科学目标的海底及水体观测设施组成，主要用来实时、长期观测海洋岩石圈、生物圈、水圈的环境过程及其相互关系，服务于自然灾害、气候变化和海洋生态系统等研究领域。EMSO已经发展为泛欧洲的海洋观测基础设施，有15个主基站包括11个深海主基站和4个浅水试验基站，广泛分布于从北冰洋和大西洋到黑海并穿越地中海的海域，每个主基站都有明确的观测方向，并相继进入实际运营阶段（黄玉宇等，2018）。

图7.39　欧洲海洋观测网EMSO节点位置及运行状态（图片来自中国测绘学会）

从技术角度来看，EMSO最引人注目的特色是对海洋多学科、多目标、多时空尺度的观测研究。观测目标包括海底、底栖生物、水柱和海洋表面。根据应用需求，海底原位观测设备和仪器通过连接光电复合缆，实现为海底仪器设备、固定观测平台和移动观测平台持续供电。目前，EMSO 受限于经费、环境许可等因素的影响，项目尚未全部完成，但部分测试点已在运行过程中，获得了大量科研数据。

7.3.2.4　日本海洋观测网

日本是地震多发国家，为实现对地震、海啸的实时观测和预警，先后建设了地震和海啸海底观测密集网络（DONET）、DONET 2 以及日本海沟海底地震海啸观测网（S-net）等海底观测网络，覆盖了日本从近岸到南海海槽的广大海域。

DONET 系统以 15～20km 为间隔布设有 22 个密集观测点并以有线方式连接了部分综合大洋钻探计划（IODP）海底钻孔观测点，实现了观测数据的实时上传；DONET 2 系统由 450km 光电复合缆、2 个登陆站、7 个科学节点（图 7.40）和 29 个观测平台组成（图 7.41）。这两个系统覆盖了从近岸到海沟的广大海域，为日本南边海域的地震和海啸提供了海底预警装置，实现对日本东部海域地震情况的高精度、宽频带实时监测，并且和综合大洋钻探计划（IODP）相结合，为研究板块俯冲带的地震机制提供科学设施。

图 7.40　观测节点（图片来自中国测绘学会）

2015 年建成的 S-net 观测网（日本海沟海底地震海啸观测网）沿日本海沟布设，缆线总长 5700km，覆盖了从海岸到海沟总计 250000km^{2}的广大区域（图 7.42）。该网由 6 个系统组成，每个系统包括 800km 缆线和 25 个观测站，观测站之间南北相距约 50km，东西相距约 30km，做到每个里氏（M）7.5 级的地震源区有 1 个观测站。

以日本学者为主体的研究团队基于观测网数据开展了扎实的研究工作，通过对海底信号长期监测结果的研究分析，揭示了日本南部海槽板块构造的次级结构及其运动规律，发现了孕震机制的新线索，推动了区域精细结构和地震机制的科学研究。通过对监测数据的

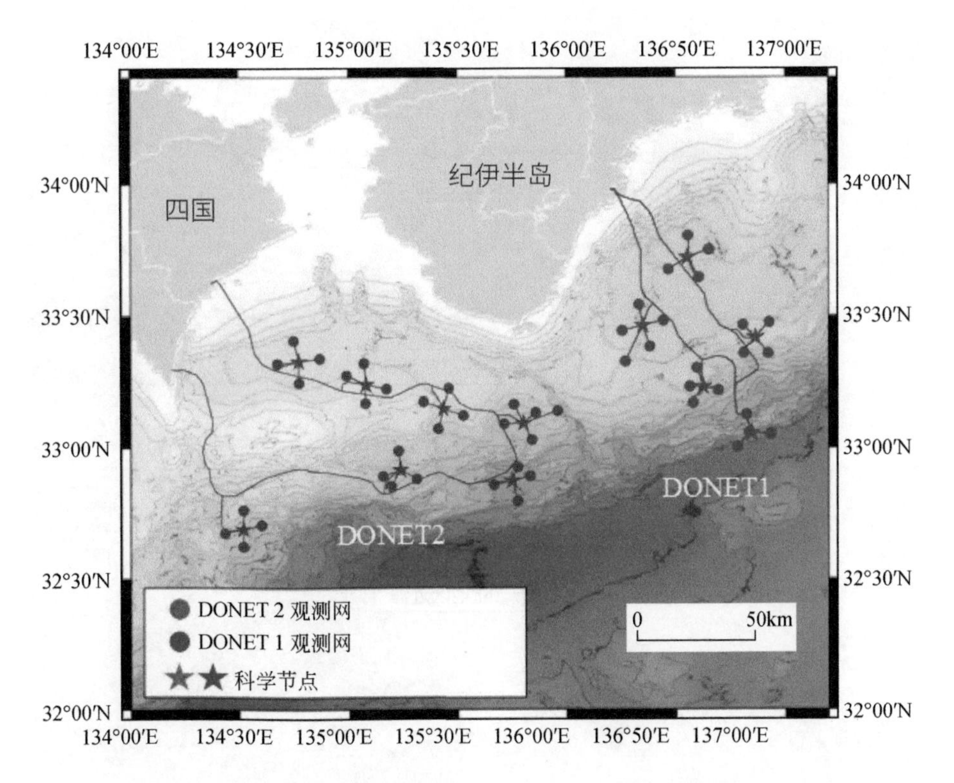

图 7.41　日本的 DONET 1 和 DONET 2 海底观测网

数值模拟研究揭示出海底水压变化与海啸波高的关联，提高了海啸预警的时效性和精确度，使地震预警有望提前 30s，海啸预警提前 20min（李风华等，2019）。

7.3.2.5　国内海底观测网

相比国外发达国家，中国海底观测网研究和建设起步略晚。国内涉海单位已基本完成关键技术积累和组网装备研制，中国各边缘海均有小型海底试验网运行。同济大学、浙江大学和中国科学院沈阳自动化研究所等单位研究了海底观测网的核心组网装备（吕枫等，2022）。

1. *南海海底观测网*

南海观测网长 1610km，有 6 个海底主基站，1 个浮标主基站，3 个水声网关，2 个登陆点（海南陵水和福建东山或广东汕头），面向海底地震灾害预警、海底资源探测、海洋环境保护和海洋信息安全等应用需求（图 7.43）。

南海深海海底观测网试验系统的建成，实现了观测网关键核心技术的自主可控，攻克了海底观测网总体技术、制定了我国首个海底观测网技术规范，突破了水下高电压（10kV 级）远程供电与通信（千兆级带宽）、大深度高精度（亚米级）定位布放与回收、深水高电压（10kV 级）光电复合缆、深水遥控无人潜水器（ROV）水下湿插拔作业、新型传感器（激光拉曼光谱仪、微颗粒流速仪）等多项关键技术，国产化率达到了 90%。

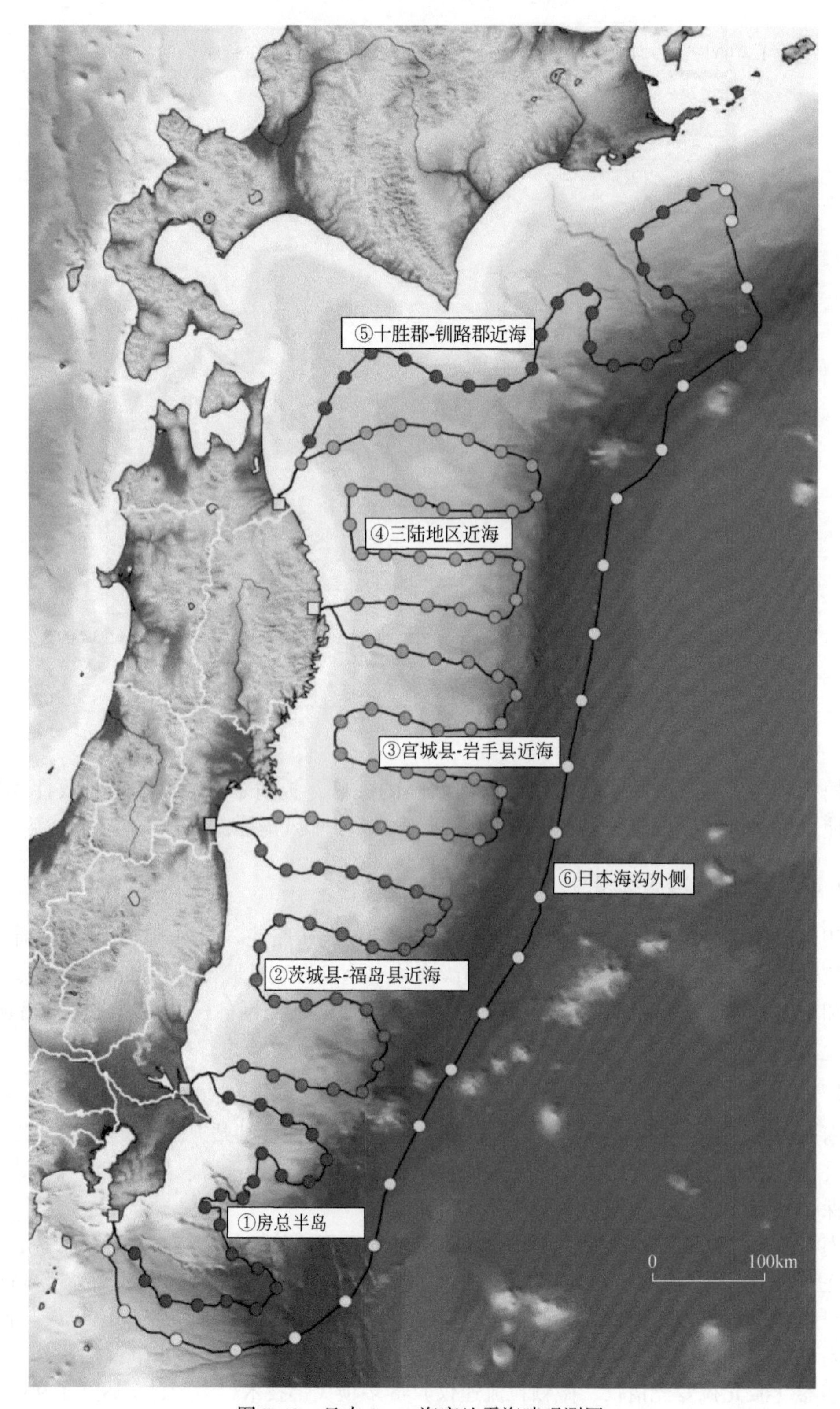

图 7.42　日本 S-net 海底地震海啸观测网

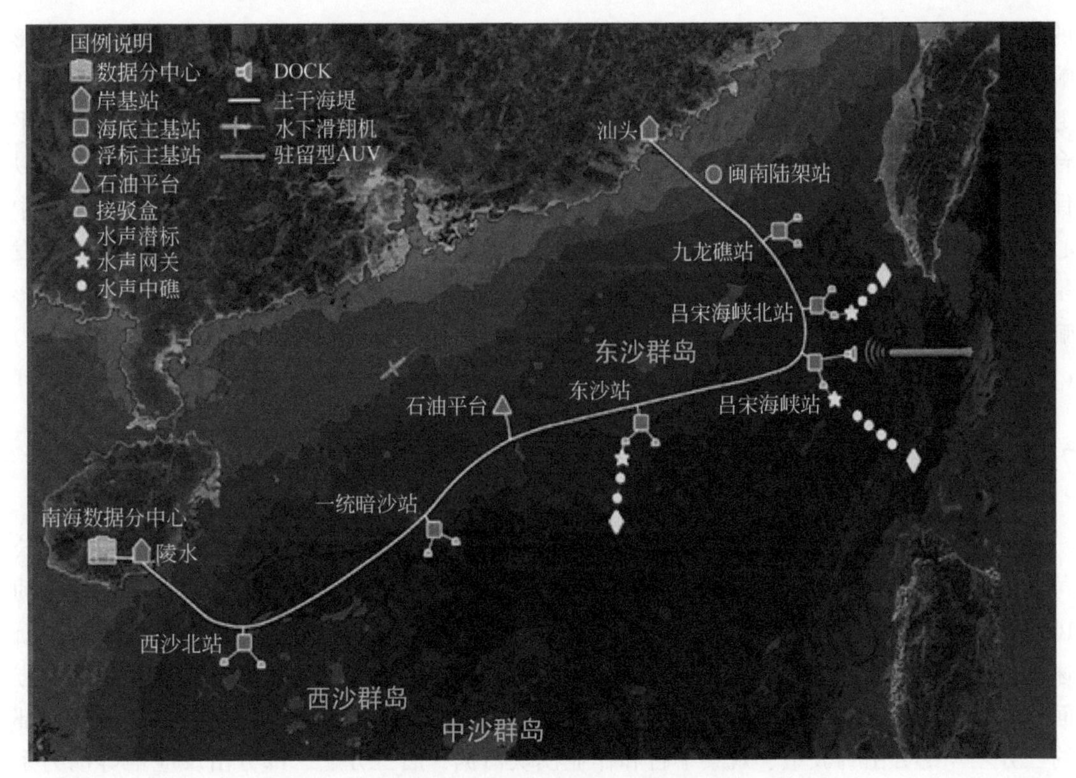

图 7.43　南海海底观测网络示意图（李风华等，2019）

2. *东海海底观测网*

2007 年中国科学院开始筹建东海海底观测网，2009 年 4 月东海海底观测小衢山试验站正式运行。该实验站设置在洋山国际深水港东南约 20km 的小衢山岛附近，其水域平均深度 15m。该试验站包括双层铠装海底光电复合缆，实现能源自动供给和通信传输的基站特种接驳盒等。光电复合缆通过海洋平台登陆，由平台上的太阳能蓄电池实施不间断能源供应。现场海洋观测数据通过光电复合缆传输到平台后，经 CDMA 无线网络实时发送到实验室服务器上。2011 年，同济大学东海海底观测网项目被列为上海市“十二五”科技发展规划，在小衢山试验站的基础上，在舟山东部的长江口区域布设观测网络系统（陶智，2014）。东海海底观测网长 570km、Y 形（分枝）布设，包括 1 组无缆浮标/潜标锚系剖面阵列，4 个海底主基站，4 个连缆潜标/浮标锚系观测平台，4 个海底边界层四脚架观测平台，4 个海底地球物理观测平台，1 座多圈层立体综合观测塔 AUV、Glider、ROV，2 个登陆点（上海临港、浙江舟山），实现了海洋化学、物理海洋学、地球物理等多参数指标的原位、实时和高分辨率监测，积累了适用于东海宽陆架、高混浊、通航密度大等海区特点环境下的海底观测网布设工程以及海底海面设施安全防护的成熟技术与经验。

7.4　深海空间站

深海空间站是新世纪的新概念深海装备，是一种与水面平台和水下潜器构成三元体系的新概念大型载人潜水器，分为自航式和固定式两种。它能够做到不受海面环境任何影响，在水下可以操控 AUV、AOV 等潜水器，高效率地完成深海的研究、探测和作业等任务，可以充分发挥水下作业与控制中心、深海科学研究试验站、深海资源勘探开发保障平台和军事试验载体的功能。也可以把深海空间站形象地比喻为“龙宫”，人们在水下可以保持长时间的自由活动和生活，有起居室、实验室、水下电站、水下热站、水下控制中心、连接岸上的监控中心、水下化学剂中心、以及各个生产系统模块，深海空间站的研发是实现海洋探索、开发、利用、防护的基础和保障，对我国未来海洋装备技术有很大的影响。同时深海技术也可兼顾国防，不管是攻击还是防御，都可利用海底基地扩大探测能力（张洪亮，2019）。

7.4.1 “NR-1”号核动力深海空间站

美国于 1965 年开始研制“NR-1”号深海空间站（图 7.44），1967 年 6 月美国通用公司开工建造，1969 年完工并服役，“NR-1”号全长 45m，水下排水量 400t，最大潜深约 1000m，配置一座小型压水堆，采用电力推进方式，水下最高航速 3.5Kn/h，水面最高航速 4.5Kn/h。由于航速较低，“NR-1”号远距离航渡需要水面保障母船拖带航行。结构方面，“NR-1”号艇体中央为耐压壳体，由高强度钢制成，前后则为非耐压壳体，潜艇前部约三分之一部分由驾驶室、观察平台和作业模块占据，后三分之二部分由反应堆等动力系统占据（图 7.45）。由于艇体空间较小，“NR-1”号最多载员 13 人，“NR-1”号一次执行任务的时间最多为 15 ~ 20d。

图 7.44　美国“NR-1”号核动力深海空间站（图片来自美国海军军史馆）

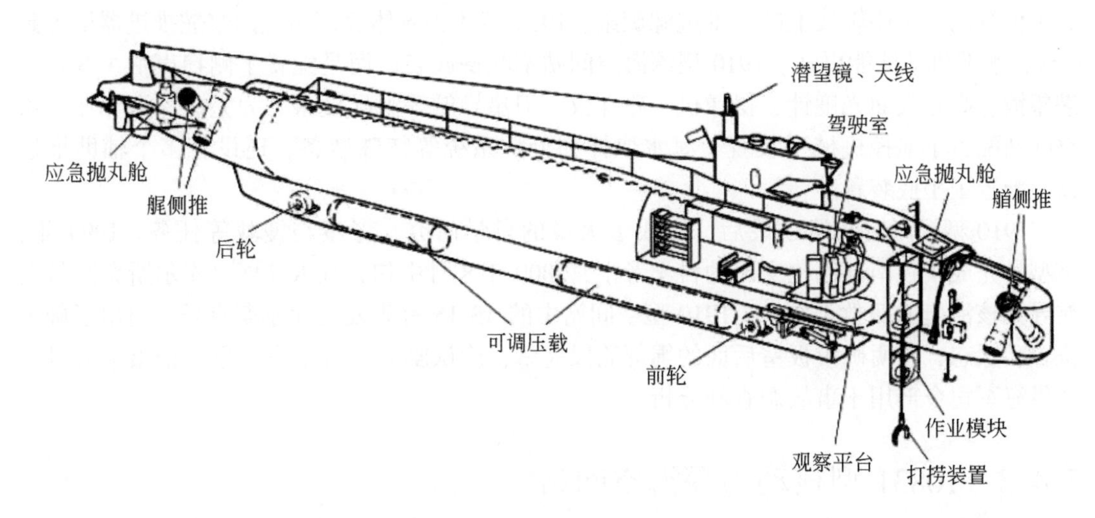

图 7.45　美国“NR-1”号核动力深海空间站结构图（汪鸿武等，2020）

“NR-1”号能执行海洋研究、地质勘探、水下搜索、打捞回收、水下维护安装设备、绘制海地地图等多种不同类型的任务。为适应不同类型的任务需要，“NR-1”号配备有机械臂、采集装置、外部照明装置和彩色电视摄像机等设备，同时拥有先进的电子设备、计算机和声呐系统，可以辅助导航、通信、目标定位和识别。“NR-1”号艇体底部有轮组系统，用于在平坦海底辅助行进。

7.4.2　1910 型核动力深海空间站

1910 型核动力深海空间站（图 7.46）俄罗斯代号为“抹香鲸”，北约代号为军服级（Uniform），共建造了三艘。是苏联第一个大潜深核动力空间站，于 1965 年开始研制，1975 年首艇 AS-13 由海军部造船厂开始施工建造，1982 年下水，1986 年列入苏联海军北方舰队开始服役。

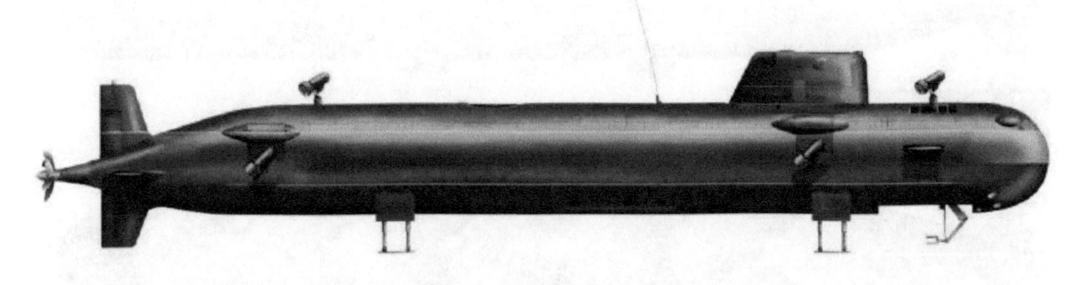

图 7.46　1910 型核动力深海空间站（朱忠等，2019）

1910 型深海空间站耐压壳体结构材料是钛合金，长 69m，宽 7m，最大潜深约 700m，正常排水量 1390t，动力装置为 1 座压水堆和 2 台涡轮发电机组。1910 型深海空间站采取双壳体艇体结构，钛合金制成的耐压壳分为前后两部分，分别是生活、工作舱与动力舱，除了传统的位于中轴线上的主推进螺旋桨，1910 型还将艇体表面布置的桨舵推进器增加到 6 台，水下机动性能更强。1910 型深海空间站不配备武装，而是配置了侧扫声呐、双光学潜望镜、高频表面光度计、摄像机、磁探仪、卫星导航等观导设备。为完成深海作业，该空间站配备了遥控机械手装置、海水取样和分析系统等特殊装备，还设有多个辅助推进器，配置了坐底装置。

1910 型深海空间站建成后，完成了大量的科学研究、考察与搜救等任务。1994 年，该型号完成了在南部巴伦支海的科学考察；2000 年 8 月中旬，在 K-141 “库尔斯克”号巡航导弹核潜艇的搜救工作中，1910 型空间站中的 AS-15 首先发现库尔斯克号，给出了确定位置和状态，并明确甲板室后面的艉部舱段完整，确认艇上没有生命迹象，拍摄了大量照片供海军司令部用于事故调查和分析。

7. 4. 3　10831 型核动力深海空间站

10831 型核动力深海空间站于 1980 年由孔雀石设计局开始设计，2003 年 8 月下水服役。10831 型艇长 69 ~ 79m，宽 5 ~ 7m，正常排水量 1600t，最大潜深为 6000m，定员 25 人（图 7. 47）。10831 型耐压壳体由 7 个球壳串联，其中前 5 个为工作生活舱，通过管道串联在一起，后两个为动力系统所在的反应堆舱，前 5 个舱独立，只能在水面状态通过舱盖进入，壳体材料为高强度钛合金，耐压壳体外由轻外壳包覆成流线型外形。10831 型不配备武备，并搭载机械手、岩石清理设备、电视抓斗等水下作业工具。于 2012 年升级加装了探测海底地震形成的断面用水声测量装备、测量海底沉积物深度的轮廓测定仪、侧扫声呐和多射线回声测深仪等设备。

图 7. 47　10831 型潜艇侧视图与剖视图（图片来自俄罗斯 Liga. net）

7.4.4　我国发展现状

“十二五”期间，我国深海空间站项目正式立项，并由中国船舶重工集团公司第七〇二研究所开展其研究工作。在“十三五”计划纲要中更是已经将深海空间站项目的启动研发作为重大项目列入。该工作站外形类似一艘小型潜艇，但工作潜深可达1500m远大于一般的军用潜艇；采用电池动力，可在水下连续逗留15～18昼夜，水下航速4Kn，最大载员12人，正常排水量260t级，长24m，可携带多种水下机器人（ROV）、大型多功能作业机械手、重型水下起吊装置等。

该工作站研制成功后，可为中国深水油气田开发、海洋观测网络建设与运行维护、海洋科学研究提供深海作业装备。它与水面平台（6000t级母船，可拖带工作站，支持其长期水下作业）、穿梭式多功能载人潜水器（往返于工作站与母船之间，具备输送、维修、通信、救生等功能）构成“一主两辅”的三元深海作业体系。

中国船舶重工集团第七〇二研究所所长翁震平表示：2013年这个35t级实验平台主要用于验证、演示深海工作站具有哪些功能，下一步中船重工还将建造300t级实验型深海工作站，而我们最终的目标是研制出1500t级和2500t级的深海移动工作站。

中国未来深海空间站总体技术方案包括工作潜深1000m，自持力60昼夜；总长60.2m、型深9.7m、型宽15.8m；正常排水量2600t，人员编制33人；装备核动力系统；以模块化结构形式携带AUV/ROV等多类作业装备。

参考文献

陈建冬，张达，王潇，等．2019．海底观测网发展现状及趋势研究．海洋技术学报，38（06）：95-103．
胡展铭，陈伟斌，胡波，等．2012．自平衡抗吸附海床基的吸附力研究分析．海洋技术，31（2）：14-17．
胡展铭，史文奇，陈伟斌，等．2014．海底观测平台——海床基结构设计研究进展．海洋技术学报，33（06）：123-130．
黄玉宇，卢军．2018．国内外海底科学观测网络发展研究．信息通信，(12)：33-38．
贾思洋．2021．超大型三锚式浮标综合观测平台投入运行．中国自然资源报，01-19．
焦明连．2019．海洋环境立体监测与评价．北京：海洋出版社．
李风华，路艳国，王海斌，等．2019．海底观测网的研究进展与发展趋势．中国科学院院刊，34（03）：321-330．
李华昌．2018．我国建成最大区域潜标观测网．中国科学报，(03) 26．
李建如，许惠平．2011．加拿大“海王星”海底观测网．地球科学进展，26（06）：656-661．
李建如，徐景平，刘志飞．2013．底基三脚架在深海观测中的应用．地球科学进展，28（05）：559-565．
李民，刘世萱，王波等．2015．海洋环境定点平台观测技术概述及发展态势分析．海洋技术学报，34（03）：36-42．
李楠，黄汉清，赵晓．2021．水下实时观测潜标系统技术发展．数字海洋与水下攻防，4（02）：99-106．
李智刚．2020．海底观测网．北京：科学出版社．
廖洋．2021．我国首套超大型三锚平台投入运行．中国科学报，01-19．
刘长华，张曙伟，王旭，等．2020．三锚式浮标综合观测平台的研究和应用．海洋科学，44（01）：148-156．

刘勇．2008. 海洋浮标水下悬挂系统设计．中国海洋大学硕士学位论文．
吕枫，蒯知滑．2022. 海底观测网技术研究与应用进展．前瞻科技，1（2）：79-91.
毛祖松．2001. 海洋潜标技术的应用与发展．海洋测绘，(04)：57-58.
宁春林，薛蕾，姜龙，等．2022. 白龙浮标数据全球通信系统共享的解决方案．河海大学学报（自然科学版），50（03)：91-95.
钱光跃．2019. 深海着陆器动力学特性研究．杭州电子科技大学硕士学位论文．
秦承志．2010. 内波监测自容式潜标系统开发．中国海洋大学硕士学位论文．
陶智．2014. 海底观测网络现状与发展分析．声学与电子工程，(04)：45-49.
汪鸿武，沙彬彬，郭燕舞，等．2020. 美俄小型核潜艇的发展与展望．舰船科学技术，42（5)：184-189.
汪嘉宁，王凡，张林林．2017. 西太平洋深海科学观测网的建设和运行．海洋与湖沼，48（06)：1471-1479.
王波，李民，刘世萱，等．2014. 海洋资料浮标观测技术应用现状及发展趋势．仪器仪表学报，35（11)：2401-2414.
王凡，汪嘉宁．2016. 我国热带西太平洋科学观测网初步建成．中国科学院院刊，31（02)：258-263.
王婷．2011. 国外海洋潜标系统的发展．中国声学学会水声学分会2011年全国水声学学术会议论文集．2011：327-329.
杨竣程．2012. 多节点海底观测网络电能监控系统研究．浙江大学硕士学位论文．
杨涛．2017. 淤泥质海域海床基吸附力与结构优化研究．青岛科技大学硕士学位论文．
余建星．2021. 海洋观测技术及其应用．天津：天津大学出版社．
余昊建．2020. 深海着陆器沉积物底质坐底过程动力学分析．杭州电子科技大学硕士学位论文．
曾凡宗，章雪挺，赵铁虎等．2015. 海底观测平台多电池组电源管理系统．海洋地质前沿，31（06)：68-71.
张红，贾永刚，刘晓磊，等．2019. 全海深海底沉积物力学特性原位测试技术．海洋地质前沿，35（02)：1-9.
张洪亮．2019. 深海空间站动力系统及其热管理研究．大连理工大学硕士学位论文．
中国科学院热带西太平洋海洋系统物质能量交换及其影响战略性先导科技专项．2016. 中国科学院院刊，31（12)：1280.
朱忠，杨立华，司马灿．2019. 美俄水下载人探测作业装备发展．中国造船，60（02)：217-226.
Brown S W, Flora S J, Feinholz M E, et al. 2007. The marine optical BuoY (MOBY) radiometric calibration and uncertainty budget for ocean color satellite sensor vicarious calibration. Proceedings of the SPIE, Florence, IT, 67441M-1-67441M-12.
Cumbee S C. 2001. A newTrawl- Resistant BottomMount to Support Hydrographic Current Measurement Requirements. OCEANS 2001. MTS/IEEE Conference and Exhibition, 4 (4): 2459-2463.
Eric Haun. [2014-09-23]. https://www.marinetechnologynews.com/news/deploys-first-windsentinel-europe-500807
Favali P, Beranzoli L. 2010. Seafloor Observatories from Experiments and Projects to the European Permanent Underwater Network EMSO. Instrumentation Viewpoint, 4 (8): 21-25.
Organelli E, Bricaud A, Antoine D, et al. 2013. Multivariate approach for the retrieval of phytoplankton size structure from measured light absorption spectra in the Mediterranean Sea (BOUSSOLE site). Applied optics, 52 (11): 2257-2273.
Sun X M, Yang J Y, Zheng M H, et al. 2020. Artificial construction of the biocoenosis of deep-sea ecosystem via seeping methane. Environmental Microbiology, 23 (2): 1186-1198.

Tang L, Titov V V, Chamberlin C D. 2009. Development, testing, and applications of site-specific tsunami inundation models for real-time forecasting. Journal of Geophysical Research, 114 (C12025): 1-22.

Teague W J, GAJacobs, H T Perkins, et al. 2002. Low-Frequency Current Observations in the Korea /Tsushima Strait. J Phys Oceanogr, 32: 1621-1641.

Vries J J. 2007. Designing a GPS-based mini wave buoy. International Ocean Systems, 11 (3): 20.